資料結構和演算法在電腦知識系統中有著舉足輕重的作用，這塊知識也有非常經典的教材供我們學習。但是，我們刷的演算法題往往會在經典的演算法思想之上套層皮，所以很容易讓人產生這種感覺：我以前的資料結構和演算法學得挺好的，為什麼這些演算法題我完全沒想法呢？

面對這種疑惑，可能就會有人擺出好幾本演算法相關的大部頭，建議你去進修。

有些書確實很經典，但我覺得我們應該弄清楚自己的目的是什麼。如果你是學生，對演算法有濃厚的興趣，甚至說以後準備做這方面的研究，那我覺得你可以去啃一啃大部頭；但事實是，大部分人學習演算法是為了應對考試，這種情況去啃大部頭的 C/P 值就比較低了，更高效的方法是直接刷題。

但是，刷題也是有技巧的，刷題平臺動輒幾千道題，難道你全刷完嗎？最高效的刷題方式是邊刷邊歸納總結，抽象出每種題型的策略框架，以不變應萬變。我個人還是挺喜歡刷題的，經過長時間的累積總結，沉澱出了這本書，希望能給你帶來想法上的啟發和指導。

解演算法題的核心只有一個，那就是窮舉。不同的演算法，無非就是聰明的窮舉和笨一點的窮舉而已，真的沒什麼高深莫測的，讀完本書，你就會有深刻的體會。

本書特色

本書的最大功效是一步步帶你刷演算法題，不過分拘泥於具體的細節，而是為你指明各種演算法題型的共通之處，並總結出策略和框架，助你快速掌握演算法思維，應對演算法面試。

目標讀者

這不是一本資料結構和演算法的入門書,而是一本刷演算法題的參考書。

本書的目的是一步步帶你刷題,每看完一節內容,都可以去刷幾道題,知其然,也知其所以然,即學即用,相信本書會讓你一讀就停不下來。

勘誤和支持

由於作者的水準有限,書中難免存在一些錯誤或不準確的地方,懇請讀者們批評指正。讀者在閱讀過程中產生了疑問或發現了 bug,歡迎發送到我的電子郵件 labuladong@foxmail.com,我確認後會修正並更新到勘誤列表中。

LeetCode 官網題號及名稱

目錄

第 3 章 一步步培養演算法思維

第 4 章 一步步刷動態規劃

第 5 章 高頻面試系列

本書約定

一、本書適合誰

本書的最大功效是，一步步教你刷演算法題，教你各種演算法題型的策略和框架，快速掌握演算法思維，應對大型網際網路公司的筆試／面試演算法題。

本書並不適合純新手來看，如果你對基本的資料結構還一竅不通，那麼你需要先花幾天時間看一本基礎的資料結構書籍去了解諸如佇列、堆疊、陣列、鏈結串列等基本資料結構。不需要多精通，只要大致了解它們的特點和用法即可，我想如果大學時期學過資料結構的課程，這些基礎都沒問題。

如果你學過資料結構，由於種種現實原因開始在刷題平臺刷題，卻又覺得無從下手、心亂如麻，本書可以幫你解燃眉之急。當然，如果你是單純地演算法同好，以刷題為樂，本書也會給你不少啟發，讓你的演算法功力更上一層樓。

本書的幾乎所有題目都選自 LeetCode 這個刷題平臺，解法程式形式也是按照該平臺的標準，相關的解法程式都可以在該平臺上提交通過。所以如果你有在 LeetCode 平臺刷演算法題的經歷，那麼閱讀本書會更遊刃有餘。當然，如果你沒有在該平臺刷過題也無妨，因為演算法策略都是通用的。

為什麼我選擇 LeetCode 呢，因為這個平臺的判題形式是對刷題者最友善的，不用你動手處理輸入和輸出，甚至連標頭檔、套件匯入都不需要你來做，常用的標頭檔、套件、命名空間都給你安排這樣你可以把精力全部投入到對演算法的思考和理解上，而不需要處理過多細節問題。

書中列舉的題目都是高品質的經典題目，你可以一邊讀本書一邊在平臺上刷題練習，「紙上得來終覺淺，絕知此事要躬行」嘛。

二、程式約定

　　首先，作為一本通用的演算法書，本書會避開程式語言層面的語言特性或語法糖。本書中的程式以 Java 語言為主，有少部分章節會使用 C++，後文會介紹這兩種語言的基本語法。**另外，良好的程式可讀性是本書程式的第一標準，**書中列出的解法並不追求過分簡潔和性能，甚至有些解法可能為了突出想法而使用一些多餘的程式。你可以在理解演算法想法後按照自己的喜好對程式進行最佳化。

　　接下來說一下本書對「區間」的表示方法。對於數字區間，沿用數學上的表示方法，`[x, y]` 表示兩端都閉的區間，即大於或等於 x 且小於或等於 y，`[x, y)` 表示左閉右開的區間，即大於或等於 x 且小於 y，依此類推；對於子陣列 / 子串的區間，本書會用 `nums[i..j]` 的形式來表示 `nums[i]`, `nums[i+1]`, `...`, `nums[j-1]`, `nums[j]` 這些元素組成的子陣列，用 `nums[i..end]` 表示從 `nums[i]` 開始一直到陣列末尾的子陣列。

　　最後，因為本書中大部分章節都是基於 LeetCode 平臺的題目來寫的，而且都可以提交通過，所以會用到一些 LeetCode 的預設類別。如果你經常在 LeetCode 刷題應該對它們不陌生，不過我還是在這裡統一說明一下這些類別的結構，後文都預設讀者已經知道這些類型的結構，不會再單獨說明。

`TreeNode` 是二元樹節點類型，其結構如下：

```java
public class TreeNode {
    int val;     // 節點儲存的值
    TreeNode left; // 指向左側子節點的指標
    TreeNode right; // 指向右側子節點的指標

    // 構造函式
    TreeNode(int val) {
        this.val = val;
        this.left = null;
        this.right = null;
    }
}
```

一般的使用方法是：

```
// 新建二元樹節點
TreeNode node1 = new TreeNode(2);
TreeNode node2 = new TreeNode(4);
TreeNode node3 = new TreeNode(6);

// 修改節點的值
node1.val = 10;

// 連接子樹節點
node1.left = node2;
node1.right = node3;
```

`ListNode` 是單鏈結串列節點類型，其結構如下：

```
class ListNode {
    int val;     // 節點儲存的值
    ListNode next; // 指向下一個節點的指標

    ListNode(int val) {
        this.val = x;
        this.next = null;
    }
}
```

一般的使用方法是：

```
// 新建單鏈結串列節點
ListNode node1 = new ListNode(1);
ListNode node2 = new ListNode(3);
ListNode node3 = new ListNode(5);

// 修改節點的值
node1.val = 9;

// 連接節點
node2.next = node3;
node1.next = node2;
```

另外，LeetCode 平臺一般會要你把解法寫到一個 Solution 類別裡面，比以下面這樣：

```
class Solution {
    public int solutionFunc(String text1, String text2) {
        // 把你的解法程式寫在這裡
    }
}
```

本書為了節約程式篇幅，便於讀者理解演算法邏輯，不會寫 Solution 類別，而是直接寫解法函式。對於 Java/C++ 中 public、private 之類的關鍵字，在演算法程式中沒有什麼意義，也全都會被省略，所以本書中的程式大概是這樣的：

```
// Java 語言
int solutionFunc(String text1, String text2) {
    // 解法程式寫在這裡
}
```

讀者在刷題的過程中需要按照刷題平臺約定的程式形式來提交，所以可能需要對本書程式的一些語言細節略微進行修改。

本書會使用到的資料結構非常簡單，大致可以分為陣列（array）、串列（list）、映射（map）、堆疊（stack）、佇列（queue）幾種。本書主要用 Java 語言實現，主要有以下幾個原因：

1. Java 是強類型語言。因為本書中要和各種資料結構和演算法打交道，所以清楚地知道每個變數是什麼類型非常重要，方便你 debug，也方便 IDE 進行語法檢查。如果是 Python 這樣的動態語言，每個變數的類型不明顯，可能有礙大家的理解。

2. Java 這種語言中規中矩，沒有什麼語法糖，甚至有時候寫起來比較囉嗦。不過這些特性換個角度來說其實是優點，因為即使你之前沒學過 Java 語言，單看程式也能比較容易地理解邏輯。如果你有其他比較熟悉的語言，完全可以根據本書列出的程式用自己的語言實現。

除了 Java，本書還會出現少量 C++ 語言程式，因為 Java 語言在處理字串、原始陣列和容器之間的轉換時有些麻煩，此時使用 C++ 來寫解法程式。

本書的重點不是程式諳言，所以下面我簡單講講本書涉及的 Java 和 C++ 的幾個標準程式庫容器，便於初學者理解本書的內容。

本書所需的 Java 基礎

1. 陣列

初始化方法：

```
int m = 5, n = 10;

// 初始化一個大小為 10 的 int 陣列
// 其中的值預設初始化為 0
int[] nums = new int[n]
```

```
// 初始化一個 m * n 的二維布林陣列
// 其中的元素預設初始化為 false
boolean[][] visited = new boolean[m][n];
```

Java 的這種陣列類似 C 語言中的陣列，在有的題目中會以函式參數的形式傳入，一般來說要在函式開頭做一個不可為空檢查，然後用索引下標存取其中的元素即可：

```
if (nums.length == 0) {
    return;
}


for (int i = 0; i < nums.length; i++) {
    // 存取 nums[i]
}
```

2. 字串 String

Java 的字串處理起來挺麻煩的，因為它不支援用 [] 直接存取其中的字元，而且不能直接修改，要轉化成 char[] 類型才能修改。

下面主要說下 String 在本書中會用到的一些特性：

```
String s1 = "hello world";
char c = s1.charAt(2); // 獲取 s1[2] 那個字元

char[] chars = s1.toCharArray();
chars[1] = 'a';
String s2 = new String(chars);
System.out.println(s2); // 輸出：hallo world

// 注意，一定要用 equals 方法判斷字串是否相同
if (s1.equals(s2)) {
    // s1 和 s2 相同
} else {
    // s1 和 s2 不相同
}
```

```java
// 字串可以用加號進行拼接
String s3 = s1 + "!";
// 輸出：hello world!
System.out.println(s3);
```

Java 的字串不能直接修改，要用 **toCharArray** 轉化成 **char[]** 的陣列進行修改，然後再轉換回 **String** 類型。

注意字串的相等性比較，這個問題涉及 Java 語言特性，簡單說就是一定要用字串的 **equals** 方法比較兩個字串是否相同，不要用 **==** 比較，否則可能出現不易察覺的 bug。

另外，雖然字串支援用 **+** 進行拼接，但是效率並不高，並不建議在 for 迴圈中使用。如果需要進行頻繁的字串拼接，推薦使用 **StringBuilder**：

```java
StringBuilder sb = new StringBuilder();

for (char c = 'a'; c < 'f'; c++) {
    sb.append(c);
}

// append 方法支援拼接字元、字串、數字等類型
sb.append('g').append("hij").append(123);

String res = sb.toString();
// 輸出：abcdefghij123
System.out.println(res);
```

3. 動態陣列 ArrayList

ArrayList 相當於把 Java 內建的陣列類型做了包裝，初始化方法如下：

```java
// 初始化一個儲存 String 類型的動態陣列
ArrayList<String> nums = new ArrayList<>();

// 初始化一個儲存 int 類型的動態陣列
ArrayList<Integer> strings = new ArrayList<>();
```

常用的方法以下（E 代表元素類型）：

```
boolean isEmpty() // 判斷陣列是否為空

int     size() // 傳回陣列的元素個數

E get(int index) // 傳回索引 index 的元素

boolean        add(E e) // 在陣列尾部添加元素 e
```

本書只會用到這些最簡單的方法，你應該看一眼就能明白。

4. 雙鏈結串列 LinkedList

ArrayList 串列底層是用陣列實現的，而 LinkedList 底層是用雙鏈結串列實現的，初始化方法也是類似的：

```
// 初始化一個儲存 int 類型的雙鏈結串列
LinkedList<Integer> nums = new LinkedList<>();

// 初始化一個儲存 String 類型的雙鏈結串列
LinkedList<String> strings = new LinkedList<>();
```

本書中會用到的方法以下（E 代表元素類型）：

```
boolean        isEmpty() // 判斷鏈結串列是否為空

int            size() // 傳回鏈結串列的元素個數

// 判斷鏈結串列中是否存在元素 o
boolean        contains(Object o)

// 在鏈結串列尾部添加元素 e
boolean        add(E e)

// 在鏈結串列尾部添加元素 e
void addLast(E e)

// 在鏈結串列頭部添加元素 e
void addFirst(E e)
```

```
// 刪除鏈結串列頭部第一個元素
E removeFirst()

// 刪除鏈結串列尾部最後一個元素
E removeLast()
```

本書用到的這些，也都是最簡單的方法，和 `ArrayList` 不同的是，我們更多地使用了 `LinkedList` 對於頭部和尾部元素的操作，因為底層資料結構為鏈結串列，直接操作頭尾的元素效率較高。其中只有 `contains` 方法的時間複雜度是 $O(N)$，因為必須遍歷整個鏈結串列才能判斷元素是否存在。

另外，經常有題目要求函式的傳回值是 `List` 類型，`ArrayList` 和 `LinkedList` 都是 `List` 類型的子類別，所以我們只要根據資料結構的特性決定使用陣列還是鏈結串列，最後直接傳回就行了。

5. 雜湊表 `HashMap`

初始化方法如下：

```
// 整數映射到字串的雜湊表
HashMap<Integer, String> map = new HashMap<>();

// 字串映射到陣列的雜湊表
HashMap<String, int[]> map = new HashMap<>();
```

本書中會用到的方法以下（`K` 代表鍵的類型，`V` 代表值的類型）：

```
// 判斷雜湊表中是否存在鍵 key
boolean containsKey(Object key)

// 獲得鍵 key 對應的值，若 key 不存在，則傳回 null
V get(Object key)

// 將 key, value 鍵值對存入雜湊表
V put(K key, V value)

// 如果 key 存在，刪除 key 並傳回對應的值
```

```
V remove(Object key)


// 獲得 key 的值，如果 key 不存在，則傳回 defaultValue
V getOrDefault(Object key, V defaultValue)


// 獲得雜湊表中的所有 key
Set<K> keySet()


// 如果 key 不存在，則將鍵值對 key, value 存入雜湊表
// 如果 key 存在，則什麼都不做
V putIfAbsent(K key, V value)
```

6. 雜湊集合 HashSet

初始化方法：

```
// 新建一個儲存 String 的雜湊集合
Set<String> set = new HashSet<>();
```

本書中用到的方法以下（E 代表元素類型）：

```
// 如果 e 不存在，則將 e 添加到雜湊集合
boolean add(E e)


// 判斷元素 o 是否存在於雜湊集合中
boolean contains(Object o)


// 如果元素 o 存在，在刪除元素 o
boolean remove(Object o)
```

7. 佇列 Queue

與之前的資料結構不同，Queue 是一個介面（Interface），所以它的初始化方法有些特別，本書一般會採用以下方式：

```
// 新建一個儲存 String 的佇列
Queue<String> q = new LinkedList<>();
```

本書會用到的方法以下（ E 代表元素類型）：

```
boolean isEmpty() // 判斷佇列是否為空

int size() // 傳回佇列中元素的個數

E peek() // 傳回列首的元素

E poll() // 刪除並傳回列首的元素

boolean offer(E e) // 將元素 e 插入列尾
```

8. 堆疊 Stack

初始化方法：

```
Stack<Integer> s = new Stack<>();
```

本書會用到的方法以下（ E 代表元素類型）：

```
boolean isEmpty() // 判斷堆疊是否為空

int size() // 傳回堆疊中元素的個數

E push(E item) // 將元素存入堆疊頂

E peek() // 傳回堆疊頂元素

E pop() // 刪除並傳回堆疊頂元素
```

本書所需的 C++ 基礎

首先說一個容易被忽視的問題，C++ 的函式參數是預設傳值的，所以如果使用陣列之類的容器作為參數，我們一般都會加上 & 符號表示傳引用。這一點要注意，如果你忘記加 & 符號就是傳值，會涉及資料複製，尤其是在遞迴函式中，每次遞迴都複製一遍容器，會非常耗時。

1. 動態陣列類型 vector

所謂動態陣列，就是由標準程式庫封裝的陣列容器，可以自動擴充縮容，類似 Java 的 `ArrayList`。

本書建議大家都使用標準程式庫封裝的高級容器，不要使用 C 語言的底層陣列 `int[]`，也不要用 `malloc` 這類函式自己去管理記憶體。雖然手動分配記憶體會給演算法的效率帶來一定的提升，但是你要弄清楚自己的訴求，把精力更多地集中在演算法思維上 C/P 值比較高。

`vector` 的初始化方法如下：

```cpp
int n = 7, m = 8;

// 初始化一個 int 型的空陣列 nums
vector<int> nums;

// 初始化一個大小為 n 的陣列 nums，陣列中的值預設都為 0
vector<int> nums(n);

// 初始化一個元素為 1, 3, 5 的陣列 nums
vector<int> nums{1, 3, 5};

// 初始化一個大小為 n 的陣列 nums，其值全都為 2
vector<int> nums(n, 2);

// 初始化一個二維 int 陣列 dp
vector<vector<int>> dp;

// 初始化一個大小為 m * n 的布林陣列 dp，
// 其中的值都初始化為 true
vector<vector<bool>> dp(m, vector<bool>(n, true));
```

本書中會用到的成員函式如下：

```cpp
// 傳回陣列是否為空
bool empty()
```

```cpp
// 傳回陣列的元素個數
size_type size();

// 傳回陣列最後一個元素的引用
reference back();

// 在陣列尾部插入一個元素 val
void push_back (const value_type& val);

// 刪除陣列尾部的那個元素
void pop_back();
```

下面舉幾個例子：

```cpp
int n = 10;
// 陣列大小為 10，元素值都為 0 vector<int> nums(n);
// 輸出：false
cout << nums.empty();
// 輸出：10
cout << nums.size();

// 可以透過中括號直接設定值或修改
int a = nums[4];
nums[0] = 11;

// 在陣列尾部插入一個元素 20
nums.push_back(20);
// 輸出：11
cout << nums.size();

// 得到陣列最後一個元素的引用
int b = nums.back();
// 輸出：20
cout << b;

// 刪除陣列的最後一個元素（無傳回值）
nums.pop_back();
// 輸出：10
cout << nums.size();
```

```
// 交換 nums[0] 和 nums[1]
swap(nums[0], nums[1]);
```

以上就是 C++ `vector` 在本書中的常用方法，無非就是用索引取元素以及
`push_ back, pop_back` 方法，就刷演算法題而言，這些就夠了。

因為根據「陣列」的特性，利用索引存取元素很高效，從尾部增刪元素也
是很高效的；而從中間或頭部增刪元素要涉及搬移資料，很低效，所以這些操
作我們都會從想法層面避免。

2. 字串 `string`

只需要記住下面兩種初始化方法即可：

```
// s 是一個空字串 ""
string s;
// s 是字串 "abc"
string s = "abc";
```

本書中會用到的成員函式如下：

```
// 傳回字串的長度
size_t size();

// 判斷字串是否為空
bool empty();

// 在字串尾部插入一個字元 c
void push_back(char c);

// 刪除字串尾部的那個字元
void pop_back();

// 傳回從索引 pos 開始，長度為 len 的子串
string substr (size_t pos, size_t len);
```

下面舉幾個例子：

```
string s; // s 是一個空串
s = "abcd"; // 給 s 賦值為 "abcd"
```

```
cout << s[2]; // 輸出：c
s[2] = 'z'; // 可以透過中括號直接設定值或修改
cout << s; // 輸出：abzd
s.push_back('e'); // 在 s 尾部插入字元 'e'
cout << s; // 輸出：abzde
cout << s.substr(2, 3); // 輸出：zde
s += "xyz"; // 在 s 尾部拼接字串 "xyz"
cout << s; // 輸出：abzdexyz
```

字串 `string` 的很多操作和動態陣列 `vector` 比較相似。另外，在 C++ 中兩個字串的相等性可以直接用等號判斷 `if (s1 == s2)`。

3. 雜湊表 `unordered_map`

初始化方法如下：

```
// 初始化一個 key 為 int，value 為 int 的雜湊表
unordered_map<int, int> mapping;

// 初始化一個 key 為 string，value 為 int 陣列的雜湊表
unordered_map<string, vector<int>> mapping;
```

值得一提的是，雜湊表的值可以是任意類型，但並不是任意類型都可以作為雜湊表的鍵，在我們刷演算法題時，用 `int` 或 `string` 類型作為雜湊表的鍵是比較常見的。

本書中會用到的成員函式如下：

```
// 傳回雜湊表的鍵值對個數
size_type size();

// 傳回雜湊表是否為空
bool empty();

// 傳回雜湊表中 key 出現的次數
// 因為雜湊表不會出現重複的鍵，所以該函式只可能傳回 0 或 1
// count 方法常用於判斷鍵 key 是否存在於雜湊表中
size_type count (const key_type& key);
```

```
// 透過 key 清除雜湊表中的鍵值對
size_type erase (const key_type& key);
unordered_map 的常見用法：
vector<int> nums{1,1,3,4,5,3,6};
// 計數器
unordered_map<int, int> counter;
for (int num : nums) {
    // 可以用中括號直接存取或修改對應的鍵
    counter[num]++;
}

// 遍歷雜湊表中的鍵值對
for (auto& it : counter) {
    int key = it.first;
    int val = it.second;
cout << key << ": " << val << endl;
}
```

和 Java 的 HashMap 相比，unordered_map 的行為需要注意：用中括號 [] 存取其中的鍵 key 時，如果 key 不存在，則會自動建立 key，對應的值為數值型態的預設值。

比如上面的例子中，count[num]++ 這行程式碼實際上是以下敘述：

```
for (int num : nums) {
    if (!counter.count(num)) {
        // 新增一個鍵值對 num -> 0
        counter[num] = 0;
    }
    counter[num]++;
}
```

在計數器這個例子中，直接使用 counter[num]++ 是一個比較方便的寫法，但是要注意 C++ 會自動建立不存在的鍵的這個特性，有的時候我們可能需要先顯式使用 count 方法來判斷鍵是否存在。

以上就是本書中會用到的全部語言基礎，如果你在學習過程中遇到語言層面的問題，可以再回頭看本章，或去搜尋引擎查詢相關的資料。

第1章

核心框架篇

　　很多讀者跟我回饋，題目刷完就忘，再遇到原題都不一定能做出來。對初學者來說這些問題是難免的，但如果學了很久演算法還有這種問題，那大機率是方法有問題了。好的學習方法應該能夠做到刷一道題懂十道題，舉一反十，不然現在 LeetCode 有兩千多道題，難道要全刷完不成？

　　所以在演算法教學過程中，我著重強調框架思維，就是幫助讀者培養舉一反三的能力。題目做對做錯不重要，重要的是你能否跳出細節，抽象出各種技巧的底層邏輯。這樣的話，下一次肯定能做對，而且再把題目變十個花樣，你還是能做對，爽不爽？

本章講解學習演算法的心法和最常用的演算法的底層原理，把變化萬千的演算法題目抽象成統一的模型，並給每個演算法模型總結出一套實用簡潔的程式範本。

剛開始，範本能夠幫助你規避複雜的邊界細節，順暢地將解法想法實現成無 bug 的程式。隨著你對演算法原理的進一步理解，範本就能逐漸內化於心，助你隨心所欲地組合各種演算法技巧來解決複雜的演算法問題。

全書的內容都是圍繞本章的核心框架所展開的，如果之前的演算法功力比較薄弱，那麼第一次閱讀本章可能會略感吃力，但這是好事，說明你在跳出舒適區，挑戰原有的知識邊界，學習新的思維方法。等學了後面的章節之後，可以時常回來翻翻這一章，相信你就能理解本章放在全書開頭的用意了。

1.1 學習資料結構和演算法的框架思維

這節希望幫讀者對資料結構和演算法建立一個框架性的認識，從整體到細節、自頂向下、從抽象到具體的框架思維是通用的，不只對學習資料結構和演算法，對學習其他任何知識都是高效的。

1.1.1 資料結構的儲存方式

資料結構的儲存方式只有兩種：陣列（連序儲存）和鏈結串列（鏈式儲存）。

這句話怎麼理解呢，不是還有雜湊表、堆疊、佇列、堆積、樹、圖等各種資料結構嗎？我們分析問題時，一定要有遞迴的思想，自頂向下，從抽象到具體。你上來就列出這麼多，那些都屬於「上層建築」，而陣列和鏈結串列才是「結構基礎」。因為那些多樣化的資料結構，究其源頭，都是在鏈結串列或陣列上的特殊操作，API 不同而已。

比如，「佇列」「堆疊」這兩種資料結構既可以使用鏈結串列也可以使用陣列實現。用陣列實現，就要處理擴充縮容的問題；用鏈結串列實現，沒有這個問題，但需要更多的記憶體空間儲存節點指標。

「圖」的兩種表示方法，鄰接表就是鏈結串列，鄰接矩陣就是二維陣列。鄰接矩陣判斷連通性迅速，並可以進行矩陣運算解決一些問題，但是如果圖比較稀疏的話很耗費空間。鄰接表比較節省空間，但是很多操作在效率上肯定比不過鄰接矩陣。

「雜湊表」就是透過雜湊函式把鍵映射到一個大陣列裡。而且對於解決雜湊衝突的方法，拉鍊法需要鏈結串列特性，操作簡單，但需要額外的空間儲存指標；線性探查法就需要陣列特性，以便連續定址，不需要指標的儲存空間，但操作稍微複雜些。

「樹」，用陣列實現就是「堆積」，因為「堆積」是一個完全二元樹，用陣列儲存不需要節點指標，操作也比較簡單；用鏈結串列實現就是很常見的那種「樹」，因為不一定是完全二元樹，所以不適合用陣列儲存。為此，在這種鏈結串列「樹」結構之上，又衍生出各種巧妙的設計，比如二元搜尋樹、AVL樹、紅黑樹、區間樹、B 樹等，以應對不同的問題。

了解 Redis 資料庫的朋友可能也知道，Redis 提供串列、字串、集合等幾種常用資料結構，但對於每種資料結構，底層的儲存方式都至少有兩種，以便於根據儲存資料的實際情況使用合適的儲存方式。

綜上所述，資料結構種類很多，甚至你也可以發明自己的資料結構，但是底層儲存無非陣列或鏈結串列，**二者的優缺點如下：**

陣列由於是緊湊連續儲存，因此可以隨機存取，透過索引快速找到對應元素，而且相對節約儲存空間。但正因為連續儲存，記憶體空間必須一次性分配夠，所以說陣列如果要擴充，需要重新分配一塊更大的空間，再把資料全部複製過去，時間複雜度是 $O(N)$；而且你如果想在陣列中間進行插入和刪除操作，每次必須搬移後面的所有資料以保持連續，時間複雜度是 $O(N)$。

鏈結串列因為元素不連續，而是靠指標指向下一個元素的位置，所以不存在陣列的擴充問題；如果知道某一元素的前驅和後繼，操作指標即可刪除該元素或插入新元素，時間複雜度是 $O(1)$。但是正因為儲存空間不連續，你無法根據一個索引算出對應元素的位址，所以不能隨機存取；而且由於每個元素必須儲存指向前後元素位置的指標，因此會消耗相對更多的儲存空間。

1.1.2 資料結構的基本操作

對於任何資料結構，其基本操作無非遍歷 + 存取，再具體一點就是：增刪查改。

資料結構種類很多，但它們存在的目的都是在不同的應用場景，盡可能高效率地增刪查改。這不就是資料結構的使命嗎？

如何對資料結構進行遍歷和存取呢？我們仍然從最高層來看，各種資料結構的遍歷和存取無非兩種形式：線性的和非線性的。

線性形式就是以 for/while 迭代為代表，非線性形式就是以遞迴為代表。再具體一點，無非以下幾種框架。

陣列遍歷框架，是典型的線性迭代結構：

```
void traverse(int[] arr) {
    for (int i = 0; i < arr.length; i++) {
        // 迭代存取 arr[i]
    }
}
```

鏈結串列遍歷框架，兼具迭代和遞迴結構：

```
/* 基本的單鏈結串列節點 */
class ListNode {
    int val;
    ListNode next;
}

void traverse(ListNode head) {
```

```
    for (ListNode p = head; p != null; p = p.next) {
        // 迭代存取 p.val
    }
}

void traverse(ListNode head) {
    // 遞迴存取 head.val
    traverse(head.next);
}
```

二元樹遍歷框架，是典型的非線性遞迴遍歷結構：

```
/* 基本的二元樹節點 */
class TreeNode {
    int val;
    TreeNode left, right;
}

void traverse(TreeNode root) {
    traverse(root.left);
    traverse(root.right);
}
```

你看二元樹的遞迴遍歷方式和鏈結串列的遞迴遍歷方式，相似不？再看看二元樹結構和單鏈結串列結構，相似不？如果再多幾條叉，N 元樹你會不會遍歷？

二元樹遍歷框架可以擴展為 N 元樹的遍歷框架：

```
/* 基本的 N 元樹節點 */
class TreeNode {
    int val;
    TreeNode[] children;
}

void traverse(TreeNode root) {
    for (TreeNode child : root.children)
        traverse(child);
}
```

N 元樹的遍歷又可以擴展為圖的遍歷，因為圖就是好幾個 *N* 叉棵樹的結合體。你說圖是可能出現環的？這個很好辦，用布林陣列 `visited` 做標記就行了，這裡就不寫程式了。

所謂框架，就是策略。不管增刪查改，這些程式都是永遠無法脫離的結構，你可以把這個結構作為大綱，根據具體問題在框架上添加程式就行了，下面會具體舉例。

1.1.3 演算法刷題指南

首先要明確的是，資料結構是工具，演算法是透過合適的工具解決特定問題的方法。也就是說，學習演算法之前，最起碼要了解那些常用的資料結構，了解它們的特性和缺陷。

所以我建議的刷題順序是：

1. **先學習像陣列、鏈結串列這種基本資料結構的常用演算法**，比如單鏈結串列翻轉、首碼和陣列、二分搜尋等。

   因為這些演算法屬於會者不難難者不會的類型，難度不大，學習它們不會花費太多時間。而且這些小而美的演算法經常讓你大呼精妙，能夠有效培養你對演算法的興趣。

2. **學會基礎演算法之後，不要急著上來就刷回溯演算法、動態規劃這類筆試常考題，而應該「先刷二元樹」「先刷二元樹」「先刷二元樹」**，重要的事情說三遍。這是我刷題多年的親身體會，下圖是我剛開始學演算法的提交截圖：

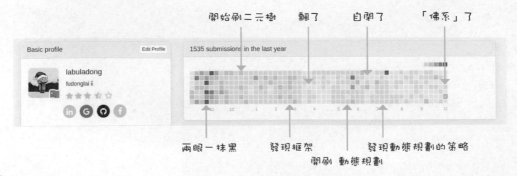

據我觀察，大部分人對與資料結構相關的演算法文章不感興趣，而是更關心動態規劃、回溯、分治等技巧。為什麼要先刷二元樹呢，**因為二元樹是最容易培養框架思維的，而且大部分演算法技巧，本質上都是樹的遍歷問題。**

刷二元樹看到題目沒想法？根據很多讀者的問題分析，其實大家不是沒想法，只是沒有理解我們說的「框架」是什麼。

不要小看這幾行破程式，幾乎所有二元樹的題目都是一套這個框架就出來了：

```
void traverse(TreeNode root) {
    // 前序位置
    traverse(root.left);
    // 中序位置
    traverse(root.right);
    // 後序位置
}
```

比如我隨便拿幾道題的解法出來，不用管具體的程式邏輯，只要看看框架在其中是如何發揮作用的就行。

比如 LeetCode 第 124 題，難度困難（hard），求二元樹中的最大路徑和，主要程式如下：

```
int res = Integer.MIN_VALUE;
int oneSideMax(TreeNode root) {
    if (root == null) return 0;
    // 遍歷框架
    int left = max(0, oneSideMax(root.left));
    int right = max(0, oneSideMax(root.right));
    // 後序位置
    res = Math.max(res, left + right + root.val);
    return Math.max(left, right) + root.val;
}
```

注意遞迴函式的位置，這就是後序遍歷嘛，無非就是把 `traverse` 函式名稱改成 `oneSideMax` 了。

LeetCode 第 105 題,難度中等,根據前序遍歷和中序遍歷的結果還原一棵二元樹,很經典的問題,主要程式如下:

```
TreeNode build(int[] preorder, int preStart, int preEnd,
               int[] inorder, int inStart, int inEnd) {
    // 前序位置,尋找左右子樹的索引
    if (preStart > preEnd) {
        return null;
    }
    int rootVal = preorder[preStart];
    int index = 0;
    for (int i = inStart; i <= inEnd; i++) {
        if (inorder[i] == rootVal) {
            index = i;
            break;
        }
    }
    int leftSize = index - inStart;
    TreeNode root = new TreeNode(rootVal);

    // 遍歷框架,遞迴構造左右子樹
    root.left = build(preorder, preStart + 1, preStart + leftSize,
                      inorder, inStart, index - 1);
    root.right = build(preorder, preStart + leftSize + 1, preEnd,
                       inorder, index + 1, inEnd);
    return root;
}
```

不要看這個函式的參數很多,它們只是為了控制陣列索引而已。注意找遞迴函式 **build** 的位置,本質上該演算法也就是一個前序遍歷,因為它在前序遍歷的位置加了一塊程式邏輯。

LeetCode 第 230 題,難度中等,尋找二元搜尋樹中的第 k 小的元素,主要程式如下:

```
int res = 0;
int rank = 0;
void traverse(TreeNode root, int k) {
    if (root == null) {
        return;
    }
    traverse(root.left, k);
    /* 中序遍歷程式位置 */
    rank++;
    if (k == rank) {
        res = root.val;
        return;
    }
    /****************/
    traverse(root.right, k);
}
```

這不就是中序遍歷嘛，對於一棵二元搜尋樹中序遍歷表示什麼，應該不需要解釋了吧。

你看，二元樹的題目不過如此，只要把框架寫出來，然後往相應的位置加程式就行了，這不就是想法嘛！

對一個理解二元樹的人來說，刷一道二元樹的題目花不了多長時間。那麼如果你對刷題無從下手或有畏懼心理，不妨從二元樹下手，前 10 道也許有點難受；結合框架再做 20 道，也許你就有點自己的理解了；刷完整個專題，再去做什麼回溯、動態規劃、分治專題，**你就會發現只要是涉及遞迴的問題，都是樹的問題**。

再舉一些例子，說幾道後面會講到的問題。

1.3 動態規劃解題策略框架將介紹湊零錢問題，暴力解法就是遍歷一棵 N 元樹：

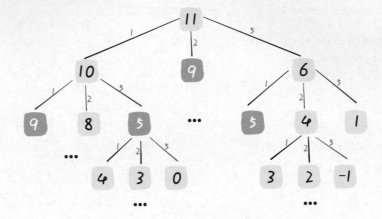

```java
int dp(int[] coins, int amount) {
    // base case
    if (amount == 0) return 0;
    if (amount < 0) return -1;

    int res = Integer.MAX_VALUE;
    for (int coin : coins) {
        int subProblem = dp(coins, amount - coin);
        // 子問題無解則跳過
        if (subProblem == -1) continue;
        // 在子問題中選擇最佳解，然後加 1
        res = Math.min(res, subProblem + 1);
    }
    return res == Integer.MAX_VALUE ? -1 : res;
}
```

這麼多程式看不懂怎麼辦？直接提取出框架，就能看出核心想法了：

```java
# 不過是一個 N 元樹的遍歷問題
int dp(int amount) {
    for (int coin : coins) {
        dp(amount - coin);
    }
}
```

其實很多動態規劃問題就是在遍歷一棵樹，你如果對樹的遍歷操作爛熟於心，那麼起碼知道怎麼把想法轉化成程式，也知道如何提取別人解法的核心想法。

再看看回溯演算法，將在 **1.4　回溯演算法解題策略框架**中乾脆直接說，回溯演算法就是個 N 元樹的前後序遍歷問題，沒有例外。

比如全排列問題，本質上全排列就是在遍歷下面這棵樹，到葉子節點的路徑就是一個全排列：

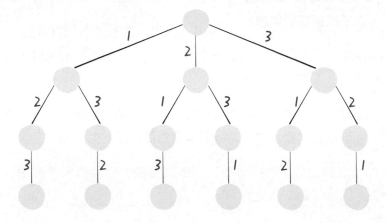

全排列演算法的主要程式如下：

```java
void backtrack(int[] nums, LinkedList<Integer> track) {
    if (track.size() == nums.length) {
        res.add(new LinkedList(track));
        return;
    }

    for (int i = 0; i < nums.length; i++) {
        if (track.contains(nums[i]))
            continue;
        track.add(nums[i]);
        // 進入下一層決策樹
        backtrack(nums, track);
        track.removeLast();
    }
}
```

看不懂？沒關係，把其中的遞迴部分提取出來：

```
/* 提取出 N 元樹遍歷框架 */
void backtrack(int[] nums, LinkedList<Integer> track) {
    for (int i = 0; i < nums.length; i++) {
        backtrack(nums, track);
    }
}
```

N 元樹的遍歷框架，找出來了吧？你說，樹這種結構重不重要？

綜上所述，對畏懼演算法的讀者來說，可以先刷樹的相關題目，試著從框架上看問題，而不要糾結於細節。

所謂糾結細節，就比如糾結 `i` 到底應該加到 `n` 還是加到 `n - 1`，這個陣列的大小到底應該開 `n` 還是 `n + 1`？

從框架看問題，就是像我們這樣基於框架進行取出和擴展，既可以在看別人解法時快速理解核心邏輯，也有助我們找到自己寫解法時的想法方向。

當然，如果細節出錯，你將得不到正確的答案，但是只要有框架，再錯也錯不到哪兒去，因為你的方向是對的。

但是，你要是心中沒有框架，那麼解題只能靠死記硬背，甚至給了你答案，也不會發現這就是樹的遍歷問題。

這就是框架的力量，能夠保證你在想法不那麼清晰的時候，依然能寫出正確的程式。

本節的最後，總結一下吧：

資料結構的基本存放裝置方式就是鏈式和順序兩種，基本操作就是增刪查改，遍歷方式無非迭代和遞迴。

學完基本演算法之後，建議從「二元樹」系列問題開始刷，結合框架思維，把樹結構理解合格，然後再去看回溯、動態規劃、分治等演算法專題，對想法的理解就會更加深刻。

1.2 電腦演算法的本質

本節主要有兩部分，一是談我對演算法本質的理解，二是概括各種常用的演算法。整個這節沒有什麼硬核心的程式，都是我的經驗之談，也許沒有多麼「高大上」，但能幫你少走彎路，更透徹地理解和掌握演算法。

因為這是一節總結性質的內容，會包含一些對後文的引用，旨在提前幫助讀者對演算法有個正確的認識，所以如果在本節中遇到不理解的地方大可跳過，看完對應的章節回頭再看本節，就可以明白我想表達的意思了。

1.2.1 演算法的本質

如果要讓用我一句話總結，我想說演算法的本質就是「窮舉」。

這麼說肯定有人要反駁了，真的所有演算法問題的本質都是窮舉嗎？沒有例外嗎？例外肯定是有的，比如有的演算法題目類似腦筋急轉彎，都是透過觀察，發現規律，然後找到最佳解法。再比如，密碼學相關的演算法、機器學習相關的演算法，本質上都是數學推論，然後用程式設計的形式表現出來，但這些演算法的本質是數學，不應該算作電腦演算法。

順便提一下，「演算法工程師」做的這個「演算法」，和「資料結構和演算法」中的這個「演算法」完全是兩碼事。

對前者來說，重點在數學建模和調參經驗，電腦真就只是拿來做計算的工具而已；而後者的重點是電腦思維，需要你能夠站在電腦的角度，抽象、簡化實際問題，然後用合理的資料結構去解決問題。

所以，你千萬別以為學好了資料結構和演算法就能去做演算法工程師，也不要以為只要不做演算法工程師就不需要學習資料結構和演算法。坦白說，大部分開發職位工作中都是基於現成的開發框架做事，不怎麼會碰到底層資料結構和演算法相關的問題，但另一個事實是，只要你想找技術相關的職位，資料結構和演算法的考查是繞不開的，因為這塊基礎知識是公認的程式設計師基本功。

為了區分，不妨稱前者為「數學演算法」，後者為「電腦演算法」，我寫的內容主要聚焦的是「電腦演算法」。

這樣解釋應該很清楚了，我猜大部分人的目標是通過演算法筆試，找一份開發職位的工作，所以你真的不需要有多少數學基礎，只要學會用電腦思維解決問題就夠了。

其實電腦思維也沒什麼高級的，你想想電腦的特點是什麼？不就是快嘛，你的大腦可能一秒只能轉一圈，人家 CPU 轉幾萬圈無壓力。所以電腦解決問題的方式大道至簡，就是窮舉。

我記得自己剛入門的時候，也覺得電腦演算法很「高大上」，每見到一道題，就想著能不能推導出一個什麼數學公式，啪的一下就能把答案算出來。比如你和一個沒學過電腦演算法的人說你寫了一個計算排列組合的演算法，他大概以為你發明了一個公式，可以直接算出所有排列組合。但實際上呢？沒什麼「高大上」的公式，**3.4.1 回溯演算法解決子集、排列、組合問題** 中寫了，其實就是把排列組合問題抽象成一棵多元樹結構，然後用回溯演算法去暴力窮舉。

大家對電腦演算法的誤解也許是以前學數學留下的「後遺症」，數學題一般都是你仔細觀察，找幾何關係，列方程式，然後算出答案。如果說你需要進行大規模窮舉來尋找答案，那大機率是你的解題想法出問題了。

而電腦解決問題的思維恰恰相反：有沒有什麼數學公式就交給你們人類去推導，如果能找到一些巧妙的定理那最好，但如果找不到，那就窮舉吧，反正只要複雜度允許，沒有什麼答案是窮舉不出來的，理論上講只要不斷隨機打亂一個陣列，總有一天能得到有序的結果呢！當然，這絕不是一個好演算法，因為鬼知道它要執行多久才有結果。

技術崗筆試 / 面試考的那些演算法題，求最大值最小值之類的，你怎麼求？必須要把所有可行解窮列出來才能找到最值對，說穿了不就這麼點事嘛。

但是，你千萬不要覺得窮舉這個事很簡單，窮舉有兩個關鍵困難：無遺漏、無容錯。

遺漏，會直接導致答案出錯；容錯，會拖慢演算法的執行速度。所以，當你看到一道演算法題，可以從這兩個維度去思考：

1. **如何窮舉？** 即無遺漏地窮舉所有可能解。

2. **如何聰明地窮舉？** 即避免所有容錯的計算，消耗盡可能少的資源求出答案。

不同類型的題目，困難是不同的，有的題目難在「如何窮舉」，有的題目難在「如何聰明地窮舉」。

什麼演算法的困難在「如何窮舉」呢？一般是遞迴類問題，最典型的就是動態規劃系列問題。

1.3 動態規劃解題策略框架 闡述了動態規劃系列問題的核心原理，無非就是先寫出暴力窮舉解法（狀態轉移方程式），加個備忘錄就成自頂向下的遞迴解法了，再改一改就成自底向上的遞推迭代解法了，4.1.4 動態規劃的降維打擊：空間壓縮技巧裡也講過如何分析最佳化動態規劃演算法的空間複雜度。

上述過程就是在不斷最佳化演算法的時間、空間複雜度，也就是所謂「如何聰明地窮舉」。這些技巧一聽就會了，但很多讀者說明白了這些原理，遇到動態規劃題目還是不會做，因為想不出狀態轉移方程式，第一步的暴力解都寫不出來。

這很正常，因為動態規劃類型的題目可以千奇百怪，找狀態轉移方程式才是困難，所以才有了 4.2.1 動態規劃設計：最長遞增子序列，告訴你遞迴窮舉的核心是數學歸納法，明確函式的定義，然後利用這個定義寫遞迴函式，就可以窮列出所有可行解。

什麼演算法的困難在「如何聰明地窮舉」呢？一些耳熟能詳的非遞迴演算法技巧，都可以歸在這一類。

比如 3.3.2 Union-Find 演算法詳解 告訴你一種高效計算連通分量的技巧，理論上說，想判斷兩個節點是否連通，我用 DFS/BFS 暴力搜尋（窮舉）肯定可

以做到，但人家 Union Find 演算法硬是用陣列模擬樹結構，給你把連通性相關的操作複雜度幹到 $O(1)$ 了。

這就屬於聰明的窮舉，大佬們把這些技巧發明出來，你學過就會用，沒學過恐怕很難想出這種想法。

下面綜合性地列舉一些常見的演算法技巧，供大家學習參考。

1.2.2 陣列 / 單鏈結串列系列演算法

單鏈結串列常考的技巧就是雙指標，2.1.1 單鏈結串列的六大解題策略 全給你總結這些技巧就是會者不難，難者不會。

比如判斷單鏈結串列是否成環，拍腦袋的暴力解是什麼？就是用一個 `HashSet` 之類的資料結構來快取走過的節點，遇到重複的就說明有環對，但我們用快慢指標可以避免使用額外的空間，這就是聰明的窮舉嘛。

當然，對找鏈結串列中點這種問題，使用雙指標技巧只是顯示你學過這個技巧，和遍歷兩次鏈結串列的常規解法從時間空間複雜度的角度來說都是差不多的。

陣列常用的技巧有很大一部分還是雙指標相關的技巧，說穿了是教你如何聰明地進行窮舉。

首先說二分搜尋技巧，可以歸為兩端向中心的雙指標。如果讓你在陣列中搜尋元素，一個 for 迴圈窮舉肯定能搞定對，但如果陣列是有序的，二分搜尋不就是一種更聰明的搜尋方式？

1.7 我寫了首詩，保你閉著眼睛都能寫出二分搜尋演算法 給你總結了二分搜尋程式範本，保證不會出現搜尋邊界的問題。這一節總結了二分搜尋相關題目的共通性以及如何將二分搜尋思想運用到實際演算法中。

類似的兩端向中心的雙指標技巧還有 LeetCode 上的 N 數之和系列問題，5.7 一個函式解決 nSum 問題 講了這些題目的共通性，甭管幾數之和，解法肯定要

窮舉所有的數字組合，然後看看哪個數字組合的和等於目標和。比較聰明的方式是先排序，利用雙指標技巧快速計算結果。

再說說滑動視窗演算法技巧，典型的快慢雙指標，快慢指標中間就是滑動的「視窗」，主要用於解決子串問題。

1.8 我寫了一個範本，把滑動視窗演算法變成了默寫題中最小覆蓋子串這道題，讓你尋找包含特定字元的最短子串，常規拍腦袋解法是什麼？那肯定是類似字串暴力匹配演算法，用巢狀結構 for 迴圈窮舉吧，平方級的複雜度。而滑動視窗技巧告訴你不用這麼麻煩，可以用快慢指標遍歷一次就求出答案，這就是教你聰明的窮舉技巧。

但是，就像二分搜尋只能運用在有序陣列上一樣，滑動視窗也是有限制的，就是你必須明確地知道什麼時候應該擴大視窗，什麼時候該收縮視窗。比如，我們潛意識地假設擴大視窗會讓視窗內元素之和變大，反之則變小，以此建構滑動視窗演算法。但要注意這個假設的前提是陣列元素都是非負數，如果存在負數，那麼這個假設就不成立，也就無法確定滑動視窗的擴大和縮小的時機。

還有迴文串相關技巧，如果判斷一個串是否是迴文串，使用雙指標從兩端向中心檢查，如果尋找迴文子串，就從中心向兩端擴散。**2.1.2 陣列雙指標的解題策略** 使用了一種技巧同時處理了迴文串長度為奇數或偶數的情況。

當然，尋找最長迴文子串可以有更精妙的馬拉車演算法（Manacher 演算法），不過，學習這個演算法的 C/P 值不高，沒什麼必要掌握。

最後說說首碼和技巧和差分陣列技巧。

如果頻繁地讓你計算子陣列的和，每次用 for 迴圈去遍歷肯定沒問題，但首碼和技巧預計算一個 `preSum` 陣列，就可以避免迴圈。類似的，如果頻繁地讓你對子陣列進行增減操作，也可以每次用 for 迴圈去操作，但差分陣列技巧維護一個 `diff` 陣列，也可以避免迴圈。

陣列鏈結串列的技巧差不多就這些了，都比較固定，只要你都見過，運用出來的難度不算大，下面來說一說稍微有些難度的演算法。

1.2.3 二元樹系列演算法

老讀者都知道，二元樹的重要性我之前說了無數次，因為二元樹模型幾乎是所有高級演算法的基礎，尤其是那麼多人說對遞迴的理解不合格，更應該好好刷二元樹相關題目。

1.6 一步步帶你刷二元樹（綱領）將介紹，二元樹題目的遞迴解法可以分兩**類想法，第一類是遍歷一遍二元樹得出答案，第二類是透過分解問題計算出答案，這兩類想法分別對應著 1.4** 回溯演算法解題策略框架和 **1.3** 動態規劃解題策略框架。

什麼叫透過遍歷一遍二元樹得出答案？

就比如計算二元樹最大深度這個問題讓你實現 `maxDepth` 這個函式，你這樣寫程式完全沒問題：

```
// 記錄最大深度
int res = 0;
int depth = 0;

// 主函式
int maxDepth(TreeNode root) {
    traverse(root);
    return res;
}

// 二元樹遍歷框架
void traverse(TreeNode root) {
    if (root == null) {
        // 到達葉子節點
        res= Math.max(res, depth);
        return;
    }
    // 前序遍歷位置
    depth++;
    traverse(root.left);
    traverse(root.right);
```

```
    // 後序遍歷位置
    depth--;
}
```

這個邏輯就是用 **traverse** 函式遍歷了一遍二元樹的所有節點，維護 `depth` 變數，在葉子節點的時候更新最大深度。

你看這段程式，有沒有覺得很熟悉？能不能和回溯演算法的程式範本對應上？不信你照著 **1.4** 回溯演算法解題策略框架中全排列問題的程式對比下：

```java
// 記錄所有全排列
List<List<Integer>> res = new LinkedList<>();
LinkedList<Integer> track = new LinkedList<>();

/* 主函式，輸入一組不重複的數字，傳回它們的全排列 */
List<List<Integer>> permute(int[] nums) {
    backtrack(nums);
    return res;
}

// 回溯演算法框架
void backtrack(int[] nums) {
    if (track.size() == nums.length) {
        // 窮舉完一個全排列
        res.add(new LinkedList(track));
        return;
    }

    for (int i = 0; i < nums.length; i++) {
        if (track.contains(nums[i]))
            continue;
        // 前序遍歷位置做選擇 track.add(nums[i]); backtrack(nums);
        // 後序遍歷位置取消選擇
        track.removeLast();
    }
}
```

前文講回溯演算法的時候就告訴你回溯演算法本質就是遍歷一棵多元樹，連程式實現都如出一轍。而且我之前經常說，回溯演算法雖然簡單粗暴效率低，但特別有用，因為如果你對一道題無計可施，回溯演算法起碼能幫你寫一個暴力解撈點分對吧。

那什麼叫透過分解問題計算答案？

同樣是計算二元樹最大深度這個問題，你也可以寫出下面這樣的解法：

```java
// 定義：輸入根節點，傳回這棵二元樹的最大深度
int maxDepth(TreeNode root) {
    if (root == null) {
    return 0;
    }
    // 遞迴計算左右子樹的最大深度
    int leftMax = maxDepth(root.left); int rightMax = maxDepth(root.right);
    // 整棵樹的最大深度
    int res = Math.max(leftMax, rightMax) + 1;

    return res;
}
```

你看這段程式，有沒有覺得很熟悉？有沒有覺得有點動態規劃解法程式的形式？不信你看 **1.3 動態規劃解題策略框架**中湊零錢問題的暴力窮舉解法：

```java
// 定義：輸入金額 amount，傳回湊出 amount 的最少硬幣個數
int coinChange(int[] coins, int amount) {
    // base case
    if (amount == 0) return 0;
    if (amount < 0) return -1;

    int res = Integer.MAX_VALUE;
    for (int coin : coins) {
        // 遞迴計算湊出 amount - coin 的最少硬幣個數
        int subProblem = coinChange(coins, amount - coin);
        if (subProblem == -1) continue;
        // 湊出 amount 的最少硬幣個數
        res = Math.min(res, subProblem + 1);
```

```
    }

    return res == Integer.MAX_VALUE ? -1 : res;
}
```

　　這個暴力解加個 `memo` 備忘錄就是自頂向下的動態規劃解法,你對照二元樹最大深度的解法程式,有沒有發現很像?

　　如果你感受到最大深度這個問題兩種解法的區別,那就趁熱打鐵,我問你,二元樹的前序遍歷怎麼寫?

　　我相信大家都會對這個問題嗤之以鼻,毫不猶豫就可以寫出下面這段程式:

```
List<Integer> res = new LinkedList<>();

// 傳回前序遍歷結果
List<Integer> preorder(TreeNode root) {
    traverse(root);
    return res;
}

// 二元樹遍歷函式
void traverse(TreeNode root) {
    if (root == null) {
        return;
    }
    // 前序遍歷位置
    res.add(root.val);
    traverse(root.left);
    traverse(root.right);
}
```

　　但是,你結合上面說到的兩種不同的思維模式,二元樹的遍歷是否也可以透過分解問題的想法解決呢?

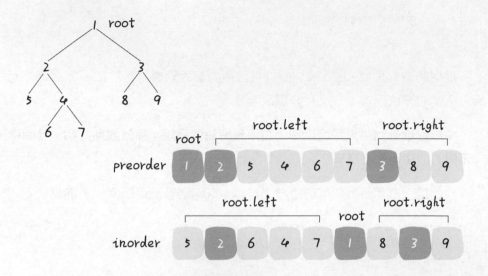

3.1.2 一步步帶你刷二元樹（構造篇）講介紹前、中、後序遍歷結果的特點：

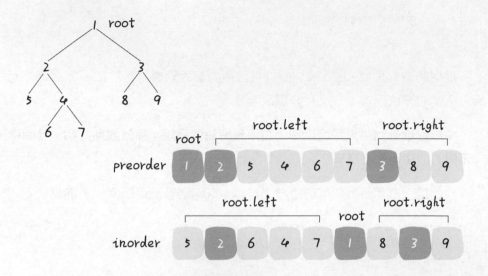

你注意前序遍歷的結果，根節點的值在第一位，後面接著左子樹的前序遍歷結果，最後接著右子樹的前序遍歷結果。

有沒有體會出點什麼來？其實完全可以重寫前序遍歷程式，用分解問題的形式寫出來，避免外部變數和輔助函式：

```java
// 定義：輸入一棵二元樹的根節點，傳回這棵樹的前序遍歷結果
List<Integer> preorder(TreeNode root) {
    List<Integer> res = new LinkedList<>();
    if (root == null) {
        return res;
    }
    // 前序遍歷的結果，root.val 在第一個
    res.add(root.val);
    // 後面接著左子樹的前序遍歷結果
    res.addAll(preorder(root.left));
    // 最後接著右子樹的前序遍歷結果
    res.addAll(preorder(root.right));
    return res;
}
```

　　你看，這就是用分解問題的思維模式寫二元樹的前序遍歷，如果寫中序和後序遍歷也是類似的。

　　當然，動態規劃系列問題有「最佳子結構」和「重疊子問題」兩個特性，而且大多是讓你求最值的。很多演算法雖然不屬於動態規劃，但也符合分解問題的思維模式。

　　另外，除了動態規劃、回溯（DFS）、分治，還有一個常用演算法就是BFS，**1.5 BFS 演算法解題策略框架**就是根據下面這段二元樹的層序遍歷程式改裝出來的：

```java
// 輸入一棵二元樹的根節點，層序遍歷這棵二元樹
void levelTraverse(TreeNode root) {
    if (root == null) return 0;
    Queue<TreeNode> q = new LinkedList<>();
    q.offer(root);

    int depth = 1;
    // 從上到下遍歷二元樹的每一層
    while (!q.isEmpty()) {
        int sz = q.size();
        // 從左到右遍歷每一層的每個節點
        for (int i = 0; i < sz; i++) {
            TreeNode cur = q.poll();

            if (cur.left != null) {
                q.offer(cur.left);
            }
            if (cur.right != null) {
                q.offer(cur.right);
            }
        }
        depth++;
    }
}
```

　　更進一步，圖論相關的演算法也是二元樹演算法的延續。

比如 **3.3.1 圖論演算法基礎**就把多元樹的遍歷擴展到了圖的遍歷；再比如 **3.3.3 最小生成樹之 Kruskal 演算法**，就是並查集演算法的應用。

說得差不多了，上述這些演算法的本質都是窮舉二（多）元樹，有機會的話透過剪枝或備忘錄的方式減少容錯計算，提高效率，就這麼點事。

1.2.4 最後總結

經常有讀者問我什麼刷題方式是正確的，我的看法是：正確的刷題方式應該是刷一道題能獲得刷十道題的效果，不然 LeetCode 現在 2000 道題目，你都打算刷完嗎？

那麼怎麼做到呢？首先要有框架思維，學會提煉重點，一個演算法技巧可以包裝出一百道題，如果你能一眼看穿它的本質，那就沒必要浪費時間刷了嘛。

同時，在做題的時候要思考，聯想，進而培養舉一反三的能力，這也是本書希望幫讀者培養的能力。本書中會講解很多的演算法範本和框架，但並不是真的是讓你去死記硬背程式範本，不然的話直接甩出來那一段程式就行了，幹嘛配那麼多文字和圖片的解析呢？

說到底我還是希望愛思考的讀者能培養出成系統的演算法思維，最好能愛上演算法，而非單純地看題解去做題，授人以魚不如授人以漁嘛。本節就到這裡，演算法真的沒啥難的，只要有心，誰都可以學好。

1.3 動態規劃解題策略框架

讀完本節，你不僅學到演算法策略，還可以順便解決以下題目：

509. 費氏數（簡單）	322. 零錢兌換（中等）

動態規劃問題（Dynamic Programming）應該是很多讀者頭疼的問題，不過這類問題也是最具技巧性，最有意思的。本書使用了整整一個章節專門來寫這個演算法，動態規劃問題的重要性也可見一斑，希望本節成為解決動態規劃的「指導方針」。

本節解決幾個問題：

動態規劃是什麼？解決動態規劃問題有什麼技巧？如何學習動態規劃？

刷題刷多了就會發現，演算法技巧就那幾個策略，後續的動態規劃相關章節，都在使用本節的解題思維框架，如果你心裡有數，就會輕鬆很多。所以本節放在第 1 章，形成一套解決這類問題的思維框架，希望能夠成為解決動態規劃問題的一部指導方針。下面就來講解該演算法的基本策略框架。

首先，**動態規劃問題的一般形式就是求最值**。動態規劃其實是運籌學的一種最最佳化方法，只不過在電腦問題上應用比較多，比如求最長遞增子序列、最小編輯距離，等等。

既然要求最值，核心問題是什麼呢？**求解動態規劃的核心問題是窮舉**。因為要求最值，肯定要把所有可行的答案窮列出來，然後在其中找最值。

「動態規劃這麼簡單，窮舉就完事了？我看到的動態規劃問題都很難啊！」肯定有很多讀者有這樣的想法。

首先，雖然動態規劃的核心思想就是窮舉求最值，但是問題可以千變萬化，窮舉所有可行解其實並不是一件容易的事，需要你熟練掌握遞迴思維，只有列出**正確的「狀態轉移方程式」**，才能正確地窮舉。而且，你需要判斷演算法問題是否**具備「最佳子結構」**，是否能夠透過子問題的最值得到原問題的最值。另外，動態規劃問題**存在「重疊子問題」**，如果用暴力解，效率會很低，所以需要使用「備忘錄」或「DP table」來最佳化窮舉過程，避免不必要的計算。

以上提到的重疊子問題、最佳子結構、狀態轉移方程式就是動態規劃三要素，具體什麼意思後面會舉例詳解，但是在實際的演算法問題中，寫出狀態轉移方程式是最困難的，這也就是為什麼很多朋友覺得動態規劃問題困難的原因，我來提供我總結的思維框架，輔助你思考狀態轉移方程式：

明確 base case -> 明確「狀態」-> 明確「選擇」 -> 定義 dp 陣列 / 函式的含義。

按上面的策略走，最後的解法程式就會是以下的框架：

```python
# 自頂向下遞迴的動態規劃
def dp( 狀態 1, 狀態 2, ...):
    for 選擇 in 所有可能的選擇 :
        # 此時的狀態已經因為做了選擇而改變
        result = 求最值 (result, dp( 狀態 1, 狀態 2, ...))
    return result
# 自底向上迭代的動態規劃
# 初始化 base case dp[0][0][...] = base case # 進行狀態轉移
for 狀態 1 in 狀態 1 的所有設定值 :
    for 狀態 2 in 狀態 2 的所有設定值 :
        for ...
            dp[ 狀態 1][ 狀態 2][...] = 求最值 ( 選擇 1，選擇 2，...)
```

下面透過費氏數列問題和湊零錢問題來詳解動態規劃的基本原理。前者主要是讓你明白什麼是重疊子問題（費氏數列沒有求最值，所以嚴格來說不是動態規劃問題），後者主要專注於如何列出狀態轉移方程式。

1.3.1 費氏數列

LeetCode 第 509 題「費氏數」就是這個問題，請不要嫌棄這個例子簡單，**只有簡單的例子才能讓你把精力充分集中在演算法背後的通用思想和技巧上，而不會被那些隱晦的細節問題搞得莫名其妙。**想要困難的例子，接下來的動態規劃系列裡有很多。

1. 暴力遞迴

費氏數列的數學形式就是遞迴的，寫成程式就是這樣：

```c
int fib(int N) {
    if (N == 1 || N == 2) return 1;
    return fib(N - 1) + fib(N - 2);
}
```

這就不用多說了，學校老師講遞迴的時候似乎都是拿這個舉例的。我們也知道這樣寫程式雖然簡潔易懂，但十分低效，低效在哪裡？假設 `n=20`，請畫出遞迴樹：

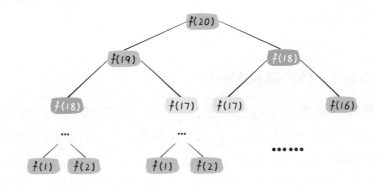

注意：但凡遇到需要遞迴的問題，最好都畫出遞迴樹，這對分析演算法的複雜度、尋找演算法低效的原因都有巨大幫助。

這個遞迴樹怎麼理解呢？就是說想要計算原問題 `f(20)`，就要先計算出子問題 `f(19)` 和 `f(18)`；然後要計算 `f(19)`，就要先算出子問題 `f(18)` 和 `f(17)`，依此類推。最後遇到 `f(1)` 或 `f(2)` 的時候，結果已知，就能直接傳回結果，遞迴樹不再向下生長了。

遞迴演算法的時間複雜度怎麼計算？就是用子問題個數乘以解決一個子問題需要的時間。

首先計算子問題個數，即遞迴樹中節點的總數。顯然二元樹節點總數為指數等級，所以子問題個數為 $O(2^N)$。

然後計算解決一個子問題的時間，在本演算法中，沒有迴圈，只有 `f(N-1) + f(N-2)` 一個加法操作，時間為 $O(1)$。

所以，這個演算法的時間複雜度為二者相乘，即 $O(2^N)$，指數等級，效率會非常差。觀察遞迴樹，可以很明顯地發現演算法低效的原因：存在大量重複計算，比如 `f(18)`

被計算了兩次，而且你可以看到，以 **f(18)** 為根的這個遞迴樹體量巨大，多算一遍，會耗費巨多的時間。更何況還不止 **f(18)** 這一個節點被重複計算，所以這個演算法極其低效。

這就是動態規劃問題的第一個性質：**重疊子問題**。下面，我們想辦法解決這個問題。

2. 附帶「備忘錄」的遞迴解法

明確了問題，其實就已經把問題解決了一半。既然耗時的原因是重複計算，那麼我們可以造一個「備忘錄」，每次算出某個子問題的答案後別急著傳回，先將其記到「備忘錄」裡再傳回；每次遇到一個子問題先去「備忘錄」裡查一查，如果發現之前已經解決過這個問題，直接把答案拿出來用，不要再耗時去計算了。

一般使用一個陣列充當這個「備忘錄」，當然也可以使用雜湊表（字典），思想都是一樣的。

```
int fib(int N) {
    // 備忘錄全初始化為 0
    int[] memo = new int[N + 1];
    // 進行附帶備忘錄的遞迴
    return helper(memo, N);
}

int helper(int[] memo, int n) {
    // base case
    if (n == 0 || n == 1) return n;
    // 已經計算過，不用再計算了
    if (memo[n] != 0) return memo[n];
    memo[n] = helper(memo, n - 1) + helper(memo, n - 2);
    return memo[n];
}
```

現在，畫出遞迴樹，你就知道「備忘錄」到底做了什麼。

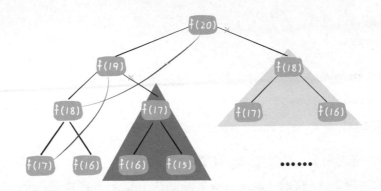

實際上，附帶「備忘錄」的遞迴演算法，就是把一棵存在巨量容錯的遞迴樹透過「剪枝」，改造成了一幅不存在容錯的遞迴圖，極大減少了子問題（即遞迴圖中節點）的個數：

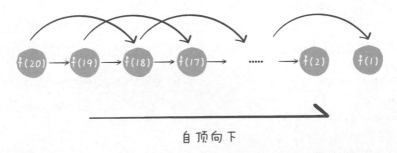

自頂向下

前面講過遞迴演算法的時間複雜度的計算就是用子問題個數乘以解決一個子問題需要的時間。

子問題個數，即圖中節點的總數，由於本演算法不存在容錯計算，子問題就是 `f(1)`, `f(2)`, `f(3)`, …, `f(20)`，數量和輸入規模 $N = 20$ 成正比，所以子問題個數為 $O(N)$。

解決一個子問題的時間，和之前一樣，沒有什麼迴圈，時間為 $O(1)$。

所以，本演算法的時間複雜度是 $O(N)$，比起暴力演算法，這算得上降維打擊。

至此，附帶備忘錄的遞迴解法的效率已經和迭代的動態規劃解法一樣了。實際上，這種解法和常見的動態規劃解法已經差不多了，只不過這種解法是「自

頂向下」進行「遞迴」求解,我們更常見的動態規劃程式是「自底向上」進行「遞推」求解。

啥叫「自頂向下」?注意我們剛才畫的遞迴樹(或說圖),是從上向下延伸,都是從一個規模較大的原問題比如 f(20),向下逐漸分解規模,直到 f(1) 和 f(2) 這兩個 base case,然後逐層傳回答案,這就叫「自頂向下」。

啥叫「自底向上」?反過來,我們直接從最底下、最簡單、問題規模最小、已知結果的 f(1) 和 f(2)(base case)開始往上推,直到推到我們想要的答案 f(20)。這就是「遞推」的想法,這也是動態規劃一般都脫離了遞迴,而是由迴圈迭代完成計算的原因。

3. dp 陣列的迭代(遞推)解法

有了上一步「備忘錄」的啟發,我們可以把這個「備忘錄」獨立出來成為一張表,通常叫作 DP table,在這張表上完成「自底向上」的推算豈不美哉!

```java
int fib(int N) {
    if (N == 0) return 0;
    int[] dp = new int[N + 1];
    // base case
    dp[0] = 0; dp[1] = 1;
    // 狀態轉移
    for (int i = 2; i <= N; i++) {
        dp[i] = dp[i - 1] + dp[i - 2];
    }

    return dp[N];
}
```

畫個圖就很好理解了,而且你會發現這個 DP table 特別像之前那個「剪枝」後的結果,只是反過來算而已。實際上,附帶備忘錄的遞迴解法中的「備忘錄」,最終完成後就是這個 DP table,所以說這兩種解法其實是差不多的,在大部分情況下,效率也基本相同。

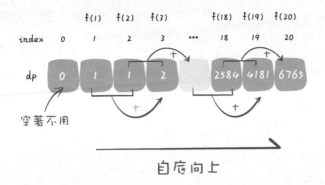

這裡，引出「狀態轉移方程式」這個名詞，實際上就是描述問題結構的數學形式：

$$f(n) = \begin{cases} 1, n=1,2 \\ f(n-1)+f(n-2), n>2 \end{cases}$$

為什麼叫「狀態轉移方程式」？其實就是為了聽起來高端。

`f(n)` 的函式參數會不斷變化，所以你把參數 `n` 想作一個狀態，這個狀態 `n` 是由狀態 `n - 1` 和狀態 `n - 2` 轉移（相加）而來，這就叫狀態轉移，僅此而已。

你會發現，上面的幾種解法中的所有操作，例如 `return f(n - 1) + f(n - 2)`，`dp[i] = dp[i - 1] + dp[i - 2]`，以及對「備忘錄」或 DP table 的初始化操作，都是圍繞這個方程式的不同表現形式。

可見列出「狀態轉移方程式」的重要性，它是解決問題的核心，而且很容易發現，其實狀態轉移方程式直接代表著暴力解。

千萬不要看不起暴力解，動態規劃問題最困難的就是寫出這個暴力解，即狀態轉移方程式。

只要寫出暴力解，最佳化方法無非是用「備忘錄」或 DP table，再無奧妙可言。在這個例子的最後，講一個細節的最佳化。

細心的讀者會發現，根據費氏數列的狀態轉移方程式，當前狀態只和之前的兩個狀態有關，其實並不需要那麼長的 DP table 來儲存所有的狀態，只要想辦法儲存之前的兩個狀態就行了。

所以，可以進一步最佳化，把空間複雜度降為 $O(1)$。這也就是我們最常見的計算費氏數列的演算法：

```
int fib(int n) {
    if (n == 0 || n == 1) {
        // base case
        return n;
    }
    // 分別代表 dp[i - 1] 和 dp[i - 2]
    int dp_i_1 = 1, dp_i_2 = 0;
    for (int i = 2; i <= n; i++) {
        // dp[i] = dp[i - 1] + dp[i - 2];
        int dp_i = dp_i_1 + dp_i_2;
        // 捲動更新
        dp_i_2 = dp_i_1;
        dp_i_1 = dp_i;
    }
    return dp_i_1;
}
```

這一般是動態規劃問題的最後一步最佳化，如果我們發現每次狀態轉移只需要 DP table 中的一部分，那麼可以嘗試縮小 DP table 的大小，只記錄必要的資料，從而降低空間複雜度。上述例子就相當於把 DP table 的大小從 N 縮小到 2。後續的動態規劃章節中我們還會看到這樣的例子，一般來說是把一個二維的 DP table 壓縮成一維，即把空間複雜度從 $O(N^2)$ 壓縮到 $O(N)$。

有人會問，怎麼沒有涉及動態規劃的另一個重要特性「最佳子結構」？下面會涉及。費氏數列的例子嚴格來說不算動態規劃，因為沒有涉及求最值，以上旨在說明重疊子問題的消除方法，演示得到最佳解法逐步求精的過程。下面來看第二個例子，湊零錢問題。

1.3.2 湊零錢問題

這是 LeetCode 第 322 題「零錢兌換」：

給你 `k` 種面額的硬幣，面額分別為 `c1,c2,...,ck`，每種硬幣的數量無限，再給一個總金額 `amount`，問你最少需要幾枚硬幣湊出這個金額，如果不可能湊出，演算法傳回 -1。演算法的函式名稱如下：

```
// coins 中是可選硬幣面額，amount 是目標金額
int coinChange(int[] coins, int amount);
```

比如 `k = 3`，面額分別為 `1，2，5`，總金額 `amount = 11`，那麼最少需要 3 枚硬幣湊出，即 11 = 5 + 5 + 1。

你認為電腦應該如何解決這個問題？顯然，就是把所有可能的湊硬幣方法都窮列出來，然後找找看最少需要多少枚硬幣。

1. 暴力遞迴

首先，這個問題是動態規劃問題，因為它具有「最佳子結構」。**要符合「最佳子結構」，子問題間必須互相獨立**。什麼叫相互獨立？你肯定不想看數學證明，我用一個直觀的例子來講解。

比如，假設考試的每個科目的成績是互相獨立的。你的原問題是考出最高的總成績，那麼你的子問題就是要把語文考到最高，數學考到最高……為了每個科目考到最高，你要把每個科目相應的選擇題分數拿到最高，填空題分數拿到最高…… 當然，最終就是你每個科目都是滿分，這就是最高的總成績。

現在獲得了正確的結果：最高的總成績就是總分。因為這個過程符合最佳子結構，「每個科目考到最高」這些子問題是互相獨立，互不干擾的。

但是，如果加一個條件：你的語文成績和數學成績會互相限制，不能同時達到滿分，數學分數高，語文分數就會降低，反之亦然。

這樣的話，顯然你能考到的最高總成績就達不到總分了，按剛才那個想法就會得到錯誤的結果。因為「每個科目考到最高」的子問題並不獨立，語文數學成績互相影響，無法同時最佳，所以最佳子結構被破壞。

回到湊零錢問題，為什麼說它符合最佳子結構呢？假設你有面額為 `1, 2, 5` 的硬幣，你想求 `amount = 11` 時的最少硬幣數（原問題），如果你知道湊出 `amount = 10, 9,6` 的最少硬幣數（子問題），只需要把子問題的答案加一（再選一枚面額為 `1, 2, 5` 的硬幣），求出最小值，就是原問題的答案。因為硬幣的數量是沒有限制的，所以子問題之間沒有相互限制，是互相獨立的。

注意：關於最佳子結構的問題，**4.1.2 最佳子結構和 dp 陣列的遍歷方向怎麼定**還會再舉例探討。

那麼，既然知道了這是一個動態規劃問題，就要思考如何列出正確的狀態轉移方程式。

1. 確定 base case，這很簡單，顯然目標金額 `amount` 為 0 時演算法傳回 0，因為不需要任何硬幣就已經湊出目標金額了。

2. 確定「狀態」，也就是原問題和子問題中會變化的變數。你假想一下這個湊錢的過程，假設目標金額是 11 元，選擇一枚面額為 5 元的硬幣，那麼你現在的目標金額就變成了 6 元。因為硬幣數量無限，硬幣的面額也是題目給定的，只有目標金額會不斷地向 base case 靠近，所以唯一的「狀態」就是目標金額 `amount`。

3. 確定「選擇」，也就是導致「狀態」產生變化的行為。目標金額為什麼變化呢，因為你在選擇硬幣，每選擇一枚硬幣，就相當於減少了目標金額。所以說所有硬幣的面額，就是你的「選擇」。

4. 明確 **dp** 函式 / 陣列的定義。我們這裡講的是自頂向下的解法，所以會有一個遞迴的 **dp** 函式，一般來說函式的參數就是狀態轉移中會變化的量，也就是上面說到的「狀態」；函式的傳回值就是題目要求我們計算的量。就本題來說，狀態只有一個，即「目標金額」，題目要求我們計算湊出目標金額所需的最少硬幣數量。

　　所以我們可以這樣定義 `dp` 函式：`dp(n)` 表示，輸入一個目標金額 **n**，傳回湊出目標金額 **n** 所需的最少硬幣數量。

　　弄清楚上面這幾個關鍵點，解法的虛擬碼就可以寫出來了：

```
// 虛擬碼框架
int coinChange(int[] coins, int amount) {
    // 題目要求的最終結果是 dp(amount)
    return dp(coins, amount)
}
// 定義：要湊出金額 n，至少要 dp(coins, n) 個硬幣
int dp(int[] coins, int n) {
    // 做選擇，選擇需要硬幣最少的那個結果
    for (int coin : coins) {
        res = min(res, 1 + dp(n - coin))
    }
    return res
}
```

　　根據虛擬碼，我們加上 base case 即可得到最終的答案。顯然目標金額為 0 時，所需硬幣數量為 0；當目標金額小於 0 時，無解，傳回 -1：

```
int coinChange(int[] coins, int amount) {
    // 題目要求的最終結果是 dp(amount)
    return dp(coins, amount)
}

// 定義：要湊出金額 n，至少要 dp(coins, n) 個硬幣
int dp(int[] coins, int amount) {
    // base case
    if (amount == 0) return 0;
    if (amount < 0) return -1;

    int res = Integer.MAX_VALUE;
    for (int coin : coins) {
        // 計算子問題的結果
        int subProblem = dp(coins, amount - coin);
        // 子問題無解則跳過
        if (subProblem == -1) continue;
```

```
    // 在子問題中選擇最佳解，然後加 1
    res = Math.min(res, subProblem + 1);
  }

  return res == Integer.MAX_VALUE ? -1 : res;
}
```

注意：這裡 `coinChange` 和 `dp` 函式的簽名完全一樣，所以理論上不需要額外寫一個 `dp` 函式。但為了後文講解方便，這裡還是另寫一個 `dp` 函式來實現主要邏輯。

另外，我經常看到有人問，子問題的結果為什麼要加 1（`subProblem + 1`），而非加硬幣金額之類的。在這裡提示一下，動態規劃問題的關鍵是 `dp` 函式 / 陣列的定義，你這個函式的傳回值代表什麼？回過頭去弄清楚這一點，就知道為什麼要給子問題的傳回值加 1 了。

至此，狀態轉移方程式其實已經完成了，以上演算法已經是暴力解了，以上程式的數學形式就是狀態轉移方程式：

$$dp(n) = \begin{cases} 0, n = 0 \\ -1, n < 0 \\ min\{dp(n - coin) + 1 | coin \in coins\}, n > 0 \end{cases}$$

至此，這個問題其實就解決了，只不過需要消除重疊子問題，比如 `amount = 11,coins = {1,2,5}` 時畫出遞迴樹看看：

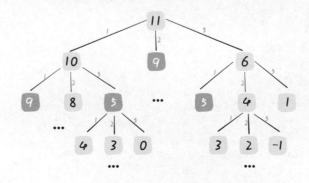

遞迴演算法的時間複雜度分析：子問題總數 × 解決每個子問題所需的時間

子問題總數為遞迴樹的節點個數，但演算法會進行剪枝，剪枝的時機和題目給定的具體硬幣面額有關，所以可以想像，這棵樹生長得並不規則，確切算出樹上有多少節點是比較困難的。對於這種情況，我們一般的做法是按照最壞的情況估算一個時間複雜度的上界。

假設目標金額為 N，給定的硬幣個數為 k，那麼遞迴樹最壞情況下高度為 N（全用面額為 1 的硬幣），然後再假設這是一棵滿 k 元樹，則節點的總數在 $O(k^N)$ 這個數量級。

接下來看每個子問題的複雜度，由於每次遞迴包含一個 for 迴圈，複雜度為 $O(k)$，相乘得到總時間複雜度為 $O(k^{N+1})$，指數等級。

2. 附帶「備忘錄」的遞迴

類似之前費氏數列的例子，只需要稍加修改，就可以透過「備忘錄」消除子問題：

```java
int[] memo;

int coinChange(int[] coins, int amount) {
    memo = new int[amount + 1];
    // "備忘錄"初始化為一個不會被取到的特殊值，代表還未被計算
    Arrays.fill(memo, -666);

    return dp(coins, amount);
}

int dp(int[] coins, int amount) {
    if (amount == 0) return 0;
    if (amount < 0) return -1;
    // 查"備忘錄"，防止重複計算
    if (memo[amount] != -666)
        return memo[amount];

    int res = Integer.MAX_VALUE;
    for (int coin : coins) {
```

```
    // 計算子問題的結果
    int subProblem = dp(coins, amount - coin);
    // 子問題無解則跳過
    if (subProblem == -1) continue;
    // 在子問題中選擇最佳解，然後加 1
    res = Math.min(res, subProblem + 1);
}
// 把計算結果存入備忘錄
memo[amount] = (res == Integer.MAX_VALUE) ? -1 : res;
return memo[amount];
}
```

此處不畫圖了，很顯然「備忘錄」大大減小了子問題數目，完全消除了子問題的容錯，所以子問題總數不會超過金額數 N，即子問題數目為 $O(N)$。處理一個子問題的時間不變，仍是 $O(k)$，所以總的時間複雜度是 $O(k \times N)$。

3. dp 陣列的迭代解法

當然，也可以自底向上使用 DP table 來消除重疊子問題，關於「狀態」「選擇」和 base case 與之前沒有區別，dp 陣列的定義和前面的 dp 函式類似，也是把「狀態」，也就是目標金額作為變數。不過 dp 函式表現在函式參數，而 dp 陣列表現在陣列索引。

dp 陣列的定義：當目標金額為 i 時，至少需要 dp[i] 枚硬幣湊出目標金額。

根據前面列出的動態規劃程式框架可以寫出以下解法：

```
int coinChange(int[] coins, int amount) {
    int[] dp = new int[amount + 1];
    // 陣列大小為 amount + 1，初始值也為 amount + 1
    Arrays.fill(dp, amount + 1);
    // base case
    dp[0] = 0;
    // 外層 for 迴圈在遍歷所有狀態的所有設定值
    for (int i = 0; i < dp.length; i++) {
        // 內層 for 迴圈在求所有選擇的最小值
        for (int coin : coins) {
            // 子問題無解，跳過
```

```
        if (i - coin < 0) {
            continue;
        }
        dp[i] = Math.min(dp[i], 1 + dp[i - coin]);
    }
}
return (dp[amount] == amount + 1) ? -1 : dp[amount];
}
```

$1 + min(dp[4], dp[3], dp[0])$ $1 + min(dp[10], dp[9], dp[6])$

注意：為什麼 dp 陣列中的值都初始化為 amount + 1 呢？因為湊成 amount 金額的硬幣數最多只可能等於 amount（全用 1 元面額的硬幣），所以初始化為 amount + 1 就相當於初始化為正無窮，便於後續取最小值。為什麼不直接初始化為 int 型的最大值 Integer.MAX_VALUE 呢？因為後面有 dp[i - coin] + 1，這就會導致整數溢位。

1.3.3 最後總結

第一個費氏數列的問題，解釋了如何透過「備忘錄」或「DP table」的方法來最佳化遞迴樹，並且明確了這兩種方法本質上是一樣的，只是自頂向下和自底向上的不同而已。

第二個湊零錢的問題，展示了如何流程化確定「狀態轉移方程式」，只要透過狀態轉移方程式寫出暴力遞迴解，剩下的也就是最佳化遞迴樹，消除重疊子問題而已。

如果你不太了解動態規劃，還能看到這裡，真得給你鼓掌，相信你已經掌握了這個演算法的設計技巧了。

電腦解決問題其實沒有什麼特殊技巧，它唯一的解決辦法就是窮舉，窮舉所有可能性。演算法設計無非就是先思考「如何窮舉」，然後再追求「聰明地窮舉」。

列出狀態轉移方程式，就是在解決「如何窮舉」的問題。之所以說它難，一是因為很多窮舉需要遞迴實現，二是因為有的問題本身的解空間複雜，不那麼容易窮舉完整。

「備忘錄」、DP table 就是在追求「聰明地窮舉」。用空間換時間的想法，是降低時間複雜度的不二法門，除此之外，試問，還能玩出啥花樣？

如果遇到任何問題都可以隨時回來重讀本節內容，希望讀者在閱讀每個題目和解法時，多往「狀態」和「選擇」上靠，才能對這套框架產生自己的理解，運用自如。

1.4 回溯演算法解題策略框架

讀完本節，你不僅學到演算法策略，還可以順便解決以下題目：

46. 全排列（中等）	51. N 皇后（困難）

本節解決幾個問題：

回溯演算法是什麼？解決回溯演算法相關的問題有什麼技巧？如何學習回溯演算法？回溯演算法程式是否有規律可循？

其實回溯演算法就是我們常說的 DFS 演算法，本質上就是一種暴力窮舉演算法，廢話不多說，直接上回溯演算法框架。

解決一個回溯問題，實際上就是一個決策樹的遍歷過程，站在回溯樹的節點上，你只需要思考 3 個問題：

1. 路徑：也就是已經做出的選擇。

2. 選擇串列：也就是你當前可以做的選擇。

3. 結束條件：也就是到達決策樹底層，無法再做選擇的條件。

如果你不理解這 3 個詞語的解釋，沒關係，後面會用「全排列」和「N 皇后問題」這兩個經典的回溯演算法問題來幫你理解這些詞語是什麼意思，現在你先有些印象即可。

程式方面，回溯演算法的框架如下：

```python
result = []
def backtrack( 路徑 , 選擇串列 ):
    if 滿足結束條件 :
        result.add( 路徑 )
        return
    for 選擇 in 選擇串列 :
        做選擇
        backtrack( 路徑 , 選擇串列 )
        撤銷選擇
```

其核心就是 for 迴圈裡面的遞迴，在遞迴呼叫之前「做選擇」，在遞迴呼叫之後「撤銷選擇」，特別簡單。

什麼叫做選擇和撤銷選擇呢？這個框架的底層原理是什麼呢？下面就透過「全排列」問題來解開之前的疑惑，詳細探究其中的奧妙！

1.4.1 全排列問題

LeetCode 第 46 題「全排列」就是給你輸入一個陣列 nums，傳回這些數字的全排列。

注意：我們這次討論的全排列問題不包含重複的數字，包含重複數字的擴展場景會在 3.4.1 回溯演算法秒殺子集排列組合問題中講解。

我們在高中的時候就做過排列組合的數學題，我們也知道 n 個不重複的數的全排列共有 n! 個。那麼我們當時是怎麼窮舉全排列的呢？

比如給你三個數 [1,2,3]，你肯定不會無規律地亂窮舉，一般會這樣做：

先固定第一位為 1，然後第二位可以是 2，那麼第三位只能是 3；然後可以把第二位變成 3，第三位就只能是 2 了；現在就只能變化第一位，變成 2，然後再窮舉後兩位……

其實這就是回溯演算法，我們高中無師自通就會用，或有的同學直接畫出以下這棵回溯樹：

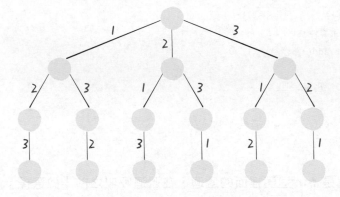

只要從根節點遍歷這棵樹，記錄路徑上的數字，其實就是所有的全排列。我們不妨把這棵樹稱為回溯演算法的「決策樹」。

為什麼說這是決策樹呢？因為在每個節點上其實你都在做決策。比如，你站在下圖的深色節點上：

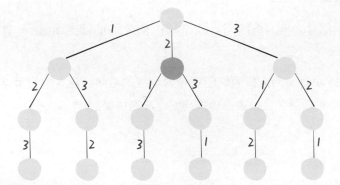

你現在就是在做決策，可以選擇 1 那條樹枝，也可以選擇 3 那條樹枝。為什麼只能在 1 和 3 之中選擇呢？因為 2 這條樹枝在你身後，這個選擇你之前做過了，而全排列是不允許重複使用數字的。

現在可以解答開頭的幾個名詞：`[2]` 就是「路徑」，記錄已經做過的選擇；`[1,3]` 就是「選擇串列」，表示當前可以做出的選擇；「結束條件」就是遍歷到樹的底層（葉子節點），這裡也就是選擇串列為空的時候。

如果明白了這幾個名詞，就可以把「路徑」和「選擇」串列視作決策樹上每個節點的屬性，比以下圖列出了幾個深藍色節點的屬性：

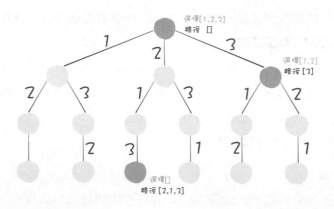

我們定義的 `backtrack` 函式其實就像一個指標，在這棵樹上遍歷，同時要正確維護每個節點的屬性，每當走到樹的底層，其「路徑」就是一個全排列。

再進一步，如何遍歷一棵樹呢？這個應該不難吧。回憶一下之前學習資料結構的框架思維時講過，各種搜尋問題其實都是樹的遍歷問題，而多元樹的遍歷框架就是這樣的：

```
void traverse(TreeNode root) {
    for (TreeNode child : root.childern) {
        // 前序遍歷需要的操作
        traverse(child);
        // 後序遍歷需要的操作
    }
}
```

而所謂的前序遍歷和後序遍歷，只是兩個很有用的時間點，畫張圖你就明白了：

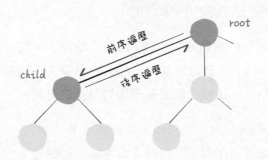

前序遍歷的程式在進入某一個節點之前的那個時間點執行，後序遍歷程式在離開某個節點之後的那個時間點執行。

提示：細心的讀者肯定會有疑問，多元樹 DFS 遍歷框架的前序位置和後序位置應該在 for 迴圈外面，並不應該在 for 迴圈裡面呀？為什麼在回溯演算法中跑到 for 迴圈裡面了？因為回溯演算法和 DFS 演算法略有不同，**3.3.1 圖論演算法基礎**中會詳細對比，這裡可以暫且忽略這個問題。

回想我們剛才說的，「路徑」和「選擇」是每個節點的屬性，函式在樹上游走要正確維護節點的屬性，就要在這兩個特殊時間點做點動作：

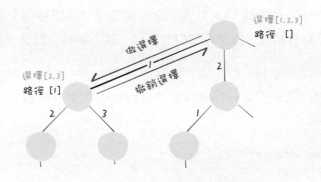

現在，你是否理解了回溯演算法的這段核心框架？

```
for 選擇 in 選擇串列：
    # 做選擇
    將該選擇從選擇串列移除路徑
```

```
        .add( 選擇 )
        backtrack( 路徑 , 選擇串列 )
        # 撤銷選擇
        路徑 .remove( 選擇 )
        將該選擇再加入選擇串列
```

我們只要在遞迴之前做出選擇，在遞迴之後撤銷剛才的選擇，就能正確得到每個節點的選擇串列和路徑。

下面，直接看全排列程式：

```java
List<List<Integer>> res = new LinkedList<>();

/* 主函式，輸入一組不重複的數字，傳回它們的全排列 */
List<List<Integer>> permute(int[] nums) {
    // 記錄 " 路徑 "
    LinkedList<Integer> track = new LinkedList<>();
    // " 路徑 " 中的元素會被標記為 true，避免重複使用
    boolean[] used = new boolean[nums.length];

    backtrack(nums, track, used);
    return res;
}


// 路徑：記錄在 track 中
// 選擇串列：nums 中不存在於 track 的那些元素（used[i] 為 false）
// 結束條件：nums 中的元素全都在 track 中出現
void backtrack(int[] nums, LinkedList<Integer> track, boolean[] used) {
    // 觸發結束條件
    if (track.size() == nums.length) {
        res.add(new LinkedList(track));
        return;
    }

    for (int i = 0; i < nums.length; i++) {
        // 排除不合法的選擇
        if (used[i]) {
            // nums[i] 已經在 track 中，跳過
            continue;
```

```
    }
    // 做選擇
    track.add(nums[i]);
    used[i] = true;
    // 進入下一層決策樹
    backtrack(nums, track, used);
    // 取消選擇
    track.removeLast();
    used[i] = false;
    }
}
```

我們這裡稍微做了些變通，沒有顯式記錄「選擇串列」，而是透過 `used` 陣列排除已經存在 `track` 中的元素，從而推導出當前的選擇串列：

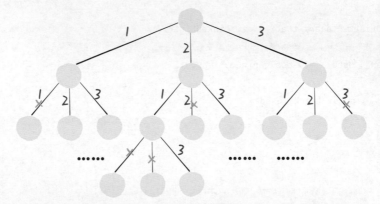

至此，我們就透過全排列問題詳解了回溯演算法的底層原理。當然，這個演算法解決全排列問題不是最高效的，你可能看到有的解法連 `used` 陣列都不用，而是透過交換元素達到目的。但是那種解法稍微難理解一些，這裡就不寫了，有興趣的讀者可以自行搜尋。

但是必須說明的是，不管怎麼最佳化，都符合回溯框架，而且時間複雜度都不可能低於 $O(N!)$，因為窮舉整棵決策樹是無法避免的。**這也是回溯演算法的特點，不像動態規劃存在重疊子問題可以最佳化，回溯演算法就是純暴力窮舉，複雜度一般都很高。**

明白了全排列問題，就可以直接套回溯演算法框架了，下面簡單看看 *N* 皇后問題。

1.4.2 *N* 皇后問題

LeetCode 第 51 題「*N* 皇后」就是這個經典問題，簡單解釋一下題目：給你一個 *N*×*N* 的棋盤，讓你放置 *N* 個皇后，使得它們不能互相攻擊，一個皇后可以攻擊同一行、同一列，或左上、左下、右上、右下四個方向的任意單位。

這個問題本質上和全排列問題差不多，決策樹的每一層表示棋盤上的每一行；每個節點可以做出的選擇是，在該行的任意一列放置一個皇后。

因為 C++ 程式對字串的操作方便一些，所以這道題用 C++ 來寫解法，直接套用回溯演算法框架：

```cpp
vector<vector<string>> res;

/* 輸入棋盤邊長 n，傳回所有合法的放置 */
vector<vector<string>> solveNQueens(int n) {
    // '.' 表示空，'Q' 表示皇后，初始化空棋盤。
    vector<string> board(n, string(n, '.'));
    backtrack(board, 0);
    return res;
}


// 路徑：board 中小於 row 的那些行都已經成功放置了皇后
// 選擇串列：第 row 行的所有列都是放置皇后的選擇
// 結束條件：row 超過 board 的最後一行
void backtrack(vector<string>& board, int row) {
    // 觸發結束條件
    if (row == board.size()) {
        res.push_back(board);
        return;
    }

    int n = board[row].size();
    for (int col = 0; col < n; col++) {
```

```
    // 排除不合法選擇
    if (!isValid(board, row, col)) {
        continue;
    }
    // 做選擇
    board[row][col] = 'Q';
    // 進入下一行決策
    backtrack(board, row + 1);
    // 撤銷選擇
    board[row][col] = '.';
    }
}
```

這部分主要程式其實和全排列問題的差不多，**isValid** 函式的實現也很簡單：

```
/* 是否可以在 board[row][col] 放置皇后？ */
bool isValid(vector<string>& board, int row, int col) {
    int n = board.size();
    // 檢查列是否有皇后互相衝突
    for (int i = 0; i <= row; i++) {
        if (board[i][col] == 'Q')
            return false;
    }
    // 檢查右上方是否有皇后互相衝突
    for (int i = row - 1, j = col + 1;
            i >= 0 && j < n; i--, j++) {
        if (board[i][j] == 'Q')
            return false;
    }
    // 檢查左上方是否有皇后互相衝突
    for (int i = row - 1, j = col - 1;
            i >= 0 && j >= 0; i--, j--) {
        if (board[i][j] == 'Q')
            return false;
    }
    return true;
}
```

　　肯定有讀者問，按照 N 皇后問題的描述，為什麼不檢查左下角、右下角和下方的格子，只檢查了左上角、右上角和上方的格子呢？因為是一行一行從上往下放皇后的，所以左下方、右下方和正下方不用檢查（還沒放皇后）；因為一行只會放一個皇后，所以每行不用檢查。也就是最後只用檢查上方、左上、右上三個方向。

　　函式 `backtrack` 依然像在決策樹上游走的指標，透過 `row` 和 `col` 就可以表示函式遍歷到的位置，透過 `isValid` 函式可以將不符合條件的情況剪枝：

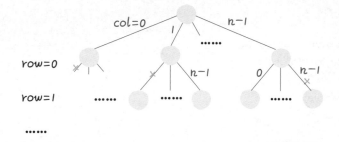

　　如果直接給你這麼一大段解法程式，看到後你可能是看不懂的。但是現在明白了回溯演算法的框架策略，還有什麼難理解的呢？無非是改改做選擇的方式，排除不合法選擇的方式而已，只要框架存於心，需要面對的只剩下一些小問題了。

　　當 N=8 時，就是八皇后問題，數學大佬高斯窮盡一生都沒有數清八皇后問題到底有幾種可能的放置方法，但是電腦採用我們的演算法只需一秒就可以算出來所有可能的結果。不過真的不怪高斯，這個問題的複雜度確實非常高，我們簡單估算一下複雜度：N 行棋盤中，第一行有 N 個位置可能可以放皇后，第二行有 N-1 個位置，第三行有 N-2 個位置，依此類推，再疊加每次放皇后之前 `isValid` 函式所需 $O(N)$ 的複雜度，所以總的時間複雜度上限是 $O(N! \times N)$，而且沒有什麼明顯的容錯計算可以最佳化。你可以試試，N=10 的時候計算就已經很耗時了。

　　有的時候，我們並不想得到所有合法的答案，只想要一個答案，怎麼辦呢？比如解數獨的演算法，找所有解法複雜度太高，只要找到一種解法就可以了。

其實特別簡單，只要稍微修改一下回溯演算法的程式，用一個外部變數記錄是否找到答案，找到答案就停止繼續遞迴即可：

```cpp
bool found = false;
// 函式找到一個答案後就傳回 true
bool backtrack(vector<string>& board, int row) {
    if (found) {
        // 已經找到一個答案了，不用再找了
        return;
    }

    // 觸發結束條件
    if (row == board.size()) {
        res.push_back(board);
        // 找到了第一個答案
        found = true;
        return;
    }

    ...
}
```

這樣修改後，只要找到一個答案，後續的遞迴窮舉都會被阻斷。也許你可以在 N 皇后問題的程式框架上稍加修改，寫出一個解數獨的演算法。

1.4.3 最後總結

回溯演算法就是一個多元樹的遍歷問題，關鍵就是在前序遍歷和後序遍歷的位置做一些操作，演算法框架如下：

```python
def backtrack(...):
    for 選擇 in 選擇串列:
        做選擇
        backtrack(...)
        撤銷選擇
```

寫 `backtrack` 函式時，需要維護走過的「路徑」和當前可以做的「選擇串列」，當觸發「結束條件」時，將「路徑」記入結果集。

其實想想看，回溯演算法和動態規劃是不是有點像呢？需要多次強調的是，動態規劃的三個需要明確的點就是「狀態」、「選擇」和「base case」，它們是不是就對應著走過的「路徑」、當前的「選擇串列」和「結束條件」？

動態規劃和回溯演算法的底層都是把問題抽象成樹的結構，但這兩種演算法在想法上是完全不和的。在二元樹相關章節你將看到動態規劃和回溯演算法更深層次的差別和聯繫。

1.5 BFS 演算法解題策略框架

讀完本節，你不僅學到演算法策略，還可以順便解決以下題目：

111. 二元樹的最小深度（簡單）	752. 打開轉盤鎖（中等）

讀者可能經常聽說 BFS 和 DFS 演算法的大名，其中 DFS 演算法可以被認為是回溯演算法，本節就來談談 BFS 演算法。

BFS 的核心思想應該不難理解，就是把一些問題抽象成圖，從一個點開始，向四周擴散。一般來說，我們寫 BFS 演算法都是用「佇列」這種資料結構，每次將一個節點周圍的所有節點加入佇列。

BFS 相對 DFS 的最主要區別是：**BFS 找到的路徑一定是最短的，但代價就是空間複雜度可能比 DFS 大很多**，至於為什麼，後面介紹過框架就很容易看出來了。

本節就由淺入深地講兩道 BFS 的典型題目，分別是「二元樹的最小高度」和「打開密碼鎖的最少步數」，一步步教你寫 BFS 演算法。

1.5.1 演算法框架

要說框架，我們先舉例 BFS 出現的常見場景。**問題的本質就是讓你在一幅「圖」中找到從起點 start 到終點 target 的最近距離**，這個例子聽起來很枯燥，**但是 BFS 演算法問題其實都是在做這件事**，把枯燥的本質弄清楚，再去欣賞各種問題的包裝才能胸有成竹。

這個廣義的描述可以有各種變形，比如走迷宮，有的格子是圍牆不能走，從起點到終點的最短距離是多少？如果這個迷宮附帶「傳送門」可以瞬間傳送呢？

再比如有兩個單字，要求透過替換某些字母，把其中一個變成另一個，每次只能替換一個字母，最少要替換幾次？

再比如連連看遊戲，消除兩個方塊的條件不僅是圖案相同，還要保證兩個方塊之間的最短連線不能多於兩個反趨點。你玩連連看，點擊兩個座標，遊戲程式是如何找到最短連線的？如何判斷最短連線有幾個反趨點？

再比如……

其實，這些問題都沒啥神奇的，本質上就是一幅「圖」，讓你從起點走到終點，問最短路徑，這就是 BFS 的本質。

框架弄清楚了直接默寫就好，BFS 框架如下：

```
// 計算從起點 start 到終點 target 的最近距離
int BFS(Node start, Node target) {
    Queue<Node> q; // 核心資料結構
    Set<Node> visited; // 避免走回頭路

    q.offer(start); // 將起點加入佇列
    visited.add(start);
    int step = 0; // 記錄擴散的步數

    while (q not empty) {
```

```
      int sz = q.size();
      /* 將當前佇列中的所有節點向四周擴散 */
      for (int i = 0; i < sz; i++) {
          Node cur = q.poll();
          /* 劃重點：這裡判斷是否到達終點 */
          if (cur is target)
              return step;
          /* 將 cur 的相鄰節點加入佇列 */
          for (Node x : cur.adj()) {
              if (x not in visited) {
                  q.offer(x);
                  visited.add(x);
              }
          }
      }
      /* 劃重點：更新步數在這裡 */
      step++;
   }
}
```

佇列 `q` 就不說了，是 BFS 的核心資料結構；`cur.adj()` 泛指與 `cur` 相鄰的節點，比如二維陣列中，`cur` 上下左右四面的位置就是相鄰節點；`visited` 的主要作用是防止走回頭路，大部分時候都是必需的，但是像一般的二元樹結構，沒有子節點到父節點的指標，不會走回頭路就不需要 `visited`。

1.5.2 二元樹的最小高度

先來一個簡單的問題實踐一下 BFS 框架吧。LeetCode 第 111 題「二元樹的最小深度」就是一個比較簡單的問題，給你輸入一棵二元樹，計算它的最小深度，也就是葉子節點到根節點的最小距離。

怎麼套到 BFS 的框架裡呢？首先明確起點 `start` 和終點 `target` 是什麼，以及怎麼判斷到達了終點。

顯然起點就是 `root` 根節點，終點就是最靠近根節點的那個「葉子節點」，葉子節點就是兩個子節點都是 `null` 的節點：

```
if (cur.left == null && cur.right == null)
    // 到達葉子節點
```

那麼，按照上述框架稍加改造來寫解法即可：

```
int minDepth(TreeNode root) {
    if (root == null) return 0;
    Queue<TreeNode> q = new LinkedList<>();
    q.offer(root);
    // root 本身就是一層，depth 初始化為 1
    int depth = 1;

    while (!q.isEmpty()) {
        int sz = q.size();
        /* 將當前佇列中的所有節點向四周擴散 */
        for (int i = 0; i < sz; i++) {
        TreeNode cur = q.poll();
        /* 判斷是否到達終點 */
        if (cur.left == null && cur.right == null)
            return depth;
        /* 將 cur 的相鄰節點加入佇列 */
        if (cur.left != null)
            q.offer(cur.left);
        if (cur.right != null)
            q.offer(cur.right);
        }
        /* 在這裡增加步數 */
        depth++;
    }
    return depth;
}
```

這裡注意 `while` 迴圈和 `for` 迴圈的配合，`while` 迴圈控制一層一層往下走，**for** 迴圈利用 **sz** 變數控制從左到右遍歷每一層二元樹節點：

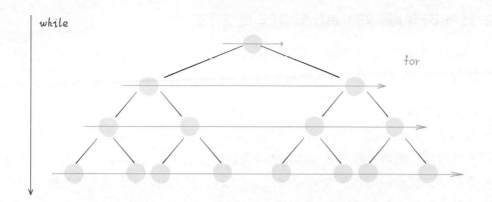

這一點很重要，這個形式在普通 BFS 問題中就很常見。當然，有些場景下所謂的「步數」並不等於遍歷的「層數」，那麼可能不會包含 for 迴圈。

話說回來，二元樹本身是很簡單的資料結構，上述程式應該可以理解，其實其他複雜問題都是這個框架的變形，在探討複雜問題之前，先解答兩個問題。

1. 為什麼 BFS 可以找到最短距離，DFS 不行嗎？

首先，你看 BFS 的邏輯，depth 每增加一次，佇列中的所有節點都向前邁一步，這個邏輯保證了第一次到達終點的時候，走的步數是最少的。

DFS 个能找最短路徑嗎？其實也是可以的，但是時間複雜度相對高很多。你想啊，DFS 實際上是靠遞迴的堆疊記錄走過的路徑，你要找到最短路徑，肯定要把二元樹中所有樹杈都探索完，然後才能對比出最短的路徑有多長對不對？而 BFS 借助佇列做到一次一步「齊頭並進」，是可以在不遍歷完整棵樹的條件下找到最短距離的。如果情況更複雜一些，比如遍歷「圖」結構，遍歷的過程中需要 visited 陣列來標記已經走過的節點防止走回頭路，那麼用 DFS 演算法尋找最短路徑就更要命了。

形象點說，DFS 是線，BFS 是面；DFS 是單打獨鬥，BFS 是集體行動。這個應該比較容易理解吧。

2. 既然 BFS 那麼好，為什麼 DFS 還要存在？

BFS 可以找到最短距離，但是一般情況下會消耗更多空間，而 DFS 消耗的空間相對會小一些，程式實現也會更簡潔。

還看前面處理二元樹問題的例子，假設給你的這棵二元樹是滿二元樹，節點數為 N，對 DFS 演算法來說，空間複雜度無非就是遞迴堆疊，在最壞情況下頂多就是樹的高度，也就是 $O(\log N)$。但是你想想 BFS 演算法，佇列中每次都會儲存著二元樹一層的節點，這樣的話最壞情況下空間複雜度應該是樹的最底層節點的數量，也就是 N/2，用 Big O 表示也就是 $O(N)$。

另一個主要原因是 DFS 演算法的程式好寫！兩句遞迴函式就能遍歷整棵二元樹，還不容易出錯，如果寫 BFS 演算法，要寫一大堆程式，看著都頭疼。

由此觀之，BFS 還是有代價的，一般來說在找最短路徑的時候使用 BFS，其他時候還是 DFS 使用得多一些。

現在你對 BFS 了解得足夠多了，下面來一道難一點的題目，深化對框架的理解吧。

1.5.3 解開密碼鎖的最少次數

這是 LeetCode 第 752 題「打開轉盤鎖」，這個題目比較有意思：

你有一個帶有四個圓形撥輪的轉盤鎖。每個撥輪都有 0~9 共 10 個數字。每個撥輪可以上下旋轉：例如把 **"9"** 變為 **"0"**，**"0"** 變為 **"9"**，每次旋轉只能將一個撥輪旋轉一下。鎖的四個撥輪初始都是 0，用字串 **"0000"** 表示。現在替你輸入一個串列 deadends 和一個字串 target，其中 target 代表可以打開密碼鎖的數字，而 deadends 中包含了一組「死亡數字」，你要避免撥出其中的任何一個密碼。

請你寫一個演算法，計算從初始狀態 **"0000"** 撥出 target 的最少次數，如果永遠無法撥出 target，則傳回 -1。函式名稱如下：

```
int openLock(String[] deadends, String target);
```

比如輸入 `deadends = ["1234", "5678"]`, `target = "0009"`，演算法應該傳回 1，因為只要把最後一個轉輪撥一下就獲得了 `target`。

再比如輸入 `deadends = ["8887","8889","8878","8898","8788","8988","7888","9888"]`, `target = "8888"`，演算法應該傳回 -1。因為能夠撥到 `"8888"` 的所有數字都在 `deadends` 中，所以不可能撥到 `target`。

題目中描述的就是我們生活中常見的那種密碼鎖，如果沒有任何約束，最少的撥動次數很好算，就像我們平時開密碼鎖那樣直奔密碼撥就行了。但現在的困難就在於，不能出現 `deadends`，應該如何計算出最少的轉動次數呢？

第一步，我們不管所有的限制條件，不管 deadends 和 target 的限制，就思考一個問題：如果讓你設計一個演算法，窮舉所有可能的密碼組合，你將怎麼做？

窮舉吧，再簡單一點，如果你只轉一下鎖，有幾種可能？總共有 4 個位置，每個位置可以向上轉，也可以向下轉，也就是有 8 種可能。

比如從 `"0000"` 開始，轉一次，可以窮列出 `"1000"`, `"9000"`, `"0100"`, `"0900"`⋯⋯ 共 8 種密碼。然後，再以這 8 種密碼作為基礎，對每個密碼再轉一下，窮列出所有可能⋯⋯

仔細想想，這就可以抽象成一幅圖，每個節點有 8 個相鄰的節點，又讓你求最短距離，這不就是典型的 BFS 嘛，這時框架就可以派上用場了，先寫出一個「簡陋」的 BFS 框架程式：

```java
// 將 s[j] 向上撥動一次
String plusOne(String s, int j) {
    char[] ch = s.toCharArray();
    if (ch[j] == '9')
        ch[j] = '0';
    else
        ch[j] += 1;
    return new String(ch);
}
// 將 s[j] 向下撥動一次
```

```java
String minusOne(String s, int j) {
    char[] ch = s.toCharArray();
    if (ch[j] == '0')
        ch[j] = '9';
    else
        ch[j] -= 1;
    return new String(ch);

}


// BFS 框架，列印出所有可能的密碼
void BFS(String target) {
    Queue<String> q = new LinkedList<>();
    q.offer("0000");

    while (!q.isEmpty()) {
        int sz = q.size();
        /* 將當前佇列中的所有節點向周圍擴散 */
        for (int i = 0; i < sz; i++) {
            String cur = q.poll();
            /* 判斷是否到達終點 */
            System.out.println(cur);

            /* 將一個節點的相鄰節點加入佇列 */
            for (int j = 0; j < 4; j++) {
                String up = plusOne(cur, j);
                String down = minusOne(cur, j);
                q.offer(up);
                q.offer(down);
            }
        }
        /* 在這裡增加步數 */
    }
    return;
}
```

　　這段 **BFS** 程式已經能夠窮舉所有可能的密碼組合了，但是顯然不能完成題目，有以下問題需要解決：

1. 會走回頭路。比如從 `"0000"` 撥到 `"1000"`，但是等從佇列拿出 `"1000"` 時，還會撥出一個 `"0000"`，這樣會產生無窮迴圈。

2. 沒有終止條件，按照題目要求，我們找到 `target` 就應該結束並傳回撥動的次數。

3. 沒有對 `deadends` 的處理，按道理這些「死亡密碼」是不能出現的，也就是說你遇到這些密碼的時候需要跳過。

　　如果你能夠看懂上面那段程式，真得給你鼓掌，只要按照 BFS 框架在對應的位置稍作修改即可修復這些問題：

```java
int openLock(String[] deadends, String target) {
    // 記錄需要跳過的死亡密碼
    Set<String> deads = new HashSet<>();
    for (String s : deadends) deads.add(s);
    // 記錄已經窮舉過的密碼，防止走回頭路

    Set<String> visited = new HashSet<>();
    Queue<String> q = new LinkedList<>();
    // 從起點開始啟動廣度優先搜尋
    int step = 0;
    q.offer("0000");
    visited.add("0000");

    while (!q.isEmpty()) {
        int sz = q.size();
        /* 將當前佇列中的所有節點向周圍擴散 */
        for (int i = 0; i < sz; i++) {
            String cur = q.poll();

            /* 判斷是否到達終點 */
            if (deads.contains(cur))
                continue;
            if (cur.equals(target))
```

```
            return step;

        /* 將一個節點的未遍歷相鄰節點加入佇列 */
        for (int j = 0; j < 4; j++) {
            String up = plusOne(cur, j);
            if (!visited.contains(up)) {
                q.offer(up);
                visited.add(up);
            }
            String down = minusOne(cur, j);
            if (!visited.contains(down)) {
                q.offer(down);
                visited.add(down);
            }
        }
    }
    /* 在這裡增加步數 */
    step++;
    }
    // 如果窮舉完都沒找到目標密碼，那就是找不到了
    return -1;
}
```

至此，我們就解決這道題目了。還有一個比較小的最佳化：可以不需要 dead 這個雜湊集合，直接將這些元素初始化到 visited 集合中，效果是一樣的，這樣可能更優雅一些。

1.5.4 雙向 BFS 最佳化

你以為到這裡 BFS 演算法就結束了？恰恰相反。BFS 演算法還有一種稍微高級一點的最佳化想法：雙向 BFS，可以進一步提高演算法的效率。

篇幅所限，這裡僅提一下區別：**傳統的 BFS 框架就是從起點開始向四周擴散，遇到終點時停止；而雙向 BFS 則是從起點和終點同時開始擴散，當兩邊有交集的時候停止。**

為什麼這樣能夠提升效率呢？其實從 Big O 標記法分析演算法複雜度的話，它倆的最壞複雜度都是 $O(N)$，但是實際上雙向 BFS 確實會快一些，我給你畫兩張圖看一眼就明白了：

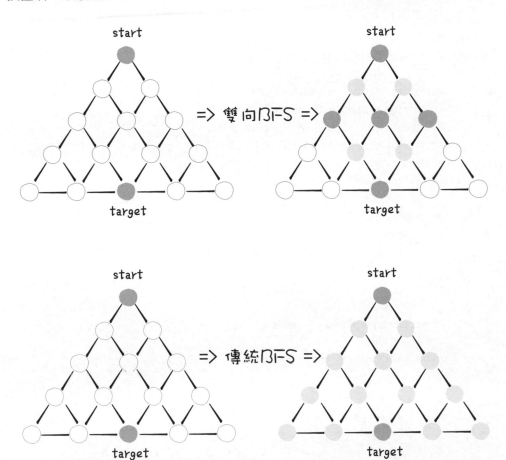

圖中的樹形結構，如果終點在最底部，按照傳統 BFS 演算法的策略，會把整棵樹的節點都搜尋一遍，最後找到 target；而雙向 BFS 其實只遍歷了半棵樹就出現了交集，也就是找到了最短距離。從這個例子可以直觀地感受到，雙向 BFS 是要比傳統 BFS 高效的。

不過，雙向 BFS 也有侷限，因為你必須知道終點在哪裡。比如前面討論的二元樹最小高度的問題，你一開始根本就不知道終點在哪裡，也就無法使用雙向 BFS；但是第二個密碼鎖的問題，是可以使用雙向 BFS 演算法來提高效率的，程式稍加修改即可：

```java
int openLock(String[] deadends, String target) {

    Set<String> deads = new HashSet<>();
    for (String s : deadends) deads.add(s);
    // 用集合不用佇列，可以快速判斷元素是否存在
    Set<String> q1 = new HashSet<>();
    Set<String> q2 = new HashSet<>();
    Set<String> visited = new HashSet<>();

    int step = 0;
    q1.add("0000");
    q2.add(target);

    while (!q1.isEmpty() && !q2.isEmpty()) {
        // 雜湊集合在遍歷的過程中不能修改，用 temp 儲存擴散結果
        Set<String> temp = new HashSet<>();

        /* 將 q1 中的所有節點向周圍擴散 */
        for (String cur : q1) {
            /* 判斷是否到達終點 */
            if (deads.contains(cur))
                continue;
            if (q2.contains(cur))
                return step;

            visited.add(cur);

            /* 將一個節點的未遍歷相鄰節點加入集合 */
            for (int j = 0; j < 4; j++) {
                String up = plusOne(cur, j);
                if (!visited.contains(up))
                    temp.add(up);
                String down = minusOne(cur, j);
```

```
                    if (!visited.contains(down))
                        temp.add(down);
                }
            }
            /* 在這裡增加步數 */
            step++;
            // temp 相當於 q1
            // 在這裡交換 q1 和 q2，下一輪 while 會擴散 q2
            q1 = q2;
            q2 = temp;
        }
        return -1;
    }
```

雙向 BFS 還是會遵循 BFS 演算法框架的，只是**不再使用佇列，而是使用 HashSet 方便、快速地判斷兩個集合是否有交集。**

另一個技巧點就是 while 迴圈的最後交換 q1 和 q2 的內容，所以只要預設擴散 q1 就相當於輪流擴散 q1 和 q2。

其實雙向 BFS 還有一個最佳化，就是在 while 迴圈開始時做了一個判斷：

```
// ...
while (!q1.isEmpty() && !q2.isEmpty()) {
    if (q1.size() > q2.size()) {
        // 交換 q1 和 q2
        temp = q1;
        q1 = q2;
        q2 = temp;
    }
    // ...
```

為什麼這是一個最佳化呢？

因為按照 BFS 的邏輯，佇列（集合）中的元素越多，擴散之後新的佇列（集合）中的元素就越多；在雙向 BFS 演算法中，如果我們每次都選擇一個較小的集合進行擴散，那麼佔用的空間增長速度就會慢一些，效率就會高一些。

不過話說回來，**無論傳統 FS 還是雙向 BFS，無論做不做最佳化，從 Big O 衡量標準來看，時間複雜度都是一樣的**，只能說雙向 BFS 是一種技巧，演算法執行的速度會相對快一點，掌握不掌握其實都無所謂。最關鍵的是把 BFS 通用框架記下來，反正所有 BFS 演算法都可以用它套出解法。

1.6 一步步帶你刷二元樹（綱領）

讀完本節，你不僅學到演算法策略，還可以順便解決以下題目：

104. 二元樹的最大深度（簡單）	543. 二元樹的直徑（簡單）
144. 二元樹的前序遍歷（簡單）	

本書的整個脈絡都是按照 **1.1 學習資料結構和演算法的框架思維**提出的框架來建構的，其中著重強調了二元樹題目的重要性。

我刷了這麼多年題，濃縮了二元樹演算法的總綱放在這裡，也許用詞不是特別專業，但目前各個刷題平臺的題庫，幾乎所有二元樹題目都沒跳出本節劃定的框架。如果你能發現一道題目和本節列出的框架不相容，請告知我。

先在開頭總結一下，二元樹解題的思維模式分兩類：

1. **是否可以透過遍歷一遍二元樹得到答案？**如果可以，用一個 `traverse` 函式配合外部變數來實現，這叫「遍歷」的思維模式。

2. **是否可以定義一個遞迴函式，透過子問題（子樹）的答案推導出原問題的答案？**如果可以，寫出這個遞迴函式的定義，並充分利用這個函式的傳回值，這叫「分解問題」的思維模式。

無論使用哪種思維模式，你都需要思考：

如果單獨抽出一個二元樹節點，需要它做什麼事情？需要在什麼時候（前 / 中 / 後序位置）做？其他的節點不用你操心，遞迴函式會幫你在所有節點上執行相同的操作。

本節會用題目來舉例，但都是最最簡單的題目，所以不用擔心自己看不懂，我可以幫你從最簡單的問題中提煉出二元樹題目的共通性，並將二元樹中蘊含的思維進行昇華，隨後用到**動態規劃、回溯演算法、分治演算法和圖論演算法**中去，這也是我一直強調框架思維的原因。

首先，我還是要不厭其煩地強調二元樹這種資料結構及相關演算法的重要性。

1.6.1 二元樹的重要性

舉個例子，比如兩個經典排序演算法 3.2.3 快速排序詳解及運用和 3.1.4 歸併排序詳解及運用，對於這兩個，你是怎麼理解的？

如果你告訴我，快速排序就是一個二元樹的前序遍歷，歸併排序就是一個二元樹的後序遍歷，那麼可以說你是一個演算法高手了。為什麼快速排序和歸併排序能和二元樹扯上關係？我們來簡單分析一下它們的演算法思想和程式框架。

快速排序的邏輯是，若要對 `nums[lo..hi]` 進行排序，我們先找一個切分點 `p`，透過交換元素使得 `nums[lo..p-1]` 都小於或等於 `nums[p]`，且 `nums[p+1..hi]` 都大於 `nums[p]`，然後遞迴地去 `nums[lo..p-1]` 和 `nums[p+1..hi]` 中尋找新的切分點，最後整個陣列就被排序了。

快速排序的程式框架如下：

```
void sort(int[] nums, int lo, int hi) {
    /****** 前序遍歷位置 ******/
    // 透過交換元素建構切分點 p
    int p = partition(nums, lo, hi);
    /***********************/

    sort(nums, lo, p - 1);
    sort(nums, p + 1, hi);
}
```

先構造切分點，然後去左右子陣列構造切分點，你看這不就是一個二元樹的前序遍曆嗎？

再說說歸併排序的邏輯，若要對 `nums[lo..hi]` 進行排序，我們先對 `nums[lo..mid]` 排序，再對 `nums[mid+1..hi]` 排序，最後把這兩個有序的子陣列合併，整個陣列就排好序了。

歸併排序的程式框架如下：

```
// 定義：排序 nums[lo..hi]
void sort(int[] nums, int lo, int hi) {
    int mid = (lo + hi) / 2;
    // 排序 nums[lo..mid]
    sort(nums, lo, mid);
    // 排序 nums[mid+1..hi]
    sort(nums, mid + 1, hi);

    /****** 後序位置 ******/
    // 合併 nums[lo..mid] 和 nums[mid+1..hi]
    merge(nums, lo, mid, hi);
    /********************/
}
```

先對左右子陣列排序，然後合併（類似合併有序鏈結串列的邏輯），你看這是不是二元樹的後序遍歷框架？另外，這不就是傳說中的分治演算法嘛，不過如此呀。

如果你一眼就識破這些排序演算法的底細，還需要背這些經典演算法嗎？不需要。你可以手到擒來，從二元樹遍歷框架就能擴展出演算法了。

說了這麼多，旨在說明，二元樹的演算法思想的運用廣泛，甚至可以說，只要涉及遞迴，都可以抽象成二元樹的問題。接下來我們從二元樹的前、中、後序開始講起，讓你深刻理解這種資料結構的魅力。

1.6.2 深入理解前、中、後序

這裡先甩給你幾個問題，請默默思考 30 秒：

1. 你理解的二元樹的前、中、後序遍歷是什麼，僅是三個順序不同的串列嗎？

2. 請分析後序遍歷有什麼特殊之處？

3. 請分析為什麼多元樹沒有中序遍歷？

如果答不上來，說明你對前、中、後序的理解僅侷限於教科書，不過沒關係，我用類比的方式解釋一下我眼中的前、中、後序遍歷。

首先，回顧 **1.1 學習資料結構和演算法的框架思維**中講到的二元樹遍歷框架：

```
void traverse(TreeNode root) {
    if (root == null) {
        return;
    }
    // 前序位置
    traverse(root.left);
    // 中序位置
    traverse(root.right);
    // 後序位置
}
```

先不管所謂的前、中、後序，單看 **traverse** 函式，你說它在做什麼事情？其實它就是一個能夠遍歷二元樹所有節點的函式，和遍歷陣列或鏈結串列本質上沒有區別：

```
/* 迭代遍歷陣列 */
void traverse(int[] arr) {
    for (int i = 0; i < arr.length; i++) {

    }
}
```

```java
/* 遞迴遍歷陣列 */
void traverse(int[] arr, int i) {
    if (i == arr.length) {
        return;
    }
    // 前序位置
    traverse(arr, i + 1);
    // 後序位置
}


    /* 迭代遍歷單鏈結串列 */
    void traverse(ListNode head) {
        for (ListNode p = head; p != null; p = p.next) {


        }


}

/* 遞迴遍歷單鏈結串列 */
void traverse(ListNode head) {
    if (head == null) {
        return;
    }
    // 前序位置
    traverse(head.next);
    // 後序位置
}
```

單鏈結串列和陣列的遍歷可以是迭代的，也可以是遞迴的，**二元樹這種結構無非就是二元鏈結串列**，由於沒辦法簡單改寫成迭代形式，所以一般說二元樹的遍歷框架都是指遞迴的形式。

只要是遞迴形式的遍歷，都可以有前序位置和後序位置，分別在遞迴之前和遞迴之後。**所謂前序位置就是剛進入一個節點（元素）的時候，後序位置就是即將離開一個節點（元素）的時候**。那麼進一步，把程式寫在不同位置，程式執行的時機也不同：

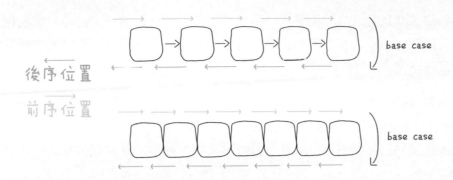

比如，如果需要**倒序列印**一條單鏈結串列上所有節點的值，你怎麼做？實現方式當然有很多，但如果你對遞迴的理解足夠透徹，可以利用後序位置來操作：

```
/* 遞迴遍歷單鏈結串列，倒序列印鏈結串列元素 */
void traverse(ListNode head) {
    if (head == null) {
        return;
    }
    traverse(head.next);
    // 後序位置
    print(head.val);
}
```

結合上面那張圖，你應該知道為什麼這段程式能夠倒序列印單鏈結串列了，本質上是利用遞迴的堆疊幫你實現了倒序遍歷的效果。那麼再看二元樹也是一樣的，只不過多了一個中序位置罷了。

教科書裡只會問你二元樹的前、中、後序遍歷的結果分別是什麼，所以對一個隻上過大學資料結構課程的人來說，他大概以為二元樹的前、中、後序只不過對應三種順序不同的 `List<Integer>` 串列。

但是我想說，**前、中、後序是遍歷二元樹過程中處理每一個節點的三個特殊時間點**，絕不僅是三個順序不同的串列。

1-69

前序位置的程式在剛剛進入一個二元樹節點的時候執行；後序位置的程式在將要離開一個二元樹節點的時候執行；中序位置的程式在一個二元樹節點左子樹都遍歷完，即將開始遍歷右子樹的時候執行。

注意這裡的用詞，我一直說前、中、後序「位置」，就是要和大家常說的前、中、後序「遍歷」有所區別：你可以在前序位置寫程式往一個串列裡面塞元素，那最後得到的就是前序遍歷結果，但並不是說你就不可以寫更複雜的程式做更複雜的事。

畫成圖，前、中、後序三個位置在二元樹上是這樣的：

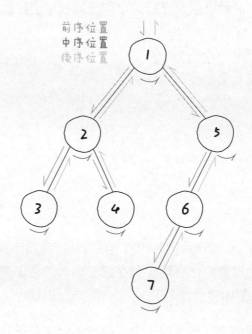

可以看到每個節點都有「唯一」屬於自己的前、中、後序位置，所以我說前、中、後序遍歷是遍歷二元樹過程中處理每一個節點的三個特殊時間點。從而也可以視為什麼多元樹沒有中序位置，因為二元樹的每個節點只會進行唯一一次左子樹切換右子樹，而多元樹節點可能有很多子節點，會多次切換子樹去遍歷，所以多元樹節點沒有「唯一」的中序遍歷位置。

說了這麼多基礎的，就是要幫你對二元樹建立正確的認識，相信你會發現：**二元樹的所有問題，就是讓你在前、中、後序位置注入巧妙的程式邏輯，去達到自己的目的，只需單獨思考每一個節點應該做什麼，其他的不用管，拋給二元樹遍歷框架，遞迴會在所有節點上做相同的操作。**

在 **3.3.1 圖論演算法基礎**中將看到，二元樹的遍歷框架被擴展到了圖，並以遍歷為基礎實現了圖論的各種經典演算法，不過這是後話，此處就不多說了。

1.6.3 兩種解題想法

在 **1.2 電腦演算法的本質**中介紹過：**二元樹題目的遞迴解法可以分兩類想法，第一類是遍歷一遍二元樹得出答案，第二類是透過分解問題計算出答案。這兩類想法分別對應 1.4 回溯演算法解題策略框架和 1.3 動態規劃解題策略框架。**

提示：這裡說一下我的函式命名習慣，二元樹中用遍歷想法解題時函式名稱一般是 `void traverse(...)`，沒有傳回值，靠更新外部變數來計算結果，而用分解問題想法解題時函式名稱根據該函式的具體功能而定，而且一般會有傳回值，傳回值是子問題的計算結果。

與此對應的是，你會發現我在 **1.4 回溯演算法核心框架**中列出的函式名稱一般也是沒有傳回值的 `voidbacktrack(...)`，而在 **1.3 動態規劃核心框架** 中列出的函式名稱是帶有傳回值的 `dp` 函式。這也說明它倆和二元樹之間存在千絲萬縷的聯繫。

雖然函式命名沒有什麼硬性的要求，但我還是建議你也遵循我的這種風格，這樣更能突出函式的作用和解題的思維模式，便於你自己理解和運用。

當時我是用二元樹的最大深度這個問題來舉例，重點在於把這兩種想法與動態規劃和回溯演算法進行對比，而本節的重點在於分析這兩種想法如何解決二元樹的題目。

LeetCode 第 104 題「二元樹的最大深度」就是最大深度的題目，所謂最大深度就是根節點到「最遠」葉子節點的最長路徑上的節點數，比如輸入這棵二元樹，演算法應該傳回 3：

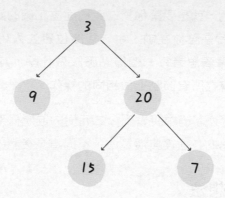

做這題的想法是什麼？顯然遍歷一遍二元樹，用一個外部變數記錄每個節點所在的深度，取最大值就可以得到最大深度，**這就是遍歷二元樹計算答案的想法。**

解法程式如下：

```java
// 記錄最大深度
int res = 0;
// 記錄遍歷到的節點的深度
int depth = 0;

// 主函式
int maxDepth(TreeNode root) {
    traverse(root);
    return res;
}

// 二元樹遍歷框架
void traverse(TreeNode root) {
    if (root == null) {
        // 到達葉子節點，更新最大深度
        res= Math.max(res, depth);
        return;
    }
    // 前序位置
    depth++;
```

```
    traverse(root.left);
    traverse(root.right);
    // 後序位置
    depth--;
}
```

這個解法應該很好理解，但為什麼需要在前序位置增加 `depth`，在後序位置減小 `depth` ？

因為前面講了，前序位置是進入一個節點的時候，後序位置是離開一個節點的時候， `depth` 記錄當前遞迴到的節點深度，把 `traverse` 理解成在二元樹上游走的指標，所以當然要這樣維護。

當然，你也很容易發現一棵二元樹的最大深度可以透過子樹的最大深度推導出來，**這就是分解問題計算答案的想法**。

解法程式如下：

```
// 定義：輸入根節點，傳回這棵二元樹的最大深度
int maxDepth(TreeNode root) {
    if (root == null) {
        return 0;
    }
    // 利用定義，計算左右子樹的最大深度
    int leftMax = maxDepth(root.left);
    int rightMax = maxDepth(root.right);
    // 整棵樹的最大深度等於左右子樹的最大深度取最大值，
    // 然後再加上根節點自己
    int res = Math.max(leftMax, rightMax) + 1;

    return res;
}
```

只要明確遞迴函式的定義，這個解法也不難理解，但為什麼主要的程式邏輯集中在後序位置？

因為這個想法正確的核心在於，你確實可以透過子樹的最大深度推導出原樹的深度，所以當然要首先利用遞迴函式的定義算出左右子樹的最大深度，然後推出原樹的最大深度，主要邏輯自然放在後序位置。

如果理解了最大深度這個問題的兩種想法，**那麼再回頭看看最基本的二元樹前、中、後序遍歷**，就比如算前序遍歷結果吧。

我們熟悉的解法就是用「遍歷」的想法，這應該沒什麼好說的：

```java
List<Integer> res = new LinkedList<>();

// 傳回前序遍歷結果
List<Integer> preorderTraverse(TreeNode root) {
    traverse(root);
    return res;
}

// 二元樹遍歷函式
void traverse(TreeNode root) {
    if (root == null) {
        return;
    }
    // 前序位置
    res.add(root.val);
    traverse(root.left);
    traverse(root.right);
}
```

但你是否能夠用「分解問題」的想法來計算前序遍歷的結果？

換句話說，不要用像 traverse 這樣的輔助函式和任何外部變數，單純用題目給的 preorderTraverse 函式遞迴解題，你會不會？我們知道前序遍歷的特點是，根節點的值排在首位，接著是左子樹的前序遍歷結果，最後是右子樹的前序遍歷結果：

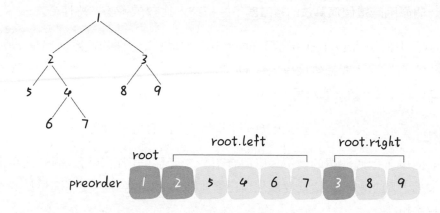

這不就可以分解問題了嘛，**一棵二元樹的前序遍歷結果 = 根節點 + 左子樹的前序遍歷結果 + 右子樹的前序遍歷結果。**

所以，可以這樣實現前序遍歷演算法：

```java
// 定義：輸入一棵二元樹的根節點，傳回這棵樹的前序遍歷結果
List<Integer> preorderTraverse(TreeNode root) {
    List<Integer> res = new LinkedList<>();
    if (root == null) {
        return res;
    }
    // 前序遍歷的結果中 root.val 在第一個
    res.add(root.val);

    // 利用函式定義，後面接著左子樹的前序遍歷結果
    res.addAll(preorderTraverse(root.left));
    // 利用函式定義，最後接著右子樹的前序遍歷結果
    res.addAll(preorderTraverse(root.right));
    return res;
}
```

中序和後序遍歷也是類似的，只要把 `add(root.val)` 放到中序和後序對應的位置就行了。

這個解法短小精悍，但為什麼不常見呢？

一個原因是**這個演算法的複雜度不好把控**，比較依賴語言特性。

Java 中無論 ArrayList 還是 LinkedList，`addAll` 方法的複雜度都是 $O(N)$，所以整體的最壞時間複雜度會達到 $O(N^2)$，除非你自己實現一個複雜度為 $O(1)$ 的 `addAll` 方法，如果底層用鏈結串列，並不是不可能。

當然，最主要的原因還是因為教科書上從來沒有這麼教過……

前面舉了兩個簡單的例子，但還有不少二元樹的題目是可以同時使用兩種想法來思考和求解的，這就要靠你自己多加練習和思考，不要僅滿足於一種熟悉的解法想法。

綜上所述，遇到一道二元樹的題目時的通用思考過程是：

1. **是否可以透過遍歷一遍二元樹得到答案？**如果可以，用 traverse 函式配合外部變數來實現。

2. **是否可以定義一個遞迴函式，透過子問題（子樹）的答案推導出原問題的答案？**如果可以，寫出這個遞迴函式的定義，並充分利用這個函式的傳回值。

3. **無論使用哪一種思維模式，你都要明白二元樹的每一個節點需要做什麼，需要在什麼時候（前、中、後序）做。**

1.6.4 後序位置的特殊之處

在談論後序位置之前，先簡單講講中序和前序。

中序位置主要用在 BST 場景中，完全可以把 BST 的中序遍歷認為是遍歷有序陣列。前序位置本身其實沒有什麼特別的性質，之所以你發現好像很多題都是在前序位置

寫程式，實際上是因為我們習慣把那些對前、中、後序位置不敏感的程式寫在前序位置罷了。

你會發現，前序位置的程式執行是自頂向下的，而後序位置的程式執行是自底向上的：

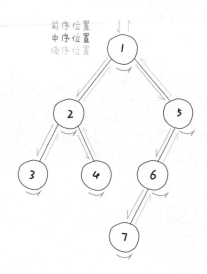

這不奇怪，因為本節開始就說了前序位置是剛剛進入節點的時刻，後序位置是即將離開節點的時刻。

但這裡大有玄機，表示前序位置的程式只能從函式參數中獲取父節點傳遞來的資料，而後序位置的程式不僅可以獲取參數資料，還可以獲取到子樹透過函式傳回值傳遞回來的資料。

舉個具體的例子，現在替你一棵二元樹，我問你兩個簡單的問題：

1. 如果把根節點看作第 1 層，如何列印出每一個節點所在的層數？

2. 如何列印出每個節點的左右子樹各有多少節點？

第一個問題可以這樣寫程式：

```
// 二元樹遍歷函式
void traverse(TreeNode root, int level) {
    if (root == null) {
        return;
    }
}
```

```
    // 前序位置
    printf(" 節點 %s 在第 %d 層 ", root, level);
    traverse(root.left, level + 1);
    traverse(root.right, level + 1);
}

// 這樣呼叫
traverse(root, 1);
```

第二個問題可以這樣寫程式：

```
// 定義：輸入一棵二元樹，傳回這棵二元樹的節點總數
int count(TreeNode root) {
    if (root == null) {
        return 0;
    }
    int leftCount = count(root.left);
    int rightCount = count(root.right);
    // 後序位置
    printf(" 節點 %s 的左子樹有 %d 個節點，右子樹有 %d 個節點 ",
            root, leftCount, rightCount);

    return leftCount + rightCount + 1;
}
```

這兩個問題的根本區別在於：一個節點在第幾層，你從根節點遍歷過來的過程就能順帶記錄；而以一個節點為根的整棵子樹有多少個節點，你需要遍歷完子樹之後才能數清楚。

結合這兩個簡單的問題，你品味一下後序位置的特點，只有後序位置才能透過傳回值獲取子樹的資訊。

那麼換句話說，一旦你發現題目和子樹有關，那大機率要給函式設置合理的定義和傳回值，在後序位置寫程式了。

接下來看看後序位置是如何在實際的題目中發揮作用的，簡單談談 LeetCode 第 543 題「二元樹的直徑」，讓你計算一棵二元樹的最長「直徑」。

所謂二元樹的「直徑」長度，就是任意兩個節點之間的路徑長度。最長「直徑」
並不一定要穿過根節點，比以下面這棵二元樹：

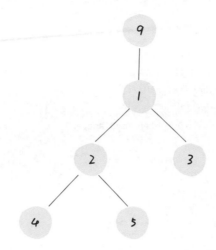

　　它的最長直徑是 3，即 [4,2,1,3]，[4,2,1,9] 或 [5,2,1,3] 這幾條「直徑」
的長度。

　　解決這題的關鍵在於，**每一條二元樹的「直徑」長度，就是一個節點的左
右子樹的最大深度之和**。現在讓我求整棵樹中的最長「直徑」，那直截了當的
想法就是遍歷整棵樹中的每個節點，然後透過每個節點的左右子樹的最大深度
算出每個節點的「直徑」，最後把所有「直徑」求最大值即可。

　　最大深度的演算法前面實現過了，結合上述想法可以寫出以下程式：

```java
// 記錄最大直徑的長度
int maxDiameter = 0;

public int diameterOfBinaryTree(TreeNode root) {
    // 對每個節點計算直徑，求最大直徑
    traverse(root);
    return maxDiameter;
}

// 遍歷二元樹
```

```
void traverse(TreeNode root) {
    if (root == null) {
        return;
    }
    // 對每個節點計算直徑
    int leftMax = maxDepth(root.left);
    int rightMax = maxDepth(root.right);
    int myDiameter = leftMax + rightMax;
    // 更新全域最大直徑
    maxDiameter = Math.max(maxDiameter, myDiameter);

    traverse(root.left);
    traverse(root.right);
}

// 計算二元樹的最大深度
int maxDepth(TreeNode root) {
    if (root == null) {
        return 0;
    }
    int leftMax = maxDepth(root.left);
    int rightMax = maxDepth(root.right);
    return 1 + Math.max(leftMax, rightMax);
}
```

這個解法是正確的，但是執行時間很長，原因也很明顯，traverse 遍歷每個節點的時候還會呼叫遞迴函式 maxDepth，而 maxDepth 是要遍歷子樹的所有節點的，所以粗略估計最壞時間複雜度是 $O(N^2)$。

這就出現了剛才探討的情況，**前序位置無法獲取子樹資訊，所以只能讓每個節點呼叫 maxDepth 函式去運算元樹的深度。**

該如何最佳化呢？我們應該把計算「直徑」的邏輯放在後序位置，準確地說應該是放在 maxDepth 的後序位置，因為在 maxDepth 的後序位置是知道左右子樹的最大深度的。所以，稍微改一下程式邏輯即可得到更好的解法：

```
// 記錄最大直徑的長度
int maxDiameter = 0;
```

```java
public int diameterOfBinaryTree(TreeNode root) {
    maxDepth(root);
    return maxDiameter;
}

int maxDepth(TreeNode root) {
    if (root == null) {
        return 0;
    }
    int leftMax = maxDepth(root.left);
    int rightMax = maxDepth(root.right);
    // 後序位置，順便計算最大直徑
    int myDiameter = leftMax + rightMax;
    maxDiameter = Math.max(maxDiameter, myDiameter);

    return 1 + Math.max(leftMax, rightMax);
}
```

這下時間複雜度只有 **maxDepth** 函式的 $O(N)$ 了。

講到這裡，呼應一下前文：遇到子樹問題，首先想到的是給函式設置傳回值，然後在後序位置做文章。反過來，如果你寫出了類似一開始的那種遞迴套遞迴的解法，大機率也需要反思是不是可以透過後序遍歷最佳化。

1.6.5 層序遍歷

二元樹題型主要是用來培養遞迴思維的，而層序遍歷屬於迭代遍歷，也比較簡單，這裡就過一下程式框架吧：

```java
// 輸入一棵二元樹的根節點，層序遍歷這棵二元樹
void levelTraverse(TreeNode root) {

if (root == null) return;
Queue<TreeNode> q = new LinkedList<>();
q.offer(root);
```

```
// 從上到下遍歷二元樹的每一層
while (!q.isEmpty()) {
    int sz = q.size();
    // 從左到右遍歷每一層的每個節點
    for (int i = 0; i < sz; i++) {
        TreeNode cur = q.poll();
        // 將下一層節點放入佇列
        if (cur.left != null) {
            q.offer(cur.left);
        }
        if (cur.right != null) {
            q.offer(cur.right);
        }
    }
}
```

這裡面 while 迴圈和 for 迴圈分管從上到下和從左到右遍歷：

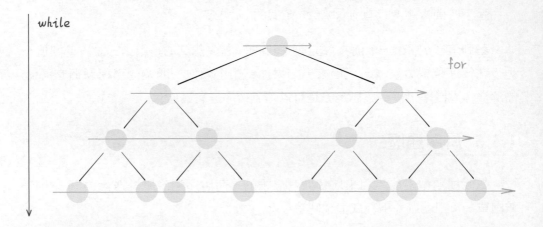

1.5 節講過的 BFS 演算法解題策略框架就是從二元樹的層序遍歷擴展出來的，常用於求**無權圖的最短路徑**問題。當然，這個框架還可以靈活修改，題目不需要記錄層數（步數）時可以去掉上述框架中的 for 迴圈。

值得一提的是，有些很明顯需要用到層序遍歷技巧的二元樹的題目，也可以用遞迴遍歷去解決，而且技巧性會更強，非常考查你對前、中、後序的把控。

本節圍繞前、中、後序位置把二元樹題目裡的各種策略講透了。真正能運用多少，就需要你親自刷題實踐和思考了。希望大家能探索盡可能多的解法，只要參透二元樹這種基本資料結構的原理，就很容易在學習其他高級演算法的道路上融會貫通，舉一反三。

1.7 我寫了首詩，保你閉著眼睛都能寫出二分搜尋演算法

讀完本節，你不僅學到演算法策略，還可以順便解決以下題目：

704. 二分搜尋（簡單）	34. 在排序陣列中查詢元素的第一個和最後一個位置（中等）

二分搜尋並不簡單，Knuth「大佬」（中文名高德納，圖靈獎得主，KMP演算法聯合發明人）都說二分搜尋：**想法很簡單，細節是魔鬼**。很多人喜歡拿整數溢位的 bug 說事，但是二分搜尋真正的「坑」根本就不是那個細節問題，而是在於到底要給 `mid` 加 1 還是減 1， while 裡到底用 `<=` 還是 `<`。

要是沒有正確理解這些細節，寫二分搜尋演算法肯定就是「玄學」程式設計，有沒有 bug 完全靠運氣。我特意寫了一首詩來調侃二分搜尋演算法，概括本節的主要內容，建議儲存：

二分搜尋策略歌

二分搜尋不好記，左右邊界讓人迷。小於等於變小於，mid 加一又減一。就算這樣還沒完，return 應否再減一？信心滿滿刷 LeetCode，AC 比率二十一。我本將心向明月，奈何明月照溝渠！labuladong 來幫你，一同手撕演算法題。管它左側還右側，搜尋區間定大局。搜尋一個元素時，搜尋區間兩端閉。 while 條件附帶等號，否則需要系統更新。if 相等就傳回，其他的事甭操心。mid 必須加減一，因為區間兩端閉。while 結束就涼了，淒淒慘慘返 -1。

搜尋左右邊界時，搜尋區間要闡明。左閉右開最常見，其餘邏輯便自明：while 要用小於號，這樣才能不漏掉。if 相等別傳回，利用 mid 鎖邊界。mid 加一或減一？要看區間開或閉。while 結束不算完，因為你還沒傳回。索引可能出邊界，if 檢查保平安。左閉右開最常見，難道常見就合理？labuladong 不信邪，偏要改成兩端閉。搜尋區間記於心，或開或閉有何異？二分搜尋三變形，邏輯統一容易記。一套框架改兩行，勝過千言和萬語。

本節就來探究幾個最常用的二分搜尋場景：尋找一個數、尋找左側邊界、尋找右側邊界。而且，我們就是要深入細節，比如不等號是否應該附帶等號，`mid` 是否應該加一，等等。分析這些細節的差異以及出現這些差異的原因，有助你靈活準確地寫出正確的二分搜尋演算法。

另外，需要宣告的是，對於二分搜尋的每一個場景，本節會探討多種程式寫法，目的是讓你理解出現這些細微差異的本質原因，最起碼在看到別人的程式時不會傻掉。實際上這些寫法沒有優劣之分，喜歡哪種用哪種好了。

1.7.1 二分搜尋框架

先寫一下二分搜尋的框架，後面的幾種二分搜尋的變形都是基於這個程式框架的：

```
int binarySearch(int[] nums, int target) {
    int left = 0, right = ...;

    while(...) {
        int mid = left + (right - left) / 2;
        if (nums[mid] == target) {
            ...
        } else if (nums[mid] < target) {
            left = ...
        } else if (nums[mid] > target) {
            right = ...
        }
    }
}
```

```
    return ...;
}
```

分析二分搜尋的技巧是：**不要出現 else**，而是把所有情況用 **else if** 寫清楚，**這樣可以清楚地展現所有細節**。本節都會使用 else if，旨在講清楚，讀者理解後可自行簡化。

其中 **...** 標記的部分，就是可能出現細節問題的地方，當你見到一個二分搜尋的程式時，首先注意這幾個地方。後面用實例分析這些地方能有什麼樣的變化。

另外說明一下，計算 mid 時需要防止溢位，程式中 `left + (right - left) / 2` 就和 `(left + right) / 2` 的結果相同，但是有效防止了 `left` 和 `right` 太大，直接相加導致溢位的情況。

1.7.2 尋找一個數（基本的二分搜尋）

這個場景是最簡單的，可能也是大家最熟悉的，即搜尋一個數，如果存在，傳回其索引，否則傳回 -1。

```
int binarySearch(int[] nums, int target) {
    int left = 0;
    int right = nums.length - 1; // 注意

    while(left <= right) {
        int mid = left + (right - left) / 2;
        if(nums[mid] == target)
            return mid;
        else if (nums[mid] < target)
            left = mid + 1; // 注意
        else if (nums[mid] > target)
            right = mid - 1; // 注意
    }
    return -1;
}
```

這段程式可以解決 LeetCode 第 704 題「二分搜尋」，下面深入探討其中的細節。

1. 為什麼 while 迴圈的條件中是 <=，而非 < ？

答：因為初始化 right 的賦值是 nums.length - 1，即最後一個元素的索引，而非 nums.length。

這二者可能出現在不同功能的二分搜尋中，區別是：前者相當於兩端都閉區間 [left, right]，後者相當於左閉右開區間 [left, right)，因為索引大小為 nums.length 是越界的，所以把 high 這一邊視為開區間。

我們這個演算法中使用的是前者 [left, right] 兩端都閉的區間。這個區間其實就是每次進行搜尋的區間。

什麼時候應該停止搜尋呢？當然，找到了目標值的時候可以終止：

```
if(nums[mid] == target)
    return mid;
```

但如果沒找到，就需要 while 迴圈終止，然後傳回 -1。那 while 迴圈應該什麼時候終止？應該在**搜尋區間為空的時候終止**，空區間表示你實在沒得找了嘛。

while(left <= right) 的終止條件是 left == right+1，寫成區間的形式就是 [right + 1, right]，或附帶個具體的數字進去 [3, 2]，可見這時候區間為空，因為沒有數字既大於或等於 3，又小於或等於 2。所以這時候終止 while 迴圈是正確的，直接傳回 -1 即可。

while(left < right) 的終止條件是 left == right，寫成區間的形式就是 [right, right]，或附帶個具體的數字進去，即 [2, 2]，這時候區間不可為空，還有一個數 2，但此時 while 迴圈終止了。也就是說區間 [2, 2] 被漏掉了，索引 2 沒有被搜尋，如果這時候直接傳回 -1 就是錯誤的。

當然，如果你非要用 `while(left < right)` 也可以，我們已經知道了出錯的原因，打個更新好了：

```
//...
while(left < right) {
    // ...
}
return nums[left] == target ? left : -1;
```

2. 為什麼 `left = mid + 1`，`right = mid - 1`？我看有的程式是 `right = mid` 或 `left = mid`，沒有這些加加減減，到底是怎麼回事，怎麼判斷？

答：這也是二分搜尋的困難，不過只要你能理解前面的內容，就很容易判斷。

剛才明確了「搜尋區間」這個概念，而且本演算法的搜尋區間是兩端都閉的，即 `[left, right]`。那麼當我們發現索引 `mid` 不是要找的 `target` 時，下一步應該去搜尋哪裡呢？

當然是去搜尋區間 `[left, mid-1]` 或區間 `[mid+1, right]` 對不對？因為 `mid` 已經搜尋過，應該從搜尋區間中去除。

3. 此演算法有什麼缺陷？

答：至此，你應該已經掌握了該演算法的所有細節，以及這樣處理的原因。但是，這個演算法存在局限性。

比如提供有序陣列 `nums = [1,2,2,2,3]`，`target` 為 2，此演算法傳回的索引是 2，沒錯。但是如果我想得到 `target` 的左側邊界，即索引 1，或我想得到 `target` 的右側邊界，即索引 3，這樣的話此演算法是無法處理的。

這樣的需求很常見，**你也許會說，找到一個 `target`，然後向左或向右線性搜尋不行嗎？可以，但是不好，因為這樣難以保證二分搜尋對數級的複雜度了。**

我們後續就來討論這兩種二分搜尋的演算法。

1.7.3 尋找左側邊界的二分搜尋

以下是最常見的程式形式，其中的標記是需要注意的細節：

```java
int left_bound(int[] nums, int target) {
    int left = 0;
    int right = nums.length; // 注意

    while (left < right) { // 注意
        int mid = left + (right - left) / 2;
        if (nums[mid] == target) {
            right = mid;
        } else if (nums[mid] < target) {
            left = mid + 1;
        } else if (nums[mid] > target) {
            right = mid; // 注意
        }
    }
    return left;
}
```

1. 為什麼 while 中是 < 而非 <=?

答：因為 `right = nums.length` 而非 `nums.length - 1`，因此每次迴圈的「搜尋區間」是 `[left, right)`，左閉右開。

`while(left < right)` 的終止條件是 `left == right`，此時搜尋區間 `[left, left)` 為空，所以可以正確終止。

注意：這裡先要說一個搜尋左右邊界和上面這個演算法的區別，也是很多讀者問過的問題：前面的 `right` 不是 `nums.length - 1` 嗎，為什麼這裡非要寫成 `nums. length` 使得「搜尋區間」變成左閉右開呢？

因為對於搜尋左右側邊界的二分搜尋，這種寫法比較普遍，我就拿這種寫法舉例了，保證你以後遇到這類程式時可以理解。你非要用兩端都閉的寫法也沒問題，反而更簡單，我會在後面寫相關的程式，把三種二分搜尋都用一種兩端都閉的寫法統一起來，耐心往後看就行了。

2. 為什麼沒有傳回 -1 的操作？如果 `nums` 中不存在 `target` 這個值，怎麼辦？

答：其實很簡單，在傳回的時候額外判斷 `nums[left]` 是否等於 `target` 就行了，如果不等於，就說明 `target` 不存在。

不過我們要查看 `left` 的設定值範圍，免得索引越界。假如輸入的 `target` 非常大，那麼就會一直觸發 `nums[mid] < target` 的 if 條件，`left` 會一直向右側移動，直到等於 `right`，while 迴圈結束。

由於這裡 `right` 初始化為 `nums.length`，所以 `left` 變數的設定值區間是閉區間 `[0, nums.length]`，那麼在檢查 `nums[left]` 之前需要額外判斷一下，防止索引越界：

```
while (left < right) {
    //...
}
// 此時 target 比所有數都大，傳回 -1
if (left == nums.length) return -1;
// 判斷 nums[left] 是不是 target
return nums[left] == target ? left : -1;
```

3. 為什麼 `left = mid + 1`，`right - mid`，和以前不一樣？

答：這個很好解釋，因為我們的「搜尋區間」是 `[left, right)` 左閉右開，所以當 `nums[mid]` 被檢測之後，下一步應該去 `mid` 的左側或右側區間搜尋，即 `[left, mid)` 或 `[mid + 1, right)`。

4. 為什麼該演算法能夠搜尋左側邊界？

答：關鍵在於對 `nums[mid] == target` 這種情況的處理：

```
if (nums[mid] == target)
    right = mid;
```

可見，找到 target 時不要立即傳回，而是縮小「搜尋區間」的上界 `right`，在區間 `[left, mid)` 中繼續搜尋，即不斷向左收縮，達到鎖定左側邊界的目的。

5. 為什麼傳回 `left` 而非 `right`？

   答：都是一樣的，因為 while 的終止條件是 `left == right`。

6. **能不能想辦法把 `right` 變成 `nums.length - 1`，也就是繼續使用兩邊都閉的「搜尋區間」？這樣就可以和第一種二分搜尋在某種程度上統一起來了。**

   答：當然可以，只要你明白了「搜尋區間」這個概念，就能有效避免漏掉元素，隨便你怎麼改都行。下面嚴格根據邏輯來修改。

   因為你非要讓搜尋區間兩端都閉，所以 `right` 應該初始化為 `nums.length - 1`，while 的終止條件應該是 `left == right + 1`，也就是其中應該用 `<=`：

```
int left_bound(int[] nums, int target) {

    // 搜尋區間為 [left, right]
    int left = 0, right = nums.length - 1;
    while (left <= right) {
        int mid = left + (right - left) / 2;
        // if else ...
    }
```

   因為搜尋區間是兩端都閉的，且現在搜尋左側邊界，所以 `left` 和 `right` 的更新邏輯如下：

```
if (nums[mid] < target) {
    // 搜尋區間變為 [mid+1, right]
    left = mid + 1;
} else if (nums[mid] > target) {
    // 搜尋區間變為 [left, mid-1]
    right = mid - 1;
} else if (nums[mid] == target) {
    // 收縮右側邊界
    right = mid - 1;
}
```

和剛才相同，如果想在找不到 target 的時候傳回 -1，那麼檢查 nums [left] 和 target 是否相等即可：

```
// 此時 target 比所有數都大，傳回 -1
if (left == nums.length) return -1;
// 判斷 nums[left] 是不是 target
return nums[left] == target ? left : -1;
```

至此，整個演算法就寫完了，完整程式如下：

```
int left_bound(int[] nums, int target) {
    int left = 0, right = nums.length - 1;
    // 搜尋區間為 [left, right]
    while (left <= right) {
        int mid = left + (right - left) / 2;
        if (nums[mid] < target) {
            // 搜尋區間變為 [mid+1, right]
            left = mid + 1;
        } else if (nums[mid] > target) {
            // 搜尋區間變為 [left, mid-1]
            right = mid - 1;
        } else if (nums[mid] == target) {
            // 收縮右側邊界
            right = mid - 1;
        }
    }
    // 判斷 target 是否存在於 nums 中
    // 此時 target 比所有數都大，傳回 -1
    if (left == nums.length) return -1;
    // 判斷 nums[left] 是不是 target
    return nums[left] == target ? left : -1;
}
```

這樣就和第一種二分搜尋演算法統一了，都是兩端都閉的「搜尋區間」，而且最後傳回的也是 left 變數的值。只要把握二分搜尋的邏輯，兩種寫法形式喜歡哪種記哪種。

1.7.4 尋找右側邊界的二分搜尋

類似尋找左側邊界的演算法，這裡也會提供兩種寫法，還是先寫常見的左閉右開的寫法，只有兩處和搜尋左側邊界不同：

```
int right_bound(int[] nums, int target) {
    int left = 0, right = nums.length;

    while (left < right) {
        int mid = left + (right - left) / 2;
        if (nums[mid] == target) {
            left = mid + 1; // 注意
        } else if (nums[mid] < target) {
            left = mid + 1;
        } else if (nums[mid] > target) {
            right = mid;
        }
    }
    return left - 1; // 注意
}
```

1. 為什麼這個演算法能夠找到右側邊界？

答：同理，關鍵點還是這裡：

```
if (nums[mid] == target) {
    left = mid + 1;
```

當 `nums[mid] == target` 時，不要立即傳回，而是增大「搜尋區間」的左邊界 `left`，使得區間不斷向右靠近，達到鎖定右側邊界的目的。

2. 為什麼最後傳回 `left - 1`，而不像左側邊界的函式傳回 `left`？而且我覺得這裡既然是搜尋右側邊界，應該傳回 `right` 才對。

答：首先，while 迴圈的終止條件是 `left == right`，所以 `left` 和 `right` 是一樣的，你非要表現右側的特點，傳回 `right - 1` 好了。

　　至於為什麼要減 1，這是搜尋右側邊界的特殊點，關鍵在鎖定右邊界時的這個條件判斷：

```
// 增大 left，鎖定右側邊界
if (nums[mid] == target) {
    left = mid + 1;
    // 這樣想：mid = left - 1
```

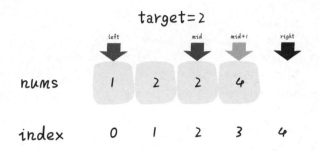

　　因為對 `left` 的更新必須是 `left = mid + 1`，就是說 while 迴圈結束時，`nums[left]` 一定不等於 `target` 了，而 `nums[left-1]` 可能是 `target`。

　　至於為什麼 `left` 的更新必須是 `left = mid + 1`，答案當然是為了把 `nums[mid]` 排除出搜尋區間，這裡不再贅述。

3. 為什麼沒有傳回 -1 的操作？如果 `nums` 中不存在 `target` 這個值，怎麼辦？

　　答：只要在最後判斷 `nums[left-1]` 是不是 `target` 就行了。

　　類似之前的左側邊界搜尋，`left` 的設定值範圍是 `[0, nums.length]`，但由於最後傳回的是 `left - 1`，所以 `left` 設定值為 0 的時候會造成索引越界，額外處理一下即可正確地傳回 -1：

```
while (left < right) {
    // ...
}
// 判斷 target 是否存在於 nums 中

// 此時 left - 1 索引越界
```

```
if (left - 1 < 0) return -1;
// 判斷 nums[left] 是不是 target
return nums[left - 1] == target ? (left - 1) : -1;
```

4. 是否也可以把這個演算法的「搜尋區間」統一成兩端都閉的形式呢？這樣這三個寫法就完全統一了，以後就可以閉著眼睛寫出來了。

答：當然可以，類似搜尋左側邊界的統一寫法，其實只要改兩個地方就行了：

```
int right_bound(int[] nums, int target) {
    int left = 0, right = nums.length - 1;
    while (left <= right) {
        int mid = left + (right - left) / 2;
        if (nums[mid] < target) {
            left = mid + 1;
        } else if (nums[mid] > target) {
            right = mid - 1;
        } else if (nums[mid] == target) {
            // 這裡改成收縮左側邊界即可
            left = mid + 1;
        }
    }
    // 最後改成傳回 left - 1
    if (left - 1 < 0) return -1;
    return nums[left - 1] == target ? (left - 1) : -1;
}
```

當然，由於 while 的結束條件為 `right == left - 1`，所以你把上述程式中的 `left - 1` 都改成 `right` 也沒有問題，這樣可能更有利於看出這是在「搜尋右側邊界」。

至此，搜尋右側邊界的二分搜尋的兩種寫法也完成了，其實將「搜尋區間」統一成兩端都閉反而更容易記憶，你說是吧？

1.7.5 邏輯統一

有了搜尋左右邊界的二分搜尋，可以去解決 LeetCode 第 34 題「在排序陣列中查詢元素的第一個和最後一個位置」。

接下來梳理一下這些細節差異的因果邏輯：

第一個，最基本的二分搜尋演算法：

因為初始化 `right = nums.length - 1`
所以決定了 " 搜尋區間 " 是 `[left, right]`
所以決定了 `while (left <= right)`
同時也決定了 `left = mid+1` 和 `right = mid-1`

因為只需找到一個 `target` 的索引即可

所以當 `nums[mid] == target` 時可以立即傳回

第二個，尋找左側邊界的二分搜尋：

因為初始化 `right = nums.length`
所以決定了 " 搜尋區間 " 是 `[left, right)`
所以決定了 `while (left < right)`
同時也決定了 `left = mid + 1` 和 `right = mid`

因為需找到 `target` 的最左側索引
所以當 `nums[mid] == target` 時不要立即傳回

而要收緊右側邊界以鎖定左側邊界

第三個，尋找右側邊界的二分搜尋：

因為初始化 `right = nums.length`
所以決定了 " 搜尋區間 " 是 `[left, right)`
所以決定了 `while (left < right)`
同時也決定了 `left = mid + 1` 和 `right = mid`

因為需找到 `target` 的最右側索引
所以當 `nums[mid] == target` 時不要立即傳回
而要收緊左側邊界以鎖定右側邊界

又因為收緊左側邊界時必須 `left = mid + 1`
所以最後無論傳回 `left` 還是 `right`，必須減 1

　　對於尋找左右邊界的二分搜尋，常見的手法是使用左閉右開的「搜尋區間」，我們還根據邏輯將「搜尋區間」全都統一成了兩端都閉，便於記憶，只要修改兩處即可變化出三種寫法：

```java
int binary_search(int[] nums, int target) {
    int left = 0, right = nums.length - 1;
    while(left <= right) {
        int mid = left + (right - left) / 2;
        if (nums[mid] < target) {
            left = mid + 1;
        } else if (nums[mid] > target) {
            right = mid - 1;
        } else if(nums[mid] == target) {
            // 直接傳回
            return mid;
        }
    }
    // 直接傳回
    return -1;
}


int left_bound(int[] nums, int target) {
    int left = 0, right = nums.length - 1;
    while (left <= right) {
        int mid = left + (right - left) / 2;
        if (nums[mid] < target) {
            left = mid + 1;
        } else if (nums[mid] > target) {
            right = mid - 1;
        } else if (nums[mid] == target) {
            // 別傳回，鎖定左側邊界
            right = mid - 1;
        }
    }
    // 判斷 target 是否存在於 nums 中
    // 此時 target 比所有數都大，傳回 -1
    if (left == nums.length) return -1;
    // 判斷 nums[left] 是不是 target
    return nums[left] == target ? left : -1;
```

```
}

int right_bound(int[] nums, int target) {
    int left = 0, right = nums.length - 1;
    while (left <= right) {
        int mid = left + (right - left) / 2;
        if (nums[mid] < target) {
            left = mid + 1;
        } else if (nums[mid] > target) {
            right = mid - 1;
        } else if (nums[mid] == target) {
            // 別傳回，鎖定右側邊界
            left = mid + 1;
        }
    }
    // 判斷 target 是否存在於 nums 中
    // if (left - 1 < 0) return -1;

    // return nums[left - 1] == target ? (left - 1) : -1;

    // 由於 while 的結束條件是 right == left - 1，且現在在求右邊界
    // 所以用 right 替代 left - 1 更好記
    if (right < 0) return -1;
    return nums[right] == target ? right : -1;
}
```

如果以上內容你都能理解，那麼恭喜你，二分搜尋演算法的細節不過如此。透過本節內容，你學會了：

1. 分析二分搜尋程式時，不要使用 else，全部展開成 else if 方便理解。

2. 注意「搜尋區間」和 while 的終止條件，如果存在漏掉的元素，記得在最後檢查。

3. 如需定義左閉右開的「搜尋區間」搜尋左右邊界，只要在 `nums[mid] == target` 時做修改即可，搜尋右側時結果需要減 1。

4. 如果將「搜尋區間」全都統一成兩端都閉，好記，只要稍微修改 `nums[mid] == target` 條件處的程式和函式傳回的程式邏輯即可，推薦拿小本子記下，作為二分搜尋範本。

1.8 我寫了一個範本，把滑動視窗演算法變成了默寫題

讀完本節，你不僅會學到演算法策略，還可以順便解決以下題目：

76. 最小覆蓋子串（困難）	567. 字串的排列（中等）
438. 找到字串中所有字母異位詞（中等）	3. 無重複字元的最長子串（中等）

鑑於上一節的那首《二分搜尋策略歌》很受好評，並在網上廣為流傳，這裡我再次撰寫一首小詩來歌頌滑動視窗演算法的偉大：

鏈結串列子串陣列題，用雙指標別猶豫。雙指標家三兄弟，各個都是萬人迷。快慢指標最神奇，鏈結串列操作無壓力。歸併排序找中點，鏈結串列成環做判定。左右指標最常見，左右兩端相向行。反轉陣列要靠它，二分搜尋是弟弟。滑動視窗最困難，子串問題全靠它。左右指標滑視窗，一前一後齊頭進。

labuladong 穩若「狗」，一套框架不翻車。一路漂移帶閃電，演算法變成默寫題。

關於雙指標的快慢指標和左右指標的用法，可以參見 **2.1.2 陣列雙指標的解題策略**，本節僅解決一類最難掌握的雙指標技巧：滑動視窗技巧。總結出一套框架，可以幫你輕鬆寫出正確的解法。

說起滑動視窗演算法，很多讀者都會頭疼。這個演算法技巧的想法非常簡單，就是維護一個視窗，不斷滑動，然後更新答案。LeetCode（LeetCode）起碼有 10 道運用滑動視窗演算法的題目，難度都是中等和困難。該演算法的大致邏輯如下：

```
int left = 0, right = 0;

while (right < s.size()) {
    // 增大視窗
    window.add(s[right]);
    right++;

    while (left < right && window needs shrink) {
        // 縮小視窗
        window.remove(s[left]);
        left++;
    }
}
```

這個演算法技巧的時間複雜度是 $O(N)$，比字串暴力演算法要高效得多。

其實困擾大家的，不是演算法的想法，而是各種細節問題。比如如何在視窗中添加新元素，如何縮小視窗，在視窗滑動的哪個階段更新結果。即使你明白了這些細節，也容易出 bug，找 bug 還不知道怎麼找，真的挺讓人心煩的。

所以現在我就寫一套滑動視窗演算法的程式框架，我連在哪裡做輸出 debug 都寫以後遇到相關的問題，你就默寫出來以下框架然後改兩個地方就行，還不會出 bug：

```
/* 滑動視窗演算法框架 */
void slidingWindow(string s) {
    unordered_map<char, int> window;

    int left = 0, right = 0;
    while (left < right && right < s.size()) {
        // c 是將移入視窗的字元
        char c = s[right];
        window.add(c)
        // 增大視窗
        right++;
        // 進行視窗內資料的一系列更新
        ...

        /*** debug 輸出的位置 ***/
```

```
    printf("window: [%d, %d)\n", left, right);
    /********************/

    // 判斷左側視窗是否要收縮
    while (left < right && window needs shrink) {
        // d 是將移出視窗的字元
        char d = s[left];
        window.remove(d)
        // 縮小視窗
        left++;
        // 進行視窗內資料的一系列更新
        ...
    }
  }
}
```

其中兩處 ... **表示更新視窗資料的地方，具體解題寫程式時直接往裡面填就行了。**

而且，這兩處 ... 的操作分別是擴大和縮小視窗的更新操作，稍後你會發現它們的操作是完全對稱的。

另外，雖然滑動視窗程式框架中有一個巢狀結構的 while 迴圈，但演算法的時間複雜度依然是 $O(N)$，其中 N 是輸入字串 / 陣列的長度。

為什麼呢？簡單說，指標 `left, right` 不會回退（它們的值只增不減），所以字串 / 陣列中的每個元素都只會進入視窗一次，然後被移出視窗一次，不會有某些元素多次進入和離開視窗，所以演算法的時間複雜度就和字串 / 陣列的長度成正比。後文 **4.1.3 演算法時空複雜度分析實用指南**將具體講解時間複雜度的估算，這裡就不展開了。

說句題外話，我發現一些人喜歡執著於表象，不喜歡探求問題的本質。比如有人談論我這個框架，說什麼雜湊表速度慢，不如用陣列代替雜湊表；還有很多人喜歡把程式寫得特別短小，說我這樣的程式太多餘，影響編譯速度，在 LeetCode 上速度不夠快。

我的意見是，演算法主要看的是時間複雜度，你能確保自己的時間複雜度最佳就行了。至於 LeetCode 所謂的執行速度，那都是玄學，只要不是慢得離譜就沒啥問題，根木不值得你從編譯層面最佳化，不要捨本逐末……本書的重點在於演算法思想，把框架思維了然於心才至關重要。

言歸正傳，下面就直接上四道 LeetCode 原題來套這個框架，其中第一道題會詳細說明其原理，後面四道就直接給答案了。

因為滑動視窗很多時候都是用來處理字串相關的問題，而 Java 處理字串不方便，所以本節程式用 C++ 實現。不會用到什麼程式語言層面的特殊技巧，但是還是簡單介紹一下一些用到的資料結構，以免有的讀者因為語言的細節問題阻礙對演算法思想的理解：

`unordered_map` 就是雜湊表（字典），相當於 Java 的 `HashMap`，它的方法 `count(key)` 相當於 Java 的 `containsKey(key)`，可以判斷鍵 `key` 是否存在，可以使用中括號便捷鍵對應的值 `map[key]`。**需要注意的是，如果該 `key` 不存在，C++ 會自動建立這個 `key`，並把 `map[key]` 賦值為 0。**所以程式中多次出現的 `map[key]++` 相當於 Java 的 `map.put(key, map.getOrDefault(key, 0) + 1)`。

另外，Java 中的 Integer 和 String 這種包裝類別不能直接用 `==` 進行相等判斷，而應該使用類別的 `equals` 方法，這個語言特性坑了不少人，在程式部分我會列出具體提示。

1.8.1 最小覆蓋子串

先來看看 LeetCode 第 76 題「最小覆蓋子串」：

給你兩個字串 `S` 和 `T`，**請你在 `S` 中找到包含 `T` 中全部字母的最短子串**。如果 `S` 中沒有這樣一個子串，則演算法傳回空串，如果存在這樣一個子串，則可以認為答案是唯一的。比如輸入 `S = "ADBECFEBANC, T = "ABC"`，演算法應該傳回 `"BANC"`。

如果使用暴力解法，程式大概是這樣的：

```
for (int i = 0; i < s.size(); i++)
    for (int j = i + 1; j < s.size(); j++)
        if s[i:j] 包含 t 的所有字母 :
            更新答案
```

想法很直接，但是顯然，這個演算法的複雜度肯定大於 $O(N^2)$ 了，不好。

滑動視窗演算法的想法是這樣的：

1. 我們在字串 S 中使用雙指標中的左右指標技巧，初始化 `left = right = 0`，把索引左閉右開區間 `[left, right)` 稱為一個「視窗」。

注意：理論上你可以設計兩端都開或兩端都閉的區間，但設計為左閉右開區間是最方便處理的。因為這樣初始化 `left = right = 0` 時，區間 `[0, 0)` 中沒有元素，但只要讓 `right` 向右移動（擴大）一位，區間 `[0, 1)` 就包含一個元素 0 了。如果設置為兩端都開的區間，那麼讓 `right` 向右移動一位後開區間 `(0, 1)` 仍然沒有元素；如果設置為兩端都閉的區間，那麼初始區間 `[0,0]` 就包含了一個元素。這兩種情況都會給邊界處理帶來不必要的麻煩。

2. 我們先不斷地增加 `right` 指標擴大視窗 `[left, right)`，直到視窗中的字串符合要求（包含了 T 中的所有字元）。

3. 此時，停止增加 `right`，轉而不斷增加 `left` 指標縮小視窗 `[left, right)`，直到視窗中的字串不再符合要求（不包含 T 中的所有字元了）。同時，每次增加 `left`，都要更新一輪結果。

4. 重複第 2 和第 3 步，直到 `right` 到達字串 S 的盡頭。

1.8 我寫了一個範本，把滑動視窗演算法變成了默寫題

這個想法其實也不難，**第 2 步相當於在尋找一個「可行解」，然後第 3 步在最佳化這個「可行解」，最終找到最佳解**，也就是最短的覆蓋子串。左右指標輪流前進，視窗大小增增減減，視窗不斷向右滑動，這就是「滑動視窗」這個名稱的來歷。

下面畫圖理解一下這個想法。`needs` 和 `window` 相當於計數器，分別記錄 T 中字元出現次數和「視窗」中的相應字元的出現次數。

初始狀態：

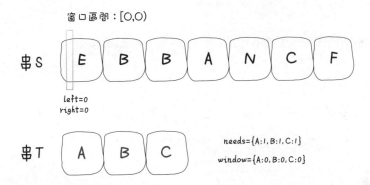

增加 `right`，直到視窗 `[left,right)` 包含了 T 中所有字元：

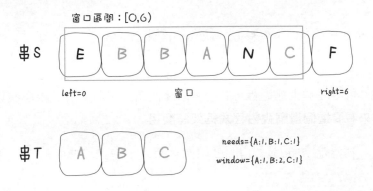

1-103

現在開始增加 `left`，縮小視窗 [left, right)：

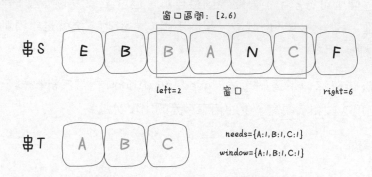

直到視窗中的字串不再符合要求，`left` 不再繼續移動：

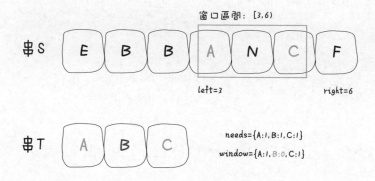

之後重複上述過程，先移動 `right`，再移動 `left`……直到 `right` 指標到達字串 S 的末端，演算法結束。

如果你能夠理解上述過程，恭喜，你已經完全掌握了滑動視窗演算法思想。**現在我們來看看這個滑動視窗程式框架怎麼用。**

首先，初始化 `window` 和 `need` 兩個雜湊表，記錄視窗中的字元和需要湊齊的字元：

```
unordered_map<char, int> need, window;
for (char c : t) need[c]++;
```

然後，使用 `left` 和 `right` 變數初始化視窗的兩端，不要忘了，區間 [left, right) 是左閉右開的，所以初始情況下視窗沒有包含任何元素：

```
int left = 0, right = 0; int valid = 0;
while (right < s.size()) {
    // 開始滑動
}
```

其中 `valid` 變數表示視窗中滿足 `need` 條件的字元個數，如果 `valid` 和 `need.size` 的大小相同，則說明視窗已滿足條件，已經完全覆蓋了串 `T`。

現在開始套範本，只需要思考以下 4 個問題：

1. 當移動 `right` 擴大視窗，即加入字元時，應該更新哪些資料？

2. 什麼條件下，視窗應該暫停擴大，開始移動 `left` 縮小視窗？

3. 當移動 `left` 縮小視窗，即移出字元時，應該更新哪些資料？

4. 我們要的結果應該在擴大視窗時還是縮小視窗時進行更新？

如果一個字元進入視窗，應該增加 `window` 計數器；如果一個字元將移出視窗的時候，應該減少 `window` 計數器；當 `valid` 滿足 `need` 時應該收縮視窗；在收縮視窗的時候應該更新最終結果。

下面是完整程式：

```
string minWindow(string s, string t) {
    unordered_map<char, int> need, window;
    for (char c : t) need[c]++;

    int left = 0, right = 0;
    int valid = 0;
    // 記錄最小覆蓋子串的起始索引及長度
    int start = 0, len = Int_MAX;
    while (right < s.size()) {
        // c 是將移入視窗的字元
        char c = s[right];
```

```
    // 擴大視窗
    right++;
    // 進行視窗內資料的一系列更新
    if (need.count(c)) {
        window[c]++;
        if (window[c] == need[c])
            valid++;
    }

    // 判斷左側視窗是否要收縮
    while (valid == need.size()) {
        // 在這裡更新最小覆蓋子串
        if (right - left < len) {
            start = left;
            len = right - left;
        }

        // d 是將移出視窗的字元
        char d = s[left];
        // 縮小視窗
        left++;
        // 進行視窗內資料的一系列更新
        if (need.count(d)) {
            if (window[d] == need[d])
                valid--;
            window[d]--;
        }
    }
}
// 傳回最小覆蓋子串
return len == Int_MAX ?
    "" : s.substr(start, len);
}
```

注意：使用 Java 的讀者要尤其警惕語言特性的陷阱。Java 的 Integer、String 等類型判定相等應該用 `equals` 方法而不能直接用等號 `==`，這是 Java 包裝類別的隱晦細節。所以在縮小視窗更新資料的時候，不能直接改寫為 `window.get(d) == need. get(d)`，而要用 `window.get(d).equals(need.get(d))`，之後的解法程式同理。

需要注意的是，當我們發現某個字元在 `window` 裡的數量滿足了 `need` 的需要，就要更新 `valid`，表示有一個字元已經滿足要求。而且，你能發現，兩次對視窗內資料的更新操作是完全對稱的。

當 `valid == need.size()` 時，說明 `T` 中所有字元已經被覆蓋，已經得到一個可行的覆蓋子串，現在應該開始收縮視窗了，以便得到「最小覆蓋子串」。

移動 `left` 收縮視窗時，視窗內的字元都是可行解，所以應該在收縮視窗的階段進行最小覆蓋子串的更新，以便從可行解中找到長度最短的最終結果。

至此，應該可以完全理解這套框架了，滑動視窗演算法又不難，就是細節問題讓人煩得很。**以後遇到滑動視窗演算法，你就按照這個框架寫程式，保準沒有 bug，還省事。**

下面就直接利用這套框架解決幾道題，你基本上一眼就能看出想法。

1.8.2 字串排列

這是 LeetCode 第 567 題「字串的排列」，難度中等：

輸入兩個字串 S 和 T，請你用演算法判斷 S 是否包含 T 的排列。也就是要判斷 S 中是否存在一個子串是 T 的一種全排列。

比如輸入 S = "helloworld, T = "oow"，演算法傳回 True，因為 S 包含一個子串 "owo"，是 T 的排列。注意，輸入的 s1 是可以包含重複字元的，所以這道題難度不小。

這種題目，明顯要用到滑動視窗演算法：**相當於給你一個 S 和一個 T，請問 S 中是否存在一個子串，包含 T 中所有字元且不包含其他字元？**

首先，複製貼上之前的演算法框架程式，然後明確剛才提出的 4 個問題，即寫入出這道題的答案：

```
// 判斷 s 中是否存在 t 的排列
bool checkInclusion(string t, string s) {
    unordered_map<char, int> need, window;
```

```
for (char c : t) need[c]++;

int left = 0, right = 0;
int valid = 0;
while (right < s.size()) {
    char c = s[right]; right++;
    // 進行視窗內資料的一系列更新
    if (need.count(c)) {
        window[c]++;
        if (window[c] == need[c])
            valid++;
    }

    // 判斷左側視窗是否要收縮
    while (right - left >= t.size()) {
        // 在這裡判斷是否找到了合法的子串
        if (valid == need.size())
            return true;
        char d = s[left];
        left++;
        // 進行視窗內資料的一系列更新
        if (need.count(d)) {
            if (window[d] == need[d])
                valid--;
            window[d]--;
        }
    }
}
// 未找到符合條件的子串
return false;
}
```

對於這道題的解法程式，基本上和最小覆蓋子串的一模一樣，只需要改變以下幾個地方：

1. 本題移動 `left` 縮小視窗的時機是視窗大小大於 `t.size()` 時，因為各種排列的長度應該是一樣的。

2. 當發現 `valid == need.size()` 時，說明視窗中的資料是一個合法的排列，所以立即傳回 `true`。

至於如何處理視窗的擴大和縮小，和最小覆蓋子串的相關處理方式完全相同。

注意：由於這道題中 `[left, right)` 其實維護的是一個定長的視窗，視窗大小為 `t.size()`。因為定長視窗每次向前滑動時只會移出一個字元，所以可以把內層的 while 改成 if，效果是一樣的。

1.8.3 找所有字母異位詞

這是 LeetCode 第 438 題「找到字串中所有字母異位詞」，難度中等：

給定一個字串 S 和一個不可為空字串 T，找到 S 中所有是 T 的字母異位詞的子串，傳回這些子串的起始索引。所謂的字母異位詞，其實就是全排列，原題目相當於讓你找 S 中所有 T 的排列，並傳回它們的起始索引。

比如輸入 S = "cbaebabacd", T = "abc"，演算法傳回 [0, 6]，因為 S 中有兩個子串 "cba" 和 "abc" 是 T 的排列，它們的起始索引是 0 和 6。

這個所謂的字母異位詞，不就是排列嗎，找個高端的說法就能糊弄人了嗎？**相當於，輸入一個串 S，一個串 T，找到 S 中所有 T 的排列，傳回它們的起始索引。**

直接默寫一下框架，明確前面講的 4 個問題，即可搞定這道題：

```cpp
vector<int> findAnagrams(string s, string t) {
    unordered_map<char, int> need, window;
    for (char c : t) need[c]++;

    int left = 0, right = 0;
    int valid = 0;
    vector<int> res; // 記錄結果
    while (right < s.size()) {
        char c = s[right];
        right++;
```

```
        // 進行視窗內資料的一系列更新
        if (need.count(c)) {
            window[c]++;
            if (window[c] == need[c])
                valid++;
        }
        // 判斷左側視窗是否要收縮
        while (right - left >= t.size()) {
            // 當視窗符合條件時，把起始索引加入 res
            if (valid == need.size())
                res.push_back(left);
            char d = s[left]; left++;
            // 進行視窗內資料的一系列更新
            if (need.count(d)) {
                if (window[d] == need[d])
                    valid--;
                window[d]--;
            }
        }
    }
    return res;
}
```

和尋找字串的排列一樣，只是找到一個合法異位詞（排列）之後將起始索引加入 res 即可。

1.8.4 最長無重複子串

這是 LeetCode 第 3 題「無重複字元的最長子串」，難度中等：

輸入一個字串 s，請計算 s 中不包含重複字元的最長子串長度。比如輸入 s = "aabab"，演算法傳回 2，因為無重複的最長子串是 "ab" 或 "ba"，長度為 2。

這道題終於有了點新意，不是一套框架就出答案，不過反而更簡單了，稍微改一改框架就行：

```
int lengthOfLongestSubstring(string s) {
    unordered_map<char, int> window;
```

```
int left = 0, right = 0;
int res = 0; // 記錄結果
while (right < s.size()) {

    char c = s[right]; right++;
    // 進行視窗內資料的一系列更新
    window[c]++;
    // 判斷左側視窗是否要收縮
    while (window[c] > 1) {
        char d = s[left];
        left++;
        // 進行視窗內資料的一系列更新
        window[d]--;
    }
    // 在這裡更新答案
    res = max(res, right - left);
}
return res;
}
```

這就是變簡單了，連 `need` 和 `valid` 都不需要，而且更新視窗內資料也只需要簡單地更新計數器 `window`。

當 `window[c]` 值大於 1 時，說明視窗中存在重複字元，不符合條件，就該移動 `left` 縮小視窗了嘛。

唯一需要注意的是，在哪裡更新結果 `res` 呢？我們要的是最長無重複子串，哪一個階段可以保證視窗中的字串是沒有重複的呢？

這裡和之前不一樣，要在收縮視窗完成後更新 `res`，因為視窗收縮的 while 條件是存在重複元素，換句話說收縮完成後一定保證視窗中沒有重複嘛。

滑動視窗演算法範本就講到這裡，希望大家能理解其中的思想，記住演算法範本並融會貫通，以後就再也不怕子串、子陣列問題了。

## 第2章

一步步刷資料結構

　　本章我們學習基本資料結構的相關演算法，主要是陣列、鏈結串列的演算法和常見的資料結構設計想法。

　　陣列鏈結串列的考點比較固定，應該說會者不難難者不會，本章會列舉常見的陣列鏈結串列演算法以及適用場景，以後遇到對應題目即可手到擒來。

　　資料結構設計類題目主要考查你對各種資料結構的理解，需要你合理組織不同的資料結構高效率地解決實際問題。我們知道每一種資料結構都有自己的優勢和劣勢，那麼如何讓多種資料結構通力合作，取長補短，就是本章後半部分的主要內容。

2.1 陣列、鏈結串列

陣列鏈結串列是最基本的資料結構，分別代表著順序和鏈式兩種基本的儲存方式。我們如何充分發揮陣列隨機存取的優勢？如何巧妙避免單鏈結串列只能單向遍歷的缺陷？本節告訴你答案。

2.1.1 單鏈結串列的六大解題策略

讀完本節，你不僅可以學到演算法策略，還可以順便解決以下題目：

21. 合併兩個有序鏈結串列（簡單）	23. 合併 k 個昇冪鏈結串列（困難）
141. 環狀鏈結串列（簡單）	142. 環狀鏈結串列 II（中等）
876. 鏈結串列的中間節點（簡單）	19. 刪除鏈結串列的倒數第 N 個節點（中等）
160. 相交鏈結串列（簡單）	

本節總結各種單鏈結串列的基本技巧，每個技巧都對應著至少一道演算法題：

1. 合併兩個有序鏈結串列。

2. 合併 k 個有序鏈結串列。

3. 尋找單鏈結串列的倒數第 k 個節點。

4. 尋找單鏈結串列的中點。

5. 判斷單鏈結串列是否包含環並找出環起點。

6. 判斷兩個單鏈結串列是否相交並找出交點。

這些解法都用到了雙指標技巧，所以說對於單鏈結串列相關的題目，雙指標的運用是非常廣泛的，下面就來一個一個看。

一、合併兩個有序鏈結串列

這是最基本的鏈結串列技巧，LeetCode 第 21 題「合併兩個有序鏈結串列」就是這個問題，給你輸入兩個有序鏈結串列，請把它們合併成一個新的有序鏈結串列，函式名稱如下：

```
ListNode mergeTwoLists(ListNode l1, ListNode l2);
```

比如題目輸入 `l1 = 1->2->4,l2 = 1->3->4`，應該傳回合併之後的鏈結串列 `1->1->2-> 3->4->4`。

這題比較簡單，我們直接看解法：

```
ListNode mergeTwoLists(ListNode l1, ListNode l2) {
    // 虛擬頭節點
    ListNode dummy = new ListNode(-1), p = dummy;
    ListNode p1 = l1, p2 = l2;

    while (p1 != null && p2 != null) {
        // 比較 p1 和 p2 兩個指標
        // 將值較小的節點接到 p 指標
        if (p1.val > p2.val) {
            p.next = p2;
            p2 = p2.next;
        } else {
            p.next = p1;
            p1 = p1.next;
        }
        // p 指標不斷前進
        p = p.next;

    }

    if (p1 != null) {
        p.next = p1;
    }

    if (p2 != null) {
        p.next = p2;
```

```
    }

    return dummy.next;
}
```

while 迴圈每次比較 **p1** 和 **p2** 的大小，把較小的節點接到結果鏈結串列上，看下圖：

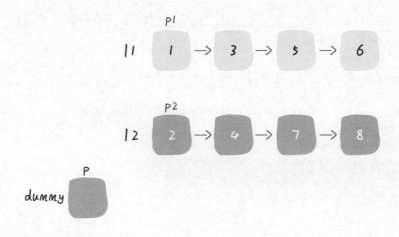

這個演算法的邏輯類似於「拉拉鍊」，**l1, l2** 類似於拉鍊兩側的鋸齒，指標 **p** 就好像拉鍊的拉鎖，將兩個有序鏈結串列合併。

程式中還用到一個鏈結串列的演算法題中很常見的「虛擬頭節點」技巧，也就是 dummy 節點。 你可以試試，如果不使用 dummy 虛擬節點，程式會複雜很多，而有了 dummy 節點這個預留位置，可以避免處理空指標的情況，降低程式的複雜性。

二、合併 k 個有序鏈結串列

看下 LeetCode 第 23 題「合併 k 個昇冪鏈結串列」：

給你輸入若干條鏈結串列，每個鏈結串列都已經按昇冪排列，請將所有鏈結串列合併到一個昇冪鏈結串列中，傳回合併後的鏈結串列，函式名稱如下：

```
ListNode mergeKLists(ListNode[] lists);
```

比如給你輸入這些鏈結串列：

```
[
    1->4->5,
    1->3->4,
    2->6
]
```

演算法應該傳回合併之後的有序鏈結串列 `1->1->2->3->4->4->5->6`。

合併 k 個有序鏈結串列的邏輯類似於合併兩個有序鏈結串列，困難在於，如何快速得到 k 個節點中的最小節點，接到結果鏈結串列上。

這裡我們就要用到優先順序佇列這種能夠自動排序的資料結構，把鏈結串列節點放入一個最小堆積，就可以每次獲得 k 個節點中的最小節點：

```java
ListNode mergeKLists(ListNode[] lists) {
    if (lists.length == 0) return null;
    // 虛擬頭節點
    ListNode dummy = new ListNode(-1);
    ListNode p = dummy;
    // 優先順序佇列，最小堆積
    PriorityQueue<ListNode> pq = new PriorityQueue<>(
        lists.length, (a, b)->(a.val - b.val));
    // 將 k 個鏈結串列的頭節點加入最小堆積
    for (ListNode head : lists) {
        if (head != null)
            pq.add(head);
    }

    while (!pq.isEmpty()) {
        // 獲取最小節點，接到結果鏈結串列中
        ListNode node = pq.poll();
        p.next = node;
        if (node.next != null) {
            pq.add(node.next);
        }
        // p 指標不斷前進
        p = p.next;
```

```
    }
    return dummy.next;
}
```

這個演算法在面試中常考,它的時間複雜度是多少呢?

優先順序佇列 `pq` 中的元素個數最多是 k,所以一次 `poll` 或 `add` 方法的時間複雜度是 $O(\log k)$;所有的鏈結串列節點都會被加入和彈出 `pq`,**所以演算法整體的時間複雜度是 $O(N \times \log k)$,其中 k 是鏈結串列的筆數,N 是這些鏈結串列的節點總數。**

三、單鏈結串列的倒數第 k 個節點

從前往後尋找單鏈結串列的第 k 個節點很簡單,一個 for 迴圈遍歷過去就找到了,但是如何尋找從後往前數的第 k 個節點呢?那你可能說,假設鏈結串列有 n 個節點,倒數第 k 個節點就是正數第 n - k + 1 個節點,不也是一個 for 迴圈的事嗎?

是的,但是演算法題一般只給你一個 `ListNode` 頭節點代表一條單鏈結串列,你不能直接得出這條鏈結串列的長度 n,而需要先遍歷一遍鏈結串列算出 n 的值,然後再遍歷鏈結串列計算第 n - k + 1 個節點。也就是說,這個解法需要遍歷兩次鏈結串列才能得到倒數第 k 個節點。

那麼,我們能不能只遍歷一次鏈結串列,就算出倒數第 k 個節點?可以做到,如果是面試問到這道題,面試官肯定也是希望你列出只需遍歷一次鏈結串列的解法。

這個解法就比較巧妙了,假設 k = 2,想法如下:

首先,我們讓一個指標 `p1` 指向鏈結串列的頭節點 `head`,然後走 k 步:

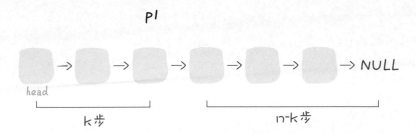

現在的 p1，只要再走 n-k 步，就能走到鏈結串列末尾的空指標了對吧？趁這個時候，再用一個指標 p2 指向鏈結串列頭節點 head：

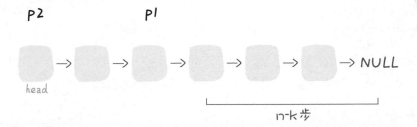

接下來就很顯然了，讓 p1 和 p2 同時向前走，p1 走到鏈結串列末尾的空指標時前進了 n - k 步，p2 也從 head 開始前進了 n - k 步，停留在第 n - k + 1 個節點上，即恰好停在鏈結串列的倒數第 k 個節點上：

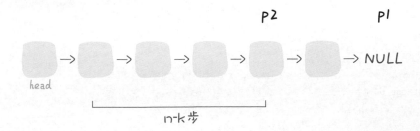

這樣，只遍歷了一次鏈結串列，就獲得了倒數第 k 個節點 p2。上述邏輯的程式如下：

```
// 傳回鏈結串列的倒數第 k 個節點
ListNode findFromEnd(ListNode head, int k) {
```

```
    ListNode p1 = head;
    // p1 先走 k 步
    for (int i = 0; i < k; i++) {
        p1 = p1.next;
    }
    ListNode p2 = head;
    // p1 和 p2 同時走 n - k 步
    while (p1 != null) {
        p2 = p2.next;
        p1 = p1.next;
    }
    // p2 現在指向第 n - k + 1 個節點，即倒數第 k 個節點
    return p2;
}
```

當然，如果用 Big O 標記法來計算時間複雜度，無論遍歷一次鏈結串列還是遍歷兩次鏈結串列的時間複雜度都是 $O(N)$，但上述這個演算法更有技巧性。

很多鏈結串列相關的演算法題都會用到這個技巧，比如 LeetCode 第 19 題「刪除鏈結串列的倒數第 N 個節點」，給你輸入一個單鏈結串列的頭節點和一個正整數 n，請你刪掉倒數第 n 個節點。比如輸入 n = 2，單鏈結串列為 1->2->3->4->5，你應該傳回 1->2->3->5。

有了之前的鋪陳，我們直接看解法程式：

```
// 主函式
ListNode removeNthFromEnd(ListNode head, int n) {

    // 虛擬頭節點
    ListNode dummy = new ListNode(-1);
    dummy.next = head;
    // 刪除倒數第 n 個，要先找倒數第 n + 1 個節點
    ListNode x = findFromEnd(dummy, n + 1);
    // 刪掉倒數第 n 個節點 x.next =
    x.next.next;
    return dummy.next;
}


ListNode findFromEnd(ListNode head, int k) {
```

```
    // 程式見上文
}
```

這個邏輯就很簡單了，要刪除倒數第 n 個節點，就得獲得倒數第 n + 1 個節點的引用，可以用我們實現的 findFromEnd 來操作。

不過注意這裡又使用了虛擬頭節點的技巧，也是為了防止出現空指標的情況，比如鏈結串列總共有 5 個節點，題目就讓你刪除倒數第 5 個節點，也就是第 1 個節點，那按照算法邏輯，應該首先找到倒數第 6 個節點。但第一個節點前面已經沒有節點了，這就會出錯。有了虛擬節點 dummy，就避免了這個問題，能夠對這種情況進行正確的刪除。

四、單鏈結串列的中點

LeetCode 第 876 題「鏈結串列的中間節點」就是這個題目，問題的關鍵也在於我們無法直接得到單鏈結串列的長度 n，常規方法也是先遍歷鏈結串列計算 n，再遍歷一次得到第 n / 2 個節點，也就是中間節點。如果想一次遍歷就得到中間節點，也需要一點技巧，使用「快慢指標」的技巧：

我們讓兩個指標 slow 和 fast 分別指向鏈結串列頭節點 head，**每當慢指標 slow 前進一步，快指標 fast 就前進兩步，這樣，當 fast 走到鏈結串列末尾時，slow 就指向了鏈結串列中點。**

上述想法的程式實現如下：

```
ListNode middleNode(ListNode head) {
    // 快慢指標初始化指向 head
    ListNode slow = head, fast = head;
    // 快指標走到末尾時停止
    while (fast != null && fast.next != null) {
        // 慢指標走一步，快指標走兩步
        slow = slow.next;
        fast = fast.next.next;
    }

    // 慢指標指向中點
    return slow;
}
```

需要注意的是，如果鏈結串列長度為偶數，也就是說中點有兩個的時候，我們這個解法傳回的節點是靠後的那個節點。另外，這段程式稍加修改就可以直接用到判斷鏈結串列成環的演算法題上。

五、判斷鏈結串列是否包含環

判斷鏈結串列是否包含環屬於經典問題，解決方案也是用快慢指標：

每當慢指標 `slow` 前進一步，快指標 `fast` 就前進兩步。如果 `fast` 最終遇到空指標，說明鏈結串列中沒有環；如果 `fast` 最終和 `slow` 相遇，那肯定是 `fast` 超過了 `slow` 一圈，說明鏈結串列中含有環。

只需把尋找鏈結串列中點的程式稍加修改就行了：

```java
boolean hasCycle(ListNode head) {
    // 快慢指標初始化指向 head
    ListNode slow = head, fast = head;
    // 快指標走到末尾時停止
    while (fast != null && fast.next != null) {
        // 慢指標走一步，快指標走兩步
        slow = slow.next;
        fast = fast.next.next;
        // 快慢指標相遇，說明含有環
        if (slow == fast) {
            return true;
        }
    }
    // 不包含環
    return false;
}
```

當然，這個問題還有進階版：如果鏈結串列中含有環，如何計算這個環的起點？直接看解法程式：

```java
ListNode detectCycle(ListNode head) {
    ListNode fast, slow;
    fast = slow = head;
    while (fast != null && fast.next != null) {
```

```
        fast = fast.next.next;
        slow = slow.next;
        if (fast == slow) break;
    }
    // 上面的程式類似 hasCycle 函式
    if (fast == null || fast.next == null) {
        // fast 遇到空指標說明沒有環
        return null;
    }

    // 重新指向頭節點
    slow = head;
    // 快慢指標同步前進，相交點就是環起點
    while (slow != fast) {
        fast = fast.next;
        slow = slow.next;
    }
    return slow;
}
```

可以看到，當快慢指標相遇時，讓其中任何一個指標指向頭節點，然後讓它倆以相同速度前進，再次相遇時所在的節點位置就是環開始的位置。為什麼要這樣呢？這裡簡單說一下其中的原理。

我們假設快慢指標相遇時，慢指標 slow 走了 k 步，那麼快指標 fast 一定走了 2k 步：

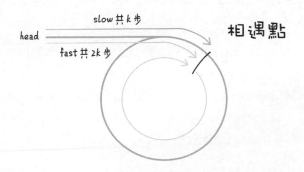

fast 一定比 slow 多走了 k 步，這多走的 k 步其實就是 fast 指標在環裡轉圈圈，所以 k 的值就是環長度的「整數倍」。

假設相遇點距環的起點的距離為 m，那麼結合上圖的 slow 指標，環的起點距頭節點

head 的距離為 k - m，也就是說如果從 head 前進 k - m 步就能到達環起點。

巧的是，如果從相遇點繼續前進 k - m 步，也恰好到達環起點。因為結合上圖的 fast 指標，從相遇點開始走 k 步可以轉回到相遇點，那走 k - m 步肯定就走到環起點了：

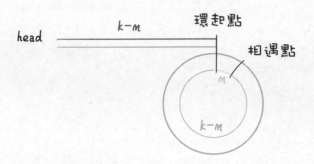

所以，只要我們把快慢指標中的任何一個重新指向 head，然後兩個指標同速前進，k - m 步後一定會相遇，相遇之處就是環的起點了。

六、兩個鏈結串列是否相交

這個問題有意思，也就是 LeetCode 第 160 題「相交鏈結串列」，函式名稱如下：

```
ListNode getIntersectionNode(ListNode headA, ListNode headB);
```

給你輸入兩個鏈結串列的頭節點 headA 和 headB，這兩個鏈結串列可能存在相交。如果相交，你的演算法應該傳回相交的那個節點；如果沒相交，則傳回 null。

比如題目給我們舉的例子，輸入的兩個鏈結串列以下圖：

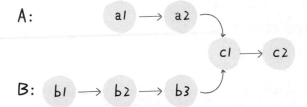

那麼我們的演算法應該傳回 c1 這個節點。

這個題直接的想法可能是用 HashSet 記錄一個鏈結串列的所有節點，然後和另一條鏈結串列對比，但這就需要額外的空間。如果不用額外的空間，只使用兩個指標，該如何做呢？

困難在於，由於兩條鏈結串列的長度可能不同，兩條鏈結串列之間的節點無法對應：

A $a1 \rightarrow a2 \rightarrow c1 \rightarrow c2$

B $b1 \rightarrow b2 \rightarrow b3 \rightarrow c1 \rightarrow c2$

如果用兩個指標 p1 和 p2 分別在兩條鏈結串列上前進，並不能同時走到公共節點，也就無法得到相交節點 c1。

解決這個問題的關鍵是，透過某些方式，讓 p1 和 p2 能夠同時到達相交節點 c1。

所以，可以讓 p1 遍歷完鏈結串列 A 之後開始遍歷鏈結串列 B，讓 p2 遍歷完鏈結串列 B 之後開始遍歷鏈結串列 A，這樣相當於「邏輯上」兩條鏈結串列接在了一起。

如果這樣進行拼接，就可以讓 p1 和 p2 同時進入公共部分，也就是同時到達相交節點 c1：

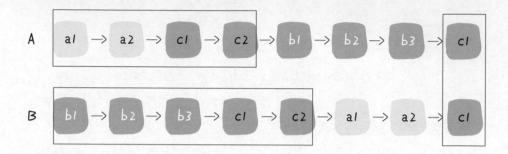

那你可能會問，如果兩個鏈結串列沒有相交點，是否能夠正確地傳回 null 呢？上述邏輯是可以覆蓋這種情況的，相當於 c1 節點是 null 空指標，可以正確傳回 null。

按照這個想法，可以寫出以下程式：

```
ListNode getIntersectionNode(ListNode headA, ListNode headB) {
    // p1 指向 A 鏈結串列頭節點，p2 指向 B 鏈結串列頭節點
    ListNode p1 = headA, p2 = headB;
    while (p1 != p2) {
        // p1 走一步，如果走到 A 鏈結串列末尾，轉到 B 鏈結串列
        if (p1 == null) p1 = headB;
        else    p1 = p1.next;
        // p2 走一步，如果走到 B 鏈結串列末尾，轉到 A 鏈結串列
        if (p2 == null) p2 = headA;
        else    p2 = p2.next;
    }
    return p1;
}
```

這樣，這道題就解決了，空間複雜度為 $O(1)$，時間複雜度為 $O(N)$。以上就是單鏈結串列的所有技巧，希望對你有所啟發。

2.1.2 陣列雙指標的解題策略

讀完本節，你不僅可以學到演算法策略，還可以順便解決以下題目：

26. 刪除有序陣列中的重複項（簡單）	83. 刪除排序鏈結串列中的重複元素(簡單)
27. 移除元素（簡單）	283. 移動零（簡單）
167. 兩數之和 II - 輸入有序陣列(中等)	344. 反轉字串（簡單）
5. 最長迴文子串（中等）	

在處理陣列和鏈結串列相關問題時，雙指標技巧是會經常用到的，雙指標技巧主要分為兩類：**左右指標**和**快慢指標**。所謂左右指標，就是兩個指標相向而行或相背而行；而所謂快慢指標，就是兩個指標同向而行，一快一慢。

對單鏈結串列來說，大部分技巧屬於快慢指標，我們在上一節都已經講解了，比如鏈結串列環判斷，倒數第 `K` 個鏈結串列節點等問題，它們都是透過一個 `fast` 快指標和一個 `slow` 慢指標配合完成任務。

在陣列中並沒有真正意義上的指標，但可以把索引當作陣列中的指標，這樣也可以在陣列中施展雙指標技巧，**本節主要講陣列相關的雙指標演算法。**

一、快慢指標技巧

陣列問題中比較常見的快慢指標技巧，是讓你原地修改陣列。比如看下 LeetCode 第 26 題「刪除有序陣列中的重複項」：

輸入一個有序的陣列，你需要**原地刪除**重複的元素，使得每個元素只能出現一次，傳回去重後新陣列的長度。

如果不是原地修改，直接新建一個 `int[]` 陣列，把去重之後的元素放進這個新陣列中，然後傳回這個新陣列即可。但是現在題目讓你原地刪除，不允許新建新陣列，只能在原陣列上操作，然後傳回一個長度，這樣就可以透過傳回的長度和原始陣列得到去重後的元素有哪些了。

比如輸入 nums = [0,1,1,2,3,3,4]，演算法應該傳回 5，且 nums 的前 5 個元素分別為 [0,1,2,3,4]，至於後面的元素是什麼，我們並不關心。

函式名稱如下：

```
int removeDuplicates(int[] nums);
```

由於陣列已經排序，所以重複的元素一定連在一起，找出它們並不難。但如果每找到一個重複元素就立即原地刪除它，由於陣列中刪除元素涉及資料搬移，整個時間複雜度會達到 $O(N^2)$。

高效解決這道題就要用到快慢指標技巧：

讓慢指標 slow 走在後面，快指標 fast 走在前面探路，找到一個不重複的元素就賦值給 slow 並讓 slow 前進一步。這樣，就保證了 nums[0..slow] 都是無重複的元素，當 fast 指標遍歷完整個陣列 nums 後，nums[0..slow] 就是整個陣列去重之後的結果。

看程式：

```
int removeDuplicates(int[] nums) {
    if (nums.length == 0) {
        return 0;
    }
    int slow = 0, fast = 0;
    while (fast < nums.length) {
        if (nums[fast] != nums[slow]) {
            slow++;
            // 維護 nums[0..slow] 無重複
            nums[slow] = nums[fast];
        }
        fast++;
    }
    // 陣列長度為索引 + 1
    return slow + 1;
}
```

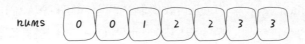

再簡單擴展，看看 LeetCode 第 83 題「刪除排序鏈結串列中的重複元素」，如果給你一個有序的單鏈結串列，如何去重呢？

其實和陣列去重幾乎是一模一樣的，唯一的區別是把陣列賦值操作變成操作指標而已，對照著之前的程式來看：

```
ListNode deleteDuplicates(ListNode head) {
    if (head == null) return null;
    ListNode slow = head, fast = head;
    while (fast != null) {
        if (fast.val != slow.val) {
            // nums[slow] = nums[fast]; slow.next = fast;
            // slow++;
            slow = slow.next;
        }
        // fast++
        fast = fast.next;
    }
    // 斷開與後面重複元素的連結
    slow.next = null;
    return head;
}
```

演算法執行的過程請看下面這張圖：

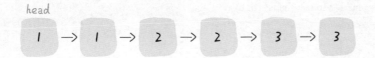

這裡可能有讀者會問，鏈結串列中那些重複的元素並沒有被刪掉，就讓這些節點在鏈結串列上掛著，合適嗎？

像 Java/Python 這類帶有垃圾回收機制的語言，可以幫我們自動找到並回收這些「懸空」的鏈結串列節點的記憶體，而像 C++ 這類語言沒有自動垃圾回收的機制，確實需要我們撰寫程式時手動釋放掉這些節點的記憶體。

不過話說回來，就演算法思維的培養來說，我們只需要知道這種快慢指標技巧即可。

除了讓你在有序陣列、鏈結串列中去重，題目還可能讓你對陣列中的某些元素進行「原地刪除」。

比如 LeetCode 第 27 題「移除元素」，題目給你一個陣列 `nums` 和一個值 `val`，你需要原地移除所有數值等於 `val` 的元素，並傳回移除後陣列的新長度，函式名稱如下：

```
int removeElement(int[] nums, int val);
```

題目要求把 `nums` 中所有值為 `val` 的元素原地刪除，依然需要使用快慢指標技巧：如果 `fast` 遇到值為 `val` 的元素，則直接跳過，否則就賦值給 `slow` 指標，並讓 `slow` 前進一步。

這和前面說到的陣列去重問題解法想法是完全一樣的，就不畫圖了，直接看程式：

```
int removeElement(int[] nums, int val) {
    int fast = 0, slow = 0;
    while (fast < nums.length) {
        if (nums[fast] != val) {
            nums[slow] = nums[fast];
            slow++;
        }
        fast++;
    }
    return slow;
}
```

注意這裡和有序陣列去重的解法有一個細節差異，這裡先給 `nums[slow]` 賦值，然後再執行 `slow++`，這樣可以保證 `nums[0..slow-1]` 是不包含值為 `val` 的元素的，最後的結果陣列長度就是 `slow`。

實現了這個 `removeElement` 函式，接下來看看 LeetCode 第 283 題「移動零」：

給你輸入一個陣列 `nums`，請你**原地修改**，將陣列中的所有值為 0 的元素移到陣列末尾，函式名稱如下：

```
void moveZeroes(int[] nums);
```

比如給你輸入 `nums = [0,1,4,0,2]`，你的演算法沒有傳回值，但是會把 `nums` 陣列原地修改成 `[1,4,2,0,0]`。

結合之前說到的幾個題目，你是否已經有了答案呢？題目讓我們將所有 0 移到最後，其實就相當於移除 `nums` 中的所有 0，然後再把後面的元素都賦值為 0 即可。

所以我們可以重複使用上一題的 `removeElement` 函式：

```
void moveZeroes(int[] nums) {
    // 去除 nums 中的所有 0，傳回不含 0 的陣列長度
    int p = removeElement(nums, 0);
    // 將 nums[p..] 的元素賦值為 0
    for (; p < nums.length; p++) {
        nums[p] = 0;
    }
}

// 見上文程式實現
int removeElement(int[] nums, int val);
```

到這裡，原地修改陣列的這些題目就已經差不多了。

陣列中另一大類快慢指標的題目就是「滑動視窗演算法」，我在 **1.8** 我寫了一個範本，把滑動視窗演算法變成了默寫題 列出了滑動視窗的程式框架：

```cpp
/* 滑動視窗演算法框架 */
void slidingWindow(string s, string t) {
    unordered_map<char, int> window;

    int left = 0, right = 0;
    while (right < s.size()) {
        char c = s[right];
        // 右移（增大）視窗
        right++;
        // 進行視窗內資料的一系列更新

        while (window needs shrink) {
            char d = s[left];
            // 左移（縮小）視窗
            left++;
            // 進行視窗內資料的一系列更新
        }
    }
}
```

具體的題目本節不再重複，這裡只強調滑動視窗演算法的快慢指標特性：

`left` 指標在後，`right` 指標在前，兩個指標中間的部分就是「視窗」，演算法透過擴大和縮小「視窗」來解決某些問題。

二、左右指標的常用演算法

1. 二分搜尋

我們在 **1.7** 我寫了首詩，保你閉著眼睛都能寫出二分搜尋演算法中已詳細探討二分搜尋程式的細節問題，這裡寫入最簡單的二分演算法，旨在突出它的雙指標特性：

```cpp
int binarySearch(int[] nums, int target) {
    // 一左一右兩個指標相向而行
```

```
    int left = 0, right = nums.length - 1;
    while(left <= right) {
        int mid = (right + left) / 2;
        if(nums[mid] == target)
            return mid;
        else if (nums[mid] < target)
            left = mid + 1;
        else if (nums[mid] > target)
            right = mid - 1;
    }
    return -1;
}
```

2. 兩數之和

看下 LeetCode 第 167 題「兩數之和 II」：

輸入一個**已按昇冪排列的有序陣列** nums 和一個目標值 target，在 nums 中找到兩個數使得它們相加之和等於 target，請傳回這兩個數的索引（可以假設這兩個數一定存在，索引從 1 開始算）。

比如輸入 nums = [2,7,11,15], target = 13，演算法傳回 [1,3]，函式名稱如下：

```
int[] twoSum(int[] nums, int target);
```

只要陣列有序，就應該想到雙指標技巧。這道題的解法有些類似二分搜尋，透過調節 left 和 right 就可以調整 sum 的大小：

```
int[] twoSum(int[] nums, int target) {
    // 一左一右兩個指標相向而行
    int left = 0, right = nums.length - 1;
    while (left < right) {
        int sum = nums[left] + nums[right];
        if (sum == target) {
            // 題目要求的索引是從 1 開始的
            return new int[]{left + 1, right + 1};
        } else if (sum < target) {
```

```
        left++; // 讓 sum 大一點
    } else if (sum > target) {
        right--; // 讓 sum 小一點
    }
}
return new int[]{-1, -1};
}
```

我在 **5.7 一個函式解決 nSum** 問題中也運用類似的左右指標技巧列出了 nSum 問題的一種通用想法,這裡就不做贅述了。

3. 反轉陣列

一般程式語言都會提供 reverse 函式,其實這個函式的原理非常簡單, LeetCode 第 344 題「反轉字串」就是類似的需求,讓你反轉一個 char[] 類型的字元陣列,我們直接看程式吧:

```
void reverseString(char[] s) {
    // 一左一右兩個指標相向而行
    int left = 0, right = s.length - 1;
    while (left < right) {
        // 交換 s[left] 和 s[right]
        char temp = s[left];
        s[left] = s[right];
        s[right] = temp;
        left++;
        right--;
    }
}
```

4. 迴文串判斷

首先明確一點,迴文串就是正著讀和反著讀都一樣的字串。比如字串 aba 和 abba 都是迴文串,因為它們對稱,反過來還是和本身一樣;反之,字串 abac 就不是迴文串。

現在你應該能感覺到迴文串問題和左右指標肯定有密切的聯繫，比如讓你判斷一個字串是不是迴文串，你可以寫出下面這段程式：

```
boolean isPalindrome(String s) {
    // 一左一右兩個指標相向而行
    int left = 0, right = s.length() - 1;
    while (left < right) {
        if (s.charAt(left) != s.charAt(right)) {
            return false;
        }
        left++;
        right--;
    }
    return true;
}
```

那接下來我提升一點難度，給你一個字串，讓你用雙指標技巧從中找出最長的迴文串，你會做嗎？這就是 LeetCode 第 5 題「最長迴文子串」，給你輸入一個字串 s，請你的演算法傳回這個字串中的最長迴文子串。

比如輸入為 s = acaba，演算法傳回 aca，或傳回 aba 也是正確的，函式名稱如下：

```
String longestPalindrome(String s);
```

找迴文串的困難在於，迴文串的長度可能是奇數也可能是偶數，解決該問題的核心是**從中心向兩端擴散的雙指標技巧**。如果迴文串的長度為奇數，則它有一個中心字元；如果迴文串的長度為偶數，則可以認為它有兩個中心字元。

所以可以先實現這樣一個函式：

```
// 在 s 中尋找以 s[left] 和 s[right] 為中心的最長迴文串
String palindrome(String s, int left, int right) {
    // 防止索引越界
    while (left >= 0 && right < s.length()
            && s.charAt(left) == s.charAt(right)) {
        // 雙指標，向兩邊展開
        left--;
```

```
        right++;
    }
    // 傳回以 s[left] 和 s[right] 為中心的最長迴文串
    return s.substring(left + 1, right);
}
```

這樣，如果輸入相同的 `l` 和 `r`，就相當於尋找長度為奇數的迴文串，如果輸入相鄰的 `l` 和 `r`，則相當於尋找長度為偶數的迴文串。

那麼回到最長迴文串的問題，解法的大致想法就是：

```
for 0 <= i < len(s):
    找到以 s[i] 為中心的迴文串
    找到以 s[i] 和 s[i+1] 為中心的迴文串
    更新答案
```

翻譯成程式，就可以解決最長迴文子串這個問題：

```java
String longestPalindrome(String s) {
    String res = "";
    for (int i = 0; i < s.length(); i++) {
        // 以 s[i] 為中心的最長迴文子串
        String s1 = palindrome(s, i, i);
        // 以 s[i] 和 s[i+1] 為中心的最長迴文子串
        String s2 = palindrome(s, i, i + 1);
        // res = longest(res, s1, s2)
        res = res.length() > s1.length() ? res : s1;
        res = res.length() > s2.length() ? res : s2;
    }
    return res;
}
```

你應該能發現最長迴文子串使用的左右指標和之前題目的左右指標有一些不同：之前的左右指標都是從兩端向中間相向而行，而迴文子串問題則是讓左右指標從中心向兩端擴展。不過這種情況也就迴文串這類問題會遇到，所以我也把它歸為左右指標了。

到這裡，陣列相關的雙指標技巧全部講完了，希望大家以後遇到類似的演算法問題時能夠活學活用，舉一反三。

2.1.3 小而美的演算法技巧：首碼和陣列

讀完本節，你將不僅學會演算法策略，還可以順便解決以下題目：

303. 區域和檢索——陣列不可變（中等）	304. 二維區域和檢索——矩陣不可變（中等）

首碼和技巧適用於快速、頻繁地計算一個索引區間內的元素之和。

一、一維陣列中的首碼和

先看一道例題，LeetCode 第 303 題「區域和檢索——陣列不可變」，讓你計算陣列區間內元素的和，這是一道標準的首碼和問題，題目要求你實現這樣一個類別：

```
class NumArray {
    /* 構造函式 */
    public NumArray(int[] nums) {}

    /* 查詢 nums 中閉區間 [left, right] 的累加和 */
    public int sumRange(int left, int right) {}
}
```

sumRange 函式需要計算並傳回一個索引區間之內的元素和，沒學過首碼和的人可能寫出的程式是這樣的：

```
class NumArray {

    private int[] nums;

    public NumArray(int[] nums) {
        this.nums = nums;
    }

    public int sumRange(int left,
```

```
    int right) { int res = 0;
    for (int i = left; i <= right; i++) {
        res += nums[i];
    }
    return res;
}
}
```

這樣，可以達到效果，但是效率很差，因為 `sumRange` 方法會被頻繁呼叫，而它的時間複雜度是 $O(N)$，其中 N 代表 `nums` 陣列的長度。

這道題的最佳解法是使用首碼和技巧，將 `sumRange` 函式的時間複雜度降為 $O(1)$，說穿了就是不要在 `sumRange` 裡面使用 for 迴圈，該怎麼做到呢？

直接看程式實現：

```
class NumArray {
    // 首碼和陣列
    private int[] preSum;

    /* 輸入一個陣列，構造首碼和 */
    public NumArray(int[] nums) {
        // preSum[0] = 0，便於計算累加和
        preSum = new int[nums.length + 1];
        // 計算 nums 的累加和
        for (int i = 1; i < preSum.length; i++) {
            preSum[i] = preSum[i - 1] + nums[i - 1];
        }
    }

    /* 查詢閉區間 [left, right] 的累加和 */
    public int sumRange(int left, int right) {
        return preSum[right + 1] - preSum[left];
    }
}
```

核心想法是新建（new）一個新的陣列 `preSum`，`preSum[i]` 記錄 `nums[0..i-1]` 的累加和，看圖中 10 = 3 + 5 + 2：

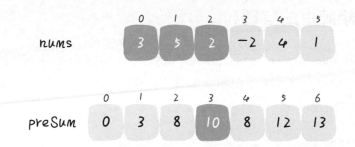

看這個 preSum 陣列，如果想求索引區間 [1, 4] 內的所有元素之和，就可以透過 preSum[5] - preSum[1] 得出。這樣，sumRange 函式僅需要做一次減法運算，避免了每次進行 for 迴圈呼叫，最壞時間複雜度為常數 $O(1)$。

這個技巧在生活中運用得也很廣泛，比如你們班有若干同學，每個同學有一個期末考試的成績（滿分 100 分），那麼請你實現一個 API，輸入任意一個分數段，傳回有多少同學的成績在這個分數段內。

那麼，你可以先透過計數排序的方式計算每個分數具體有多少個同學，然後利用首碼和技巧來實現分數段查詢的 API：

```
int[] scores; // 儲存所有同學的分數
// 試卷冊滿分 100 分
int[] count = new int[100 + 1]
// 記錄每個分數有幾個同學
for (int score : scores)
    count[score]++
// 構造首碼和
for (int i = 1; i < count.length; i++)
    count[i] = count[i] + count[i-1];

// 利用 count 這個首碼和陣列進行分數段查詢
```

接下來看一看首碼和想法在實際演算法題中可以如何運用。

二、二維矩陣中的首碼和

來看 LeetCode 第 304 題「二維區域和檢索——矩陣不可變」，上一題是讓你計算子陣列的元素之和，這道題請你實現這樣一個類別，快速計算二維矩陣中子矩陣的元素之和：

```
class NumMatrix {

    /* 構造函式 */
    public NumMatrix(int[][] matrix) {}

    /* 查詢矩陣中閉區間 [(row1, col1), (row2, col2)] 的累加和 */
    public int sumRegion(int row1, int col1, int row2, int col2) {}
}
```

只要確定了一個矩陣的左上角和右下角座標，就可以確定這個矩陣，所以題目用 [(row1, col1), (row2, col2)] 來標記子矩陣。比如題目輸入的 matrix 以下圖：

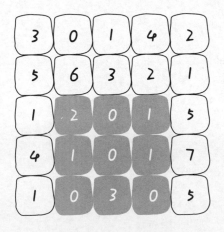

按照題目要求，矩陣左上角為座標原點 (0, 0)，那麼 sumRegion([2, 1,4,3]) 就是圖中藍色的子矩陣，你需要傳回該子矩陣的元素和 8。

當然，你可以用一個巢狀結構 for 迴圈去遍歷這個矩陣，但這樣的話 sumRegion 函式的時間複雜度就高了，演算法的效率就低了。

注意任意子矩陣的元素和可以轉化成它週邊幾個大矩陣的元素和的運算：

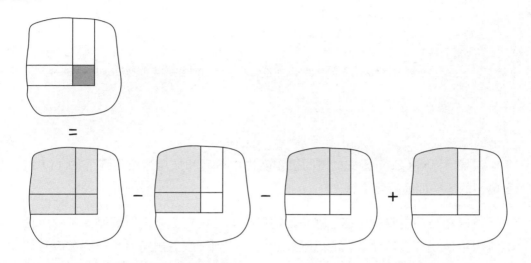

而這四個大矩陣有一個共同的特點，就是左上角就是 (0, 0) 原點。

那麼做這道題更好的想法和一維陣列中的首碼和是非常類似的，我們可以維護一個二維 preSum 陣列，專門記錄以原點為頂點的矩陣的元素之和，就可以用幾次加減運算算出任何一個子矩陣的元素和：

```
class NumMatrix {
    // 定義：preSum[i][j] 記錄 matrix 中子矩陣 [0, 0, i-1, j-1] 的元素和
    private int[][] preSum;

    public NumMatrix(int[][] matrix) {
        int m = matrix.length, n = matrix[0].length;
        if (m == 0 || n == 0) return;
        // 構造首碼和矩陣
        preSum = new int[m + 1][n + 1];
        for (int i = 1; i <= m; i++) {
            for (int j = 1; j <= n; j++) {
                // 計算每個矩陣 [0, 0, i, j] 的元素和
                preSum[i][j] = preSum[i-1][j] + preSum[i][j-1] + matrix[i - 1][j - 1]
```

```
- preSum[i-1][j-1];
            }
        }
    }

    // 計算子矩陣 [x1, y1, x2, y2] 的元素和
    public int sumRegion(int x1, int y1, int x2, int y2) {
        // 目標矩陣之和由四個相鄰矩陣運算獲得
        return preSum[x2+1][y2+1] - preSum[x1][y2+1] - preSum[x2+1][y1] + preSum[x1]
[y1];
    }
}
```

這樣，`sumRegion` 函式的時間複雜度也用首碼和技巧最佳化到了 $O(1)$，這是典型的「空間換時間」想法。

首碼和技巧就講到這裡，應該說這個演算法技巧是會者不難難者不會，實際運用中還是要多培養自己的思維靈活性，做到一眼看出題目是一個首碼和問題。

2.1.4 小而美的演算法技巧：差分陣列

讀完本節，你將不僅學到演算法策略，還可以順便解決以下題目：

370. 區間加法（中等）	1109. 航班預訂統計（中等）
1094. 拼車（中等）	

上一節講過的首碼和技巧是常用的演算法技巧，首碼和主要適用的場景是原始陣列不會被修改的情況下，頻繁查詢某個區間的累加和。

本節講一個和首碼和思想非常類似的演算法技巧「差分陣列」，**差分陣列的主要適用場景是頻繁對原始陣列的某個區間的元素進行增減。**

比如，給你輸入一個陣列 nums，然後又要求給區間 nums[2..6] 全部加 1，再給 nums[3..9] 全部減 3，再給 nums[0..4] 全部加 2，再給……一通操作，然後問你，最後 nums 陣列的值是什麼？

常規的想法很容易，你讓我給區間 nums[i..j] 加上 val，那我就用一個 for 迴圈給它們都加上，還能怎麼樣？？這種想法的時間複雜度是 $O(N)$，由於這個場景下對 nums 的修改非常頻繁，所以效率會很低下。

這裡就需要差分陣列的技巧，類似首碼和技巧構造的 preSum 陣列，先對 nums 陣列構造一個 diff 差分陣列，diff[i] 就是 nums[i] 和 nums[i-1] 之差：

```
int[] diff = new int[nums.length];
// 構造差分陣列
diff[0] = nums[0];
for (int i = 1; i < nums.length; i++) {
    diff[i] = nums[i] - nums[i - 1];
}
```

透過這個 diff 差分陣列是可以反推出原始陣列 nums 的，程式邏輯如下：

```
int[] res = new int[diff.length];
// 根據差分陣列構造結果陣列
res[0] = diff[0];
for (int i = 1; i < diff.length; i++) {
    res[i] = res[i - 1] + diff[i];
}
```

這樣構造差分陣列 diff，就可以快速進行區間增減的操作，如果你想對區間 nums[i..j] 的元素全部加 3，那麼只需要讓 diff[i] += 3，然後再讓 diff[j+1] -= 3 即可：

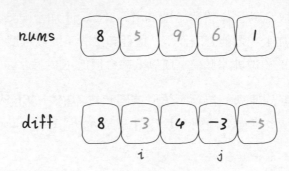

原理很簡單，回想 diff 陣列反推 nums 陣列的過程，diff[i] += 3 表示給 nums[i..] 所有的元素都加了 3，然後 diff[j+1] -= 3 又表示對於 nums[j+1..] 所有元素再減 3，那綜合起來，是不是就是對 nums[i..j] 中的所有元素都加 3 了？

只要花費 $O(1)$ 的時間修改 diff 陣列，就相當於給 nums 的整個區間做了修改。多次修改 diff，然後透過 diff 陣列反推，即可得到 nums 修改後的結果。

現在我們把差分陣列抽象成一個類別，包含 increment 方法和 result 方法：

```java
// 差分陣列工具類別
class Difference {
    // 差分陣列
    private int[] diff;

    /* 輸入一個初始陣列，區間操作將在這個陣列上進行 */
    public Difference(int[] nums) {
        assert nums.length > 0;
        diff = new int[nums.length];
        // 根據初始陣列構造差分陣列
        diff[0] = nums[0];
        for (int i = 1; i < nums.length; i++) {
```

```java
            diff[i] = nums[i] - nums[i - 1];
        }
    }

    /* 給閉區間 [i, j] 增加 val（可以是負數）*/
    public void increment(int i, int j, int val) {
        diff[i] += val;
        if (j + 1 < diff.length) {
            diff[j + 1] -= val;
        }
    }

    /* 傳回結果陣列 */
    public int[] result() {
        int[] res = new int[diff.length];
        // 根據差分陣列構造結果陣列
        res[0] = diff[0];
        for (int i = 1; i < diff.length; i++) {
            res[i] = res[i - 1] + diff[i];
        }
        return res;
    }
}
```

注意 `increment` 方法中的 `if` 敘述：

```java
public void increment(int i, int j, int val) {
    diff[i] += val;
    if (j + 1 < diff.length) {
        diff[j + 1] -= val;
    }
}
```

當 `j+1 >= diff.length` 時，說明是對 `nums[i]` 及以後的整個陣列都進行修改，那麼就不需要再給 `diff` 陣列減 `val` 了。

演算法實踐

首先，LeetCode 第 370 題「區間加法」就直接考查了差分陣列技巧：

給你輸入一個長度為 n 的陣列 A，初始情況下所有的數字均為 0，你將被列出 k 個更新的操作。每個更新操作被表示為一個三元組：[startIndex, endIndex, inc]，你需要將子陣列 A[startIndex ... endIndex]（包括 startIndex 和 endIndex）中的元素分別增加 inc。請傳回 k 次操作後的陣列。

那麼直接重複使用剛才實現的 Difference 類別就能把這道題解決：

```
int[] getModifiedArray(int length, int[][] updates) {
    // nums 初始化為全 0
    int[] nums = new int[length];
    // 構造差分解法
    Difference df = new Difference(nums);

    for (int[] update : updates) {
        int i = update[0];

        int j = update[1];
        int val = update[2];
        // 區間 nums[i..j] 都增加 val
        df.increment(i, j, val);
    }

    return df.result();
}
```

當然，實際的演算法題可能需要我們對題目進行聯想和抽象，不會這麼直接地讓你看出來要用差分陣列技巧，這裡看一下 LeetCode 第 1109 題「航班預訂統計」：

這裡有 n 個航班，它們分別從 1 到 n 進行編號。有一份航班預訂表 bookings，表中第 i 筆預訂記錄 bookings[i] = [first_i, last_i, seats_i] 表示在從 first_i 到 last_i（包含 first_i 和 last_i）的每個航班上預訂了 seats_i 個座位。

請傳回一個長度為 n 的陣列，其中每個元素是每個航班預訂的座位總數，函式名稱如下：

```
int[] corpFlightBookings(int[][] bookings, int n)
```

比如題目輸入 bookings=[[1,2,10],[2,3,20],[2,5,25]],n=5，你應該傳回 [10,55,45,25,25]：

航班編號	1	2	3	4	5
預訂記錄 1：	10	10			
預訂記錄 2：		20	20		
預訂記錄 3：		25	25	25	25
總座位數：	10	55	45	25	25

這個題目就在那繞彎彎，其實它就是個差分陣列的題，我來翻譯一下：

給你輸入一個長度為 n 的陣列 nums，其中所有元素都是 0。再給你輸入一個 bookings，裡面是若干三元組 (i, j, k)，每個三元組的含義就是要求你給 nums 陣列的閉區間 [i-1, j-1] 中所有元素都加 k。請傳回最後的 nums 陣列是多少？

注意：因為題目說的 n 是從 1 開始計數的，而陣列索引從 0 開始，所以對於輸入的三元組 (i, j, k)，陣列區間應該對應 [i-1, j-1]。

這麼一看，不就是一道標準的差分陣列題嘛。我們可以直接重複使用剛才寫的類別：

```
int[] corpFlightBookings(int[][] bookings, int n) {
    // nums 初始化為全 0
    int[] nums = new int[n];

    // 構造差分解法
    Difference df = new Difference(nums);

    for (int[] booking : bookings) {
        // 注意轉成陣列索引要減 1
```

```
    int i = booking[0] - 1;
    int j = booking[1] - 1;
    int val = booking[2];
    // 對區間 nums[i..j] 增加 val
    df.increment(i, j, val);
}
// 傳回最終的結果陣列
return df.result();
}
```

這道題就解決了。

還有一道很類似的題目是 LeetCode 第 1094 題「拼車」，簡單描述一下題目：

你是一位開公車的司機，公車的最大載客量為 `capacity`，沿途要經過若干車站，給你一份乘客行程表 `int[][] trips`，其中 `trips[i]` = `[num, start, end]` 代表有 `num` 個旅客要從網站 `start` 上車，到網站 `end` 下車，請計算是否能夠一次把所有旅客運送完畢（不能超過最大載客量 `capacity`）。

函式名稱如下：

```
boolean carPooling(int[][] trips, int capacity);
```

比如輸入：

```
trips = [[2,1,5],[3,3,7]], capacity = 4
```

這就不能一次運完，因為 `trips[1]` 最多只能上 2 人，否則車就會超載。

相信你已經能夠聯想到差分陣列技巧了：`trips[i]` 代表著一組區間操作，**網站相當於區間索引，旅客的上車和下車就相當於陣列的區間加減；只要結果陣列中的元素都小於 `capacity`，就說明可以不超載運輸所有旅客。**

但問題是，差分陣列的長度（車站的個數）應該是多少呢？題目沒有直接給，但列出了資料設定值範圍：

```
0 <= trips[i][1] < trips[i][2] <= 1000
```

車站編號從 0 開始，最多到 1000，也就是最多有 1001 個車站，那麼我們的差分陣列長度可以直接設置為 1001，這樣索引剛好能夠涵蓋所有車站的編號：

```java
boolean carPooling(int[][] trips, int capacity) {
    // 最多有 1001 個車站
    int[] nums = new int[1001];
    // 構造差分解法
    Difference df = new Difference(nums);

    for (int[] trip : trips) {
        // 乘客數量
        int val = trip[0];
        // 第 trip[1] 站乘客上車
        int i = trip[1];
        // 第 trip[2] 站乘客已經下車，
        // 即乘客在車上的區間是 [trip[1], trip[2] - 1] int j = trip[2] - 1;
        // 進行區間操作
        df.increment(i, j, val);
    }

    int[] res = df.result();

    // 客車自始至終都不應該超載
    for (int i = 0; i < res.length; i++) {
        if (capacity < res[i]) {
            return false;
        }
    }
    return true;
}
```

至此，這道題也解決了。

最後，差分陣列和首碼和陣列都是比較常見且巧妙的演算法技巧，分別適用不同的場景，而且是會者不難難者不會。所以，關於差分陣列的使用，你學會了嗎？

2.2 資料結構設計

　　雜湊表能夠提供 $O(1)$ 的鍵值對存取操作，經常用來給其他資料結構添加「超能力」。另外，對標準資料結構稍加修改，即可擴展出更多有意思的操作，本節將帶你體驗其中的樂趣。

2.2.1 演算法就像搭樂高：帶你手寫 LRU 演算法

　　讀完本節，你不僅將學到演算法策略，還可以順便解決以下題目：

146. LRU 緩存（中等）

　　LRU 演算法就是一種快取淘汰策略，原理不難，但是面試中寫出沒有 bug 的演算法比較有技巧，需要對資料結構進行層層抽象和拆解，本節就帶你寫一手漂亮的程式。

　　電腦的快取容量有限，如果快取滿了就要刪除一些內容，給新內容騰位置。但問題是，刪除哪些內容呢？我們肯定希望刪掉那些沒什麼用的快取，而把有用的資料繼續留在快取裡，方便之後繼續使用。那麼，什麼樣的資料判定為「有用的」資料呢？LRU 快取淘汰演算法就是一種常用策略。LRU 的全稱是 Least Recently Used，也就是說我們認為最近使用過的資料應該是「有用的」，很久都沒用過的資料應該是無用的，記憶體滿了就優先刪那些很久沒用過的資料。

　　現在你應該理解 LRU（Least Recently Used）策略了。當然還有其他快取淘汰策略，比如不要按存取的時序來淘汰，而是按存取頻率（LFU 策略）來淘汰等，各有應用場景。本節講解 LRU 演算法策略。

一、LRU 演算法描述

　　LeetCode 第 146 題「LRU 快取」就是讓你設計資料結構：

首先要接收一個 `capacity` 參數作為快取的最大容量，然後實現兩個 API，一個是 `put(key, val)` 方法存入鍵值對，另一個是 `get(key)` 方法獲取 `key` 對應的 `val`，如果 `key` 不存在則傳回 -1。

注意哦，`get` 和 `put` 方法必須都是 $O(1)$ 的時間複雜度，下面舉個具體例子來看看 LRU 演算法怎麼工作。

```
/* 快取容量為 2 */
LRUCache cache = new LRUCache(2);
// 你可以把 cache 理解成一個佇列
// 假設左邊是列首，右邊是列尾
// 最近使用的排在列首，久未使用的排在列尾
// 圓括號表示鍵值對 (key, val)

cache.put(1, 1);
// cache = [(1, 1)]

cache.put(2, 2);
// cache = [(2, 2), (1, 1)]

cache.get(1);    // 傳回 1
// cache = [(1, 1), (2, 2)]
// 解釋：因為最近存取了鍵 1，所以提前至列首
// 傳回鍵 1 對應的值 1

cache.put(3, 3);
// cache = [(3, 3), (1, 1)]
// 解釋：快取容量已滿，需要刪除內容空出位置
// 優先刪除久未使用的資料，也就是列尾的資料
// 然後把新的資料插入列首

cache.get(2);    // 傳回 -1（未找到）
// cache = [(3, 3), (1, 1)]
// 解釋：cache 中不存在鍵為 2 的資料

cache.put(1, 4);
// cache = [(1, 4), (3, 3)]
// 解釋：鍵 1 已存在，把原始值 1 覆蓋為 4
// 不要忘了也要將鍵值對提前到列首
```

二、LRU 演算法設計

分析上面的操作過程，要讓 `put` 和 `get` 方法的時間複雜度為 $O(1)$，我們可以總結出 `cache` 這個資料結構的必要條件：

1. 顯然 `cache` 中的元素必須有時序，以區分最近使用的和久未使用的資料，當容量滿了之後要刪除最久未使用的那個元素騰位置。

2. 要在 `cache` 中快速找某個 `key` 是否已存在並得到對應的 `val`。

3. 每次存取 `cache` 中的某個 `key`，需要將這個元素變為最近使用的，也就是說 `cache` 要支持在任意位置快速插入和刪除元素。

那麼，什麼資料結構同時符合上述條件呢？雜湊表查詢快，但是資料無固定順序；鏈結串列有順序之分，插入、刪除快，但是查詢慢。所以結合一下，形成一種新的資料結構：雜湊鏈結串列 `LinkedHashMap`。

LRU 快取演算法的核心資料結構就是雜湊鏈結串列，它是雙向鏈結串列和雜湊表的結合體。這個資料結構長這樣：

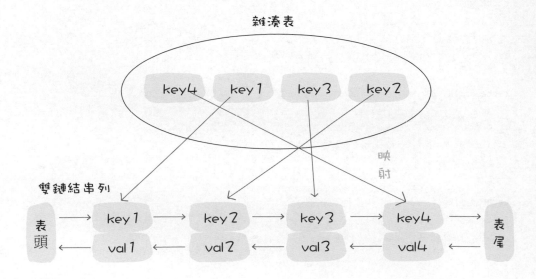

借助這個結構，我們來逐一分析上面的 3 個條件：

1. 如果每次預設從鏈結串列尾部添加元素，那麼顯然越靠尾部的元素就越是最近使用的，越靠頭部的元素就是越久未使用的。

2. 對於某一個 key，可以透過雜湊表快速定位到鏈結串列中的節點，從而取得對應 val。

3. 鏈結串列顯然是支持在任意位置快速插入和刪除的，改改指標就行。只不過傳統的鏈表無法按照索引快速存取某一個位置的元素，而這裡借助雜湊表，可以透過 key 快速映射到任意一個鏈結串列節點，然後進行插入和刪除。

也許讀者會問，為什麼要是雙向鏈結串列，單鏈結串列行不行？另外，既然雜湊表中已經存了 key，為什麼鏈結串列中還要存 key 和 val 呢，只存 val 不就行了？

想的時候都是問題，只有做的時候才有答案。這樣設計的原因，必須等我們親自實現 LRU 演算法之後才能理解，所以我們開始看程式吧。

三、程式實現

很多程式語言都有內建的雜湊鏈結串列或類似 LRU 功能的程式庫函式，但是為了幫大家理解演算法的細節，我們先自己實現一遍 LRU 演算法，然後再使用 Java 內建的 LinkedHashMap 實現一遍。

首先，把雙鏈結串列的節點類別寫出來，為了簡化，key 和 val 都設為 int 類型：

```java
class Node {
    public int key, val;
    public Node next, prev;
    public Node(int k, int v) {
        this.key = k;
        this.val = v;
    }
}
```

然後依靠我們的 Node 類型建構一個雙鏈結串列，實現幾個 LRU 演算法必需的 API：

```java
class DoubleList {
    // 頭尾虛節點
    private Node head, tail;
    // 鏈結串列元素數
    private int size;

    public DoubleList() {
        // 初始化雙向鏈結串列的資料
        head = new Node(0, 0);
        tail = new Node(0, 0);
        head.next = tail;
        tail.prev = head;
        size = 0;
    }

    // 在鏈結串列尾部添加節點 x，時間複雜度為 O(1)
    public void addLast(Node x) {
        x.prev = tail.prev;
        x.next = tail;
        tail.prev.next = x;
        tail.prev = x;
        size++;
    }

    // 刪除鏈結串列中的 x 節點（x 一定存在）
    // 由於是雙鏈結串列且給的是目標 Node 節點，時間複雜度為 O(1)
    public void remove(Node x) {
        x.prev.next = x.next;
        x.next.prev = x.prev;
        size--;
    }

    // 刪除鏈結串列中第一個節點，並傳回該節點，時間複雜度為 O(1)
    public Node removeFirst() {
        if (head.next == tail)
            return null;
```

```
    Node first = head.next;
    remove(first);
    return first;
}

// 傳回鏈結串列長度，時間複雜度為 O(1)
public int size() { return size; }

}
```

到這裡就能回答「為什麼必須要用雙向鏈結串列」的問題了，因為我們需要刪除操作。刪除一個節點不僅要得到該節點本身的指標，也需要操作其前驅節點的指標，而雙向鏈結串列才能支持直接查詢前驅，保證操作的時間複雜度為 $O(1)$。

注意，我們實現的雙鏈結串列 API 只能從尾部插入，也就是說靠尾部的資料是最近使用的，靠頭部的資料是最久未使用的。

有了雙向鏈結串列的實現，只需在 LRU 演算法中把它和雜湊表結合起來，先搭出程式框架：

```
class LRUCache {
    // key -> Node(key, val)
    private HashMap<Integer, Node> map;
    // Node(k1, v1) <-> Node(k2, v2)...
    private DoubleList cache;
    // 最大容量
    private int cap;
    public LRUCache(int capacity) {
        this.cap = capacity;
        map = new HashMap<>();
        cache = new DoubleList();
    }
}
```

　　先不著急去實現 LRU 演算法的 get 和 put 方法。由於要同時維護一個雙鏈結串列 cache 和一個雜湊表 map，很容易漏掉一些操作，比如刪除某個 key 時，在 cache 中刪除了對應的 Node，但是卻忘記在 map 中刪除 key。

　　解決這種問題的有效方法是：在這兩種資料結構之上提供一層抽象 API。

　　這說得有點玄幻，實際上很簡單，就是儘量讓 LRU 的主方法 get 和 put 避免直接操作 map 和 cache 的細節。可以先實現下面幾個函式：

```
/* 將某個 key 提升為最近使用的 */
private void makeRecently(int key) {
    Node x = map.get(key);
    // 先從鏈結串列中刪除這個節點
    cache.remove(x);
    // 重新插到列尾
    cache.addLast(x);
}

/* 添加最近使用的元素 */
private void addRecently(int key, int val) {
    Node x = new Node(key, val);
    // 鏈結串列尾部就是最近使用的元素
    cache.addLast(x);
    // 別忘了在 map 中添加 key 的映射
    map.put(key, x);
}

/* 刪除某一個 key */
private void deleteKey(int key) {
    Node x = map.get(key);
    // 從鏈結串列中刪除
    cache.remove(x);
    // 從 map 中刪除
    map.remove(key);
}

/* 刪除最久未使用的元素 */
private void removeLeastRecently() {
```

```
    // 鏈結串列頭部的第一個元素就是最久未使用的
    Node deletedNode = cache.removeFirst();
    // 同時別忘了從 map 中刪除它的 key
    int deletedKey = deletedNode.key;
    map.remove(deletedKey);
}
```

這裡就能回答「為什麼要在鏈結串列中同時儲存 `key` 和 `val`，而非只儲存 `val`」，注意，在 `removeLeastRecently` 函式中，需要用 `deletedNode` 得到 `deletedKey`。

也就是說，當快取容量已滿，不僅要刪除最後一個 `Node` 節點，還要把 `map` 中映射到該節點的 `key` 同時刪除，而這個 `key` 只能由 `Node` 得到。如果 `Node` 結構中只儲存 `val`，那麼就無法得知 `key` 是什麼，也就無法刪除 `map` 中的鍵，造成錯誤。

上述方法就是簡單的操作封裝，呼叫這些函式可以避免直接操作 `cache` 鏈結串列和 `map`

雜湊表，下面先來實現 LRU 演算法的 `get` 方法：

```
public int get(int key) {
    if (!map.containsKey(key)) {
        return -1;
    }
    // 將該資料提升為最近使用的
    makeRecently(key);
    return map.get(key).val;
}
```

put 方法稍微複雜一些，先來畫個圖弄清楚它的邏輯：

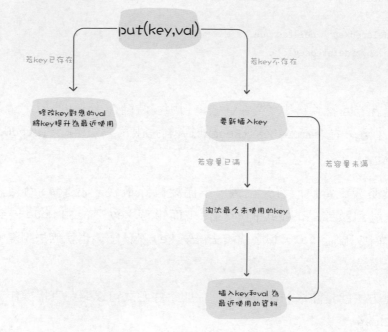

這樣就可以輕鬆寫出 put 方法的程式：

```java
public void put(int key, int val) {
    if (map.containsKey(key)) {
        // 刪除舊的資料
        deleteKey(key);
        // 新插入的資料為最近使用的資料
        addRecently(key, val);
        return;
    }

    if (cap == cache.size()) {
        // 刪除最久未使用的元素
        removeLeastRecently();
    }
    // 添加為最近使用的元素
    addRecently(key, val);
}
```

　　至此，你應該已經完全掌握 LRU 演算法的原理和實現了，最後用 Java 的內建類型 `LinkedHashMap` 來實現 LRU 演算法，邏輯和之前完全一致，這裡就不過多解釋了：

```
class LRUCache {
    int cap;
    LinkedHashMap<Integer, Integer> cache = new LinkedHashMap<>();
    public LRUCache(int capacity) {
      this.cap = capacity;
    }

    public int get(int key) {
        if (!cache.containsKey(key)) {
            return -1;
        }
        // 將 key 變為最近使用
        makeRecently(key);
        return cache.get(key);
    }

    public void put(int key, int val) {
        if (cache.containsKey(key)) {
            // 修改 key 的值
            cache.put(key, val);
            // 將 key 變為最近使用 makeRecently(key); return;
        }
        if (cache.size() >= this.cap) {
            // 鏈結串列頭部就是最久未使用的 key
            int oldestKey = cache.keySet().iterator().next();
            cache.remove(oldestKey);
        }
        // 將新的 key 添加到鏈結串列尾部
        cache.put(key, val);
    }

    private void makeRecently(int key) {
        int val = cache.get(key);
        // 刪除 key，重新插入到列尾 c
        ache.remove(key);
```

```
        cache.put(key, val);
    }
}
```

至此，LRU 演算法就沒有什麼神秘的了。

2.2.2 演算法就像搭樂高：帶你手寫 LFU 演算法

讀完本節，你不僅將學到演算法策略，還可以順便解決以下題目：

460. LFU 快取機制（困難）

上一節寫了 LRU 快取淘汰演算法的實現方法，本節來寫另一個著名的快取淘汰演算法：LFU 演算法。

LRU 演算法的淘汰策略是 Least Recently Used，也就是每次淘汰那些最久沒被使用的資料；而 LFU 演算法的淘汰策略是 Least Frequently Used，也就是每次淘汰那些使用次數最少的資料。

LRU 演算法的核心資料結構是使用雜湊鏈結串列 `LinkedHashMap`，首先借助鏈結串列的有序性使得鏈結串列元素維持插入順序，同時借助雜湊映射的快速存取能力使得我們可以以 $O(1)$ 時間複雜度存取鏈結串列的任意元素。

從實現難度上來說，LFU 演算法的難度大於 LRU 演算法，因為 LRU 演算法相當於把資料按照時間排序，這個需求借助鏈結串列很自然就能實現。一直從鏈結串列頭部加入元素的話，越靠近頭部的元素就越是新的資料，越靠近尾部的元素就越是舊的資料，進行快取淘汰的時候只要簡單地將尾部的元素淘汰掉就行了。

而 LFU 演算法相當於把資料按照存取頻次進行排序，這個需求恐怕沒那麼簡單，而且還有一種情況，如果多個資料擁有相同的存取頻次，就應刪除最早插入的那個資料。也就是說 LFU 演算法是淘汰存取頻次最低的資料，如果存取頻次最低的資料有多筆，需要淘汰最舊的資料。

所以說 LFU 演算法是要複雜很多的，而且經常出現在面試中，因為 LFU 快取淘汰演算法在工程實踐中經常使用，也有可能是因為 LRU 演算法太簡單了。**不過話說回來，這種著名演算法的策略都是固定的，關鍵是由於邏輯較複雜，不容易寫出漂亮且沒有 bug 的程式。**

那麼本節就來帶你拆解 LFU 演算法，自頂向下，逐步求精，就是解決複雜問題的不二法門。

一、演算法描述

要求你寫一個類別，接受一個 `capacity` 參數，實現 `get` 和 `put` 方法：

```
class LFUCache {
    // 構造容量為 capacity 的快取
    public LFUCache(int capacity) {}
    // 在快取中查詢 key
    public int get(int key) {}
    // 將 key 和 val 存入快取
    public void put(int key, int val) {}
}
```

`get(key)` 方法會去快取中查詢鍵 `key`，如果 `key` 存在，則傳回 `key` 對應的 `val`，否則傳回 -1。

`put(key, value)` 方法插入或修改快取。如果 `key` 已存在，則將它對應的值改為 `val`；如果 `key` 不存在，則插入鍵值對 `(key,val)`。

當快取達到容量 `capacity` 時，則應該在插入新的鍵值對之前，刪除使用頻次（下文用 `freq` 表示）最低的鍵值對。如果 `freq` 最低的鍵值對有多個，則刪除其中最舊的那個。

```
// 構造一個容量為 2 的 LFU 快取
LFUCache cache = new LFUCache(2);

// 插入兩對 (key, val)，對應的 freq 為 1
cache.put(1, 10);
cache.put(2, 20);
```

```
// 查詢 key 為 1 對應的 val
// 傳回 10，同時鍵 1 對應的 freq 變為 2
cache.get(1);

// 容量已滿，淘汰 freq 最小的鍵 2
// 插入鍵值對 (3, 30)，對應的 freq 為 1
cache.put(3, 30);

// 鍵 2 已經被淘汰刪除，傳回 -1
cache.get(2);
```

二、想法分析

一定先從最簡單的開始，根據 LFU 演算法的邏輯，先列舉演算法執行過程中的幾個顯而易見的事實：

1. 呼叫 **get(key)** 方法時，要傳回該 **key** 對應的 **val**。

2. 只要用 **get** 或 **put** 方法存取一次某個 **key**，該 **key** 的 **freq** 就要加 1。

3. 如果在容量滿了的時候進行插入，則需要將 **freq** 最小的 **key** 刪除，如果最小的 **freq** 對應多個 **key**，則刪除其中最舊的那個。

好的，我們希望能夠在 $O(1)$ 的時間複雜度內解決這些需求，可以使用基本資料結構來一個一個擊破：

1. 使用一個 **HashMap** 儲存 **key** 到 **val** 的映射，就可以快速計算 **get (key)**。

```
HashMap<Integer, Integer> keyToVal;
```

2. 使用一個 **HashMap** 儲存 **key** 到 **freq** 的映射，就可以快速操作 **key** 對應的 **freq**。

```
HashMap<Integer, Integer> keyToFreq;
```

3. 這個需求應該是 LFU 演算法的核心,所以分開說。

3.1 首先,肯定需要 `freq` 到 `key` 的映射,用來找到 `freq` 最小的 `key`。

3.2 將 `freq` 最小的 `key` 刪除,那你就應快速得到當前所有 `key` 最小的 `freq` 是多少。想要時間複雜度為 $O(1)$,肯定不能遍歷一遍去找,那就用一個變數 `minFreq` 來記錄當前最小的 `freq` 吧。

3.3 可能有多個 `key` 擁有相同的 `freq`,所以 `freq` 對 `key` 是一對多的關係,即一個 `freq` 對應一個 `key` 的串列。

3.4 希望 `freq` 對應的 `key` 的串列是存在時序的,便於快速查詢並刪除最舊的 `key`。

3.5 希望能夠快速刪除 `key` 串列中的任何一個 `key`,因為如果頻次為 `freq` 的某個 `key` 被存取,那麼它的頻次就會變成 `freq+1`,就應該從 `freq` 對應的 `key` 串列中刪除,加到 `freq+1` 對應的 `key` 的串列中。

```
HashMap<Integer, LinkedHashSet<Integer>> freqToKeys;
int minFreq = 0;
```

介紹一下這個 `LinkedHashSet`,它滿足 3.3、3.4、3.5 這幾個要求。你會發現普通的鏈結串列 `LinkedList` 能夠滿足 3.3、3.4 這兩個要求,但是由於普通鏈結串列不能快速存取鏈結串列中的某一個節點,所以無法滿足 3.5 的要求。

類似上一節介紹的 `LinkedHashMap`,`LinkedHashSet` 是鏈結串列和雜湊集合的結合體。鏈結串列不能快速存取鏈結串列節點,但是插入元素具有時序;雜湊集合中的元素無序,但是可以對元素進行快速的存取和刪除。

那麼,它倆結合起來就兼具了雜湊集合和鏈結串列的特性,既可以在 $O(1)$ 時間內存取或刪除其中的元素,又可以保持插入的時序,高效實現 3.5 這個需求。

綜上所述，我們可以寫出 LFU 演算法的基本資料結構：

```java
class LFUCache {
    // key 到 val 的映射，後文稱為 KV 表
    HashMap<Integer, Integer> keyToVal;
    // key 到 freq 的映射，後文稱為 KF 表
    HashMap<Integer, Integer> keyToFreq;
    // freq 到 key 串列的映射，後文稱為 FK 表
    HashMap<Integer, LinkedHashSet<Integer>> freqToKeys;
    // 記錄最小的頻次
    int minFreq;
    // 記錄 LFU 快取的最大容量
    int cap;

    public LFUCache(int capacity) {
        keyToVal = new HashMap<>();
        keyToFreq = new HashMap<>();
        freqToKeys = new HashMap<>();
        this.cap = capacity;
        this.minFreq = 0;

    }

    public int get(int key) {}

    public void put(int key, int val) {}

}
```

三、程式框架

LFU 的邏輯不難理解，但是寫程式實現並不容易，因為你看我們要維護 KV 表、KF 表、FK 表三個映射，特別容易出錯。對於這種情況，教你幾個技巧：

1. 不要企圖上來就實現演算法的所有細節，而應該自頂向下，逐步求精，先寫清楚主函式的邏輯框架，然後再一步步實現細節。

2. 弄清楚映射關係，如果我們更新了某個 key 對應的 freq，那麼就要同步修改 KF 表和 FK 表，這樣才不會出問題。

3. 畫圖，畫圖，畫圖，重要的話說三遍，把邏輯比較複雜的部分用流程圖畫出來，然後根據圖來寫程式，可以極大降低出錯的機率。

下面我們先來實現 `get(key)` 方法，邏輯很簡單，傳回 `key` 對應的 `val`，然後增加 `key` 對應的 `freq`：

```java
public int get(int key) {
    if (!keyToVal.containsKey(key)) {
        return -1;
    }
    // 增加 key 對應的 freq
    increaseFreq(key);
    return keyToVal.get(key);
}
```

增加 `key` 對應的 `freq` 是 LFU 演算法的核心，所以我們乾脆直接抽象成一個函式 `increaseFreq`，這樣 `get` 方法看起來就簡潔清晰了。

下面來實現 `put(key, val)` 方法，邏輯略微複雜，我們直接畫個圖來看：

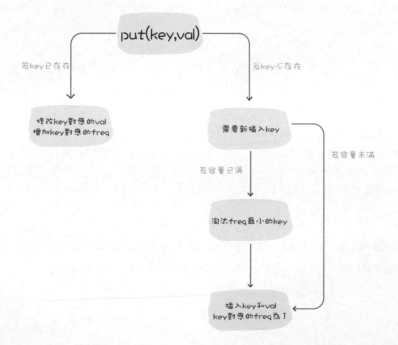

這圖就是隨手畫的，不是什麼正規的程式流程圖，但是演算法邏輯一目了然，看圖可以直接寫出 put 方法的邏輯：

```java
public void put(int key, int val) {
    if (this.cap <= 0) return;

    /* 若 key 已存在，修改對應的 val 即可 */
    if (keyToVal.containsKey(key)) {
        keyToVal.put(key, val);
        // key 對應的 freq 加 1
        increaseFreq(key);
        return;
    }

    /* key 不存在，需要插入 */
    /* 容量已滿的話需要淘汰一個 freq 最小的 key */
    if (this.cap <= keyToVal.size()) {
        removeMinFreqKey();
    }

    /* 插入 key 和 val，對應的 freq 為 1 */
    // 插入 KV 表
    keyToVal.put(key, val);
    // 插入 KF 表

    keyToFreq.put(key, 1);
    // 插入 FK 表
    freqToKeys.putIfAbsent(1, new LinkedHashSet<>());
    freqToKeys.get(1).add(key);
    // 插入新 key 後最小的 freq 肯定是 1
    this.minFreq = 1;
}
```

increaseFreq 和 removeMinFreqKey 方法是 LFU 演算法的核心，下面來看看怎麼借助 KV 表、KF 表、FK 表這三個映射巧妙完成這兩個函式。

四、LFU 核心邏輯

首先來實現 `removeMinFreqKey` 函式：

```java
private void removeMinFreqKey() {
    // freq 最小的 key 串列
    LinkedHashSet<Integer> keyList = freqToKeys.get(this.minFreq);
    // 其中最先被插入的那個 key 就是該被淘汰的 key
    int deletedKey = keyList.iterator().next();
    /* 更新 FK 表 */
    keyList.remove(deletedKey);
    if (keyList.isEmpty()) {
        freqToKeys.remove(this.minFreq);
        // 問：這裡需要更新 minFreq 的值嗎？
    }
    /* 更新 KV 表 */
    keyToVal.remove(deletedKey);
    /* 更新 KF 表 */
    keyToFreq.remove(deletedKey);
}
```

刪除某個鍵 `key` 肯定是要同時修改三個映射表的，借助 `minFreq` 參數可以從 FK 表中找到 `freq` 最小的 `keyList`，根據時序，其中第一個元素就是要被淘汰的 `deletedKey`，操作三個映射表刪除這個 `key` 即可。

但是有個細節問題，如果 `keyList` 中只有一個元素，那麼刪除之後 `minFreq` 對應的 `key` 串列就為空了，也就是 `minFreq` 變數需要被更新。如何計算當前的 `minFreq` 是多少呢？

實際上沒辦法快速計算 `minFreq`，只能線性遍歷 FK 表或 KF 表來計算，這樣肯定不能保證 $O(1)$ 的時間複雜度。

但是，其實這裡沒必要更新 `minFreq` 變數，因為你想想，`removeMinFreqKey` 這個函式在什麼時候呼叫？在 `put` 方法中插入新 `key` 時可能呼叫。而你回頭看 `put` 的程式，插入新 `key` 時一定會把 `minFreq` 更新成 1，所以說即使這裡 `minFreq` 變了，我們也不需要管它。

下面來實現 `increaseFreq` 函式：

```
private void increaseFreq(int key) {
    int freq = keyToFreq.get(key);
    /* 更新 KF 表 */
    keyToFreq.put(key, freq + 1);
    /* 更新 FK 表 */
    // 將 key 從 freq 對應的串列中刪除
    freqToKeys.get(freq).remove(key);
    // 將 key 加入 freq + 1 對應的串列中
    freqToKeys.putIfAbsent(freq + 1, new LinkedHashSet<>());
    freqToKeys.get(freq + 1).add(key);
    // 如果 freq 對應的串列空了，移除這個 freq
    if (freqToKeys.get(freq).isEmpty()) {
        freqToKeys.remove(freq);
        // 如果這個 freq 恰好是 minFreq，更新 minFreq
        if (freq == this.minFreq) {
            this.minFreq++;
        }
    }
}
```

更新某個 key 的 freq 肯定會涉及 FK 表和 KF 表，所以我們分別更新這兩個表就行了。

和之前類似，當 FK 表中 freq 對應的串列被刪空後，需要刪除 FK 表中 freq 這個映射。如果這個 freq 恰好是 minFreq，說明 minFreq 變數需要更新。

能不能快速找到當前的 minFreq 呢？這裡是可以的，因為之前修改的那個 key 依然是目前出現頻率最小的 key，所以 minFreq 也加 1 就行了。

至此，經過層層拆解，LFU 演算法就完成了。

2.2.3 以 O(1) 時間複雜度刪除 / 查詢陣列中的任意元素

讀完本節，你將不僅學到演算法策略，還可以順便解決以下題目：

380. O(1) 時間插入、刪除和獲取隨機元素（中等）	710. 黑名單中的隨機數（困難）

本節講兩道有技巧性的資料結構設計題，都是和隨機讀取元素相關的，這些問題的技巧點在於，如何結合雜湊表和陣列，使得陣列的刪除操作時間複雜度也變成 $O(1)$。下面來一道道看。

注意：本節涉及的雜湊表操作用 C++ 實現起來程式較為簡潔，所以本節使用 C++ 撰寫解法程式。

一、實現隨機集合

這是 LeetCode 第 380 題「$O(1)$ 時間插入、刪除和獲取隨機元素」，就是讓我們實現以下這個類別，且其中三個方法的時間複雜度都必須是 $O(1)$：

```cpp
class RandomizedSet {
    /** 如果 val 不存在集合中，則插入並傳回 true，否則直接傳回 false */
    bool insert(int val) {}

    /** 如果 val 在集合中，則刪除並傳回 true，否則直接傳回 false */
    bool remove(int val) {}

    /** 從集合中等機率地隨機獲得一個元素 */
    int getRandom() {}
}
```

本題的困難在於：

1. **插入、刪除、獲取隨機元素這三個操作的時間複雜度必須都是 $O(1)$。**

2. **getRandom 方法傳回的元素必須等機率傳回隨機元素**，也就是說，如果集合裡面有 n 個元素，每個元素被傳回的機率必須是 1/n。

先來分析一下，對於插入、刪除、查詢這幾個操作，哪種資料結構的時間複雜度是 $O(1)$。

HashSet（雜湊集合）肯定算一個。雜湊集合的底層原理就是一個大陣列，我們把元素透過雜湊函式映射到一個索引上；如果用拉鍊法解決雜湊衝突，那麼這個索引可能連著一個鏈結串列或紅黑樹。

那麼請問對於這樣一個標準的 `HashSet`，你能否在 $O(1)$ 的時間內實現 `getRandom` 函式？其實是不能的，因為根據剛才說到的底層實現，元素是被雜湊函式「分散」到整個陣列裡面的，更別說還有拉鍊法等解決雜湊衝突的機制，所以做不到 $O(1)$ 時間複雜度下「等機率」隨機獲取元素。

除了 `HashSet`，還有一些類似的資料結構，比如雜湊鏈結串列 `LinkedHashSet`，2.2.1 演算法就像搭樂高：帶你手寫 **LRU** 演算法和 2.2.2 演算法就像搭樂高：帶你手寫 **LFU** 演算法講過這類資料結構的實現原理，本質上就是雜湊表配合雙鏈結串列，元素儲存在雙鏈結串列中。

但是，`LinkedHashSet` 只是給 `HashSet` 增加了有序性，依然無法按要求實現我們的 `getRandom` 函式，因為底層用鏈結串列結構儲存元素的話，是無法在 $O(1)$ 的時間內存取某一個元素的。

根據上面的分析，對於 `getRandom` 方法，如果想「等機率」且「在 $O(1)$ 的時間」取出元素，一定要滿足：**底層用陣列實現，且陣列必須是緊湊的。**

這樣就可以直接生成隨機數作為索引，從陣列中取出該隨機索引對應的元素，作為隨機元素。

但如果用陣列儲存元素，插入、刪除的時間複雜度怎麼可能是 $O(1)$ 呢？

可以做到！對陣列尾部進行插入和刪除操作不會涉及資料搬移，時間複雜度是 $O(1)$。

所以，如果我們想在 $O(1)$ 的時間刪除陣列中的某一個元素 `val`，可以先把這個元素交換到陣列的尾部，然後再 pop 掉。

交換兩個元素必須透過索引進行交換，那麼需要一個雜湊表 `valToIndex` 來記錄每個元素值對應的索引。

有了想法鋪陳，下面直接看程式：

```cpp
class RandomizedSet {
public:
    // 儲存元素的值
```

```cpp
    vector<int> nums;
    // 記錄每個元素對應在 nums 中的索引
    unordered_map<int,int> valToIndex;

    bool insert(int val) {
        // 若 val 已存在，不用再插入
        if (valToIndex.count(val)) {
            return false;
        }
        // 若 val 不存在，插入到 nums 尾部，
        // 並記錄 val 對應的索引值
        valToIndex[val] = nums.size();
        nums.push_back(val);
        return true;
    }

    bool remove(int val) {
        // 若 val 不存在，不用再刪除
        if (!valToIndex.count(val)) {
            return false;
        }
        // 先拿到 val 的索引
        int index = valToIndex[val];
        // 將最後一個元素對應的索引修改為 index valToIndex[nums.back()] = index;
        // val 和最後 個元素父換
        swap(nums[index], nums.back());
        // 在陣列中刪除元素 val nums.pop_back();
        // 刪除元素 val 對應的索引
        valToIndex.erase(val);
        return true;
    }

    int getRandom() {
        // 隨機獲取 nums 中的元素
        return nums[rand() % nums.size()];
    }
};
```

注意 `remove(val)` 函式，對 `nums` 進行插入、刪除、交換時，都要記得修改雜湊表 `valToIndex`，否則會出現錯誤。

至此，這道題就解決了，每個操作的複雜度都是 $O(1)$，且隨機取出的元素機率是相等的。

二、避開黑名單的隨機數

有了上面一道題的鋪陳，接下來看一道更難一些的題目，LeetCode 第 710 題「黑名單中的隨機數」，先來描述一下題目：

給你輸入一個正整數 `N`，代表左閉右開區間 `[0,N)`，再給你輸入一個陣列 `blacklist`，其中包含一些「黑名單數字」，且 `blacklist` 中的數字都是區間 `[0,N)` 中的數字。

現在要求你設計以下資料結構：

```cpp
class Solution {
public:
    // 構造函式，輸入參數
    Solution(int N, vector<int>& blacklist) {}

    // 在區間 [0,N) 中等機率隨機選取一個元素並傳回
    // 這個元素不能是 blacklist 中的元素
    int pick() {}
};
```

`pick` 函式會被多次呼叫，每次呼叫都要在區間 `[0,N)` 中「等機率隨機」傳回一個「不在 `blacklist` 中」的整數。

這應該不難理解，比如給你輸入 `N = 5, blacklist = [1,3]`，那麼多次呼叫 `pick` 函式，會等機率隨機傳回 0, 2, 4 中的某一個數字。

　　而且題目要求，在 `pick` 函式中應該盡可能少呼叫亂數產生函式 `rand()`。這句話是什麼意思呢，比如我們可能想出以下拍腦袋的解法：

```
int pick() {
    int res = rand() % N;
    while (res exists in blacklist) {
        // 重新隨機生成一個結果
        res = rand() % N;
    }
    return res;
}
```

　　這個函式會多次呼叫 `rand()` 函式，執行效率竟然和隨機數相關，不是一個漂亮的解法。

　　聰明的解法類似上一道題，可以將區間 `[0,N)` 看作一個陣列，然後將 `blacklist` 中的元素移到陣列的末尾，同時用一個雜湊表進行映射。根據這個想法，可以先寫出第一版程式（還會有幾處錯誤）：

```
class Solution {
public:
    int sz;
    unordered_map<int, int> mapping;

    Solution(int N, vector<int>& blacklist) {
        // 最終陣列中的元素個數
        sz = N - blacklist.size();
        // 最後一個元素的索引
        int last = N - 1;
        // 將黑名單中的索引換到最後
        for (int b : blacklist) {
            mapping[b] = last;
            last--;
        }
    }
};
```

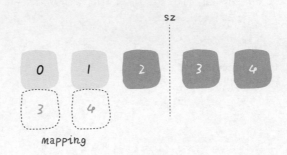

N=5 blacklist=[1,0]

如上圖，相當於把黑名單中的數字都交換到了區間 [sz, N) 中，同時把 [0, sz) 中的黑名單數字映射到正常數字。根據這個邏輯，我們可以寫出 pick 函式：

```
int pick() {
    // 隨機選取一個索引
    int index = rand() % sz;
    // 這個索引命中了黑名單，
    // 需要被映射到其他位置
    if (mapping.count(index)) {
        return mapping[index];
    }
    // 若沒命中黑名單，則直接傳回
    return index;
}
```

這個 pick 函式已經沒有問題了，但是構造函式還有兩個問題。

第一個問題，以下這段程式：

```
int last = N - 1;
// 將黑名單中的索引換到最後
for (int b : blacklist) {
    mapping[b] = last;
    last--;
}
```

我們將黑名單中的 b 映射到 last，但是我們能確定 last 不在 blacklist 中嗎？比以下圖這種情況，我們的預期應該是 1 映射到 3，但是錯誤地映射到 4：

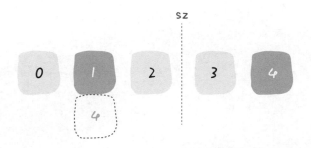

在對 mapping[b] 賦值時，要保證 last 一定不在 blacklist 中，可以按以下方式撰寫程式：

```cpp
// 構造函式
Solution(int N, vector<int>& blacklist) {
    sz = N - blacklist.size();
    // 先將所有黑名單數字加入 map
    for (int b : blacklist) {
        // 這裡賦值為多少都可以
        // 目的僅是把鍵存進雜湊表
        // 方便快速判斷數字是否在黑名單內
        mapping[b] = 666;
    }

    int last = N - 1;
    for (int b : blacklist) {
        // 跳過所有黑名單中的數字
        while (mapping.count(last)) {
            last--;
        }
        // 將黑名單中的索引映射到合法數字
        mapping[b] = last; last--;
    }
}
```

第二個問題，如果 `blacklist` 中的黑名單數字本身就存在於區間 `[sz,N)` 中，那麼就沒必要在 `mapping` 中建立映射，比如這種情況：

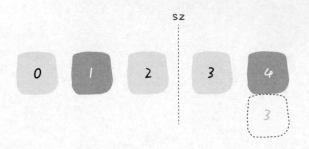

$$N=5 \quad blacklist=[4,1]$$

根本不用管 4，只希望把 1 映射到 3，但是按照 `blacklist` 的順序，會把 4 映射到 3，顯然是錯誤的。

所以可以稍微修改一下，寫出正確的解法程式：

```
class Solution {
public:
    int sz;
    unordered_map<int, int> mapping;

    Solution(int N, vector<int>& blacklist) {
        sz = N - blacklist.size();
        for (int b : blacklist) {
            mapping[b] = 666;
        }

        int last = N - 1;
        for (int b : blacklist) {
            // 如果 b 已經在區間 [sz, N)
            // 可以直接忽略
            if (b >= sz) {
                continue;
            }
            while (mapping.count(last)) {
```

```
            last--;
        }
        mapping[b] = last;
        last--;
    }
}

// 見上文程式實現
int pick() {}
};
```

至此，這道題也解決了，總結一下本節的核心思想：

1. 如果想高效率地、等機率地隨機獲取元素，就要使用陣列作為底層容器。

2. 如果要保持陣列元素的緊湊性，可以把待刪除元素換到最後，然後 **pop** 掉末尾的元素，這樣時間複雜度就是 $O(1)$ 了。當然，我們需要額外的雜湊表記錄值到索引的映射。

3. 對於第二題，陣列中含有「空洞」（黑名單數字），也可以利用雜湊表巧妙處理映射關係，讓陣列在邏輯上是緊湊的，方便隨機取元素。

2.2.4 單調堆疊結構解決三道演算法題

讀完本節，你將不僅學到演算法策略，還可以順便解決以下題目：

496. 下一個更大元素 I	503. 下一個更大元素 II（中等）
739. 每日溫度（中等）	

堆疊（stack）是很簡單的一種資料結構，先進後出的邏輯順序，符合某些問題的特點，比如函式呼叫堆疊。單調堆疊實際上就是堆疊，只是利用了一些巧妙的邏輯，使得每次新元素存入堆疊後，堆疊內的元素都保持有序（單調遞增或單調遞減）。

這聽起來有點像堆積（heap）？不是的，單調堆疊用途不太廣泛，只處理一種典型的問題，叫作「下一個更大元素」。本節用講解單調佇列的演算法範本解決這類問題，並且探討處理「迴圈陣列」的策略。

一、單調堆疊範本

現在替你出這麼一道題：輸入一個陣列 `nums`，請傳回一個等長的結果陣列，結果陣列中對應索引儲存著下一個更大元素，如果沒有更大的元素，就存 -1，函式名稱如下：

```
int[] nextGreaterElement(int[] nums);
```

比如，輸入一個陣列 `nums = [2,1,2,4,3]`，演算法傳回陣列 `[4,2,4,-1,-1]`。因為第一個 2 後面比 2 大的數是 4; 1 後面比 1 大的數是 2；第二個 2 後面比 2 大的數是 4; 4 後面沒有比 4 大的數，填 -1；3 後面沒有比 3 大的數，填 -1。

這道題的暴力解法很好想到，就是對每個元素後面都進行掃描，找到第一個更大的元素就行了。但是暴力解法的時間複雜度是 $O(N^2)$。

這個問題可以這樣抽象思考：把陣列的元素想像成並列站立的人，元素大小想像成人的身高。這些人面對你站成一列，如何求元素「2」的下一個更大元素呢？很簡單，如果能夠看到元素「2」，那麼他後面可見的第一個人就是「2」的下一個更大元素，因為比「2」小的元素身高不夠，都被「2」擋住了，第一個露出來的就是答案。

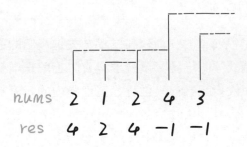

這個情景很好理解吧？帶著這個抽象的情景，先來看看程式。

```
int[] nextGreaterElement(int[] nums) {
    int n = nums.length;
    // 存放答案的陣列
    int[] res = new int[n];
    Stack<Integer> s = new Stack<>();
    // 倒著往堆疊裡放
    for (int i = n - 1; i >= 0; i--) {
        // 判定個子高矮
        while (!s.isEmpty() && s.peek() <= nums[i]) {
            // 矮個起開，反正也被擋著了
            s.pop();
        }
        // nums[i] 身後的 next great number
        res[i] = s.isEmpty() ? -1 : s.peek();
        s.push(nums[i]);
    }
    return res;
}
```

這就是單調佇列解決問題的範本。for 迴圈要從後往前掃描元素，因為我們借助的是堆疊的結構，倒著存入堆疊，其實是正著移出堆疊。while 迴圈是把兩個「高個子」元素之間的元素排除，因為它們的存在沒有意義，前面擋著個「更高」的元素，所以它們不可能被作為後續進來的元素的下一個更大元素了。

這個演算法的時間複雜度不是那麼直觀，如果你看到 for 迴圈巢狀結構 while 迴圈，可能認為這個演算法的複雜度也是 $O(N^2)$，但是實際上這個演算法的複雜度只有 $O(N)$。

分析它的時間複雜度，要從整體來看：總共有 N 個元素，每個元素都被 push 存入堆疊了一次，而最多會被 pop 一次，沒有任何容錯操作。所以總的計算規模是和元素規模 N 成正比的，也就是 $O(N)$ 的複雜度。

二、問題變形

單調堆疊的使用技巧差不多了，首先來一個簡單的變形，LeetCode 第 496 題「下一個更大元素 I」：

給你兩個**沒有重複元素**的陣列 `nums1` 和 `nums2`，其中 `nums1` 是 `nums2` 的子集。求 `nums1` 中的元素在 `nums2` 中的「下一個更大元素」，如果不存在「下一個更大元素」，則記為 -1。

想找到 `nums1[i]` 在 `nums2` 中的下一個更大元素，要先找到 `nums2[j] == nums1[i]`，然後 `nums2[j]` 右側尋找下一個更大的元素，函式名稱如下：

```
int[] nextGreaterElement(int[] nums1, int[] nums2)
```

這個題目描述有點抽象，我們看一個例子就明白了：

```
輸入：nums1 = [4,3,1], nums2 = [1,3,4,2]
輸出：output = [-1,4,3]

解釋：
nums1[0] == nums2[2]，而 nums2[2] 右側沒有比 nums2[2] 更大的元素，所以 output[0] = -1
nums1[1] == nums2[1]，nums2[1] 右側的下一個更大元素是 4，所以記為 output[1] = 4
nums1[2] == nums2[0]，nums2[0] 右側的下一個更大元素是 3，所以記為 output[2] = 3
```

其實把我們剛才的程式改一改就可以解決這道題了，因為題目中提到 `nums1` 是 `nums2` 的子集，那麼先把 `nums2` 中每個元素的下一個更大元素算出來存到一個映射裡，然後再讓 `nums1` 中的元素去查表即可：

```
int[] nextGreaterElement(int[] nums1, int[] nums2) {
    // 記錄 nums2 中每個元素的下一個更大元素
    int[] greater = nextGreaterElement(nums2);
    // 轉化成映射：元素 x -> x 的下一個最大元素
    HashMap<Integer, Integer> greaterMap = new HashMap<>();
    for (int i = 0; i < nums2.length; i++) {
        greaterMap.put(nums2[i], greater[i]);
    }
    // nums1 是 nums2 的子集，所以根據 greaterMap 可以得到結果
    int[] res = new int[nums1.length];
```

```
    for (int i = 0; i < nums1.length; i++) {
        res[i] = greaterMap.get(nums1[i]);
    }
    return res;
}


int[] nextGreaterElement(int[] nums) {
    // 見上文
}
```

再看看 LeetCode 第 739 題「每日溫度」：

給你一個陣列 temperatures，這個陣列存放的是近幾天的氣溫，你需要傳回一個等長的陣列，計算對於每一天，你還要至少等多少天才能等到一個更暖和的氣溫；如果等不到那一天，填 0，函式名稱如下：

```
int[] dailyTemperatures(int[] temperatures);
```

比如輸入 temperatures = [73,74,75,71,69,76]，傳回 [1,1,3,2,1,0]。因為第一天 73 華氏度，第二天 74 華氏度，74 比 73 大，所以對於第一天，只要等一天就能等到一個更暖和的氣溫，後面的同理。

這個問題本質上也是找下一個更大元素，只不過現在不是問你下一個更大元素的值是多少，而是問你當前元素距離下一個更大元素的索引距離而已。

相同的想法，直接呼叫單調堆疊的演算法範本，稍作改動即可，直接上程式吧：

```
int[] dailyTemperatures(int[] temperatures) {
    int n = temperatures.length;
    int[] res = new int[n];
    // 這裡放元素索引，而非元素
    Stack<Integer> s = new Stack<>();
    /* 單調堆疊範本 */
    for (int i = n - 1; i >= 0; i--) {
        while (!s.isEmpty() && temperatures[s.peek()] <= temperatures[i]) {
            s.pop();
        }
```

```
    // 得到索引間距
    res[i] = s.isEmpty() ? 0 : (s.peek() - i);
    // 將索引存入堆疊，而非元素
    s.push(i);
    }
    return res;
}
```

單調堆疊講解完畢，下面開始另一個重點：如何處理迴圈陣列。

三、如何處理環狀陣列

同樣是求下一個更大元素，現在假設給你的陣列是個環狀的，該如何處理？LeetCode 第 503 題「下一個更大元素 II」就是這個問題：輸入一個「環狀陣列」，請你計算其中每個元素的下一個更大元素。

比如輸入 [2,1,2,4,3]，你應該傳回 [4,2,4,-1,4]，因為擁有了環狀屬性，**最後一個元素 3 繞了一圈後找到了比自己大的元素 4。**

我們一般是透過 % 運算子求模（餘數），來模擬環狀特效：

```
int[] arr = {1,2,3,4,5};
int n = arr.length, index = 0;
while (true) {
    // 在環狀陣列中轉圈
    print(arr[index % n]);
    index++;
}
```

這個問題肯定還是要用單調堆疊的解題範本，但困難在於，比如輸入是 [2,1,2,4,3]，對於最後一個元素 3，如何找到元素 4 作為下一個更大元素。

對於這種需求，常用策略就是將陣列長度加倍：

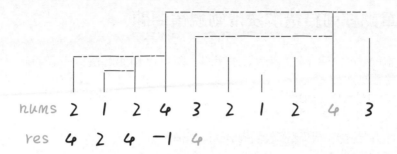

這樣，元素 3 就可以找到元素 4 作為下一個更大元素了，而且其他元素都可以被正確地計算。

有了想法，以最簡單的實現方式當然可以把這個雙倍長度的陣列構造出來，然後套用演算法範本。但是，**我們可以不用構造新陣列，而是利用迴圈陣列的技巧來模擬陣列長度加倍的效果**。直接看程式吧：

```java
int[] nextGreaterElements(int[] nums) {
    int n = nums.length;
    int[] res = new int[n];
    Stack<Integer> s = new Stack<>();
    // 陣列長度加倍模擬環狀陣列
    for (int i = 2 * n - 1; i >= 0; i--) {
        // 索引 i 要求模，其他的和範本一樣
        while (!s.isEmpty() && s.peek() <= nums[i % n]) {
            s.pop();
        }
        res[i % n] = s.isEmpty() ? -1 : s.peek();
        s.push(nums[i % n]);
    }
    return res;
}
```

這樣，就可以巧妙解決環狀陣列的問題了，時間複雜度為 $O(N)$。

2.2.5　單調佇列結構解決滑動視窗問題

讀完本節，你將不僅學到演算法策略，還可以順便解決以下題目：

---
239. 滑動窗口最大值（困難）

上一節介紹了單調堆疊這種特殊資料結構，本節寫一個類似的資料結構「單調佇列」。也許這種資料結構的名稱你沒聽過，其實沒啥難的，就是一個「佇列」，只是使用了一點巧妙的方法，使得**佇列中的元素全都是單調遞增（或遞減）的**。

「單調堆疊」主要解決下一個更大元素一類演算法問題，而「單調佇列」這個資料結構可以解決滑動視窗相關的問題，比如 LeetCode 第 239 題「滑動視窗最大值」：

給你輸入一個陣列 `nums` 和一個正整數 `k`，有一個大小為 `k` 的視窗在 `nums` 上從左至右滑動，請你輸出每次視窗中 `k` 個元素的最大值，函式名稱如下：

```
int[] maxSlidingWindow(int[] nums, int k);
```

比如題目輸入 `nums = [1,3,-1,-3,5,3,6,7],k=3`，你的演算法應該傳回 `[3,3,5,5,6,7]`。

滑動視窗的位置								最大值
----------------------								---------
[1	3	1]	-3	5	3	6	7	3
1	[3	-1	3]	5	3	6	7	3
1	3	[-1	-3	5]	3	6	7	5
1	3	-1	[-3	5	3]	6	7	5
1	3	-1	-3	[5	3	6]	7	6
1	3	-1	-3	5	[3	6	7]	7

一、架設解題框架

這道題不複雜，困難在於如何在 $O(1)$ 時間算出每個「視窗」中的最大值，使得整個演算法在線性時間內完成。這種問題的特殊點在於，「視窗」是不斷滑動的，也就是需要**動態地**計算視窗中的最大值。

對於這種動態的場景，很容易得到一個結論：

在一堆數字中，已知最值為 A，如果給這堆數添加一個數 B，那麼比較一下 A 和 B 就可以立即算出新的最值；但如果減少一個數，就不能直接得到最值了，因為如果減少的這個數恰好是 A，就需要遍歷所有數重新找出新的最值。

回到這道題的場景，每個視窗前進的時候，要添加一個數同時減少一個數，所以想在 $O(1)$ 的時間得出新的最值，不是那麼容易的，需要「單調佇列」這種特殊的資料結構來輔助。

一個普通的佇列一定有這兩個操作：

```
class Queue {
    // 在列尾加入元素 n
    void push(int n);
    // 刪除列首元素
    void pop();
}
```

一個「單調佇列」的操作也差不多：

```
class MonotonicQueue {
    // 在列尾添加元素 n
    void push(int n);
    // 傳回當前佇列中的最大值
    int max();
    // 列首元素如果是 n，刪除它
    void pop(int n);
}
```

當然，這幾個 API 的實現方法肯定和一般的 Queue 不一樣，不過暫且不管它，而且認為這幾個操作的時間複雜度都是 $O(1)$，先把這道「滑動視窗」問題的解答框架搭出來：

```java
int[] maxSlidingWindow(int[] nums, int k) {
    MonotonicQueue window = new MonotonicQueue();
    List<Integer> res = new ArrayList<>();

    for (int i = 0; i < nums.length; i++) {
        if (i < k - 1) {
            // 先把視窗的前 k - 1 填滿
            window.push(nums[i]);
        } else {
            // 視窗開始向前滑動
            // 移入新元素
            window.push(nums[i]);
            // 將當前視窗中的最大元素記入結果
            res.add(window.max());
            // 移出最後的元素
            window.pop(nums[i - k + 1]);
        }
    }
    // 將 List 類型轉化成 int[] 陣列作為傳回值
    int[] arr = new int[res.size()];
    for (int i = 0; i < res.size(); i++) {
        arr[i] = res.get(i);
    }
    return arr;
}
```

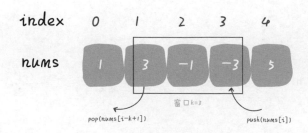

這個想法很簡單，能理解吧？下面我們開始重頭戲，單調佇列的實現。

二、實現單調佇列資料結構

觀察滑動視窗的過程就能發現，實現「單調佇列」必須使用一種資料結構支援在頭部和尾部進行插入和刪除，很明顯雙鏈結串列是滿足這個條件的。「單調佇列」的核心想法和「單調堆疊」類似，push 方法依然在列尾添加元素，但是要把前面比自己小的元素都刪掉：

```java
class MonotonicQueue {
// 雙鏈結串列，支援頭部和尾部增刪元素
private LinkedList<Integer> q = new LinkedList<>();

public void push(int n) {
    // 將前面小於自己的元素都刪除
    while (!q.isEmpty() && q.getLast() < n) {
        q.pollLast();
    }
    q.addLast(n);
}
```

你可以想像，加入數字的大小代表人的體重，體重大的會把前面體重不足的壓扁，直到遇到更大的量級才停住。

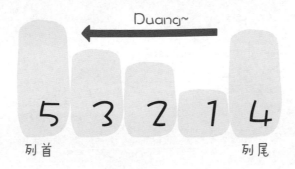

如果每個元素被加入時都這樣操作，最終單調佇列中的元素大小就會保持一個單調遞減的順序，因此 max 方法可以這樣寫：

```java
public int max() {
    // 列首的元素肯定是最大的
    return q.getFirst();
}
```

pop 方法在列首刪除元素 n，也很好寫：

```java
public void pop(int n) {
    if (n == q.getFirst()) {
        q.pollFirst();
    }
}
```

之所以要判斷 n == q.getFirst()，是因為我們想刪除的列首元素 n 可能已經被「壓扁」了，可能已經不存在了，所以這時候就不用刪除了：

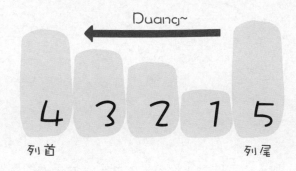

至此，單調佇列設計完畢，看下完整的解題程式：

```java
/* 單調佇列的實現 */
class MonotonicQueue {
    LinkedList<Integer> q = new LinkedList<>();
    public void push(int n) {
        // 將小於 n 的元素全部刪除
        while (!q.isEmpty() && q.getLast() < n) {
            q.pollLast();
        }
        // 然後將 n 加入尾部
        q.addLast(n);
    }

    public int max() {
        return q.getFirst();
    }
}
```

```java
    public void pop(int n) {
        if (n == q.getFirst()) {
            q.pollFirst();
        }
    }
}


/* 解題函式的實現 */
int[] maxSlidingWindow(int[] nums, int k) {
    MonotonicQueue window = new MonotonicQueue();
    List<Integer> res = new ArrayList<>();

    for (int i = 0; i < nums.length; i++) {
        if (i < k - 1) {
            // 先填滿視窗的前 k - 1
            window.push(nums[i]);
        } else {
            // 視窗向前滑動，加入新數字
            window.push(nums[i]);
            // 記錄當前視窗的最大值
            res.add(window.max());
            // 移出舊數字
            window.pop(nums[i - k + 1]);
        }
    }
    // 需要轉成 int[] 陣列再傳回
    int[] arr = new int[res.size()];
    for (int i = 0; i < res.size(); i++) {
        arr[i] = res.get(i);
    }
    return arr;
}
```

有一點細節問題不要忽略，在實現 MonotonicQueue 時，使用了 Java 的 LinkedList，因為鏈結串列結構支援在頭部和尾部快速增刪元素；而在解法程式中的 res 則使用的 ArrayList 結構，因為後續會按照索引取元素，所以陣列結構更合適。

三、演算法複雜度分析

讀者可能疑惑，push 操作中含有 while 迴圈，時間複雜度應該不是 $O(1)$ 呀，那麼本演算法的時間複雜度應該不是線性時間吧？

單獨看 push 操作的複雜度確實不是 $O(1)$，但是演算法整體的複雜度依然是 $O(N)$ 線性時間。要這樣想，nums 中的每個元素最多被 push 和 pop 一次，沒有任何多餘操作，所以整體的複雜度還是 $O(N)$。空間複雜度就很簡單了，就是視窗的大小 $O(k)$。

其實我覺得，這種特殊資料結構的設計還是蠻有意思的，你學會單調佇列的使用了嗎？

## 第3章

一步步培養演算法思維

　　相信很多讀者在初次接觸遞迴演算法時，特別容易把自己繞進去，完全看不懂遞迴程式在做什麼。針對這個問題，我列出的解法就是：多刷二元樹相關的題目。

在本書的第 1 章講解框架思維時，就特別強調了二元樹的重要性。二元樹不僅是陣列 / 鏈結串列這類基本資料結構和圖這類高級資料結構中間的過渡，更代表著遞迴的思維模式，能夠幫助我們更進一步地掌握電腦思維，得心應手地借助電腦解決問題。

本章會借助二元樹 / 二元搜尋樹的演算法題幫你培養遞迴思維，並且把二元樹和圖論演算法、經典排序演算法、暴力窮舉演算法聯繫起來，向你展開這些演算法之間千絲萬縷的聯繫。

3.1 二元樹

我在本書中多次強調二元樹的重要性，本節會承接 **1.6 一步步帶你刷二元樹（綱領）**，用實際的題目案例帶你深刻理解遞迴演算法中「遍歷」和「分解問題」的想法。

3.1.1 一步步帶你刷二元樹（想法）

讀完本節，你將不僅學到演算法策略，還可以順便解決以下題目：

226. 翻轉二元樹（簡單）	114. 二元樹展開為鏈結串列（中等）
116. 填充每個節點的下一個右側節點指標（中等）	

本節承接 **1.6 一步步帶你刷二元樹（綱領）**，先複述一下前文總結的二元樹解題總綱：

二元樹解題的思維模式分兩類：

1. **是否可以透過遍歷一遍二元樹得到答案？**如果可以，用一個 `traverse` 函式配合外部變數來實現，這叫「遍歷」的思維模式。

2. **是否可以定義一個遞迴函式，透過子問題（子樹）的答案推導出原問題的答案？**如果可以，寫出這個遞迴函式的定義，並充分利用這個函式的傳回值，這叫「分解問題」的思維模式。

無論使用哪種思維模式,都需要思考:

如果單獨抽出一個二元樹節點,需要對它做什麼事情?需要在什麼時候(前 / 中 / 後序位置)做?其他的節點不用你操心,遞迴函式會幫你在所有節點上執行相同的操作。

本節就以幾道比較簡單的題目為例,帶你實踐運用這幾筆總綱,理解「遍歷」的思維和「分解問題」的思維有何區別和聯繫。

一、翻轉二元樹

我們先從簡單的題開始,看看 LeetCode 第 226 題「翻轉二元樹」,輸入一個二元樹根節點 `root`,讓你把整棵樹鏡像翻轉,比如輸入的二元樹如下:

```
    4
   / \
  2   7
 / \ / \
 1 3 6 9
```

演算法原地翻轉二元樹,使得以 `root` 為根的樹變成:

```
    4
   / \
  7   2
 / \ / \
 9 6 3 1
```

不難發現,只要把二元樹上的每一個節點的左右子節點進行交換,最後的結果就是完全翻轉之後的二元樹。

那麼現在開始在心中默念二元樹解題總綱:

1. 這題能不能用「遍歷」的思維模式解決?

可以,我寫一個 `traverse` 函式遍歷每個節點,讓每個節點的左右子節點顛倒過來就行了。

　　單獨抽出一個節點,需要對它做什麼?讓它把自己的左右子節點交換一下。需要在什麼時候做?好像在前、中、後序位置都可以。

　　綜上所述,可以寫出以下解法程式:

```java
// 主函式
TreeNode invertTree(TreeNode root) {
    // 遍歷二元樹,交換每個節點的子節點
    traverse(root);
    return root;
}


// 二元樹遍歷函式
void traverse(TreeNode root) {
    if (root == null) {
        return;
    }

    /**** 前序位置 ****/
    // 每一個節點需要做的事就是交換它的左右子節點
    TreeNode tmp = root.left;
    root.left = root.right;
    root.right = tmp;

    // 遍歷框架,去遍歷左右子樹的節點
    traverse(root.left);
    traverse(root.right);
}
```

　　你把前序位置的程式移到後序位置也可以,但是直接移到中序位置是不行的,需要稍作修改,這應該很容易看出來。

　　按理說,這道題已經解決了,不過為了對比,我們再繼續思考下去。

2. 這題能不能用「分解問題」的思維模式解決？

我們嘗試給 `invertTree` 函式賦予一個定義：

```
// 定義：將以 root 為根的這棵二元樹翻轉，傳回翻轉後的二元樹的根節點
TreeNode invertTree(TreeNode root);
```

然後思考，對於某一個二元樹節點 x 執行 `invertTree(x)`，你能利用這個遞迴函式的定義做點啥？

我可以用 `invertTree(x.left)` 先把 x 的左子樹翻轉，再用 `invertTree(x.right)` 把 x 的右子樹翻轉，最後把 x 的左右子樹交換，這恰好完成了以 x 為根的整棵二

元樹的翻轉，即完成了 `invertTree(x)` 的定義。直接寫出解法程式：

```
// 定義：將以 root 為根的這棵二元樹翻轉，傳回翻轉後的二元樹的根節點
TreeNode invertTree(TreeNode root) {
    if (root == null) {
        return null;
    }
    // 利用函式定義，先翻轉左右子樹
    TreeNode left = invertTree(root.left);
    TreeNode right = invertTree(root.right);

    // 然後交換左右子節點
    root.left = right;
    root.right = left;

    // 和定義邏輯自恰：以 root 為根的這棵二元樹已經被翻轉，傳回 root
    return root;
}
```

這種「分解問題」的想法，核心在於你要給遞迴函式一個合適的定義，然後用函式的定義來解釋你的程式；如果你的邏輯成功自恰，那麼說明你這個演算法是正確的。

這道題就分析到這裡，「遍歷」和「分解問題」的想法都可以解決，看下一道題。

二、填充節點的右側指標

這是 LeetCode 第 116 題「填充每個節點的下一個右側節點指標」，題目給你輸入一棵完美二元樹，其中的節點長這樣：

```
struct Node {
    int val;
    Node *left;
    Node *right;
    Node *next;
}
```

初始狀態下，所有 `next` 指標都為 `null`，現在請你填充它的每個 `next` 指標，讓這個指標指向其下一個右側節點。如果不存在下一個右側節點，則將 `next` 指標設置為 `null`，函式名稱如下：

```
Node connect(Node root);
```

題目的意思就是把二元樹的每一層節點都用 `next` 指標連接起來：

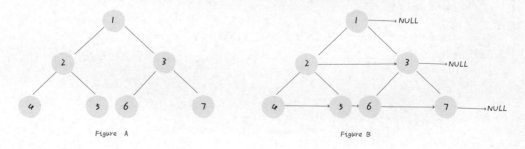

Figure A   Figure B

　　而且題目說了，輸入的是一棵「完美二元樹」，形象地說整棵二元樹是一個正三角形，除了最右側的節點 next 指標會指向 null，其他節點的右側一定有相鄰的節點。

　　這道題怎麼做呢？來默念二元樹解題總綱：

1. 這道題能不能用「遍歷」的思維模式解決？

　　很顯然，一定可以。每個節點要做的事很簡單，把自己的 next 指標指向右側節點就行了。

　　也許你會模仿上一道題，直接寫出以下程式：

```
// 二元樹遍歷函式
void traverse(Node root) {
    if (root == null || root.left == null) {
        return;
    }
    // 把左子節點的 next 指標指向右子節點
    root.left.next = root.right;

    traverse(root.left);
    traverse(root.right);
}
```

　　但是，這段程式其實有很大問題，因為它只能把相同父節點的兩個節點串起來，再看本頁頂部這張圖：節點 5 和節點 6 不屬於同一個父節點，那麼按照這段程式的邏輯，它倆就沒辦法被穿起來，這是不符合題意的，但是問題出在哪裡？

　　傳統的 traverse 函式遍歷二元樹的所有節點，但現在我們想遍歷的其實是兩個相鄰節點之間的「空隙」。

所以我們可以在二元樹的基礎上進行抽象，把圖中的每一個方框（一對二元樹節點）看作一個「大節點」：

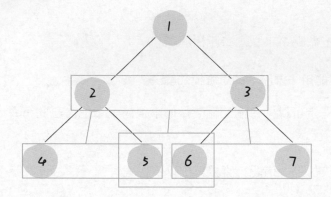

這樣，一棵二元樹被抽象成了一棵三元樹，三元樹上的每個節點就是原先二元樹的兩個相鄰節點。

現在，我們只要實現一個 traverse 函式來遍歷這棵三元樹，對每個「三元樹節點」需要做的事就是把自己內部的兩個二元樹節點穿起來：

```
// 主函式
Node connect(Node root) {
    if (root == null) return null;
    // 遍歷 " 三元樹 "，連接相鄰節點
    traverse(root.left, root.right);
    return root;
}


// 三元樹遍歷框架
void traverse(Node node1, Node node2) {
    if (node1 == null || node2 == null) {
        return;
    }
    /**** 前序位置 ****/
    // 將傳入的兩個節點穿起來
    node1.next = node2;

    // 連接相同父節點的兩個子節點
```

```
    traverse(node1.left, node1.right);
    traverse(node2.left, node2.right);
    // 連接跨越父節點的兩個子節點
    traverse(node1.right, node2.left);
}
```

這樣，`traverse` 函式遍歷整棵「三元樹」，將所有相鄰的二元樹節點都連接起來，也就避免了之前出現的問題，這道題完美解決。

2. 這道題能不能用「分解問題」的思維模式解決？

嗯，好像沒有什麼特別好的想法，所以這道題無法使用「分解問題」的思維來解決。

三、將二元樹展開為鏈結串列

這是 LeetCode 第 114 題「二元樹展開為鏈結串列」，看下題目：

給你輸入一棵二元樹的根節點 `root`，請將它展開為一個單鏈結串列。展開後的單鏈結串列節點依然為二元樹節點 `TreeNode`，其中 `right` 子指標指向鏈結串列中下一個節點，而左子指標始終為 `null`，且展開後的單鏈結串列應該與二元樹的前序遍歷順序相同。

比如這樣一棵二元樹的展開結果如下：

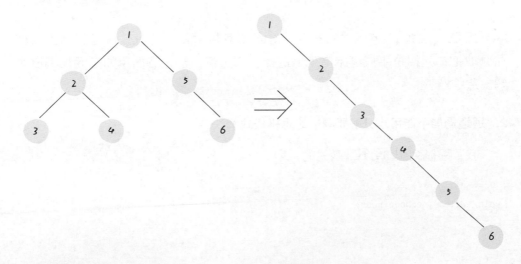

函式名稱如下：

```
void flatten(TreeNode root);
```

看起來挺難的是，沒關係，我們用標準的思考模式來嘗試解決。

1. 這道題能不能用「遍歷」的思維模式解決？

乍一看感覺是可以的，對整棵樹進行前序遍歷，一邊遍歷一邊構造出一條「鏈結串列」就行了：

```
// 虛擬頭節點，dummy.right 就是結果
TreeNode dummy = new TreeNode(-1);
// 用來建構鏈結串列的指標
TreeNode p = dummy;
void traverse(TreeNode root) {
    if (root == null) {
        return;
    }
    // 前序位置
    p.right = new TreeNode(root.val);
    p = p.right;

    traverse(root.left);
    traverse(root.right);
}
```

但是注意 flatten 函式的簽名，傳回類型為 void，也就是說題目希望我們在原地把二元樹拉平成鏈結串列。這樣一來，沒辦法透過簡單的二元樹遍歷來解決這道題了。

2. 這道題能不能用「分解問題」的思維模式解決？

我們嘗試列出 flatten 函式的定義：

```
// 定義：輸入節點 root，然後 root 為根的二元樹就會被拉平成一條鏈結串列
void flatten(TreeNode root);
```

有了這個函式定義，如何按題目要求把一棵樹拉平成一條鏈結串列？對於一個節點 x，可以執行以下流程：

1. 先利用 flatten(x.left) 和 flatten(x.right) 將 x 的左右子樹拉平。

2. 將 x 的右子樹接到左子樹下方，然後將整棵左子樹作為右子樹。

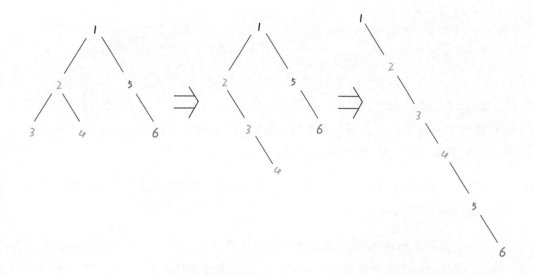

這樣，以 x 為根的整棵二元樹就被拉平了，恰好完成了 flatten(x) 的定義。直接看程式實現：

```
// 定義：將以 root 為根的樹拉平成鏈結串列
void flatten(TreeNode root) {
    // base case
    if (root == null) return;

    // 利用定義，把左右子樹拉平
    flatten(root.left);
    flatten(root.right);

    /**** 後序遍歷位置 ****/
    // 1. 左右子樹已經被拉平成一條鏈結串列
    TreeNode left = root.left;
    TreeNode right = root.right;
```

```
// 2. 將左子樹作為右子樹
root.left = null;
root.right = left;

// 3. 將原先的右子樹接到當前右子樹的末端
TreeNode p = root;
while (p.right != null) {
    p = p.right;
}
p.right = right;
}
```

你看，這就是遞迴的魅力，你說 flatten 函式是怎麼把左右子樹拉平的？不容易說清楚，但是只要知道 flatten 的定義如此並利用這個定義，讓每一個節點做它該做的事情，然後 flatten 函式就會按照定義工作。

至此，這道題也解決了。最後首尾呼應一下，再次默寫二元樹解題總綱。二元樹解題的思維模式分兩類：

1. **是否可以透過遍歷一遍二元樹得到答案？** 如果可以，用一個 traverse 函式配合外部變數來實現，這叫「遍歷」的思維模式。

2. **是否可以定義一個遞迴函式，透過子問題（子樹）的答案推導出原問題的答案？** 如果可以，寫出這個遞迴函式的定義，並充分利用這個函式的傳回值，這叫「分解問題」的思維模式。

無論使用哪種思維模式，你都需要思考：

如果單獨抽出一個二元樹節點，對它需要做什麼事情？需要在什麼時候（前、中、後序位置）做？其他的節點不用你操心，遞迴函式會幫你在所有節點上執行相同的操作。

希望你能仔細體會以上這些，並運用到所有二元樹題目上。

3.1.2 一步步帶你刷二元樹（構造）

讀完本節，你將不僅學到演算法策略，還可以順便解決以下題目：

654. 最大二元樹（中等）	105. 從前序與中序遍歷序列構造二元樹（中等）
106. 從中序與後序遍歷序列構造二元樹（中等）	889. 根據前序和後序遍歷構造二元樹（中等）

本節是承接 **1.6 一步步帶你刷二元樹（綱領）**的第 2 部分，先複述一下前文總結的二元樹解題總綱：

二元樹解題的思維模式分為兩類：

1. **是否可以透過遍歷一遍二元樹得到答案？**如果可以，用一個 traverse 函式配合外部變數來實現，這叫「遍歷」的思維模式。

2. **是否可以定義一個遞迴函式，透過子問題（子樹）的答案推導出原問題的答案？**如果可以，寫出這個遞迴函式的定義，並充分利用這個函式的傳回值，這叫「分解問題」的思維模式。

無論使用哪種思維模式，你都需要思考：

如果單獨抽出一個二元樹節點，它需要做什麼事情？需要在什麼時候（前、中、後序位置）做？其他的節點不用你操心，遞迴函式會幫你在所有節點上執行相同的操作。

上面講了「遍歷」和「分解問題」兩種思維方式，本節說明二元樹的構造類問題。

二元樹的構造問題一般都是使用「分解問題」的想法：構造整棵樹 = 根節點 + 構造左子樹 + 構造右子樹。

接下來直接看題。

一、構造最大二元樹

先來一道簡單的，這是 LeetCode 第 654 題「最大二元樹」，題目給你輸入一個不重複的整數陣列 `nums`，最大二元樹可以用下面的演算法從 `nums` 遞迴地建構：

1. 建立一個根節點，其值為 `nums` 中的最大值。

2. 遞迴地在最大值左邊的子陣列上建構左子樹。

3. 遞迴地在最大值右邊的子陣列上構右子樹。

函式名稱如下：

```
TreeNode constructMaximumBinaryTree(int[] nums);
```

比如輸入 `nums = [3,2,1,6,0,5]`，你的演算法應該傳回這樣一棵二元樹：

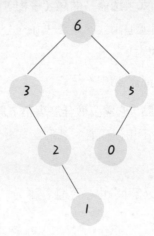

對於二元樹的構造問題，首先要做的當然是想辦法將根節點構造出來，然後想辦法構造自己的左右子樹，而二元樹中的每個節點都可以被認為是一棵子樹的根節點，這就是遞迴解題的關鍵。所以，要遍歷陣列找到最大值 `maxVal`，從而把根節點 `root` 做出來，然後對 `maxVal` 左邊的陣列和右邊的陣列進行遞迴建構，作為 `root` 的左右子樹，這樣整棵樹就被建構出來了。

按照題目列出的例子，輸入的陣列為 [3,2,1,6,0,5]，對整棵樹的根節點來說，其實在做這件事：

```
TreeNode constructMaximumBinaryTree([3,2,1,6,0,5]) {
    // 找到陣列中的最大值
    TreeNode root = new TreeNode(6);
    // 遞迴呼叫構造左右子樹
    root.left = constructMaximumBinaryTree([3,2,1]);
    root.right = constructMaximumBinaryTree([0,5]);
    return root;
}
```

再詳細一點，就是以下虛擬碼：

```
TreeNode constructMaximumBinaryTree(int[] nums) {
    if (nums is empty) return null;
    // 找到陣列中的最大值
    int maxVal = Integer.MIN_VALUE; int index = 0;
    for (int i = 0; i < nums.length; i++) {
        if (nums[i] > maxVal) {
            maxVal = nums[i];
            index = i;
        }
    }

    TreeNode root = new TreeNode(maxVal);
    // 遞迴呼叫構造左右子樹
    root.left = constructMaximumBinaryTree(nums[0..index-1]);
    root.right = constructMaximumBinaryTree(nums[index+1..nums.length-1]);
    return root;
}
```

當前 nums 中的最大值就是根節點，然後根據索引遞迴呼叫左右陣列構造左右子樹即可。

明確了想法，我們可以重新寫一個輔助函式 **build**，來控制 **nums** 的索引：

```
/* 主函式 */
TreeNode constructMaximumBinaryTree(int[] nums) {
    return build(nums, 0, nums.length - 1);
}


// 定義：將 nums[lo..hi] 構造成符合條件的樹，傳回根節點
TreeNode build(int[] nums, int lo, int hi) {
    // base case
    if (lo > hi) {
        return null;
    }

    // 找到陣列中的最大值和對應的索引
    int index = -1, maxVal = Integer.MIN_VALUE;
    for (int i = lo; i <= hi; i++) {
        if (maxVal < nums[i]) {
            index = i;
            maxVal = nums[i];
        }
    }

    // 先構造出根節點
    TreeNode root = new TreeNode(maxVal);
    // 遞迴呼叫構造左右子樹
    root.left = build(nums, lo, index - 1);
    root.right = build(nums, index + 1, hi);

    return root;
}
```

至此，這道題就做完了，還是挺簡單的對，下面看兩道更難一些的。

二、透過前序和中序遍歷結果構造二元樹

LeetCode 第 105 題「從前序與中序遍歷序列構造二元樹」就是這道經典題目，面試、筆試中常考，函式名稱如下：

```
TreeNode buildTree(int[] preorder, int[] inorder);
```

比如題目中輸入 preorder = [3,9,20,15,7], inorder = [9,3,15, 20,7]，演算法應該建構這樣一棵二元樹：

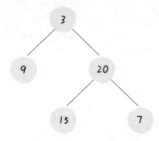

廢話不多說，直接來想想法，首先思考應該對根節點做什麼。

類似上一題，肯定要想辦法確定根節點的值，把根節點做出來，然後遞迴構造左右子樹即可。

為了確定根節點的值，我們來回顧一下，前序遍歷和中序遍歷的結果有什麼特點？

```
void traverse(TreeNode root) {
    // 前序遍歷
    preorder.add(root.val);
    traverse(root.left);
    traverse(root.right);
}

void traverse(TreeNode root) {
    traverse(root.left);
    // 中序遍歷
    inorder.add(root.val);
```

```
    traverse(root.right);
}
```

這樣的遍歷順序差異，導致了 `preorder` 和 `inorder` 陣列中的元素分佈有以下特點：

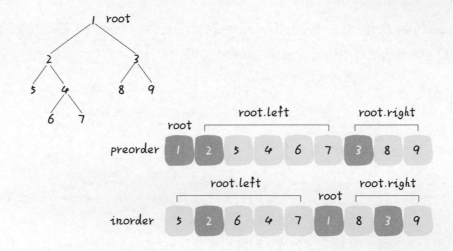

所以找到根節點是很簡單的，前序遍歷的第一個值 `preorder[0]` 就是根節點的值。關鍵在於如何透過根節點的值，將 `preorder` 和 `postorder` 陣列劃分成兩半，構造根節點的左右子樹。

換句話說，對於以下程式中的 **?** 部分應該填入什麼：

```
/* 主函式 */
public TreeNode buildTree(int[] preorder, int[] inorder) {
    // 根據函式定義，用 preorder 和 inorder 構造二元樹
    return build(preorder, 0, preorder.length - 1,
            inorder, 0, inorder.length - 1);
}

/*
    build 函式的定義：
    假設前序遍歷陣列為 preorder[preStart..preEnd]，
    中序遍歷陣列為 inorder[inStart..inEnd]，
    構造二元樹，傳回該二元樹的根節點
*/
```

```java
TreeNode build(int[] preorder, int preStart, int preEnd,
               int[] inorder, int inStart, int inEnd) {
    // root 節點對應的值就是前序遍歷陣列的第一個元素
    int rootVal = preorder[preStart];
    // rootVal 是在中序遍歷陣列中的索引
    int index = 0;
    for (int i = inStart; i <= inEnd; i++) {
        if (inorder[i] == rootVal) {
            index = i;
            break;
        }
    }

    TreeNode root = new TreeNode(rootVal);
    // 遞迴構造左右子樹
    root.left = build(preorder, ?, ?,
                      inorder, ?, ?);

    root.right = build(preorder, ?, ?,
                       inorder, ?, ?);
    return root;
}
```

程式中的 `rootVal` 和 `index` 變數，就是下圖這種情況：

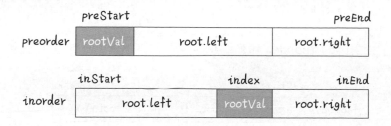

另外，可以看出，透過 for 迴圈遍歷的方式去確定 `index` 效率不算高，可以進一步最佳化。

因為題目說二元樹節點的值不存在重複，所以可以使用一個 HashMap 儲存元素到索引的映射，這樣就可以直接透過 HashMap 查到 `rootVal` 對應的 `index`：

```java
// 儲存 inorder 中值到索引的映射
HashMap<Integer, Integer> valToIndex = new HashMap<>();

public TreeNode buildTree(int[] preorder, int[] inorder) {
    for (int i = 0; i < inorder.length; i++) {
        valToIndex.put(inorder[i], i);
    }
    return build(preorder, 0, preorder.length - 1,
                inorder, 0, inorder.length - 1);
}

TreeNode build(int[] preorder, int preStart, int preEnd,
            int[] inorder, int inStart, int inEnd) {
    int rootVal = preorder[preStart];
    // 避免 for 迴圈尋找 rootVal
    int index = valToIndex.get(rootVal);
    // ...
}
```

現在我們來看圖做填空題，下面這幾個問號處應該填什麼：

```java
root.left = build(preorder, ?, ?,
                inorder, ?, ?);

root.right = build(preorder, ?, ?,
                inorder, ?, ?);
```

左右子樹對應的 **inorder** 陣列的起始索引和終止索引比較容易確定：

```java
root.left = build(preorder, ?, ?,
                inorder, inStart, index - 1);
```

```
root.right = build(preorder, ?, ?,
                   inorder, index + 1, inEnd);
```

而 preorder 陣列，如何確定左右陣列對應的起始索引和終止索引？

這個可以透過左子樹的節點數推導出來，假設左子樹的節點數為 leftSize，那麼 preorder 陣列上的索引情況是這樣的：

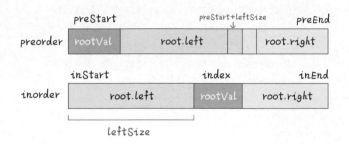

看著這張圖就可以把 preorder 對應的索引寫進去了：

```
int leftSize = index - inStart;

root.left = build(preorder, preStart + 1, preStart + leftSize,
               inorder, inStart, index - 1);

root.right = build(preorder, preStart + leftSize + 1, preEnd,
               inorder, index + 1, inEnd);
```

至此，整個演算法想法就完成了，我們再補一補 base case 即寫入出解法程式：

```
TreeNode build(int[] preorder, int preStart, int preEnd,
           int[] inorder, int inStart, int inEnd) {

    if (preStart > preEnd) {
        return null;
    }

    // root 節點對應的值就是前序遍歷陣列的第一個元素
    int rootVal = preorder[preStart];
```

```
// rootVal 在中序遍歷陣列中的索引
int index = valToIndex.get(rootVal);


int leftSize = index - inStart;

// 先構造出當前根節點
TreeNode root = new TreeNode(rootVal);
// 遞迴構造左右子樹
root.left = build(preorder, preStart + 1, preStart + leftSize,
                  inorder, inStart, index - 1);

root.right = build(preorder, preStart + leftSize + 1, preEnd,
                   inorder, index + 1, inEnd);
return root;
}
```

主函式只要呼叫 **build** 函式即可，看上去函式這麼多參數，解法這麼多程式，似乎比前面講的那道題難很多，讓人望而生畏，實際上呢，這些參數無非就是控制陣列起止位置的，畫個圖就能解決了。

三、透過後序和中序遍歷結果構造二元樹

類似上一題，這次我們看看 LeetCode 第 106 題「從中序與後序遍歷序列構造二元樹」，利用後序和中序遍歷的結果陣列來還原二元樹，函式名稱如下：

```
TreeNode buildTree(int[] inorder, int[] postorder);
```

比如題目中輸入 inorder = [9,3,15,20,7], postorder = [9,15,7,20,3]，那麼你應該構造這樣一棵二元樹：

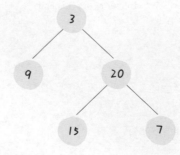

類似之前的題目，看下後序和中序遍歷的特點：

```
void traverse(TreeNode root) {
    traverse(root.left);
    traverse(root.right);
    // 後序遍歷
    postorder.add(root.val);
}

void traverse(TreeNode root) {
    traverse(root.left);
    // 中序遍歷
    inorder.add(root.val);
    traverse(root.right);
}
```

這樣的遍歷順序差異，導致了 `postorder` 和 `inorder` 陣列中的元素分佈有以下特點：

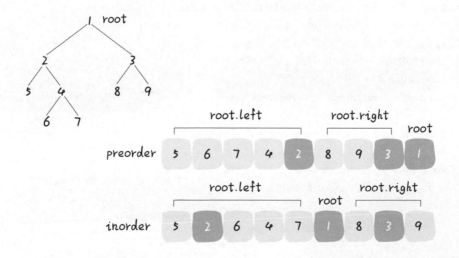

這道題和上一題的關鍵區別是，後序遍歷和前序遍歷相反，根節點對應的值為 `postorder` 的最後一個元素。

整體的演算法框架和上一題非常類似，我們依然寫一個輔助函式 **build**：

```java
// 儲存 inorder 中值到索引的映射
HashMap<Integer, Integer> valToIndex = new HashMap<>();


TreeNode buildTree(int[] inorder, int[] postorder) {
    for (int i = 0; i < inorder.length; i++) {
        valToIndex.put(inorder[i], i);
    }
    return build(inorder, 0, inorder.length - 1,
                postorder, 0, postorder.length - 1);
}


/*
    build 函式的定義：
    後序遍歷陣列為 postorder[postStart..postEnd]，
    中序遍歷陣列為 inorder[inStart..inEnd]，
    構造二元樹，傳回該二元樹的根節點
*/
TreeNode build(int[] inorder, int inStart, int inEnd,
                int[] postorder, int postStart, int postEnd) {
    // root 節點對應的值就是後序遍歷陣列的最後一個元素
    int rootVal = postorder[postEnd];
    // rootVal 在中序遍歷陣列中的索引
    int index = valToIndex.get(rootVal);

    TreeNode root = new TreeNode(rootVal);
    // 遞迴構造左右子樹
    root.left = build(preorder, ?, ?,
                        inorder, ?, ?);

    root.right = build(preorder, ?, ?,
                        inorder, ?, ?);
    return root;
}
```

現在 **postoder** 和 **inorder** 對應的狀態如下：

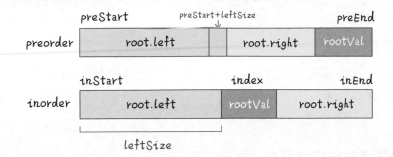

我們可以按照上圖將問號處的索引正確填入：

```
int leftSize = index - inStart;

root.left = build(inorder, inStart, index - 1,
                postorder, postStart, postStart + leftSize - 1);

root.right = build(inorder, index + 1, inEnd,
                postorder, postStart + leftSize, postEnd - 1);
```

根據以上內容，可以寫出完整的解法程式：

```
TreeNode build(int[] inorder, int inStart, int inEnd,
             int[] postorder, int postStart, int postEnd) {

    if (inStart > inEnd) {
        return null;
    }
    // 根節點對應的值就是後序遍歷陣列的最後一個元素
    int rootVal = postorder[postEnd];
    // rootVal 在中序遍歷陣列中的索引
    int index = valToIndex.get(rootVal);
    // 左子樹的節點個數
    int leftSize = index - inStart; TreeNode root = new TreeNode(rootVal);
    // 遞迴構造左右子樹
    root.left = build(inorder, inStart, index - 1,
                    postorder, postStart, postStart + leftSize - 1);
```

```
root.right = build(inorder, index + 1, inEnd,
                        postorder, postStart + leftSize, postEnd - 1);
    return root;
}
```

有了前一題的鋪陳，這道題很快就解決了，無非就是 **rootVal** 變成了最後一個元素，再改改遞迴函式的參數而已，只要明白二元樹的特性，也不難寫出來。

四、透過後序和前序遍歷結果構造二元樹

這是 LeetCode 第 889 題「根據前序和後序遍歷構造二元樹」，給你輸入二元樹的前序和後序遍歷結果，讓你還原二元樹的結構，函式名稱如下：

```
TreeNode constructFromPrePost(int[] preorder, int[] postorder);
```

這道題和前兩道題有一個基本的差異：

透過前序中序，或後序中序遍歷結果可以確定唯一一棵原始二元樹，但是透過前序後序遍歷結果無法確定唯一的原始二元樹。

題目也說了，如果有多種可能的還原結果，你可以傳回任意一種。

為什麼呢？前文講過，建構二元樹的策略很簡單，先找到根節點，然後找到並遞迴構造左右子樹即可。前兩道題，可以透過前序或後序遍歷結果找到根節點，然後根據中序遍歷結果確定左右子樹（題目說了樹中沒有 **val** 相同的節點）。而這道題，你可以確定根節點，但是無法確切地知道左右子樹有哪些節點。

舉個例子，比如給你這個輸入：

```
preorder = [1,2,3], postorder = [3,2,1]
```

下面這兩棵樹都是符合條件的,但顯然它們的結構不同:

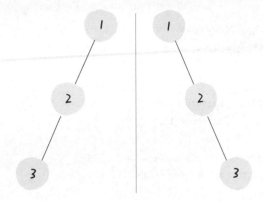

不過話說回來,用後序遍歷和前序遍歷結果還原二元樹,解法邏輯上和前兩道題差別不大,也是透過控制左右子樹的索引來建構:

1. **把前序遍歷結果的第一個元素或後序遍歷結果的最後一個元素確定為根節點的值。**

2. **把前序遍歷結果的第二個元素作為左子樹的根節點的值。**

3. **在後序遍歷結果中尋找左子樹根節點的值,從而確定了左子樹的索引邊界,進而確定右子樹的索引邊界,遞迴構造左右子樹即可。**

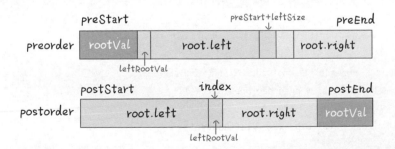

詳情見以下程式。

```java
class Solution {
    // 儲存 postorder 中值到索引的映射
    HashMap<Integer, Integer> valToIndex = new HashMap<>();

    public TreeNode constructFromPrePost(int[] preorder, int[] postorder) {
        for (int i = 0; i < postorder.length; i++) {
            valToIndex.put(postorder[i], i);
        }
        return build(preorder, 0, preorder.length - 1,
                     postorder, 0, postorder.length - 1);
    }

    // 定義：根據 preorder[preStart..preEnd] 和 postorder[postStart..postEnd]
    // 建構二元樹，並傳回根節點
    TreeNode build(int[] preorder, int preStart, int preEnd,
                   int[] postorder, int postStart, int postEnd) {
        if (preStart > preEnd) {
            return null;
        }
        if (preStart == preEnd) {
            return new TreeNode(preorder[preStart]);
        }

        // root 節點對應的值就是前序遍歷陣列的第一個元素
        int rootVal = preorder[preStart];
        // root.left 的值是前序遍歷的第二個元素
        // 透過前序和後序遍歷構造二元樹的關鍵在於透過左子樹的根節點
        // 確定 preorder 和 postorder 中左右子樹的元素區間
        int leftRootVal = preorder[preStart + 1];
        // leftRootVal 在後序遍歷陣列中的索引
        int index = valToIndex.get(leftRootVal);
        // 左子樹的元素個數
        int leftSize = index - postStart + 1;

        // 先構造出當前根節點
        TreeNode root = new TreeNode(rootVal);
        // 遞迴構造左右子樹
        // 根據左子樹的根節點索引和元素個數推導左右子樹的索引邊界
```

```
        root.left = build(preorder, preStart + 1, preStart + leftSize,
                postorder, postStart, index);
        root.right = build(preorder, preStart + leftSize + 1, preEnd,
                postorder, index + 1, postEnd - 1);

        return root;
    }
}
```

程式和前兩道題非常類似，我們可以看著程式思考一下，為什麼透過前序遍歷和後序遍歷結果還原的二元樹可能不唯一呢？關鍵在這一句：

```
int leftRootVal = preorder[preStart + 1];
```

假設前序遍歷的第二個元素是左子樹的根節點，但實際上左子樹有可能是空指標，那麼這個元素就應該是右子樹的根節點。由於這裡無法確切進行判斷，所以導致了最終答案的不唯一。

至此，透過前序和後序遍歷結果還原二元樹的問題也解決了。

最後呼應下前文，**二元樹的構造問題一般都是使用「分解問題」的想法：構造整棵樹 = 根節點 + 構造左子樹 + 構造右子樹**。先找出根節點，然後根據根節點的值找到左右子樹的元素，進而遞迴建構出左右子樹。現在你是否明白其中的玄妙了呢？

3.1.3 一步步帶你刷二元樹（序列化）

讀完本節，你將不僅學到演算法策略，還可以順便解決以下題目：

297. 二元樹的序列化與反序列化（困難）

本節承接 **1.6 一步步帶你刷二元樹（綱領）**，而上一節帶你學習了二元樹構造技巧，本節加大難度，讓你對二元樹同時進行「序列化」和「反序列化」。

要說序列化和反序列化，得先從 JSON 資料格式說起。JSON 的運用非常廣泛，比如我們經常將程式語言中的結構序列化成 JSON 字串，存入快取或透過網路發送給遠端服務，消費者接受 JSON 字串然後進行反序列化，就可以得到原始資料了。

這就是序列化和反序列化的目的，以某種特定格式組織資料，使得資料可以獨立於程式語言。那麼假設現在有一棵用 Java 實現的二元樹，我想把它透過某些方式儲存下來，然後用 C++ 讀取這棵並還原這棵二元樹的結構，該怎麼辦？這就需要對二元樹進行序列化和反序列化了。

3.1.4 零、前 / 中 / 後序和二元樹的唯一性

談具體的題目之前，我們先思考一個問題：**什麼樣的序列化的資料可以反序列化出唯一的一棵二元樹？**

比如，如果給你一棵二元樹的前序遍歷結果，你是否能夠根據這個結果還原出這棵二元樹呢？

答案是也許可以，也許不可以，具體要看你給的前序遍歷結果是否包含空指標的資訊。如果包含了空指標，那麼就可以唯一確定一棵二元樹，否則就不行。

舉例來說，如果我給你這樣一個不包含空指標的前序遍歷結果 [1,2,3,4,5]，那麼以下兩棵二元樹都是滿足這個前序遍歷結果的：

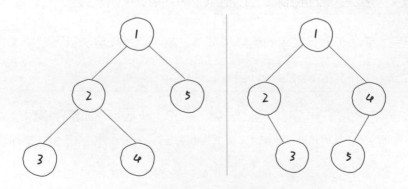

所以給定不包含空指標資訊的前序遍歷結果，是不能還原出唯一的一棵二元樹的。

但如果我的前序遍歷結果包含空指標的資訊，那麼就能還原出唯一的一棵二元樹了。比如用 `#` 表示空指標，上圖左側的二元樹的前序遍歷結果就是 `[1,2,3,#,#,4,#,#,5,#,#]`，上圖右側的二元樹的前序遍歷結果就是 `[1,2,#,3,#,#,4,5,#,#,#]`，二者就區分開了。

那麼估計就有聰明的朋友說了：東哥我懂了，甭管是前、中、後序哪一種遍歷順序，只要序列化的結果中包含了空指標的資訊，就能還原出唯一的一棵二元樹了。

首先要誇一下這種舉一反三的思維，但很不幸，正確答案是，即使你包含了空指標的資訊，也只有前序和後序的遍歷結果才能唯一還原二元樹，中序遍歷結果做不到。

本節後面會具體探討這個問題，這裡只簡單說下原因：因為前序、後序遍歷的結果中，可以確定根節點的位置，而中序遍歷的結果中，根節點的位置是無法確定的。

更直觀來講，比如以下兩棵二元樹顯然擁有不同的結構，但它們的中序遍歷結果都是 `[#,1,#,1,#]`，無法區分：

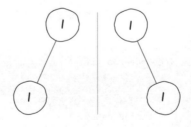

說了這麼多，總結下結論，在二元樹節點的值不重複的前提下：

1. 如果你的序列化結果中不包含空指標的資訊，且你只列出一種遍歷順序，那麼你無法還原出唯一的一棵二元樹。

2. 如果你的序列化結果中**不包含空指標的資訊**，且你會列出**兩種**遍歷順序，那麼按照 **3.1.2 一步步帶你刷二元樹（構造）** 所講，分兩種情況：

＊ 如果你列出的是前序和中序，或後序和中序，那麼你可以還原出唯一的一棵二元樹。

＊ 如果你列出的是前序和後序，那麼無法還原出唯一的一棵二元樹。

3. 如果你的序列化結果中**包含空指標的資訊**，且你只列出**一種**遍歷順序，也要分兩種情況：

＊ 如果你列出的是前序或後序，那麼你可以還原出唯一的一棵二元樹。

＊ 如果你列出的是中序，那麼無法還原出唯一的一棵二元樹。

我在開頭提一下這些總結性的認識，讀者可以理解性記憶。之後當遇到一些相關的題目，再回過頭來看看這些總結，會有更深的理解，下面看具體的題目吧。

一、題目描述

LeetCode 第 297 題「二元樹的序列化與反序列化」就是給你輸入一棵二元樹的根節點

`root`，要求你實現以下一個類別：

```
public class Codec {

    // 把一棵二元樹序列化成字串
    public String serialize(TreeNode root) {}

    // 把字串反序列化成二元樹
    public TreeNode deserialize(String data) {}
}
```

我們可以用 `serialize` 方法將二元樹序列化成字串，用 `deserialize` 方法將序列化的字串反序列化成二元樹，至於以什麼格式序列化和反序列化，這個完全由你決定。

比如輸入以下這樣一棵二元樹：

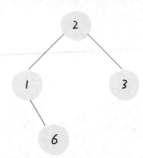

serialize 方法也許會把它序列化成字串 2,1,#,6,3,#,#，其中 # 表示 null 指標，那麼把這個字串再輸入到 deserialize 方法，依然可以還原出這棵二元樹。也就是說，這兩個方法會成對使用，你只要保證它倆能夠自洽就行了。

想像一下，二元樹結構是一個二維平面內的結構，而序列化出來的字串是一個線性的一維結構。**所謂的序列化不過就是把結構化的資料「打平」，其實就是在考查二元樹的遍歷方式。**

二元樹的遍歷方式有哪些？遞迴遍歷方式有前序遍歷、中序遍歷和後序遍歷；迭代方式一般是層級遍歷。本節就把這些方式都嘗試一遍，來實現 serialize 方法和 deserialize 方法。

二、前序遍歷解法

1.1 學習資料結構和演算法的框架思維 一節說明了二元樹的幾種遍歷方式，前序遍歷框架如下：

```
void traverse(TreeNode root) {
    if (root == null) return;

    // 前序遍歷的程式

    traverse(root.left);
    traverse(root.right);
}
```

真的很簡單，在遞迴遍歷兩棵子樹之前寫的程式就是前序遍歷程式，那麼請看一看以下虛擬碼：

```
LinkedList<Integer> res;
void traverse(TreeNode root) {
    if (root == null) {
        // 暫且用數字 -1 代表空指標 null
        res.addLast(-1);
        return;
    }

    /****** 前序位置 ******/
    res.addLast(root.val);
    /*********************/

    traverse(root.left);
    traverse(root.right);
}
```

呼叫 **traverse** 函式之後，你是否可以立即想出這個 **res** 串列中元素的順序是怎樣的？比如以下二元樹（**#** 代表空指標 null），可以直觀看出前序遍歷做的事情：

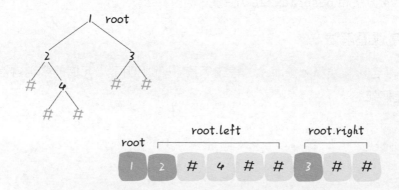

最後 res = [1,2,-1,4,-1,-1,3,-1,-1]，這就是將二元樹「打平」到了一個串列中，其中 -1 代表 null。

那麼，將二元樹打平到一個字串中也是完全一樣的：

```java
// 代表分隔符號的字元
String SEP = ",";
// 代表 null 空指標的字元
String NULL = "#";
// 用於拼接字串
StringBuilder sb = new StringBuilder();

/* 將二元樹打平為字串 */
void traverse(TreeNode root, StringBuilder sb) {
    if (root == null) {
        sb.append(NULL).append(SEP);
        return;
    }

    /****** 前序位置 ******/
    sb.append(root.val).append(SEP);
    /*********************/

    traverse(root.left, sb);
    traverse(root.right, sb);
}
```

StringBuilder 可以用於高效拼接字串，所以也可以認為是一個串列，用 , 作為分隔符號，用 # 表示空指標 null，呼叫完 **traverse** 函式後，**sb** 中的字串應該是 1,2,#,4,#,#,3,#,#,。

至此，我們已經可以寫出序列化函式 **serialize** 的程式了：

```java
String SEP = ",";
String NULL = "#";

/* 主函式，將二元樹序列化為字串 */
String serialize(TreeNode root) {
```

```
    StringBuilder sb = new StringBuilder();
    serialize(root, sb);
    return sb.toString();
}


/* 輔助函式，將二元樹存入 StringBuilder */
void serialize(TreeNode root, StringBuilder sb) {
    if (root == null) {
        sb.append(NULL).append(SEP);
        return;
    }

    /****** 前序位置 ******/
    sb.append(root.val).append(SEP);
    /*********************/

    serialize(root.left, sb);
    serialize(root.right, sb);
}
```

現在，思考一下如何寫 `deserialize` 函式，從字串反過來構造二元樹。首先我們可以把字串轉化成串列：

```
String data = "1,2,#,4,#,#,3,#,#,";
String[] nodes = data.split(",");
```

這樣，`nodes` 串列就是二元樹的前序遍歷結果，問題轉化為：如何透過二元樹的前序遍歷結果還原一棵二元樹？

注意：**3.1.2** 一步步帶你刷二元樹（構造）提到，我們至少要得到前、中、後序遍歷中的兩種互相配合才能還原二元樹，那是因為前文的遍歷結果沒有記錄空指標的資訊。這裡的 `nodes` 串列包含了空指標的資訊，所以只使用 `nodes` 串列就可以還原二元樹。

根據上述分析，`nodes` 串列就是一棵二元樹的前序遍歷結果：

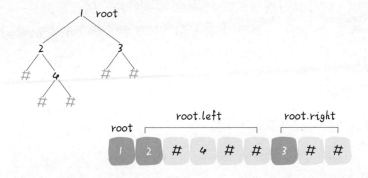

那麼，反序列化過程也一樣，先確定根節點 root ，然後遵循前序遍歷的規則，遞迴生成左右子樹即可：

```java
/* 主函式，將字串反序列化為二元樹結構 */
TreeNode deserialize(String data) {
    // 將字串轉化成串列
    LinkedList<String> nodes = new LinkedList<>();
    for (String s : data.split(SEP)) {
        nodes.addLast(s);
    }
    return deserialize(nodes);
}

/* 輔助函式，透過 nodes 串列構造二元樹 */
TreeNode deserialize(LinkedList<String> nodes) {
    if (nodes.isEmpty()) return null;

    /****** 前序位置 ******/
    // 串列最左側就是根節點
    String first = nodes.removeFirst();
    if (first.equals(NULL)) return null;
    TreeNode root = new TreeNode(Integer.parseInt(first));
    /*********************/

    root.left = deserialize(nodes);
    root.right = deserialize(nodes);

    return root;
}
```

我們發現，根據樹的遞迴性質，`nodes` 串列的第一個元素就是一棵樹的根節點，所以只要將串列的第一個元素取出作為根節點，剩下的交給遞迴函式去解決即可。

三、後序遍歷解法

二元樹的後序遍歷框架如下：

```
void traverse(TreeNode root) {
    if (root == null) return;
    traverse(root.left);
    traverse(root.right);

    // 後序位置的程式
}
```

明白了前序遍歷的解法，後序遍歷就比較容易理解了，我們首先實現 `serialize` 序列化方法，只需要稍微修改輔助方法即可：

```
/* 輔助函式，將二元樹存入 StringBuilder */
void serialize(TreeNode root, StringBuilder sb) {
    if (root == null) {
        sb.append(NULL).append(SEP);
        return;
    }

    serialize(root.left, sb);
    serialize(root.right, sb);

    /****** 後序位置 ******/
    sb.append(root.val).append(SEP);
    /**********************/
}
```

我們把對 `StringBuilder` 的拼接操作放到了後序遍歷的位置，後序遍歷導致結果的順序發生變化：

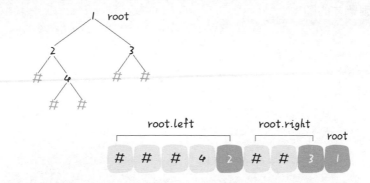

關鍵點在於，如何實現後序遍歷的 **deserialize** 方法呢？是不是也簡單地將反序列化的關鍵程式直接放到後序遍歷的位置就行了呢：

```java
/* 輔助函式，透過 nodes 串列構造二元樹 */
TreeNode deserialize(LinkedList<String> nodes) {
    if (nodes.isEmpty()) return null;

    root.left = deserialize(nodes);
    root.right = deserialize(nodes);

    /****** 後序位置 ******/
    String first = nodes.removeFirst();
    if (first.equals(NULL)) return null;
    TreeNode root = new TreeNode(Integer.parseInt(first));
    /*********************/

    return root;
}
```

顯然上述程式是錯誤的，變數都沒宣告呢，就開始用了？生搬硬套肯定是行不通的，回想前序遍歷方法中的 **deserialize** 方法，第一件事情是在做什麼？

deserialize 方法首先尋找 **root** 節點的值，然後遞迴計算左右子節點。那麼我們這裡也應該順著這個基本想法走，後序遍歷中，**root** 節點的值能不能找到？

再看一眼剛才的圖：

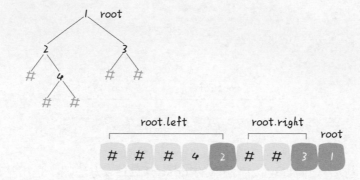

在後序遍歷結果中，**root** 的值是串列的最後一個元素。我們應該從後往前取出清單元素，先用最後一個元素構造 **root**，然後遞迴呼叫生成 **root** 的左右子樹。

注意，根據上圖，從後往前在 nodes 串列中取元素，一定要先構造 **root.right** 子樹，後構造 **root.left** 子樹。

看完整程式：

```
/* 主函式，將字串反序列化為二元樹結構 */
TreeNode deserialize(String data) {
    LinkedList<String> nodes = new LinkedList<>();
    for (String s : data.split(SEP)) {
        nodes.addLast(s);
    }
    return deserialize(nodes);
}

/* 輔助函式，透過 nodes 串列構造二元樹 */
TreeNode deserialize(LinkedList<String> nodes) {
    if (nodes.isEmpty()) return null;
    // 從後往前取出元素
    String last = nodes.removeLast();
    if (last.equals(NULL)) return null;
    TreeNode root = new TreeNode(Integer.parseInt(last));
    // 先構造右子樹，後構造左子樹
```

```
    root.right = deserialize(nodes);
    root.left = deserialize(nodes);
    return root;
}
```

至此，後序遍歷實現的序列化、反序列化方法也都實現了。

四、中序遍歷解法

先說結論，中序遍歷的方式行不通，因為無法實現反序列化方法 deserialize。

序列化方法 serialize 依然容易，只要把字串的拼接操作放到中序遍歷的位置就可以：

```
/* 輔助函式，將二元樹存入 StringBuilder */
void serialize(TreeNode root, StringBuilder sb) {
    if (root == null) {
        sb.append(NULL).append(SEP);
        return;
    }

    serialize(root.left, sb);
    /******* 中序位置 *******/
    sb.append(root.val).append(SEP);
    /**********************/
    serialize(root.right, sb);
}
```

但是，前面剛說了，要想實現反序列方法，首先要構造 root 節點。前序遍歷得到的 nodes 串列中，第一個元素是 root 節點的值；後序遍歷得到的 nodes 串列中，最後一個元素是 root 節點的值。

你看上面這段中序遍歷的程式，root 的值被夾在兩棵子樹的中間，也就是在 nodes 串列的中間，我們不知道確切的索引位置，所以無法找到 root 節點，也就無法進行反序列化。

五、層級遍歷解法

首先，先寫出層級遍歷二元樹的程式框架：

```java
void traverse(TreeNode root) {
    if (root == null) return;
    // 初始化佇列，將 root 加入佇列
    Queue<TreeNode> q = new LinkedList<>();
    q.offer(root);

    while (!q.isEmpty()) {
        int sz = q.size()
        for (int i=0; i<sz; i++) {
            /* 層級遍歷程式位置 */
            TreeNode cur = q.poll();
            System.out.println(cur.val);
            /*****************/

            if (cur.left != null) {
                q.offer(cur.left);
            }
            if (cur.right != null) {
                q.offer(cur.right);
            }
        }
    }
}
```

上述程式是標準的二元樹層級遍歷框架，從上到下，從左到右列印每一層二元樹節點的值，可以看到，佇列 **q** 中不會存在 null 指標。

不過我們在反序列化的過程中是需要記錄空指標 null 的，所以可以把標準的層級遍歷框架略作修改：

```java
void traverse(TreeNode root) {
    if (root == null) return;
    // 初始化佇列，將 root 加入佇列
    Queue<TreeNode> q = new LinkedList<>();
    q.offer(root);
```

```
    while (!q.isEmpty()) {
        int sz = q.size()
        for (int i=0; 1<sz; i++) {
            TreeNode cur = q.poll();
            /* 層級遍歷程式位置 */
            if (cur == null) continue;
            System.out.println(cur.val);
            /****************/

            q.offer(cur.left);
            q.offer(cur.right);
        }
    }
}
```

這樣也可以完成層級遍歷，只不過我們把對空指標的檢驗從「將元素加入佇列」的時候改成了「從佇列取出元素」的時候。

那麼我們完全仿照這個框架即寫入出序列化方法：

```
String SEP = ",";
String NULL = "#";

/* 將二元樹序列化為字串 */
String serialize(TreeNode root) {
    if (root == null) return "";
    StringBuilder sb = new StringBuilder();
    // 初始化佇列，將 root 加入佇列
    Queue<TreeNode> q = new LinkedList<>();
    q.offer(root);

    while (!q.isEmpty()) {
        int sz = q.size()
        for (int i=0; i<sz; i++) {
            TreeNode cur = q.poll();
            /* 層級遍歷程式位置 */
            if (cur == null) {
                sb.append(NULL).append(SEP);
```

```
            continue;
        }
        sb.append(cur.val).append(SEP);
        /****************/

        q.offer(cur.left);
        q.offer(cur.right);
    }
}

return sb.toString();
}
```

層級遍歷序列化得出的結果以下圖：

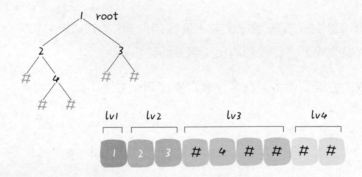

可以看到，每一個不可為空節點都會對應兩個子節點，**那麼反序列化的想法也是用佇列進行層級遍歷的，同時用索引 i 記錄對應子節點的位置：**

```
/* 將字串反序列化為二元樹結構 */
TreeNode deserialize(String data) {
    if (data.isEmpty()) return null;
    String[] nodes = data.split(SEP);
    // 第一個元素就是 root 的值
    TreeNode root = new TreeNode(Integer.parseInt(nodes[0]));

    // 佇列 q 記錄父節點，將 root 加入佇列
    Queue<TreeNode> q = new LinkedList<>(); q.offer(root);
    // index 變數記錄序列化的節點在陣列中的位置
    int index = 1;
```

```
    while (!q.isEmpty()) {
        int sz= q.size();
        for (int i = 0; i < sz; i ++ ) {
            TreeNode parent = q.poll();
            // 父節點對應的左側子節點的值
            String left = nodes[index ++];
            if (!left.equals(NULL)) {
                parent.left = new TreeNode(Integer.parseInt(left));
                q.offer(parent.left);
            }
            // 父節點對應的右側子節點
            String right = nodes[i++];
            if (!right.equals(NULL)) {
                parent.right = new TreeNode(Integer.parseInt(right));
                q.offer(parent.right);
            }
        }
    }
    return root;
}
```

不難發現，這個反序列化的程式邏輯也是標準的二元樹層級遍歷的程式衍生出來的，我們的函式透過 `node[index]` 來計算左右子節點，接到父節點上並加入佇列，一層一層地反序列化出來一棵二元樹。

到這裡，我們對於二元樹的序列化和反序列化的幾種方法就全部講完了。

3.1.5 歸併排序詳解及運用

讀完本節，你將不僅學到演算法策略，還可以順便解決以下題目：

912. 排序陣列（中等）	315. 計算右側小於當前元素的個數（困難）

本節就先講歸併排序，結合框架思維給一套程式範本，然後講講它在演算法問題中的應用。在 **1.6 一步步帶你刷二元樹（綱領）** 講二元樹的時候，提到一句歸併排序，說歸併排序就是二元樹的後序遍歷。

知道為什麼很多讀者遇到遞迴相關的演算法就覺得「燒腦」嗎？因為還處在「看山是山，看水是水」的階段。

就說歸併排序，如果給你看程式，讓你想像歸併排序的過程，你腦子裡會出現什麼場景？

這是一個陣列排序演算法，所以你在腦子裡想像一個陣列，在那一個個交換元素？如果是這樣的話，那就想得太簡單了。

但如果你腦海中浮現出的是一棵二元樹，甚至浮現出二元樹後序遍歷的場景，那你大機率掌握了書中經常強調的框架思維，用這種抽象能力學習演算法就省勁多了。

那麼，歸併排序明明就是一個陣列演算法，究竟和二元樹有什麼關係呢？接下來我就具體講講。

一、演算法想法

就這麼說，所有遞迴的演算法，不管它是幹什麼的，本質上都是在遍歷一棵（遞迴）樹，然後在節點（前、中、後序位置）上執行程式，你要寫遞迴演算法，本質上就是要告訴每個節點需要做什麼。

先來看歸併排序的程式框架：

```
// 定義：排序 nums[lo..hi]
void sort(int[] nums, int lo, int hi) {
    if (lo == hi) {
        return;
    }
    int mid = (lo + hi) / 2;
    // 利用定義，排序 nums[lo..mid]
    sort(nums, lo, mid);
    // 利用定義，排序 nums[mid+1..hi]
    sort(nums, mid + 1, hi);
    /****** 後序位置 ******/
    // 此時兩部分子陣列已經被排好序
    // 合併兩個有序陣列，使 nums[lo..hi] 有序
```

```
    merge(nums, lo, mid, hi);
    /*********************/
}

// 將有序陣列 nums[lo..mid] 和有序陣列 nums[mid+1..hi]
// 合併為有序陣列 nums[lo..hi]
void merge(int[] nums, int lo, int mid, int hi);
```

看這個框架，也就明白那句經典的總結：歸併排序就是先把左半邊陣列排好序，再把右半邊陣列排好序，然後把兩邊陣列合併。

上述程式和二元樹的後序遍歷很像：

```
/* 二元樹遍歷框架 */
void traverse(TreeNode root) {
    if (root == null) {
        return;
    }
    traverse(root.left);
    traverse(root.right);
    /****** 後序位置 ******/
    print(root.val);
    /*********************/
}
```

再進一步，你聯想一下求二元樹的最大深度的演算法程式：

```
// 定義：輸入根節點，傳回這棵二元樹的最大深度
int maxDepth(TreeNode root) {
    if (root == null) {
        return 0;
    }
    // 利用定義，計算左右子樹的最大深度
    int leftMax = maxDepth(root.left);
    int rightMax = maxDepth(root.right);
    // 整棵樹的最大深度等於左右子樹的最大深度取最大值，
    // 然後再加上根節點自己.
    int res = Math.max(leftMax, rightMax) + 1;
```

```
    return res;
}
```

這樣看來是不是更像了？

1.6　一步步帶你刷二元樹（綱領） 中講到二元樹問題可以分為兩類想法，一類是遍歷一遍二元樹的想法，另一類是分解問題的想法。根據上述類比，顯然歸併排序利用的是分解問題的想法（分治演算法）。

歸併排序的過程可以在邏輯上抽象成一棵二元樹，樹上的每個節點的值可以認為是 `nums[lo..hi]`，葉子節點的值就是陣列中的單一元素：

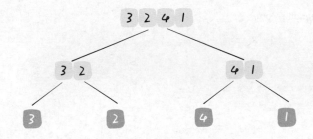

然後，在每個節點的後序位置（左右子節點已經被排好序）的時候執行 `merge` 函式，合併兩個子節點上的子陣列：

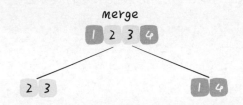

這個 `merge` 操作會在二元樹的每個節點上都執行一遍，執行順序是二元樹後序遍歷的順序。

後序遍歷二元樹大家應該已經爛熟於心了，就是下圖這個遍歷順序：

結合上述基本分析，我們把 `nums[lo..hi]` 理解成二元樹的節點，`sort` 函式理解成二元樹的遍歷函式：

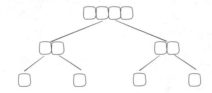

這樣，歸併排序的核心想法就分析完了，接下來只要把想法轉換成程式就行。

二、程式實現及分析

只要擁有了正確的思維方式，理解演算法想法並不困難，但把想法實現成程式，也很考驗一個人的程式設計能力。

畢竟演算法的時間複雜度只是一個理論上的衡量標準，而演算法的實際執行效率要考慮的因素更多，比如應該避免記憶體的頻繁分配釋放，程式邏輯應盡可能簡潔等等。我直接列出歸併排序的程式實現：

```
// 用於輔助合併有序陣列
int[] temp;

// 歸併排序主函式
void merge_sort(int[] nums) {
    // 先給輔助陣列開闢記憶體空間
    temp = new int[nums.length];
    // 排序整個陣列（原地修改）
```

```
    sort(nums, 0, nums.length - 1);
}

// 遞迴排序函式，定義：將子陣列 nums[lo..hi] 進行排序
void sort(int[] nums, int lo, int hi) {
    if (lo == hi) {
        // 單一元素不用排序
        return;
    }
    // 這樣寫是為了防止溢位，效果等於 (hi + lo) / 2
    int mid = lo + (hi - lo) / 2;
    // 先對左半部分陣列 nums[lo..mid] 排序
    sort(nums, lo, mid);
    // 再對右半部分陣列 nums[mid+1..hi] 排序
    sort(nums, mid + 1, hi);
    // 將兩部分有序陣列合並成一個有序陣列
    merge(nums, lo, mid, hi);
}

// 將 nums[lo..mid] 和 nums[mid+1..hi] 這兩個有序陣列合並成一個有序陣列
void merge(int[] nums, int lo, int mid, int hi) {
    // 先把 nums[lo..hi] 複製到輔助陣列中
    // 以便合併後的結果能夠直接存入 nums
    for (int i = lo; i <= hi; i++) {
        temp[i] = nums[i];
    }

    // 陣列雙指標技巧，合併兩個有序陣列
    int i = lo, j = mid + 1;
    for (int p = lo; p <= hi; p++) {
        if (i == mid + 1) {
            // 左半邊陣列已全部被合併
            nums[p] = temp[j++];
        } else if (j == hi + 1) {
            // 右半邊陣列已全部被合併
            nums[p] = temp[i++];
        } else if (temp[i] > temp[j]) {
            nums[p] = temp[j++];
        } else {
```

```
            nums[p] = temp[i++];
        }
    }
}
```

有了之前的鋪陳，這裡只需要著重講一下這個 `merge` 函式。

`sort` 函式對 `nums[lo..mid]` 和 `nums[mid+1..hi]` 遞迴排序完成之後，我們沒有辦法原地把它倆合併，所以需要 copy（複製）到 `temp` 陣列裡面，然後透過類似於 **2.1.1 單鏈結串列的六大解題策略**中合併有序鏈結串列的雙指標技巧將 `nums[lo..hi]` 合併成一個有序陣列。

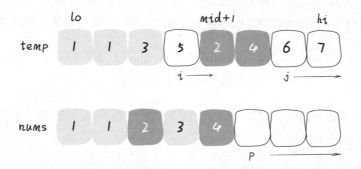

注意我們不是在 `merge` 函式執行的時候建立輔助陣列，而是提前把 `temp` 輔助陣列建立出來了，這樣就避免了在遞迴中頻繁分配和釋放記憶體可能產生的性能問題。

再說一下歸併排序的時間複雜度，雖然大家應該都知道是 $O(N\log N)$，但不見得所有人都知道這個複雜度是怎麼算出來的。

1.3 動態規劃解題策略框架中講過遞迴演算法的複雜度計算，就是子問題個數 × 解決一個子問題的複雜度。對歸併排序來說，時間複雜度顯然集中在 `merge` 函式遍歷 `nums[lo..hi]` 的過程，但每次 `merge` 輸入的 `lo` 和 `hi` 都不同，所以不容易直觀地看出時間複雜度。

merge 函式到底執行了多少次？每次執行的時間複雜度是多少？總的時間複雜度是多少？這就要結合之前畫的這幅圖來看：

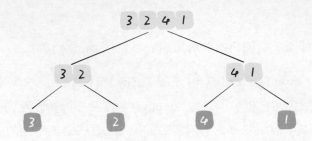

執行的次數是二元樹節點的個數，每次執行的複雜度就是每個節點代表的子陣列的長度，所以總的時間複雜度就是整棵樹中「陣列元素」的個數。

所以從整體上看，這個二元樹的高度是 $\log N$，其中每一層的元素個數就是原陣列的長度 N，所以總的時間複雜度就是 $O(N \log N)$。

LeetCode 第 912 題「排序陣列」就是讓你對陣列進行排序，我們可以直接套用歸併排序程式範本：

```
class Solution {
    public int[] sortArray(int[] nums) {
        // 歸併排序對陣列進行原地排序
        merge_sort(nums);
        return nums;
    }
}

// merge_sort 的實現見上文
```

三、其他應用

除了最基本的排序問題，歸併排序還可以用來解決 LeetCode 第 315 題「計算右側小於當前元素的個數」：給你一個整數陣列 nums，按要求傳回一個新陣列 counts。陣列 counts 有該性質：counts[i] 的值是 nums[i] 右側小於 nums[i] 的元素的數量。比如輸入 nums = [5,2,6,1]，演算法應該傳回 [2,1,1,0]。

我用偏數學的語言來描述一下，題目讓你求出一個 `count` 陣列，使得：

```
count[i] = COUNT(j) where j > i and nums[j] < nums[i]
```

「拍腦袋」的暴力解法就不說了，巢狀結構 for 迴圈，將達到平方等級的複雜度。

這題和歸併排序什麼關係呢？主要表現在 `merge` 函式，**我們在使用 `merge` 函式合併兩個有序陣列的時候，其實是可以知道一個元素 `nums[i]` 後邊有多少個元素比 `nums[i]` 小的。**

具體來說，比如這個場景：

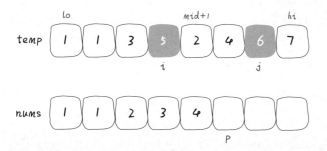

這時候應該把 `temp[i]` 放到 `nums[p]` 上，因為 `temp[i] < temp[j]`。

但就在這個場景下，我們還可以知道一個資訊：5 後面比 5 小的元素個數就是左閉右開區間 `[mid + 1, j)` 中的元素個數，即 2 和 4 這兩個元素：

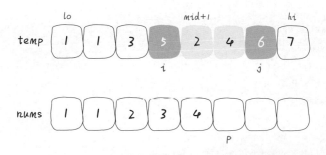

換句話說，在對 nums[lo..hi] 合併的過程中，每當執行 nums[p] = temp[i] 時，就可以確定 temp[i] 這個元素後面比它小的元素個數為 j - mid - 1。

當然，nums[lo..hi] 本身也只是一個子陣列，這個子陣列之後還會被執行 merge 函式，其中元素的位置還是會改變的。但這是其他遞迴節點需要考慮的問題，我們只要在 merge 函式中做一些處理，疊加每次執行 merge 時記錄的結果即可。

發現了這個規律後，只要在 merge 中添加兩行程式即可解決這個問題，看以下解法程式：

```java
class Solution {
    private class Pair {
        int val, id;
        Pair(int val, int id) {
            // 記錄陣列的元素值
            this.val = val;
            // 記錄元素在陣列中的原始索引
            this.id = id;
        }
    }

    // 歸併排序所用的輔助陣列
    private Pair[] temp;
    // 記錄每個元素後面比自己小的元素個數
    private int[] count;

    // 主函式
    public List<Integer> countSmaller(int[] nums) {
        int n = nums.length;
        count = new int[n];
        temp = new Pair[n];
        Pair[] arr = new Pair[n];
        // 記錄元素原始的索引位置，以便在 count 陣列中更新結果
        for (int i = 0; i < n; i++)
            arr[i] = new Pair(nums[i], i);
```

```java
    // 執行歸併排序，本題結果被記錄在 count 陣列中
    sort(arr, 0, n - 1);

    List<Integer> res = new LinkedList<>();
    for (int c : count) res.add(c);
    return res;
}

// 歸併排序
private void sort(Pair[] arr, int lo, int hi) {
    if (lo == hi) return;
    int mid = lo + (hi - lo) / 2;
    sort(arr, lo, mid);
    sort(arr, mid + 1, hi);
    merge(arr, lo, mid, hi);
}

// 合併兩個有序陣列
private void merge(Pair[] arr, int lo, int mid, int hi) {
    for (int i = lo; i <= hi; i++) {
        temp[i] = arr[i];
    }

    int i = lo, j = mid + 1;
    for (int p = lo; p <= hi; p++) {
        if (i == mid + 1) {
            arr[p] = temp[j++];
        } else if (j == hi + 1) {
            arr[p] = temp[i++];
            // 更新 count 陣列
            count[arr[p].id] += j - mid - 1;
        } else if (temp[i].val > temp[j].val) {
            arr[p] = temp[j++];
        } else {
            arr[p] = temp[i++];
            // 更新 count 陣列
            count[arr[p].id] += j - mid - 1;
        }
    }
```

```
            }
        }
    }
```

因為在排序過程中，每個元素的索引位置會不斷改變，所以我們用一個 `Pair` 類別封裝每個元素及其在原始陣列 `nums` 中的索引，以便 `count` 陣列記錄每個元素之後小於它的元素個數。

歸併排序相關的題目到這裡就講完了，你現在回過頭體會本節開頭講過的那句話：

所有遞迴的演算法，本質上都是在遍歷一棵（遞迴）樹，然後在節點（前中後序位置）上執行程式。你要寫遞迴演算法，本質上就是要告訴每個節點需要做什麼。

比如本節講的歸併排序演算法，遞迴的 `sort` 函式就是二元樹的遍歷函式，而 `merge` 函式就是在每個節點上做的事情，有沒有品出點味道？

最後總結一下，本節從二元樹的角度講了歸併排序的核心想法和程式實現，同時講了幾道歸併排序相關的演算法題。這些演算法題其實就是歸併排序演算法邏輯中夾雜一點私貨，但仍屬於比較難的，你可能需要親自做一遍才能理解。

那我最後留一道思考題，下一節將講快速排序，你是否能夠嘗試著從二元樹的角度去理解快速排序？如果讓你用一句話總結快速排序的邏輯，你怎麼描述？答案在 3.2.3 快速排序詳解及運用 揭曉。

3.2 二元搜尋樹

二元搜尋樹（BST）是特殊的二元樹，所以繼承前文解決二元樹問題的一切思維方法。但在此之上，BST「左小右大」的特性支持更多有趣的操作，本節內容將帶你深入體會。

3.2.1 一步步帶你刷二元搜尋樹（特性應用）

讀完本節，你將不僅學到演算法策略，還可以順便解決以下題目：

230. 二元搜尋樹中第 k 小的元素（中等）	538. 二元搜尋樹轉化為累加樹（中等）

前面已經講了幾道經典的二元樹題目，本節寫一寫二元搜尋樹（Binary Search Tree，BST）相關的內容，一步步帶你刷 BST。

首先，BST 的特性大家應該都很熟悉了：

1. 對於 BST 的每一個節點 node，左子樹節點的值都比 node 的值要小，右子樹節點的值都比 node 的值大（我一般簡稱這個特性為「左小右大」）。

2. 對於 BST 的每一個節點 node，它的左子樹和右子樹都是 BST（這是一個遞迴定義，BST 中的任意一部分子樹也是一個 BST）。

二元搜尋樹並不算複雜，但我覺得它可以算是資料結構領域的半壁江山，直接基於 BST 的資料結構有 AVL 樹、紅黑樹等，擁有了自平衡性質，可以提供 logN 等級的增刪查改效率；還有 B+ 樹、線段樹等結構都是基於 BST 的思想來設計的。

從做演算法題的角度來看 BST，除了它的定義，還有一個重要的性質：BST 的中序遍歷結果是有序的（昇冪）。

也就是說，如果輸入一棵 BST，以下程式可以將 BST 中每個節點的值昇冪列印出來：

```java
void traverse(TreeNode root) {
    if (root == null) return;
    traverse(root.left);
    // 中序遍歷程式位置
    print(root.val);
    traverse(root.right);
}
```

那麼本節就根據這個性質，來做兩道演算法題。

一、尋找第 k 小的元素

這是 LeetCode 第 230 題「二元搜尋樹中第 k 小的元素」，題目給你輸入一棵二元搜尋樹的根節點，請你設計一個演算法查詢其中第 k 小的元素（從 1 開始計數）。

這個需求很常見，一個直接的想法就是昇冪排序，然後找第 k 個元素。BST 的中序遍歷其實就是昇冪排序的結果，找第 k 個元素肯定不是什麼難事。按照這個想法，可以直接寫出程式：

```
int kthSmallest(TreeNode root, int k) {
    // 利用 BST 的中序遍歷特性
    traverse(root, k);
    return res;
}

// 記錄結果
int res = 0;
// 記錄當前元素的排名
int rank = 0;
void traverse(TreeNode root, int k) {
    if (root == null) {
        return;
    }
    traverse(root.left, k);
    /* 中序遍歷程式位置 */
    rank++;
    if (k == rank) {
        // 找到第 k 小的元素
        res = root.val;
        return;
    }
    /*****************/
    traverse(root.right, k);
}
```

這道題就做完了，不過還是要多說幾句，因為這個解法並不是最高效的解法，而是僅適用於這道題。

我們簡單擴展一下，如果讓你實現一個在二元搜尋樹中透過排名計算對應元素的方法 `select(int k)`，你會怎麼設計？

如果按照剛剛講過的方法，利用「BST 中序遍歷就是昇冪排序結果」這個性質，每次尋找第 k 小的元素都要中序遍歷一次，最壞的時間複雜度是 $O(N)$，N 是 BST 的節點個數。

要知道 BST 的性質是非常牛的，像紅黑樹這種改良的自平衡 BST，增刪查改都是 $O(logN)$ 的複雜度，讓你算一個第 k 小的元素，時間複雜度竟然要 $O(N)$，效率有些低。所以說，計算第 k 小的元素，最好的演算法肯定也是對數等級的複雜度，不過這個依賴於 BST 節點記錄的資訊有多少。

我們想一下 BST 的操作為什麼這麼高效。就拿搜尋某一個元素來說，BST 能夠在對數時間找到該元素的根本原因還是在 BST 的定義裡，左子樹小右子樹大，所以每個節點都可以透過對比自身的值判斷應該去左子樹還是右子樹搜尋目標值，從而避免了全樹遍歷，達到對數級複雜度。

那麼回到這道題，想找到第 k 小的元素，或說找到排名為 k 的元素，如果想達到對數級複雜度，關鍵也在於每個節點需知道它自己排第幾。

比如你讓我查詢排名為 k 的元素，當前節點知道自己排名第 m，那麼我可以比較 m 和 k 的大小：

1. 如果 `m == k`，顯然就是找到了第 k 個元素，傳回當前節點就行了。

2. 如果 `k < m`，那說明排名第 k 的元素在左子樹，所以可以去左子樹搜尋第 k 個元素，肯定不用去右子樹找了。

3. 如果 `k > m`，那說明排名第 k 的元素在右子樹，所以可以去右子樹搜尋第 `k - m - 1` 個元素，肯定也不用去左子樹找了。這樣就可以將時間複雜度降到 $O(logN)$。

那麼，如何讓每一個節點知道自己的排名呢？這就是我們之前說的，需要在二元樹節點中維護額外資訊。**每個節點需要記錄，以自己為根的這棵二元樹有多少個節點。**

也就是說，`TreeNode` 中的欄位應該這樣：

```
class TreeNode {
    int val;
    // 以該節點為根的樹的節點總數
    int size;
    TreeNode left;
    TreeNode right;
}
```

有了 `size` 欄位，外加 BST 節點左小右大的性質，對於每個節點 `node`，整棵左子樹 `node.left` 的節點總數就是 `node` 的排名，從而達到對數級演算法。

當然，`size` 欄位在增、刪元素的時候需要被正確維護。而 LeetCode 提供的 `TreeNode` 是沒有 `size` 這個欄位的，所以這道題只能利用 BST 中序遍歷的特性實現了，但是我們上面講到的最佳化想法是 BST 的常見操作，還是有必要理解的。

二、BST 轉化累加樹

LeetCode 第 538 題和 1038 題都是這道題，完全一樣，你可以把它們一起做。題目給你輸入一棵 BST，請你把這棵樹轉化為「累加樹」，即把它的每個節點的值替換成樹中大於或等於該節點值的所有節點值之和：

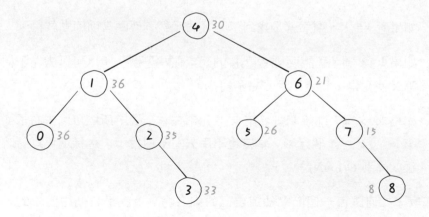

題目應該不難理解，比如圖中的節點 5，轉化成累加樹的話，比 5 大的節點有 6，7，8，加上 5 本身，所以累加樹上這個節點的值應該是 5+6+7+8=26。

我們需要把 BST 轉化成累加樹，函式名稱如下：

```
TreeNode convertBST(TreeNode root)
```

按照二元樹的通用想法，需要思考每個節點應該做什麼，但是在這道題上很難想到什麼想法。

BST 的每個節點左小右大，這似乎是一個有用的資訊，既然累加和是計算大於或等於當前值的所有元素之和，那麼每個節點都去計算右子樹的和，不就行了嗎？

這是不行的。因為，對一個節點來說，確實右子樹都是比它大的元素，但問題是它的父節點也可能是比它大的元素，這是沒法確定的，我們沒有觸達父節點的指標，所以二元樹的通用想法在這裡用不了。

其實，正確的解法很簡單，還是利用 BST 的中序遍歷特性。前面講了 BST 的中序遍歷程式可以按照昇冪遍歷節點的值：

```
void traverse(TreeNode root) {
    if (root == null) return;
    traverse(root.left);
    // 中序遍歷程式位置
    print(root.val);
    traverse(root.right);
}
```

那麼如果我想按照降冪遍歷節點怎麼辦？很簡單，只要把標準的遞迴順序顛倒一下就行了：

```
void traverse(TreeNode root) {
    if (root == null) return;
    // 先遞迴遍歷右子樹
    traverse(root.right);
    // 中序遍歷程式位置
```

```
    print(root.val);
    // 後遞迴遍歷左子樹
    traverse(root.left);
}
```

這段程式可以降冪列印 **BST** 節點的值,如果維護一個外部累加變數 `sum`,然後把 **sum** 賦值給 **BST** 中的每一個節點,不就將 **BST** 轉化成累加樹了嗎?

看一下程式就明白了:

```
TreeNode convertBST(TreeNode root) {
    traverse(root);
    return root;
}

// 記錄累加和
int sum = 0;
// 按照降冪順序遍歷 BST 的節點
void traverse(TreeNode root) {
    if (root == null) {
        return;
    }
    traverse(root.right);
    // 維護累加和
    sum += root.val;
    // 將 BST 轉化成累加樹
    root.val = sum;
    traverse(root.left);
}
```

這道題就解決了,核心還是 BST 的中序遍歷特性,只不過我們修改了遞迴順序,降冪遍歷 BST 的元素值,從而契合題目累加樹的要求。

簡單總結一下,BST 相關的問題,要麼利用 BST 左小右大的特性提升演算法效率,要麼利用中序遍歷的特性滿足題目的要求,就這麼些事,也不算難,對吧?

3.2.2 一步步帶你刷二元搜尋樹（增刪查改）

讀完本節，你將不僅學到演算法策略，還可以順便解決以下題目：

450. 刪除二元搜尋樹中的節點（中等）	701. 二元搜尋樹中的插入操作（中等）
700. 二元搜尋樹中的搜尋（簡單）	98. 驗證二元搜尋樹（中等）

上一節我們介紹了 BST 的基本特性，還利用二元搜尋樹「中序遍歷有序」的特性來解決了幾道題目，本節來實現 BST 的基礎操作：判斷 BST 的合法性、增、刪、查。其中「刪」和「判斷合法性」略微複雜。

BST 的基礎操作主要依賴「左小右大」的特性，可以在二元樹中做類似二分搜尋的操作，尋找一個元素的效率很高。比以下面就是一棵合法的二元樹：

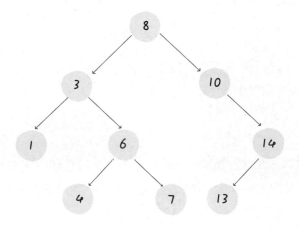

對於 BST 相關的問題，你可能會經常看到類似下面這樣的程式邏輯：

```
void BST(TreeNode root, int target) {
    if (root.val == target)
        // 找到目標，做點什麼
    if (root.val < target)
        BST(root.right, target);
    if (root.val > target)
        BST(root.left, target);
}
```

這個程式框架其實和二元樹的遍歷框架差不多,無非就是利用了 BST 左小右大的特性而已。接下來看看 BST 這種結構的基礎操作是如何實現的。

一、判斷 BST 的合法性

LeetCode 第 98 題「驗證二元搜尋樹」就是讓你判斷輸入的 BST 是否合法。注意,這裡是有「坑」的,按照 BST 左小右大的特性,每個節點想要判斷自己是否是合法的 BST 節點,要做的事不就是比較自己和左右孩子嗎?感覺應該這樣寫程式:

```
boolean isValidBST(TreeNode root) {
    if (root == null) return true;
    // root 的左邊應該更小
    if (root.left != null && root.left.val >= root.val)
        return false;
    // root 的右邊應該更大
    if (root.right != null && root.right.val <= root.val)
        return false;

    return isValidBST(root.left)
        && isValidBST(root.right);
}
```

但是這個演算法出現了錯誤,BST 的每個節點應該小於右邊子樹的所有節點,下面這個二元樹顯然不是 BST,因為節點 10 的右子樹中有一個節點 6,但是我們的演算法會把它判定為合法 BST:

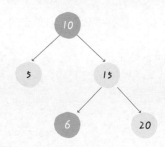

出現問題的原因在於，對於每一個節點 root，程式只檢查了它的左右孩子節點是否符合左小右大的原則；但是根據 **BST** 的定義，root 的整棵左子樹都要小於 root.val，整棵右子樹都要大於 root.val。

問題是，對於某一個節點 root，它只能管得了自己的左右子節點，怎麼把 root 的約束傳遞給左右子樹呢？請看正確的程式：

```java
boolean isValidBST(TreeNode root) {
    return isValidBST(root, null, null);
}

/* 限定以 root 為根的子樹節點必須滿足 max.val > root.val > min.val */
boolean isValidBST(TreeNode root, TreeNode min, TreeNode max) {
    // base case
    if (root == null) return true;
    // 若 root.val 不符合 max 和 min 的限制，說明不是合法 BST
    if (min != null && root.val <= min.val) return false;
    if (max != null && root.val >= max.val) return false;
    // 限定左子樹的最大值是 root.val，右子樹的最小值是 root.val
    return isValidBST(root.left, min, root)
        && isValidBST(root.right, root, max);
}
```

我們透過使用輔助函式，增加函式參數串列，在參數中攜帶額外資訊，將這種約束傳遞給子樹的所有節點，這也是二元樹演算法的小技巧吧。

二、在 BST 中搜尋元素

LeetCode 第 700 題「二元搜尋樹中的搜尋」就是讓你在 BST 中搜尋值為 target 的節點，函式名稱如下：

```java
TreeNode searchBST(TreeNode root, int target);
```

如果是在一棵普通的二元樹中尋找，可以這樣寫程式：

```
TreeNode searchBST(TreeNode root, int target);
    if (root == null) return null;
    if (root.val == target) return root;
    // 當前節點沒找到，就遞迴地去左右子樹尋找
    TreeNode left = searchBST(root.left, target);
    TreeNode right = searchBST(root.right, target);

    return left != null ? left : right;
}
```

這樣寫完全正確，但這段程式相當於窮舉了所有節點，適用於所有二元樹。那麼應該如何充分利用 BST 的特殊性，把「左小右大」的特性用上呢？

很簡單，其實不需要遞迴地搜尋兩邊，類似二分搜尋思想，根據 `target` 和 `root.val` 的大小比較，就能排除一邊。我們把上面的想法稍作改動：

```
TreeNode searchBST(TreeNode root, int target) {
    if (root == null) {
        return null;
    }
    // 去左子樹搜尋
    if (root.val > target) {
        return searchBST(root.left, target);
    }
    // 去右子樹搜尋
    if (root.val < target) {
        return searchBST(root.right, target);
    }
    return root;
}
```

三、在 BST 中插入一個數

對資料結構的操作無非遍歷 + 存取，遍歷就是「找」，存取就是「改」。具體到這個問題，插入一個數，就是先找到插入位置，然後進行插入操作。

上一個問題，我們總結了 BST 中的遍歷框架，就是「找」的問題。直接套框架，加上「改」的操作即可。**一旦涉及「改」，就類似二元樹的構造問題，函式要傳回 TreeNode 類型，並且要對遞迴呼叫的傳回值進行接收。**

```
TreeNode insertIntoBST(TreeNode root, int val) {
    // 找到空位置插入新節點
    if (root == null) return new TreeNode(val);
    // if (root.val == val)
    // BST 中一般不會插入已存在元素
    if (root.val < val)
        root.right = insertIntoBST(root.right, val);
    if (root.val > val)
        root.left = insertIntoBST(root.left, val);
    return root;
}
```

四、在 BST 中刪除一個數

這個問題稍微複雜，和插入操作類似，先「找」再「改」，先把框架寫出來再說：

```
TreeNode deleteNode(TreeNode root, int key) {
    if (root.val == key) {
        // 找到啦，進行刪除
    } else if (root.val > key) {
        // 去左子樹找
        root.left = deleteNode(root.left, key);
    } else if (root.val < key) {
        // 去右子樹找
        root.right = deleteNode(root.right, key);
    }
    return root;
}
```

找到目標節點了，比如是節點 A，如何刪除這個節點，這是困難。因為刪除節點的同時不能破壞 BST 的性質。有三種情況，用圖片來說明。

情況 1：A 恰好是末端節點，兩個子節點都為空，那麼它可以直接被刪除。

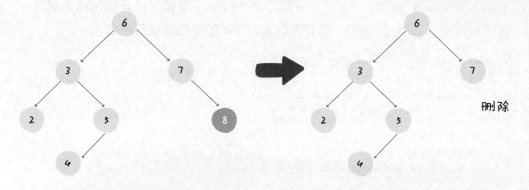

```
if (root.left == null && root.right == null)
return null;
```

情況 2：A 只有一個不可為空子節點，那麼它要讓這個孩子接替自己的位置。

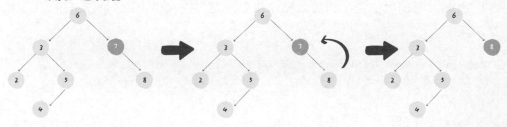

```
// 排除了情況 1 之後
if (root.left == null) return root.right;
if (root.right == null) return root.left;
```

情況 3：A 有兩個子節點，麻煩了，為了不破壞 BST 的性質，A 必須找到左子樹中最大的那個節點，或右子樹中最小的那個節點來接替自己。我們以第二種方式講解。

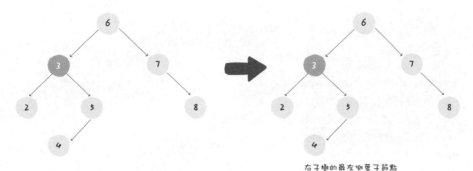

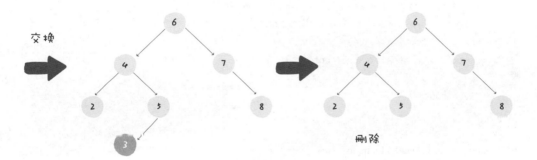

```
if (root.left != null && root.right != null) {
    // 找到右子樹的最小節點
    TreeNode minNode = getMin(root.right);
    // 把 root 改成 minNode
    root.val = minNode.val;
    // 轉而去刪除 minNode
    root.right = deleteNode(root.right, minNode.val);
}
```

三種情況分析完畢，填入框架，簡化一下程式：

```
TreeNode deleteNode(TreeNode root, int key) {
    if (root == null) return null;
    if (root.val == key) {
        // 這兩個 if 把情況 1 和 2 都正確處理了
        if (root.left == null) return root.right;
        if (root.right == null) return root.left;
        // 處理情況 3
        // 獲得右子樹最小的節點
        TreeNode minNode = getMin(root.right);
        // 刪除右子樹最小的節點
        root.right = deleteNode(root.right, minNode.val);
        // 用右子樹最小的節點替換 root 節點
        minNode.left = root.left;
        minNode.right = root.right;
        root = minNode;
    } else if (root.val > key) {
        root.left = deleteNode(root.left, key);
    } else if (root.val < key) {
        root.right = deleteNode(root.right, key);
    }
    return root;
}

TreeNode getMin(TreeNode node) {
    // BST 最左邊的就是最小的節點
    while (node.left != null) node = node.left;
    return node;
}
```

這樣，刪除操作就完成了。注意一下，上述程式在處理情況 3 時透過一系列略微複雜的鏈結串列操作交換 **root** 和 **minNode** 兩個節點：

```
// 處理情況 3
// 獲得右子樹最小的節點
TreeNode minNode = getMin(root.right);
// 刪除右子樹最小的節點
root.right = deleteNode(root.right, minNode.val);
// 用右子樹最小的節點替換 root 節點
```

```
minNode.left = root.left;
minNode.right = root.right;
root = minNode;
```

有的讀者可能會疑惑，替換 `root` 節點為什麼這麼麻煩，直接改 `val` 欄位不就行了？看起來還更簡潔易懂：

```
// 處理情況 3
// 獲得右子樹最小的節點
TreeNode minNode = getMin(root.right);
// 刪除右子樹最小的節點
root.right = deleteNode(root.right, minNode.val);
// 用右子樹最小的節點替換 root 節點
root.val = minNode.val;
```

僅對這道演算法題來說是可以的，但這樣操作並不完美，我們一般不會透過修改節點內部的值來交換節點。因為在實際應用中，BST 節點內部的資料欄是使用者自訂的，可以非常複雜，而 BST 作為資料結構（一個工具人），其操作應該和內部儲存的資料欄解耦，所以我們更傾向於使用指標操作來交換節點，根本沒必要關心內部資料。

最後總結一下，透過這節內容，得出以下幾個技巧：

1. 如果當前節點會對下面的子節點有整體影響，可以透過輔助函式增長參數串列，借助參數傳遞資訊。

2. 在二元樹遞迴框架之上，擴展出一套 BST 程式框架：

```
void BST(TreeNode root, int target) {
    if (root.val == target)
        // 找到目標，做點什麼
    if (root.val < target)
        BST(root.right, target);
    if (root.val > target)
        BST(root.left, target);
}
```

3. 根據程式框架掌握了 BST 的增刪查改操作。

3.2.3 快速排序詳解及運用

讀完本節，你將不僅學到演算法策略，還可以順便解決以下題目：

912. 排序陣列（中等）	215. 陣列中的第 k 個最大元素（中等）

3.1.4 歸併排序詳解及運用透過二元樹的角度描述了歸併排序的演算法原理以及應用，**本節繼續用二元樹的角度講一講快速排序演算法的原理以及運用。**

一、快速排序演算法想法

首先看一下快速排序的程式框架：

```
void sort(int[] nums, int lo, int hi) {
    if (lo >= hi) {
        return;
    }
    // 對 nums[lo..hi] 進行切分
    // 使得 nums[lo..p-1] <= nums[p] < nums[p+1..hi]
    int p = partition(nums, lo, hi);
    // 去左右子陣列進行切分
    sort(nums, lo, p - 1);
    sort(nums, p + 1, hi);
}
```

其實對比之後可以發現，快速排序就是一個二元樹的前序遍歷：

```
/* 二元樹遍歷框架 */
void traverse(TreeNode root) {
    if (root == null) {
        return;
    }
    /****** 前序位置 ******/
    print(root.val);
    /*********************/
    traverse(root.left);
    traverse(root.right);
}
```

之前講歸併排序時講過，可以用一句話總結歸併排序：先把左半邊陣列排好序，再把右半邊陣列排好序，然後把兩半邊陣列合併。

在那裡我提一個問題，讓你用一句話總結快速排序，說一下我的答案：**快速排序是先將一個元素排好序，然後再將剩下的元素排好序。**

為什麼這麼說呢，且聽我慢慢道來。

快速排序的核心無疑是 partition 函式，partition 函式的作用是在 nums[lo.. hi] 中尋找一個切分點 p，透過交換元素使得 nums[lo..p-1] 都小於或等於 nums[p]，且 nums[p+1..hi] 都大於 nums[p]：

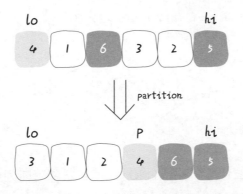

一個元素左邊的元素都比它小，右邊的元素都比它大，這是什麼意思？不就是它自己已經被放到正確的位置上了嗎？**所以 partition 函式幹的事情，其實就是把 nums[p] 這個元素排好序。**

一個元素被排好序了，然後呢？你再把剩下的元素排好序不就行了。剩下的元素有哪些？左邊一「坨」，右邊一「坨」，去，對子陣列進行遞迴，用 partition 函式把剩下的元素也排好序。

從二元樹的角度來看，我們可以把子陣列 nums[lo..hi] 理解成二元樹節點上的值， sort 函式理解成二元樹的遍歷函式。

參照二元樹的前序遍歷順序：

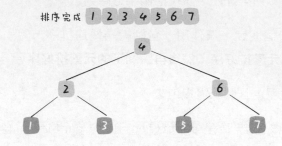

注意最後形成的這棵二元樹是什麼，它是一棵二元搜尋樹：

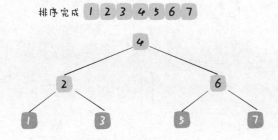

這應該不難理解，因為 `partition` 函式每次都將陣列切分成左小右大兩部分，恰好和二元搜尋樹左小右大的特徵吻合。

你甚至可以這樣理解：快速排序的過程是一個構造二元搜尋樹的過程。

但談到二元搜尋樹的構造，就不得不說二元搜尋樹不平衡的極端情況，極端情況下二元搜尋樹會退化成一個鏈結串列，導致操作效率大幅降低。

快速排序的過程中也有類似的情況，比如我畫的圖中每次 `partition` 函式選出的分界點都能把 `nums[lo..hi]` 平分成兩半，但現實中卻不見得運氣這麼好。如果每次運氣都特別背，有一邊的元素特別少的話，會導致二元樹生長不平衡：

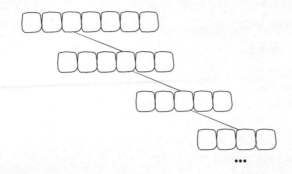

...

這樣的話，時間複雜度會大幅上升，後面分析時間複雜度的時候再細說。

我們為了避免出現這種極端情況，需要引入隨機性。常見的方式是在進行排序之前對整個陣列執行洗牌演算法進行打亂，或在 `partition` 函式中隨機選擇陣列元素作為分界點，本節會使用前者。

二、快速排序程式實現

明白了上述概念，直接看快速排序的程式實現：

```
// 快速排序主函式
void quick_sort(int[] nums) {
    // 為了避免出現耗時的極端情況，先隨機打亂
    shuffle(nums);
    // 排序整個陣列（原地修改）
    sort(nums, 0, nums.length - 1);
}


// 遞迴排序函式，遍歷節點，修改
void sort(int[] nums, int lo, int hi) {
    if (lo >= hi) {
        return;
    }
    // 對 nums[lo..hi] 進行切分
    // 使得 nums[lo..p-1] <= nums[p] < nums[p+1..hi]
    int p = partition(nums, lo, hi);

    sort(nums, lo, p - 1);
    sort(nums, p + 1, hi);
```

```java
}

// 對 nums[lo..hi] 進行切分
int partition(int[] nums, int lo, int hi) {
    int pivot = nums[lo];
    // 關於區間的邊界控制應格外小心，稍有不慎就會出錯
    // 這裡把 i, j 定義為開區間，同時定義：
    // [lo, i) <= pivot；(j, hi] > pivot
    // 之後都要正確維護這個邊界區間的定義
    int i = lo + 1, j = hi;
    // 當 i > j 時結束迴圈，以保證區間 [lo, hi] 都被覆蓋
    while (i <= j) {
        while (i < hi && nums[i] <= pivot) {
            i++;
            // 此 while 結束時恰好 nums[i] > pivot
        }
        while (j > lo && nums[j] > pivot) {
            j--;
            // 此 while 結束時恰好 nums[j] <= pivot
        }

        if (i >= j) {
            break;
        }
        // 此時 [lo, i) <= pivot && (j, hi] > pivot
        // 交換 nums[j] 和 nums[i]
        swap(nums, i, j);
        // 此時 [lo, i] <= pivot && [j, hi] > pivot
    }
    // 最後將 pivot 放到合適的位置，即 pivot 左邊元素較小，右邊元素較大
    swap(nums, lo, j);
    return j;
}

// 洗牌演算法，將輸入的陣列隨機打亂
void shuffle(int[] nums) {
    Random rand = new Random();
    int n = nums.length;
```

```
        for (int i = 0 ; i < n; i++) {
            // 生成 [i, n - 1] 的隨機數
            int r = i + rand.nextInt(n - i);
            swap(nums, i, r);
        }
    }

    // 原地交換陣列中的兩個元素
    void swap(int[] nums, int i, int j) {
        int temp = nums[i];
        nums[i] = nums[j];
        nums[j] = temp;
    }
```

這裡囉嗦一下核心函式 partition 的實現，正如第 1 章所說的，正確尋找切分點非常考驗你對邊界條件的控制能力，稍有差錯就會產生錯誤的結果。

處理邊界細節的技巧就是，你要明確每個變數的定義以及區間的開閉情況。 具體的細節看程式註釋，建議讀者自己動手實踐。

接下來分析快速排序的時間複雜度。顯然，快速排序的時間複雜度主要消耗在 partition 函式上，因為這個函式中存在迴圈。

所以 partition 函式到底執行了多少次？每次執行的時間複雜度是多少？總的時間複雜度是多少？

和歸併排序類似，需要結合之前畫的這幅圖來從整體上分析：

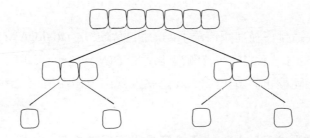

partition 執行的次數是二元樹節點的個數，每次執行的複雜度就是每個節點代表的子陣列 nums[lo..hi] 的長度，所以總的時間複雜度就是整棵樹中「陣列元素」的個數。

假設陣列元素個數為 N，那麼二元樹每一層的元素個數之和就是 $O(N)$；在切分點 p 每次都落在陣列正中間的理想情況下，樹的層數為 $O(logN)$，所以理想的總時間複雜度為 $O(NlogN)$。

由於快速排序沒有使用任何輔助陣列，所以空間複雜度就是遞迴堆疊的深度，也就是樹高 $O(logN)$。

當然，我們之前說過快速排序的效率存在一定隨機性，如果每次 partition 切分的結果都極不均勻：

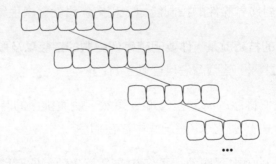

快速排序就退化成選擇排序了，樹高為 $O(N)$，每層節點的元素個數從 N 開始遞減，總的時間複雜度為：

$$N+(N-1)+(N-2)+ \cdots +1=O(N^2)$$

所以說，快速排序在理想情況下的時間複雜度是 $O(NlogN)$，空間複雜度是 $O(logN)$，在極端情況下的最壞時間複雜度是 $O(N^2)$，空間複雜度是 $O(N)$。不過大家放心，經過隨機化的 partition 函式很難出現極端情況，所以快速排序的效率還是非常高的。

還有一點需要注意的是，快速排序是「不穩定排序」，與之相對的，歸併排序是「穩定排序」。

　　對於序列中的相同元素，如果排序之後它們的相對位置沒有發生改變，則稱該排序演算法為「穩定排序」，反之則稱為「不穩定排序」。

　　如果單單排序 int 陣列，那麼穩定性沒有什麼意義。但如果排序一些結構比較複雜的資料，那麼穩定性排序就有更大的優勢了。

　　比如你有若干訂單資料，已經按照訂單號排好序了，現在你想對訂單的交易日期再進行排序：

　　如果用穩定排序演算法（比如歸併排序），那麼這些訂單不僅按照交易日期排好了序，而且相同交易日期的訂單的訂單號依然是有序的。

　　但如果你用不穩定排序演算法（比如快速排序），那麼雖然排序結果會按照交易日期排好序，但相同交易日期的訂單的訂單號會喪失有序性。

　　在實際的工程實踐中我們經常會將一個複雜物件的某一個欄位作為排序的 key，所以應該關注程式語言提供的 API 底層使用的到底是什麼排序演算法，是穩定的還是不穩定的，這很可能影響到程式執行的效率甚至正確性。

　　說了這麼多，快速排序演算法應該算講明白了，LeetCode 第 912 題「排序陣列」就是讓你對陣列進行排序，我們可以直接套用快速排序的程式範本：

```
class Solution {
    public int[] sortArray(int[] nums) {
        // 歸併排序對陣列進行原地排序
        quick_sort(nums);
        return nums;
    }
}

// quick_sort 實現見上文
```

三、快速選擇演算法

　　不僅快速排序演算法本身很有意思，而且它還有一些有趣的變形，最有名的就是快速選擇（Quick Select）演算法。

　　LeetCode 第 215 題「陣列中的第 k 個最大元素」就是一道類似的題目，函式名稱如下：

```
int findKthLargest(int[] nums, int k);
```

　　題目要求我們尋找**第 k 大的元素**，稍微有點繞，意思是去尋找 nums 陣列降冪排列後排名第 k 的那個元素。比如輸入 nums = [2,1,5,4], k = 2，演算法應該傳回 4，因為 4 是 nums 中第 2 大的元素。

　　這種問題有兩種常見解法，一種是二元堆積（優先佇列）的解法，另一種就是快速選擇演算法，下面分別來看。

　　二元堆積的解法比較簡單，但時間複雜度稍高，直接看程式好了：

```
int findKthLargest(int[] nums, int k) {
    // 小頂堆積，堆頂是最小元素
    PriorityQueue<Integer> pq = new PriorityQueue<>();
    for (int e : nums) {
        // 每個元素都要過一遍二元堆積
        pq.offer(e);
        // 堆積中元素多於 k 個時，刪除堆積頂元素
        if (pq.size() > k) {
            pq.poll();
        }
    }
    // pq 中剩下的是 nums 中 k 個最大元素，
    // 堆積頂是最小的那個，即第 k 個最大元素
    return pq.peek();
}
```

　　優先順序佇列是一種能夠自動排序的資料結構，核心想法就是把小頂堆積 pq 理解成一個篩子，較大的元素會沉澱下去，較小的元素會浮上來；當堆積大小超過 k 的時候，我們就刪掉堆積頂的元素，因為這些元素比較小，而我們想要的是前 k 個最大元素。

　　當 nums 中的所有元素都過了一遍之後，篩子裡面留下的就是最大的 k 個元素，而堆積頂元素是堆積中最小的元素，也就是「第 k 個最大的元素」。想法

很簡單，唯一需要注意的是，Java 的 `PriorityQueue` 預設實現是小頂堆積，有的語言的優先佇列可能預設實現是大頂堆積，需要做一些調整。

二元堆積插入和刪除的時間複雜度和堆積中的元素個數有關，在這裡，堆積的大小不會超過 `k`，所以插入和刪除元素的時間複雜度是 $O(\log k)$，再套一層 for 迴圈，假設陣列元素總數為 `N`，總的時間複雜度就是 $O(N\log k)$。這個解法的空間複雜度很顯然就是二元堆積的大小，為 $O(k)$。

快速選擇演算法是快速排序的變形，效率更高，面試中如果能夠寫出快速選擇演算法，很可能是加分項。

首先，題目問「第 `k` 大的元素」，相當於陣列按昇冪排序後「排名第 `n - k` 的元素」，為了方便表述，後文令 `k' = n - k`。

如何知道「排名第 `k'` 的元素」呢？其實在快速排序演算法 `partition` 函式執行的過程中就可以略見一二。

我們剛說了，`partition` 函式會將 `nums[p]` 排到正確的位置，使得 `nums[lo..p-1]`

`<nums[p] < nums[p+1..hi]`。這時候，雖然還沒有把整個陣列排好序，但我們已經讓 `nums[p]` 左邊的元素都比 `nums[p]` 小了，也就知道 `nums[p]` 的排名了。

那麼我們可以把 `p` 和 `k'` 進行比較， 如果 `p<k'` 說明排名為 `k'` 的元素在 `nums[p+1..hi]` 中，如果 `p>k'` 說明排名為 `k'` 的元素在 `nums[lo..p-1]` 中。

進一步，去 `nums[p+1..hi]` 或 `nums[lo..p-1]` 這兩個子陣列中執行 `partition` 函式，就可以進一步縮小排在第 `k'` 的元素的範圍，最終找到目標元素。這樣就可以寫出解法程式：

```
int findKthLargest(int[] nums, int k) {
    // 首先隨機打亂陣列
    shuffle(nums);
```

```
    int lo = 0, hi = nums.length - 1;
    // 轉化成 " 排名第 k 的元素 "
    k = nums.length - k;
    while (lo <= hi) {
        // 在 nums[lo..hi] 中選一個切分點
        int p = partition(nums, lo, hi);
        if (p < k) {
            // 第 k 大的元素在 nums[p+1..hi] 中
            lo = p + 1;
        } else if (p > k) {
            // 第 k 大的元素在 nums[lo..p-1] 中
            hi = p - 1;
        } else {
            // 找到第 k 大的元素
            return nums[p];
        }
    }
    return -1;
}

// 對 nums[lo..hi] 進行切分
int partition(int[] nums, int lo, int hi) {
    // 見前文
}

// 洗牌演算法，將輸入的陣列隨機打亂
void shuffle(int[] nums) {
    // 見前文
}
```

這個程式框架其實非常像 1.7 我寫了首詩，保你閉著眼睛都能寫出二分搜尋演算法的程式，這也是這個演算法高效的原因，但是時間複雜度為什麼是 $O(N)$ 呢？

顯然，這個演算法的時間複雜度也主要集中在 partition 函式上，我們需要估算 partition 函式執行了多少次，每次執行的時間複雜度是多少。

在最好的情況下，每次 `partition` 函式切分出的 p 都恰好是正中間索引 `(lo + hi) / 2`（二分），且每次切分之後會到左邊或右邊的子陣列繼續進行切分，那麼 `partition` 函式執行的次數是 $\log N$，每次輸入的陣列大小縮短一半。

所以總的時間複雜度為：

$$N+N/2+N/4+N/8+ \cdots +1=2N=O(N)$$

當然，類似快速排序，快速選擇演算法中的 `partition` 函式也可能出現極端情況，在最壞的情況下 p 一直是 `lo + 1` 或一直是 `hi - 1`，這樣時間複雜度就退化為 $O(N2)$ 了：

$$N+(N-1)+(N-2)+ \cdots +1=O(N^2)$$

這也是我們在程式中使用 shuffle 函式的原因，透過引入隨機性來避免極端情況出現，讓演算法的效率保持在比較高的水準。隨機化之後的快速選擇演算法的複雜度可以認為是 $O(N)$。

到這裡，快速排序演算法和快速選擇演算法就講完了，從二元樹的角度來理解想法應該是不難的，但 `partition` 函式對細節的把控需要你多花心思去理解和記憶。

最後你可以比較快速排序和之前講過的歸併排序，並且說說你的理解：為什麼快速排序是不穩定排序，而歸併排序是穩定排序？

3.3 圖論演算法

如果你允許二元樹中的各個節點直接隨意連接或斷開，那麼二元樹就變成了一幅圖，所以可以認為圖是二元樹的延伸，圖繼承前文解決二元樹問題的一切思維方法。不過圖的使用場景和演算法問題確實更複雜多變，由於篇幅所限，本節只列舉幾個常見的圖型演算法，更多圖型演算法可以在「labuladong」公眾號背景回覆關鍵字「圖型演算法」查看。

3.3.1 圖論演算法基礎

讀完本節，你將不僅學到演算法策略，還可以順便解決以下題目：

797. 所有可能的路 （中等）

我們在 **1.1** 學習資料結構和演算法的框架思維中說過，雖然圖可以玩出更多的演算法，解決更複雜的問題，但本質上圖可以被認為是多元樹的延伸。面試、筆試很少出現圖相關的問題，就算有，大多也是簡單的遍歷問題，基本上可以完全照搬多元樹的遍歷。所以本節依然秉持實用派的風格，只講圖論演算法中最常用的部分，讓你心裡對圖有個直觀的認識。

一、圖的邏輯結構和具體實現

一幅圖是由節點和邊組成的，邏輯結構如下：

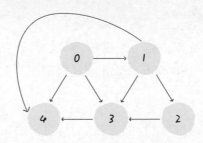

什麼叫「邏輯結構」？就是說為了方便研究，我們把圖抽象成這個樣子。根據這個邏輯結構，我們可以認為每個節點的實現如下：

```
/* 圖節點的邏輯結構 */
class Vertex {
    int id;
    Vertex[] neighbors;
}
```

看到這個實現，有沒有感覺很熟悉？它和之前講的多元樹節點幾乎完全一樣：

```
/* 基本的 N 元樹節點 */
class TreeNode {
    int val;
    TreeNode[] children;
}
```

所以說，圖真的沒什麼高深的，本質上就是高級點的多元樹而已，適用於樹的 DFS/ BFS 遍歷演算法，全部適用於圖。

不過，上面的這種實現是「邏輯上的」，實際上我們很少用這個 **Vertex** 類別實現圖，而是用常說的鄰接表和鄰接矩陣來實現。

比如還是剛才那幅圖：

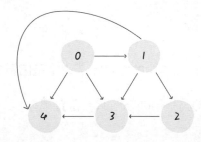

用鄰接表和鄰接矩陣儲存的方式如下：

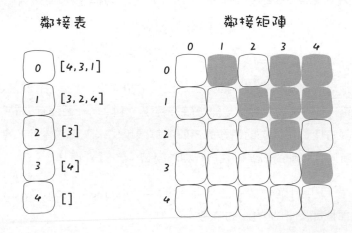

鄰接表很直觀，我把每個節點 x 的鄰居都存到一個串列裡，然後把 x 和這個串列連結起來，這樣就可以透過一個節點 x 找到它的所有相鄰節點。

鄰接矩陣則是一個二維布林陣列，權且稱為 matrix，如果節點 x 和 y 是相連的，那麼就把 matrix[x][y] 設為 true（上圖中藍色的方格代表 true）。如果想找節點 x 的鄰居，去掃一圈 matrix[x][..] 就行了。

如果用程式的形式來表現，鄰接表和鄰接矩陣大概長這樣：

```
// 鄰接表
// graph[x] 儲存 x 的所有鄰居節點
List<Integer>[] graph;

// 鄰接矩陣
// matrix[x][y] 記錄 x 是否有一條指向 y 的邊
boolean[][] matrix;
```

那麼，為什麼有兩種儲存圖的方式呢？肯定是因為它們各有優劣。

對於鄰接表，好處是佔用的空間少。你看鄰接矩陣裡面空著那麼多位置，肯定需要更多的儲存空間。

但是，鄰接表無法快速判斷兩個節點是否相鄰。比如我想判斷節點 1 是否和節點 3 相鄰，我要去鄰接表裡 1 對應的鄰居串列裡查詢 3 是否存在。但對於鄰接矩陣就簡單了，只要看看 matrix[1][3] 就知道了，效率高。

所以說，使用哪一種方式實現圖，要看具體情況。

注意：在常規的演算法題中，鄰接表的使用會更頻繁一些，主要是因為操作起來較為簡單，但這不表示鄰接矩陣應該被輕視。矩陣是一個強有力的數學工具，圖的一些隱晦性質可以借助精妙的矩陣運算展現出來。不過本節不準備引入數學內容，所以有興趣的讀者可以自行搜尋學習。

最後，我們再明確一個圖論中特有的度（degree）的概念，在無向圖中，「度」就是每個節點相連的邊的筆數。

由於有方向圖的邊有方向，所以有方向圖中每個節點的「度」被細分為**內分支度**（indegree）和**外分支度**（outdegree），比以下圖：

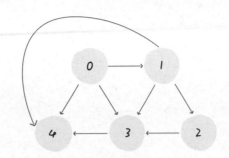

其中節點 **3** 的內分支度為 3（有三條邊指向它），外分支度為 1（它有 1 條邊指向別的節點）。對於「圖」這種資料結構，能看懂上面這些就夠用了。

那你可能會問，上面說的這個圖的模型僅是「有向無權圖」，不是還有什麼加權圖、無向圖等嗎？

其實，這些更複雜的模型都是基於這個最簡單的圖衍生出來的。

有向加權圖怎麼實現？很簡單：

如果是鄰接表，我們不僅儲存某個節點 x 的所有鄰居節點，還儲存 x 到每個鄰居的權重，這不就實現加權有方向圖了嗎？

如果是鄰接矩陣，`matrix[x][y]` 不再是布林值，而是一個 int 值，0 表示沒有連接，其他值表示權重，不就變成加權有方向圖了嗎？

如果用程式的形式來表現，大概長這樣：

```
// 鄰接表
// graph[x] 儲存 x 的所有鄰居節點以及對應的權重
List<int[]>[] graph;

// 鄰接矩陣
// matrix[x][y] 記錄 x 指向 y 的邊的權重，0 表示不相鄰
int[][] matrix;
```

無向圖怎麼實現？也很簡單，所謂的「無向」，是不是等於「雙向」？

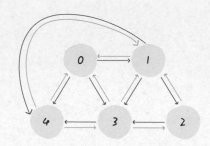

如果連接無向圖中的節點 x 和 y，把 matrix[x][y] 和 matrix[y][x] 都變成 true 不就行了；鄰接表也是類似的操作，在 x 的鄰居串列裡添加 y，同時在 y 的鄰居串列裡添加 x。

把上面的技巧合起來，就變成了無向加權圖……

關於圖的基本介紹就到這裡，現在不管來什麼圖，你心裡應該大致有底了。

下面來看看所有資料結構都逃不過的問題：遍歷。

二、圖的遍歷

我們已經知道各種資料結構被發明出來無非就是為了遍歷和存取，所以「遍歷」是所有資料結構的基礎。

圖怎麼遍歷？還是那句話，參考多元樹，多元樹的遍歷框架如下：

```
/* 多元樹遍歷框架 */
void traverse(TreeNode root) {
    if (root == null) return;

    for (TreeNode child : root.children) {
        traverse(child);
    }
}
```

　　圖和多元樹最大的區別是，圖是可能包含環的，從圖的某一個節點開始遍歷，有可能走了一圈又回到這個節點。所以，如果圖包含環，遍歷框架就要用一個 **visited** 陣列進行輔助：

```
// 記錄被遍歷過的節點
boolean[] visited;
// 記錄從起點到當前節點的路徑
boolean[] onPath;

/* 圖遍歷框架 */
void traverse(Graph graph, int s) {
    if (visited[s]) return;
    // 經過節點 s，標記為已遍歷
    visited[s] = true;
    // 做選擇：標記節點 s 在路徑上
    onPath[s] = true;
    for (int neighbor : graph.neighbors(s)) {
        traverse(graph, neighbor);
    }
    // 撤銷選擇：節點 s 離開路徑
    onPath[s] = false;
}
```

　　注意 **visited** 陣列和 **onPath** 陣列的區別，因為二元樹算是特殊的圖，所以用遍歷二元樹的過程來理解這兩個陣列的區別：

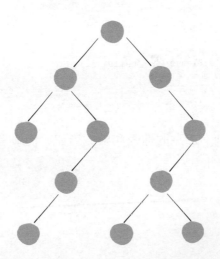

其中描述了遞迴遍歷二元樹的過程，在 `visited` 中被標記為 **true** 的節點用灰色表示，在 `onPath` 中被標記為 **true** 的節點用藍色表示，這下可以理解它們二者的區別了吧。

如果讓你處理路徑相關的問題，這個 `onPath` 變數是肯定會被用到的，因為這個陣列記錄了當前堆疊中的節點。另外，你應該注意到了，這個 `onPath` 陣列的操作很像 **1.4** 回溯演算法解題策略框架中的「做選擇」和「撤銷選擇」，區別在於位置：回溯演算法的「做選擇」和「撤銷選擇」在 for 迴圈裡面，而對 `onPath` 陣列的操作在 for 迴圈外面。

在 for 迴圈裡面和外面唯一的區別就是對根節點的處理，比以下面兩種多元樹的遍歷：

```java
void traverse(TreeNode root) {
    if (root == null) return;
    System.out.println("enter: " + root.val);
    for (TreeNode child : root.children) {
        traverse(child);
    }
    System.out.println("leave: " + root.val);
}

void traverse(TreeNode root) {
    if (root == null) return;
    for (TreeNode child : root.children) {
        System.out.println("enter: " + child.val);
        traverse(child);
        System.out.println("leave: " + child.val);
    }
}
```

前者會正確列印所有節點的進入和離開資訊，而後者唯獨會少列印整棵樹根節點的進入和離開資訊。

為什麼回溯演算法框架會用後者？因為回溯演算法關注的不是節點，而是**樹枝**。不信你看 **1.4 回溯演算法解題策略框架** 裡面畫的回溯樹：

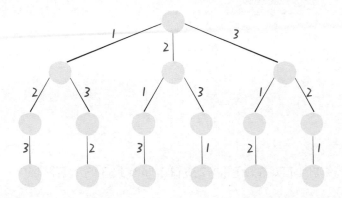

顯然，對於這裡「圖」的遍歷，我們應該把 `onPath` 的操作放到 for 迴圈外面，否則會漏掉記錄起始點的遍歷。

說了這麼多 `onPath` 陣列，再說下 `visited` 陣列，其目的很明顯了，由於圖可能含有環，`visited` 陣列就是防止遞迴重複遍歷同一個節點進入無窮迴圈的。當然，如果題目告訴你圖中不含環，可以把 `visited` 陣列省掉，基本就等於多元樹的遍歷。

三、題目實踐

下面來看 LeetCode 第 797 題「所有可能的路徑」，函式名稱如下：

```
List<List<Integer>> allPathsSourceTarget(int[][] graph);
```

題目輸入一幅**有向無環圖**，這個圖包含 n 個節點，標號為 `0, 1, 2,..., n - 1`，請你計算所有從節點 `0` 到節點 `n - 1` 的路徑。

輸入的這個 graph 其實就是「鄰接表」表示的一幅圖，graph[i] 儲存著節點 i 的所有鄰居節點。比如輸入 graph = [[1,2],[3],[3],[]]，就代表下面這幅圖：

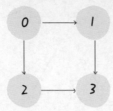

演算法應該傳回 [[0,1,3],[0,2,3]]，即 0 到 3 的所有路徑。

解法很簡單，以 0 為起點遍歷圖，同時記錄遍歷過的路徑，當遍歷到終點時將路徑記錄下來即可。

既然輸入的圖是無環的，就不需要 visited 陣列輔助了，直接套用圖的遍歷框架：

```java
// 記錄所有路徑
List<List<Integer>> res = new LinkedList<>();

public List<List<Integer>> allPathsSourceTarget(int[][] graph) {
    // 維護遞迴過程中經過的路徑
    LinkedList<Integer> path = new LinkedList<>();
    traverse(graph, 0, path);
    return res;
}

/* 圖的遍歷框架 */
void traverse(int[][] graph, int s, LinkedList<Integer> path) {
    // 將節點 s 添加到路徑
    path.addLast(s);

    int n = graph.length;
    if (s == n - 1) {
        // 到達終點
        res.add(new LinkedList<>(path));
```

```
    // 可以在這裡直接 return，但要 removeLast 正確維護 path
    // path.removeLast();
    // return;
    // 不 return 也可以，因為圖中不包含環，不會出現無限遞迴
  }

  // 遞迴每個相鄰節點
  for (int v : graph[s]) {
    traverse(graph, v, path);
  }

  // 從路徑移出節點 s
  path.removeLast();
}
```

這道題就這樣解決了，注意 Java 的語言特性，因為 Java 函式參數傳的是物件引用，所以向 res 中添加 path 時需要複製一個新的串列，否則最終 res 中的串列都是空的。

最後總結一下，圖的儲存方式主要有鄰接表和鄰接矩陣，無論什麼花裡胡哨的圖，都可以用這兩種方式儲存。在筆試中，圖的遍歷演算法經常會被考到，你只需把圖的遍歷和多元樹的遍歷進行類比，無非是多了 visited 陣列罷了。

3.3.2 Union-Find 演算法詳解

讀完本節，你將不僅學到演算法策略，還可以順便解決以下題目：

323. 無向圖中連通分量數目（中等）	130. 被圍繞的區域（中等）
990. 等式方程式的可滿足性（中等）	

本節講講 Union-Find 演算法，也就是常說的並查集（Disjoint Set）結構，主要是解決圖論中「動態連通性」問題的。名詞很高端，其實特別好理解，另外，這個演算法的應用都非常有趣。

說起這個 Union-Find，應該算是我的「啟蒙演算法」了，因為《演算法（第 4 版）》的開頭就介紹了這個演算法，可是把我震驚了，感覺好精妙。後來刷了 LeetCode 上的演算法題，並查集相關的演算法題目都非常有意思，而且《演算法（第 4 版）》給的解法竟然還可以進一步最佳化，只要加一個微小的修改就可以把時間複雜度降到 $O(1)$。

廢話不多說，直接上好料，先解釋一下什麼叫動態連通性吧。

一、問題介紹

簡單來說，動態連通性其實可以抽象成給一幅圖連線。比以下面這幅圖，總共有 10 個節點，它們互不相連，分別用 0~9 標記：

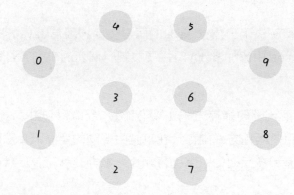

現在我們的 Union-Find 演算法主要需要實現這兩個 API：

```
class UF {
    /* 將 p 和 q 連接 */
    public void union(int p, int q);
    /* 判斷 p 和 q 是否連通 */
    public boolean connected(int p, int q);
    /* 傳回圖中有多少個連通分量 */
    public int count();
}
```

這裡所說的「連通」是一種等價關係，也就是說具有以下三個性質：

1. 自反性：節點 p 和 p 是連通的。

2. 對稱性：如果節點 p 和 q 連通，那麼 q 和 p 也連通。

3. 傳遞性：如果節點 p 和 q 連通，q 和 r 連通，那麼 p 和 r 也連通。

比如上面這幅圖，0 ～ 9 任意兩個不同的點都不連通，呼叫 `connected` 都會傳回 false，連通分量為 10 個。

如果現在呼叫 `union(0, 1)`，那麼 0 和 1 被連通，連通分量降為 9 個。

再呼叫 `union(1, 2)`，這時 0,1,2 都被連通，呼叫 `connected(0, 2)` 也會傳回 true，連通分量變為 8 個。

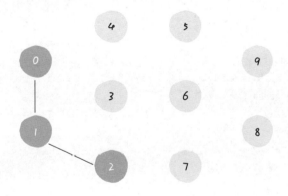

判斷這種「等價關係」非常實用，比如編譯器判斷同一個變數的不同引用，比如社群網站中的朋友圈計算，等等。

你應該大概明白什麼是動態連通性了，Union-Find 演算法的關鍵就在於 `union` 和 `connected` 函式的效率。那麼用什麼模型來表示這幅圖的連通狀態呢？用什麼資料結構來實現程式呢？

二、基本想法

注意上面把「模型」和具體的「資料結構」分開說，這是有原因的。因為我們使用森林（若干棵樹）來表示圖的動態連通性，用陣列來具體實現這個森林。

怎麼用森林來表示連通性呢？我們設定樹的每個節點有一個指標指向其父節點，如果是根節點的話，這個指標指向自己。比如剛才那幅 10 個節點的圖，一開始的時候沒有相互連通，就是這樣：

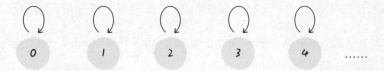

```
class UF {
    // 記錄連通分量
    private int count;
    // 節點 x 的父節點是 parent[x]
    private int[] parent;

    /* 構造函式，n 為圖的節點總數 */
    public UF(int n) {
        // 一開始互不連通
        this.count = n;
        // 父節點指標初始指向自己
        parent = new int[n];
        for (int i = 0; i < n; i++)
            parent[i] = i;
    }

    /* 其他函式 */
}
```

如果某兩個節點被連通，則讓其中的（任意）一個節點的根節點接到另一個節點的根節點上：

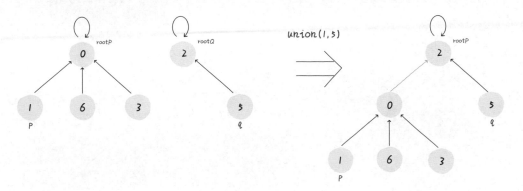

```
public void union(int p, int q) {
    int rootP = find(p);
    int rootQ = find(q);
    if (rootP == rootQ)
        return;
    // 將兩棵樹合併為一棵
    parent[rootP] = rootQ;
    // parent[rootQ] = rootP 也一樣
    count--; // 兩個分量合二為一
}

/* 傳回某個節點 x 的根節點 */
private int find(int x) {
    // 根節點的 parent[x] == x
    while (parent[x] != x)
        x = parent[x];
    return x;
}

/* 傳回當前的連通分量個數 */
public int count() {
    return count;
}
```

這樣，如果節點 p 和 q 連通的話，它們一定擁有相同的根節點：

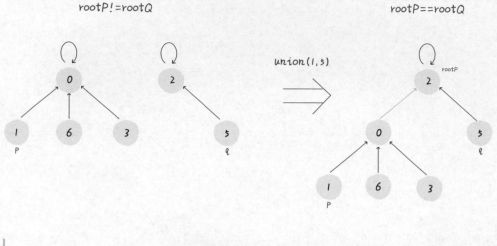

```
public boolean connected(int p, int q) {
    int rootP = find(p);
    int rootQ = find(q);
    return rootP == rootQ;
}
```

至此，Union-Find 演算法就基本完成了。是不是很神奇？竟然可以這樣使用陣列來模擬出一個森林，如此巧妙地解決這個比較複雜的問題！

那麼這個演算法的複雜度是多少呢？我們發現，主要 API `connected` 和 `union` 中的複雜度都是 `find` 函式造成的，所以說它們的複雜度和 `find` 一樣。

`find` 的主要功能就是從某個節點向上遍歷到樹根，其時間複雜度就是樹的高度。我們可能習慣性地認為樹的高度就是 $\log N$，但事實上並不一定。$\log N$ 的高度只存在於平衡二元樹，對於一般的樹可能出現極端不平衡的情況，使得「樹」幾乎退化成「鏈結串列」，樹的高度最壞情況下可能變成 N。

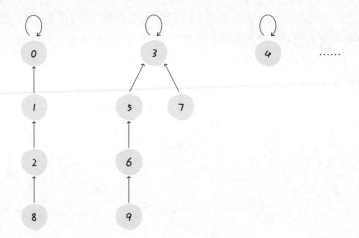

所以說上面這種解法，`find`, `union`, `connected` 的時間複雜度都是 $O(N)$。這個複雜度很不理想，圖論解決的都是諸如社群網站這樣資料規模巨大的問題，對於 `union` 和 `connected` 的呼叫非常頻繁，每次呼叫需要線性時間完全不可忍受。

問題的關鍵在於，如何想辦法避免樹的不平衡呢？只要略施小計即可。

三、平衡性最佳化

要知道哪種情況下可能出現不平衡現象，關鍵在於 `union` 過程：

```
public void union(int p, int q) {
    int rootP = find(p);
    int rootQ = find(q);
    if (rootP == rootQ)
        return;
    // 將兩棵樹合併為一棵
    parent[rootP] = rootQ;
    // parent[rootQ] = rootP 也可以
    count--;
```

前面只是簡單粗暴地把 p 所在的樹接到 q 所在的樹的根節點下面，那麼這裡就可能出現「頭重腳輕」的不平衡狀況，比以下面這種局面：

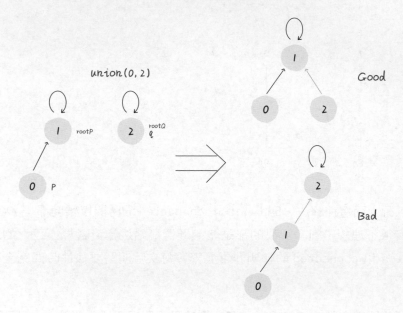

長此以往，樹可能生長得很不平衡。**我們其實是希望，小一些的樹接到大一些的樹下面，這樣就能避免頭重腳輕，更平衡一些。**解決方法是額外使用一個 size 陣列，記錄每棵樹包含的節點數，不妨稱為「重量」：

```
class UF {
    private int count;
    private int[] parent;
    // 新增一個陣列記錄樹的 "重量"
    private int[] size;

    public UF(int n) {
        this.count = n;
        parent = new int[n];
        // 最初每棵樹只有一個節點
        // 重量應該初始化為 1
        size = new int[n];
        for (int i = 0; i < n; i++) {
            parent[i] = i;
```

```
        size[i] = 1;
    }
}
/* 其他函式 */
}
```

比如 `size[3]` `=` `5` 表示，以節點 `3` 為根的那棵樹，總共有 `5` 個節點。可以修改一下 `union` 方法：

```java
public void union(int p, int q) {
    int rootP = find(p);
    int rootQ = find(q);
    if (rootP == rootQ)
        return;

    // 小樹接到大樹下面，較平衡
    if (size[rootP] > size[rootQ]) {
        parent[rootQ] = rootP;
        size[rootP] += size[rootQ];
    } else {
        parent[rootP] = rootQ;
        size[rootQ] += size[rootP];
    }
    count--;
}
```

這樣，透過比較樹的重量，就可以保證樹的生長相對平衡，樹的高度大致在 $\log N$ 這個數量級，極大提升執行效率。此時，`find`, `union`, `connected` 的時間複雜度都下降為 $O(\log N)$，即使資料規模上億，所需時間也非常少。

四、路徑壓縮

這步最佳化雖然程式很簡單，但原理非常巧妙。

根據之前的程式實現原理不難發現，**我們並不在乎每棵樹的結構長什麼樣，只在乎根節點**。因為無論樹長什麼樣，樹上的每個節點的根節點都是相同的，所以能不能進一步壓縮每棵樹的高度，使樹高始終保持為常數？

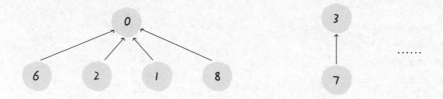

這樣每個節點的父節點就是整棵樹的根節點，find 就能以 $O(1)$ 的時間找到某一節點的根節點，相應地，`connected` 和 `union` 複雜度都下降為 $O(1)$。

要做到這一點主要是修改 find 函式邏輯，非常簡單，但你可能會看到兩種不同的寫法。

第一種是在 find 中加一行程式：

```
private int find(int x) {
    while (parent[x] != x) {
        // 這行程式進行路徑壓縮
        parent[x] = parent[parent[x]];
        x = parent[x];
    }
    return x;
}
```

這個操作有點匪夷所思，（為清晰起見，這棵樹比較極端）：

用語言描述就是，每次 while 迴圈都會讓部分子節點向上移動，這樣每次呼叫 **find** 函式向樹根遍歷的同時，順手就將樹高縮短了。

路徑壓縮的第二種寫法是這樣的：

```
// 第二種路徑壓縮的 find 方法
public int find(int x) {
    if (parent[x] != x) {
        parent[x] = find(parent[x]);
    }
    return parent[x];
}
```

我一度認為這種遞迴寫法和第一種迭代寫法做的事情一樣，但實際上是我大意了，有讀者指出這種寫法進行路徑壓縮的效率是高於上一種解法的。

這個遞迴過程有點不好理解，你可以自己動手畫一下遞迴過程。我把這個函式做的事情翻譯成迭代形式，方便你理解它進行路徑壓縮的原理：

```
// 這段迭代程式方便你理解遞迴程式所做的事情
public int find(int x) {
    // 先找到根節點
    int root = x;
```

```
    while (parent[root] != root) {
        root = parent[root];
    }
    // 然後把 x 到根節點之間的所有節點直接接到根節點下面
    int old_parent = parent[x];
    while (x != root) {
        parent[x] = root;
        x = old_parent;
        old_parent = parent[old_parent];
    }
    return root;
}
```

這種路徑壓縮的效果如下：

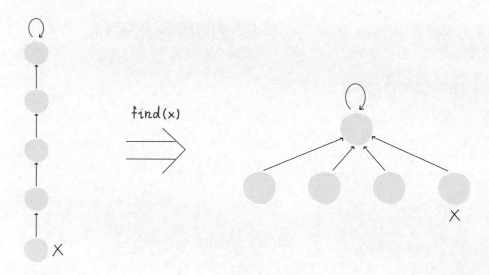

　　比起第一種路徑壓縮，顯然這種方法壓縮得更徹底，直接把一整條樹枝壓平，一點意外都沒有。就算一些極端情況下產生了一棵比較高的樹，只要一次路徑壓縮就能大幅降低樹高，所有操作的平均時間複雜度依然是 $O(1)$，所以從效率的角度來說，推薦你使用這種路徑壓縮演算法。

　　另外，如果路徑壓縮技巧將樹高保持為常數了，那麼 `size` 陣列的平衡最佳化就不是特別必要了。所以你一般看到的 Union Find 演算法應該是以下實現：

```java
class UF {
    // 連通分量個數
    private int count;
    // 儲存每個節點的父節點
    private int[] parent;

    // n 為圖中節點的個數
    public UF(int n) {
        this.count = n;
        parent = new int[n];
        for (int i = 0; i < n; i++) {
            parent[i] = i;
        }
    }

    // 將節點 p 和節點 q 連通
    public void union(int p,
        int q) { int rootP = find(p);
        int rootQ = find(q);

        if (rootP == rootQ)
            return;

        parent[rootQ] = rootP;
        // 兩個連通分量合併成一個連通分量
        count--;
    }

    // 判斷節點 p 和節點 q 是否連通
    public boolean connected(int p, int q) {
        int rootP = find(p);
        int rootQ = find(q);
        return rootP == rootQ;
    }

    public int find(int x) {
        if (parent[x] != x) {
            parent[x] = find(parent[x]);
        }
        return parent[x];
```

```
    }

    // 傳回圖中的連通分量個數
    public int count() {
        return count;
    }
}
```

　　Union-Find 演算法的複雜度可以這樣分析：構造函式初始化資料結構需要 $O(N)$ 的時間和空間複雜度；連通兩個節點 union、判斷兩個節點的連通性 connected、計算連通分量 count 所需的時間複雜度均為 $O(1)$。

　　到這裡，相信你已經掌握了 Union-Find 演算法的核心邏輯，總結一下我們最佳化演算法的過程：

1. 用 parent 陣列記錄每個節點的父節點，相當於指向父節點的指標，所以 parent 陣列內實際儲存著一個森林（若干棵多元樹）。

2. 用 size 陣列記錄著每棵樹的重量，目的是讓執行 union 後樹依然擁有平衡性，保證各個 API 時間複雜度為 $O(\log N)$，而不會退化成鏈結串列影響操作效率。

3. 在 find 函式中進行路徑壓縮，保證任意樹的高度保持在常數，使得各個 API 時間複雜度為 $O(1)$。使用了路徑壓縮之後，可以不使用 size 陣列的平衡最佳化。

　　下面我們看一些具體的並查集題目。

五、題目實踐

　　LeetCode 第 323 題「無向圖中連通分量數目」就是最基本的連通分量題目：

　　給你輸入一個包含 n 個節點的圖，用一個整數 n 和一個陣列 edges 表示，其中 edges[i] = [ai,bi] 表示圖中節點 ai 和 bi 之間有一條邊。請計算這幅圖的連通分量個數。

函式名稱如下:

```
int countComponents(int n, int[][] edges)
```

這道題可以直接套用 UF 類別來解決:

```
public int countComponents(int n, int[][] edges) {
    UF uf = new UF(n);
    // 將每個節點進行連通
    for (int[] e : edges) {
        uf.union(e[0], e[1]);
    }
    // 傳回連通分量的個數
    return uf.count();
}

class UF {
    // 見上文
}
```

另外,一些使用 DFS 深度優先演算法解決的問題,也可以用 Union-Find 演算法解決。

比如 LeetCode 第 130 題「被圍繞的區域」:給你一個 $M \times N$ 的二維矩陣,其中包含字元 X 和 O,讓你找到矩陣中**四面**被 X 圍住的 O,並且把它們替換成 X。

函式名稱如下:

```
void solve(char[][] board);
```

注意,必須是四面被圍的 O 才能被換成 X,也就是說邊角上的 O 一定不會被圍,進一步,與邊角上的 O 相連的 O 也不會被 X 圍四面,也不會被替換。

注意：這讓我想起小時候玩的棋類遊戲「黑白棋」，只要你用兩個棋子把對方的棋子夾在中間，對方的子就被替換成你的子。在黑白棋中，佔據四角的棋子是無敵的，與其相連的邊棋子也是無敵的（無法被夾掉）。

其實這道題應該歸為 **3.4.3 DFS 演算法搞定島嶼系列題目** 使用 DFS 演算法解決：

先用 for 迴圈遍歷棋盤的**四邊**，用 DFS 演算法把那些與邊界相連的 O 換成一個特殊字元，比如 #；然後再遍歷整個棋盤，把剩下的 O 換成 X，把 # 恢復成 O。這樣就能完成題目的要求，時間複雜度為 $O(M \times N)$。

但這個問題也可以用 Union-Find 演算法解決，雖然實現起來複雜一些，甚至效率也略低，但這是使用 Union-Find 演算法的通用思想，值得一學。

類比一下，你可以把那些不需要被替換的 O 看成一個擁有獨門絕技的門派，它們有一個共同「祖師爺」叫 dummy，這些 O 和 dummy 互相連通，而那些需要被替換的 O 與 dummy 不連通。

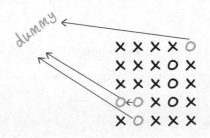

這就是 Union-Find 的核心想法，明白這張圖，就很容易看懂程式了。

首先要解決的是，Union-Find 底層用的是一維陣列，構造函式需要傳入這個陣列的大小，而題目給的是一個二維棋盤。

這個很簡單，二維座標 (x,y) 可以轉換成 x * n + y 這個數（m 是棋盤的行數，n 是棋盤的列數），敲黑板，這是將二維座標映射到一維的常用技巧。

其次，之前描述的「祖師爺」是虛構的，需要給他老人家留個位置。索引 `[0.. m*n-1]` 都是棋盤內座標的一維映射，那就讓這個虛擬的 `dummy` 節點佔據索引 `m*n` 好了。

來看解法程式：

```java
void solve(char[][] board) {
    if (board.length == 0) return;

    int m = board.length;
    int n = board[0].length;
    // 給 dummy 留一個額外位置
    UF uf = new UF(m * n + 1);
    int dummy = m * n;
    // 將首列和末列的 O 與 dummy 連通
    for (int i = 0; i < m; i++) {
        if (board[i][0] == 'O')
            uf.union(i * n, dummy);
        if (board[i][n - 1] == 'O')
            uf.union(i * n + n - 1, dummy);
    }
    // 將首行和末行的 O 與 dummy 連通
    for (int j = 0; j < n; j++) {
        if (board[0][j] == 'O')
            uf.union(j, dummy);
        if (board[m - 1][j] == 'O')
            uf.union(n * (m - 1) + j, dummy);
    }
    // 方向陣列 d 是上下左右搜尋的常用手法
    int[][] d = new int[][]{{1,0}, {0,1}, {0,-1}, {-1,0}};
    for (int i = 1; i < m - 1; i++)
        for (int j = 1; j < n - 1; j++)
            if (board[i][j] == 'O')
                // 將此 O 與上下左右的 O 連通
                for (int k = 0; k < 4; k++) {
                    int x = i + d[k][0];
                    int y = j + d[k][1];
                    if (board[x][y] == 'O')
                        uf.union(x * n + y, i * n + j);
                }
```

```
    // 所有不和 dummy 連通的 O,都要被替換
    for (int i = 1; i < m - 1; i++)
        for (int j = 1; j < n - 1; j++)
            if (!uf.connected(dummy, i * n + j))
                board[i][j] = 'X';
}

class UF {
    // 見上文
}
```

這段程式很長,其實就是剛才的想法實現,只有和邊界 O 相連的 O 才具有和 dummy 的連通性,它們不會被替換。

其實用 Union-Find 演算法解決這個簡單的問題有點殺雞用牛刀,它可以解決更複雜、更具技巧性的問題,**主要想法是適時增加虛擬節點,想辦法讓元素「分門別類」,建立動態連通關係。**

LeetCode 第 990 題「等式方程式的可滿足性」用 Union-Find 演算法就顯得十分優美了,題目是這樣的:

給你一個陣列 equations,裝著若干字串表示的算式。每個算式 equations[i] 長度都是 4,而且只有這兩種情況:a==b 或 a!=b,其中 a,b 可以是任意小寫字母。你寫一個演算法,如果 equations 中所有算式都不會互相衝突,傳回 true,否則傳回 false。

比如,輸入 ["a==b","b!=c","c==a"],演算法傳回 false,因為這三個算式不可能同時正確。

再比如,輸入 ["c==c","b==d","x!=z"],演算法傳回 true,因為這三個算式並不會造成邏輯衝突。

前文說過,動態連通性其實就是一種等價關係,具有「自反性」、「傳遞性」和「對稱性」,其實 == 關係也是一種等價關係,具有這些性質。所以這個問題用 Union-Find 演算法就很自然。

Union-Find 演算法的核心思想是，將 equations 中的算式根據 == 和 != 分成兩部分，先處理 == 算式，使得它們透過相等關係「勾結成門派」（連通分量）；然後處理 != 算式，檢查不等關係是否破壞了相等關係的連通性。

```java
boolean equationsPossible(String[] equations) {
    // 26 個英文字母
    UF uf = new UF(26);
    // 先讓相等的字母形成連通分量
    for (String eq : equations) {
        if (eq.charAt(1) == '=') {
            char x = eq.charAt(0);
            char y = eq.charAt(3);
            uf.union(x - 'a', y - 'a');
        }
    }
    // 檢查不等關係是否打破相等關係的連通性
    for (String eq : equations) {
        if (eq.charAt(1) == '!') {
            char x = eq.charAt(0);
            char y = eq.charAt(3);
            // 如果相等關係成立，就是邏輯衝突
            if (uf.connected(x - 'a', y - 'a'))
                return false;
        }
    }
    return true;
}


class UF {
    // 見上文
}
```

至此，這道判斷算式合法性的問題就解決了，借助 Union-Find 演算法，是不是很簡單呢？

最後，Union-Find 演算法也會在一些其他經典圖論演算法中用到，比如判斷「圖」和「樹」，以及最小生成樹的計算，詳情見 **3.3.3 最小生成樹之 Kruskal** 演算法。

3.3.3 最小生成樹之 Kruskal 演算法

讀完本節，你將不僅學到演算法策略，還可以順便解決以下題目：

261. 以圖判樹（中等）	1135. 最低成本聯通所有城市（中等）
1584. 連接所有點的最小費用（中等）	

本節要講的是最小生成樹（Minimum Spanning Tree）演算法，最小生成樹演算法主要有 Prim 演算法（普裡姆演算法）和 Kruskal 演算法（克魯斯卡爾演算法）兩種，這兩種演算法雖然都運用了貪心思想，但從實現上來說差異還是蠻大的。

因為上一節剛講過並查集演算法，而 Kruskal 演算法其實就是並查集演算法的實際應用，所以本節就講解用 Kruskal 演算法來解決最小生成樹問題。接下來，我們從最小生成樹的定義說起。

一、什麼是最小生成樹

先說「樹」和「圖」的根本區別：樹不會包含環，圖可以包含環。

如果一幅圖沒有環，完全可以拉伸成一棵樹的模樣。說得專業一點，樹就是「無環連通圖」。

那麼什麼是圖的「生成樹」呢，其實按字面意思也好理解，就是在圖中找一棵包含圖中所有節點的樹。專業點說，生成樹是含有圖中所有頂點的「無環連通子圖」。

很容易就能想到，一幅圖可以有很多不同的生成樹，比以下面這幅圖，藍色的邊就組成了兩棵不同的生成樹：

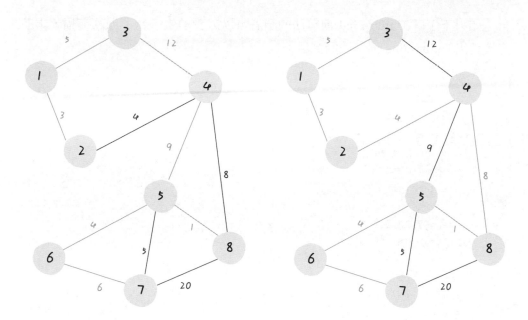

對於加權圖，每條邊都有權重，所以每棵生成樹都有一個權重和。比如上圖，右側生成樹的權重和顯然比左側生成樹的權重和要小。

那麼最小生成樹就很好理解了，所有可能的生成樹中，權重和最小的那棵生成樹就叫「最小生成樹」。

注意：一般來說，我們都是在**無向加權圖**中計算最小生成樹的，所以使用最小生成樹演算法的現實場景中，圖的邊權重一般代表成本、距離這樣的標量。

在講 Kruskal 演算法之前，需要回顧一下 Union-Find 並查集演算法。

二、Union-Find 並查集演算法

剛才說了，圖的生成樹是含有其所有頂點的「無環連通子圖」，最小生成樹是權重和最小的生成樹。

那麼說到連通性，相信不少人可以想到 Union-Find 並查集演算法，用來高效處理圖中聯通分量的問題。

上一節詳細介紹了 Union-Find 演算法的實現原理，主要運用路徑壓縮技巧提高連通分量的判斷效率。

如果不了解 Union-Find 演算法的讀者可以去看前文，為了節約篇幅，本節直接列出 Union-Find 演算法的實現：

```java
class UF {
    // 連通分量個數
    private int count;
    // 儲存一棵樹
    private int[] parent;
    // 記錄樹的 " 重量 "
    private int[] size;

    // n 為圖中節點的個數
    public UF(int n) {
        this.count = n;
        parent = new int[n];
        size = new int[n];
        for (int i = 0; i < n; i++) {
            parent[i] = i;
            size[i] = 1;
        }
    }

    // 將節點 p 和節點 q 連通
    public void union(int p, int q) {
        int rootP = find(p);
        int rootQ = find(q);
        if (rootP == rootQ)
            return;

        // 小樹接到大樹下面，較平衡
        if (size[rootP] > size[rootQ]) {
            parent[rootQ] = rootP;
            size[rootP] += size[rootQ];
        } else {
            parent[rootP] = rootQ;
            size[rootQ] += size[rootP];
        }
        // 兩個連通分量合併成一個連通分量
```

```
        count--;
    }

    // 判斷節點 p 和節點 q 是否連通
    public boolean connected(int p, int q) {
        int rootP = find(p);
        int rootQ = find(q);
        return rootP == rootQ;
    }

    // 傳回節點 x 的連通分量根節點
    public int find(int x) {
        if (parent[x] != x) {
            parent[x] = find(parent[x]);
        }
        return parent[x];
    }

    // 傳回圖中的連通分量個數
    public int count() {
        return count;
    }
}
```

3.3.2 節還介紹過 Union-Find 演算法的一些演算法應用場景，而它在 Kruskal 演算法中的主要作用是保證最小生成樹的合法性。

因為在構造最小生成樹的過程中，首先要保證生成的是棵樹（不包含環）對，那麼 Union-Find 演算法就是幫你幹這件事的。

怎麼才能做到呢？來看看 LeetCode 第 261 題「以圖判樹」，先描述一下題目：

給你輸入編號從 0 到 n-1 的 n 個節點，和一個無向邊串列 edges（每條邊用節點二元組表示），請你判斷輸入的這些邊組成的結構是否是一棵樹。

函式名稱如下：

```
boolean validTree(int n, int[][] edges);
```

比如輸入如下：

```
n = 5
edges = [[0,1], [0,2], [0,3], [1,4]]
```

這些邊組成的是一棵樹，演算法應該傳回 true：

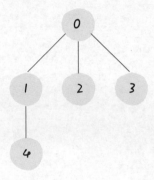

但如果輸入：

```
n = 5
edges = [[0,1],[1,2],[2,3],[1,3],[1,4]]
```

形成的就不是樹結構了，因為包含環：

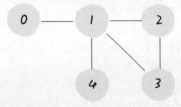

對於這道題，我們可以思考一下，什麼情況下加入一條邊會使得樹變成圖（出現環）？

顯然，像下面這樣添加邊會出現環：

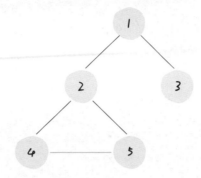

而這樣添加邊則不會出現環：

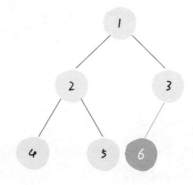

總結一下規律就是：

對於添加的這條邊，如果該邊的兩個節點本來就在同一連通分量裡，那麼添加這條邊會產生環；反之，如果該邊的兩個節點不在同一連通分量裡，則添加這條邊不會產生環。

而判斷兩個節點是否連通（是否在同一個連通分量中）就是 Union-Find 演算法的拿手絕活，所以這道題的解法程式如下：

```
// 判斷輸入的若干條邊是否能構造出一棵樹結構
boolean validTree(int n, int[][] edges) {
    // 初始化 0...n-1 共 n 個節點
    UF uf = new UF(n);
    // 遍歷所有邊，將組成邊的兩個節點進行連接
```

```
    for (int[] edge : edges) {
        int u = edge[0];
        int v = edge[1];
        // 若兩個節點已經在同一連通分量中，會產生環
        if (uf.connected(u, v)) {
            return false;
        }
        // 這條邊不會產生環，可以是樹的一部分
        uf.union(u, v);
    }
    // 要保證最後只形成了一棵樹，即只有一個連通分量
    return uf.count() == 1;
}

class UF {
    // 見上文程式實現
}
```

如果你能夠看懂這道題的解法想法，那麼掌握 Kruskal 演算法就很簡單了。

三、Kruskal 演算法

所謂最小生成樹，就是圖中若干邊的集合（後文稱這個集合為 `mst`，最小生成樹的英文縮寫），你要保證這些邊：

1. 包含圖中的所有節點。

2. 形成的結構是樹結構（即不存在環）。

2. 權重和最小。

有之前題目的鋪陳，前兩點其實可以很容易地利用 Union-Find 演算法做到，關鍵在於第 3 點，如何保證得到的這棵生成樹是權重和最小的。

這裡就用到了貪心想法：

將所有邊按照權重從小到大排序，從權重最小的邊開始遍歷，如果這條邊和 `mst` 中的其他邊不會形成環，則這條邊是最小生成樹的一部分，將它加入 `mst` 集合；不然這條邊不是最小生成樹的一部分，不要把它加入 `mst` 集合。

這樣，最後 `mst` 集合中的邊就形成了最小生成樹，下面看兩道例題來運用一下 Kruskal 演算法。

第一題是 LeetCode 第 1135 題「最低成本聯通所有城市」，這是一道標準的最小生成樹問題：假設你是城市基建規劃者，地圖上有 `n` 座城市，它們按從 `1` 到 `n` 的次序編號。給你整數 `n` 和一個陣列 `conections`，其中 `connections[i]` `= [xi, yi, costi]` 表示將城市 `xi` 和城市 `yi` 連接需要 `costi` 的成本（連接是雙向的）。請計算使得每對城市之間至少有一條路徑的連接方式的最小成本。如果無法連接所有 `n` 座城市，則傳回 -1，函式名稱如下：

```
int minimumCost(int n, int[][] connections);
```

每座城市相當於圖中的節點，連通城市的成本相當於邊的權重，連通所有城市的最小成本即最小生成樹的權重之和。

```
int minimumCost(int n, int[][] connections) {
    // 城市編號為 1 到 n，所以初始化大小為 n + 1
    UF uf = new UF(n + 1);
    // 對所有邊按照權重從小到大排序
    Arrays.sort(connections, (a, b) -> (a[2] - b[2]));
    // 記錄最小生成樹的權重之和
    int mst = 0;
    for (int[] edge : connections) {
        int u = edge[0];
        int v = edge[1];
        int weight = edge[2];
        // 若這條邊會產生環，則不能加入 mst
        if (uf.connected(u, v)) {
            continue;
        }
        // 若這條邊不會產生環，則屬於最小生成樹
        mst += weight;
        uf.union(u, v);
    }
    // 保證所有節點都被連通
    // 按理說 uf.count() == 1 說明所有節點被連通
    // 但因為節點 0 沒有被使用，所以 0 會額外佔用一個連通分量
```

```
    return uf.count() == 2 ? mst : -1;
}

class UF {
    // 見上文程式實現
}
```

這道題就解決了，整體想法和上一道題非常類似，你可以認為樹的判定演算法加上按權重排序的邏輯就變成了 Kruskal 演算法。

再來看看 LeetCode 第 1584 題「連接所有點的最小費用」：

給你一個 `points` 陣列，表示平面上的一些點，其中 `points[i] = [xi,yi]`，連接點 `[xi, yi]` 和點 `[xj, yj]` 的費用為它們之間的曼哈頓距離：`|xi - xj| + |yi - yj|`，其中 `|val|` 表示 `val` 的絕對值，請你計算將所有點連接的最小總費用。

比如題目給的例子：

```
points = [[0,0],[2,2],[3,10],[5,2],[7,0]]
```

演算法應該傳回 20，按以下方式連通各點：

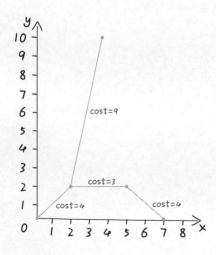

函式名稱如下：

```
int minCostConnectPoints(int[][] points);
```

很顯然這也是一個標準的最小生成樹問題：每個點就是無向加權圖中的節點，邊的權重就是曼哈頓距離，連接所有點的最小費用就是最小生成樹的權重和。

所以解法想法就是先生成所有的邊以及權重，然後對這些邊執行 Kruskal 演算法即可：

```java
int minCostConnectPoints(int[][] points) {
    int n = points.length;
    // 生成所有邊及權重
    List<int[]> edges = new ArrayList<>();
    for (int i = 0; i < n; i++) {
        for (int j = i + 1; j < n; j++) {
            int xi = points[i][0], yi = points[i][1];
            int xj = points[j][0], yj = points[j][1];
            // 用座標點在 points 中的索引表示座標點
            edges.add(new int[] {
                i, j, Math.abs(xi - xj) + Math.abs(yi - yj)
            });
        }
    }
    // 將邊按照權重從小到大排序
    Collections.sort(edges, (a, b) -> {
        return a[2] - b[2];
    });
    // 執行 Kruskal 演算法
    int mst = 0;
    UF uf = new UF(n);
    for (int[] edge : edges) {
        int u = edge[0];
        int v = edge[1];
        int weight = edge[2];
        // 若這條邊會產生環，則不能加入 mst
        if (uf.connected(u, v)) {
            continue;
```

```
    }
    // 若這條邊不會產生環，則屬於最小生成樹
    mst += weight;
    uf.union(u, v);
  }
  return mst;
}

class UF {
  // 見上文程式實現
}
```

這道題做了一個小的變通：每個座標點是一個二元組，那麼按理說應該用五元組表示一分散連結權重的邊，但這樣的話不便執行 Union-Find 演算法；所以我們用 `points` 陣列中的索引代表每個座標點，這樣就可以直接重複使用之前的 Kruskal 演算法邏輯了。

透過以上三道演算法題，相信你已經掌握了 Kruskal 演算法，主要的困難是利用 Union- Find 並查集演算法向最小生成樹中添加邊，配合排序的貪心想法，從而得到一棵權重之和最小的生成樹。

最後分析 Kruskal 演算法的複雜度：

假設一幅圖的節點個數為 V，邊的筆數為 E，首先需要 $O(E)$ 的空間裝所有邊，而且 Union-Find 演算法也需要 $O(V)$ 的空間，所以 Kruskal 演算法總的空間複雜度就是 $O(V+E)$。

時間複雜度主要耗費在排序，需要 $O(E\log E)$ 的時間，Union-Find 演算法所有操作的複雜度都是 $O(1)$，套一個 for 迴圈也不過是 $O(E)$，所以總的時間複雜度為 $O(E\log E)$。

3.4 暴力搜尋演算法

本書在第 1 章就講過，我們做的演算法題本質就是窮舉，所以可以說暴力搜尋演算法是最實用的演算法。回溯演算法、DFS 演算法、BFS 演算法是最常見的暴力窮舉演算法，而這些演算法都是從二元樹演算法衍生出來的，這一節將闡明它們與二元樹之間千絲萬縷的聯繫。

3.4.1 回溯演算法解決子集、排列、組合問題

讀完本節，你將不僅學到演算法策略，還可以順便解決以下題目：

78. 子集（中等）	90. 子集 II（中等）
77. 組合（中等）	39. 組合總和（中等）
40. 組合總和 II（中等）	46. 全排列（中等）
47. 全排列 II（中等）	

雖然排列、組合、子集系列問題是高中就學過的，但如果想撰寫演算法解決它們，還是非常考驗電腦思維的，本節就講講程式設計解決這幾個問題的核心想法，以後再有什麼變形，你也能手到擒來，以不變應萬變。

無論是排列、組合還是子集問題，簡單說無非就是讓你從序列 nums 中以給定規則取若干元素，主要有以下幾種變形：

形式一：元素無重不可複選，即 nums 中的元素都是唯一的，每個元素最多只能被使用一次，這也是最基本的形式。以組合為例，如果輸入 nums = [2,3,6,7]，和為 **7** 的組合應該只有 [7]。

形式二：元素可重不可複選，即 nums 中的元素可以存在重複，每個元素最多只能被使用一次。以組合為例，如果輸入 nums = [2,5,2,1,2]，和為 7 的組合應該有兩種 [2,2,2,1] 和 [5,2]。

形式三：元素無重可複選，即 `nums` 中的元素都是唯一的，每個元素可以被使用若干次。以組合為例，如果輸入 `nums = [2,3,6,7]`，和為 7 的組合應該有兩種 `[2,2,3]` 和 `[7]`。

當然，也可以說有第四種形式，即元素可重可複選。但既然元素可複選，那又何必存在重複元素呢？元素去重之後就等於形式三，所以這種情況不用考慮。

上面用組合問題舉的例子，但排列、組合、子集問題都可以有這三種基本形式，所以共有 9 種變化。

除此之外，題目也可以再添加各種限制條件，比如讓你求和為 `target` 且元素個數為 k 的組合，那這麼一來又可以衍生出一堆變形，怪不得面試筆試中經常考到排列組合這種基本題型。

但無論形式怎麼變化，其本質就是窮舉所有解，而這些解呈現樹形結構，所以合理使用回溯演算法框架，稍改程式框架即可把這些問題一網打盡。

具體來說，你需要先閱讀並理解前文 **1.4** 回溯演算法解題策略框架，然後記住以下子集問題和排列問題的回溯樹，就可以解決所有排列、組合、子集相關的問題：

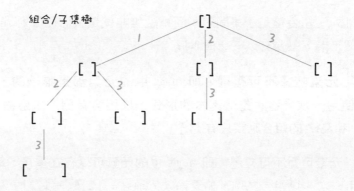

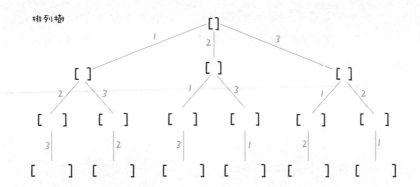

為什麼只要記住這兩種樹形結構就能解決所有相關問題呢？首先，**組合問題和子集問題其實是等價的，這個後面會講；至於之前說的三種變化形式，無非是在這兩棵樹上剪掉或增加一些樹枝罷了。**

那麼，接下來我們就開始窮舉，把排列、組合、子集問題的 9 種形式都過一遍，學學如何用回溯演算法把它們一起解決。

一、子集（元素無重不可複選）

LeetCode 第 78 題「子集」就是這個問題：

題目給你輸入一個無重複元素的陣列 `nums`，其中每個元素最多使用一次，請你傳回 `nums` 的所有子集，函式名稱如下：

```
List<List<Integer>> subsets(int[] nums)
```

比如輸入 `nums = [1,2,3]`，演算法應該傳回以下子集：

```
[ [],[1],[2],[3],[1,2],[1,3],[2,3],[1,2,3] ]
```

好，暫時不考慮如何用程式實現，先回憶一下高中學過的知識，如何手推所有子集？首先，生成元素個數為 0 的子集，即空集 `[]`，為了方便表示，我稱之為 `S_0`。

然後，在 S_0 的基礎上生成元素個數為 1 的所有子集，我稱之為 S_1：

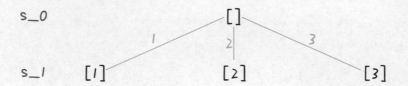

接下來，可以在 S_1 的基礎上推導出 S_2，即元素個數為 2 的所有子集：

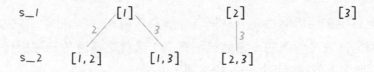

為什麼集合 [2] 只需添加 3，而不添加前面的 1 呢？

因為集合中的元素不用考慮順序，[1,2,3] 中 2 後面只有 3，如果你添加了前面的 1，那麼 [2,1] 會和之前已經生成的子集 [1,2] 重複。

換句話說，我們透過保證元素之間的相對順序不變來防止出現重複的子集。

接著，可以透過 S_2 推出 S_3，實際上 S_3 中只有一個集合 [1,2,3]，它是透過 [1,2] 推出的。

整個推導過程就是這樣一棵樹：

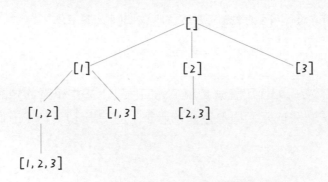

注意這棵樹的特性：

如果把根節點作為第 0 層，將每個節點和根節點之間樹枝上的元素作為該節點的值，那麼第 n 層的所有節點就是大小為 n 的所有子集。

比如大小為 2 的子集就是這一層節點的值：

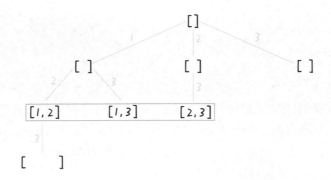

注意：本節之後所說「節點的值」都是指節點和根節點之間樹枝上的元素，且將根節點認為是第 0 層。

那麼再進一步，如果想計算所有子集，只要遍歷這棵多元樹，把所有節點的值收集起來不就行了？直接看程式：

```java
List<List<Integer>> res = new LinkedList<>();
// 記錄回溯演算法的遞迴路徑
LinkedList<Integer> track = new LinkedList<>();

// 主函式
public List<List<Integer>> subsets(int[] nums) {
    backtrack(nums, 0);
    return res;
}

// 回溯演算法核心函式，遍歷子集問題的回溯樹
void backtrack(int[] nums, int start) {

    // 前序位置，每個節點的值都是一個子集
    res.add(new LinkedList<>(track));
```

```java
// 回溯演算法標準框架
for (int i = start; i < nums.length; i++) {
    // 做選擇
    track.addLast(nums[i]);
    // 透過 start 參數控制樹枝的遍歷，避免產生重複的子集
    backtrack(nums, i + 1);
    // 撤銷選擇
    track.removeLast();
}
```

看過 **1.4 回溯演算法解題策略框架**的讀者應該很容易理解這段程式，我們使用 `start` 參數控制樹枝的生長避免產生重複的子集，用 `track` 記錄根節點到每個節點的路徑的值，同時在前序位置把每個節點的路徑值收集起來，完成回溯樹的遍歷就收集了所有子集：

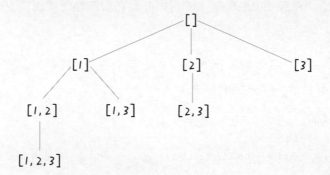

最後，`backtrack` 函式開始部分看似沒有 base case，會不會進入無限遞迴？其實不會，當 `start == nums.length` 時，葉子節點的值會被載入 `res`，但 for 迴圈不會執行，也就結束了遞迴。

二、組合（元素無重不可複選）

如果你能夠成功地生成所有無重子集，那麼稍微改改程式就能生成所有無重組合了。

比如，讓你在 `nums = [1,2,3]` 中拿 2 個元素形成所有的組合，你將怎麼做？稍微想想就會發現，大小為 2 的所有組合，不就是所有大小為 2 的子集嘛。

所以我說組合和子集是一樣的：大小為 k 的組合就是大小為 k 的子集。

比如 LeetCode 第 77 題「組合」：

給定兩個整數 n 和 k，傳回範圍 `[1, n]` 中所有可能的 k 個數的組合，函式名稱如下：

```
List<List<Integer>> combine(int n, int k)
```

比如 `combine(3, 2)` 的傳回值應該是：

```
[ [1,2],[1,3],[2,3] ]
```

這是標準的組合問題，但我來翻譯一下就變成子集問題了：

給你輸入一個陣列 `nums = [1,2,...,n]` 和一個正整數 k，請你生成所有大小為 k 的子集。

還是以 `nums = [1,2,3]` 為例，剛才讓求所有子集，就是把所有節點的值都收集起來；現在你只需把第 **2 層（根節點視為第 0 層）的節點收集起來**，就是**大小為 2 的所有組合：**

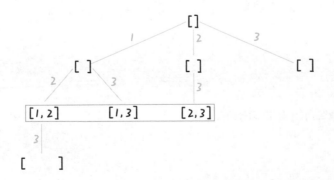

反映到程式上，只需稍改 base case，控制演算法僅收集第 k 層節點的值即可：

```java
List<List<Integer>> res = new LinkedList<>();
// 記錄回溯演算法的遞迴路徑
LinkedList<Integer> track = new LinkedList<>();

// 主函式
public List<List<Integer>> combine(int n, int k) {
    backtrack(1, n, k);
    return res;
}

void backtrack(int start, int n, int k) {
    // base case
    if (k == track.size()) {
        // 遍歷到了第 k 層，收集當前節點的值
        res.add(new LinkedList<>(track));
        return;
    }

    // 回溯演算法標準框架
    for (int i = start; i <= n; i++) {
        // 選擇
        track.addLast(i);
        // 透過 start 參數控制樹枝的遍歷，避免產生重複的子集
        backtrack(i + 1, n, k);
        // 撤銷選擇
        track.removeLast();
    }
}
```

這樣，標準的組合問題也解決了。

三、排列（元素無重不可複選）

排列問題在 **1.4 回溯演算法解題策略框架** 講過，這裡只簡單過一下。

LeetCode 第 46 題「全排列」就是標準的排列問題：

給定一個**不含重複數字**的陣列 `nums`，傳回其所有可能的全排列，函式名稱如下：

```
List<List<Integer>> permute(int[] nums)
```

比如輸入 `nums=[1,2,3]`，函式的傳回值應該是：

```
[
    [1,2,3],[1,3,2],
    [2,1,3],[2,3,1],
    [3,1,2],[3,2,1]
]
```

剛才講的組合、子集問題使用 `start` 變數保證元素 `nums[start]` 之後只會出現 `nums[start+1..]` 中的元素，透過固定元素的相對位置保證不出現重複的子集。

但排列問題本身就是讓你窮舉元素的位置，`nums[i]` 之後也可以出現 `nums[i]` 左邊的元素，所以之前的那一套玩不轉了，需要額外使用 `used` 陣列來標記哪些元素還可以被選擇。

標準全排列可以抽象成以下這棵多元樹：

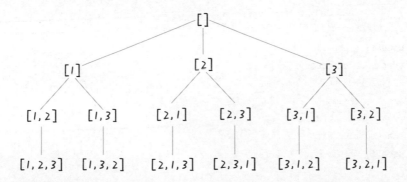

用 **used** 陣列標記已經在路徑上的元素避免重複選擇，然後收集所有葉子節點上的值，就是所有全排列的結果：

```java
List<List<Integer>> res = new LinkedList<>();
// 記錄回溯演算法的遞迴路徑
LinkedList<Integer> track = new LinkedList<>();
// track 中的元素會被標記為 true
boolean[] used;

/* 主函式，輸入一組不重複的數字，傳回它們的全排列 */
public List<List<Integer>> permute(int[] nums) {
    used = new boolean[nums.length];
    backtrack(nums);
    return res;
}

// 回溯演算法核心函式
void backtrack(int[] nums) {
    // base case，到達葉子節點
    if (track.size() == nums.length) {
        // 收集葉子節點上的值
        res.add(new LinkedList(track));
        return;
    }

    // 回溯演算法標準框架
    for (int i = 0; i < nums.length; i++) {
        // 已經存在 track 中的元素，不能重複選擇
        if (used[i]) {
            continue;
        }
        // 做選擇
        used[i] = true;
        track.addLast(nums[i]);
        // 進入下一層回溯樹
        backtrack(nums);
        // 取消選擇
        track.removeLast();
        used[i] = false;
```

```
        }
    }
```

這樣，全排列問題就解決了。但如果題目不讓你算全排列，而是讓你算元素個數為 k 的排列，怎麼算？

也很簡單，改下 `backtrack` 函式的 base case，僅收集第 k 層的節點值即可：

```java
// 回溯演算法核心函式
void backtrack(int[] nums, int k) {
    // base case，到達第 k 層，收集節點的值
    if (track.size() == k) {
        // 第 k 層節點的值就是大小為 k 的排列
        res.add(new LinkedList(track));
        return;
    }

    // 回溯演算法標準框架
    for (int i = 0; i < nums.length; i++) {
        // ...
        backtrack(nums, k);
        // ...
    }
}
```

四、子集 / 組合（元素可重不可複選）

剛才講的標準子集問題輸入的 `nums` 是沒有重複元素的，但如果存在重複元素，怎麼處理呢？

LeetCode 第 90 題「子集 II」就是這樣一個問題：

給你一個整數陣列 `nums`，其中可能包含重複元素，請你傳回該陣列所有可能的子集，函式名稱如下：

```java
List<List<Integer>> subsetsWithDup(int[] nums)
```

比如輸入 `nums = [1,2,2]`，你應該輸出：

```
[ [],[1],[2],[1,2],[2,2],[1,2,2] ]
```

當然，按道理說「集合」不應該包含重複元素，但既然題目這樣問了，我們就忽略這個細節，仔細思考一下這道題怎麼做才是正事。

就以 `nums = [1,2,2]` 為例，為了把兩個 `2` 區分為不同元素，後面寫作 `nums = [1,2,2']`。按照之前的想法畫出子集的樹形結構，顯然，兩條值相同的相鄰樹枝會產生重複：

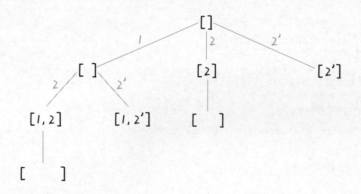

所以我們需要進行剪枝，如果一個節點有多條值相同的樹枝相鄰，則只遍歷第一條，剩下的都剪掉，不要去遍歷：

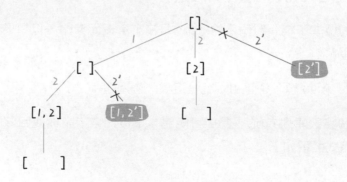

表現在程式上，需要先進行排序，讓相同的元素靠在一起，如果發現 `nums[i] == nums[i-1]`，則跳過：

```java
List<List<Integer>> res = new LinkedList<>();
LinkedList<Integer> track = new LinkedList<>();

public List<List<Integer>> subsetsWithDup(int[] nums) {
    // 先排序，讓相同的元素靠在一起
    Arrays.sort(nums);
    backtrack(nums, 0);
    return res;
}

void backtrack(int[] nums, int start) {
    // 前序位置，每個節點的值都是一個子集
    res.add(new LinkedList<>(track));

    for (int i = start; i < nums.length; i++) {
        // 剪枝邏輯，值相同的相鄰樹枝，只遍歷第一條
        if (i > start && nums[i] == nums[i - 1]) {
            continue;
        }
        track.addLast(nums[i]);
        backtrack(nums, i + 1);
        track.removeLast();
    }
}
```

這段程式和之前標準的子集問題的程式幾乎相同，就是添加了排序和剪枝的邏輯。至於為什麼要這樣剪枝，結合前面的圖應該也很容易理解，這樣，帶重複元素的子集問題也解決了。

我們說過組合問題和子集問題是等價的，所以我們直接看一道組合的題目，這是 LeetCode 第 40 題「組合總和 II」：

給你輸入 `candidates` 和一個目標和 `target`，從 `candidates` 中找出中所有和為 `target` 的組合。

candidates 可能存在重複元素，且其中的每個數字最多只能使用一次。

說這是一個組合問題，其實換個問法就變成子集問題了：請你計算 candidates 中所有和為 target 的子集。

所以這題怎麼做呢？對比子集問題的解法，只要額外用一個 trackSum 變數記錄回溯路徑上的元素和，然後將 base case 改一改即可解決這道題：

```java
List<List<Integer>> res = new LinkedList<>();
// 記錄回溯的路徑
LinkedList<Integer> track = new LinkedList<>();
// 記錄 track 中的元素之和
int trackSum = 0;

public List<List<Integer>> combinationSum2(int[] candidates, int target) {
    if (candidates.length == 0) {
        return res;
    }
    // 先排序，讓相同的元素靠在一起
    Arrays.sort(candidates);
    backtrack(candidates, 0, target);
    return res;
}

// 回溯演算法主函式
void backtrack(int[] nums, int start, int target) {
    // base case，達到目標和，找到符合條件的組合
    if (trackSum == target) {
        res.add(new LinkedList<>(track));
        return;
    }
    // base case，超過目標和，直接結束
    if (trackSum > target) {
        return;
    }
    // 回溯演算法標準框架
    for (int i = start; i < nums.length; i++) {
        // 剪枝邏輯，值相同的樹枝，只遍歷第一條
        if (i > start && nums[i] == nums[i - 1]) {
```

```
            continue;
        }
        // 做選擇
        track.add(nums[i]);
        trackSum += nums[i];
        // 遞迴遍歷下一層回溯樹
        backtrack(nums, i + 1, target);
        // 撤銷選擇
        track.removeLast();
        trackSum -= nums[i];
    }
}
```

五、排列（元素可重不可複選）

排列問題的輸入如果存在重複，比子集 / 組合問題稍微複雜一點，我們看看 LeetCode 第 47 題「全排列 II」：

給你輸入一個可包含重複數字的序列 nums，請你寫一個演算法，傳回所有可能的全排列，函式名稱如下：

```
List<List<Integer>> permuteUnique(int[] nums)
```

此如輸入 nums = [1,2,2]，函式傳回：

```
[ [1,2,2],[2,1,2],[2,2,1] ]
```

先看解法程式：

```
List<List<Integer>> res = new LinkedList<>();
LinkedList<Integer> track = new LinkedList<>();
boolean[] used;

public List<List<Integer>> permuteUnique(int[] nums) {
    // 先排序，讓相同的元素靠在一起
    Arrays.sort(nums);
    used = new boolean[nums.length];
    backtrack(nums);
```

```
        return res;
    }
    void backtrack(int[] nums) {
        if (track.size() == nums.length) {
            res.add(new LinkedList(track));
            return;
        }

        for (int i = 0; i < nums.length; i++) {
            if (used[i]) {
                continue;
            }
            // 新添加的剪枝邏輯，固定相同的元素在排列中的相對位置
            if (i > 0 && nums[i] == nums[i - 1] && !used[i - 1]) {
                continue;
            }
            track.add(nums[i]);
            used[i] = true;
            backtrack(nums);
            track.removeLast();
            used[i] = false;
        }
    }
```

對比一下之前的標準全排列解法程式，剛剛的這段解法程式和它只有兩處不同：

1. 對 nums 進行了排序。

2. 添加了一句額外的剪枝邏輯。

類比輸入包含重複元素的子集 / 組合問題，你大概應該理解這麼做是為了防止出現重複結果。

但是注意排列問題的剪枝邏輯，和子集 / 組合問題的剪枝邏輯略有不同：新增了 !used[i - 1] 的邏輯判斷。

這個地方理解起來就需要一些技巧了，且聽我慢慢道來。為了方便研究，依然把相同的元素用上標 ' 區別。

假設輸入為 `nums = [1,2,2']`，標準的全排列演算法會得出以下答案：

```
[
    [1,2,2'],[1,2',2],
    [2,1,2'],[2,2',1],
    [2',1,2],[2',2,1]
]
```

顯然，這個結果存在重複，比如 `[1,2,2']` 和 `[1,2',2]` 應該被算作同一個排列，但被算作了兩個不同的排列。

所以現在的關鍵在於，如何設計剪枝邏輯，把這種重複去除。**答案是，保證相同元素在排列中的相對位置保持不變。**

比如 `nums = [1,2,2']` 這個例子，我保持排列中 `2` 一直在 `2'` 前面。這樣的話，你

從上面 6 個排列中只能挑出 3 個排列符合這個條件：

```
[ [1,2,2'],[2,1,2'],[2,2',1] ]
```

這也就是正確答案。

進一步，如果 `nums = [1,2,2',2'']`，我只要保證重複元素 `2` 的相對位置固定，比如 `2 -> 2' -> 2''`，也可以得到無重複的全排列結果。

仔細思考，應該很容易明白其中的原理：

標準全排列演算法之所以出現重複，是因為把相同元素形成的排列序列視為不同的序列，但實際上它們應該是相同的；而如果固定相同元素形成的序列順序，當然就避免了重複。

那麼反映到程式上，你注意看這個剪枝邏輯：

```
// 新添加的剪枝邏輯，固定相同的元素在排列中的相對位置
if (i > 0 && nums[i] == nums[i - 1] && !used[i - 1]) {
    // 如果前面的相鄰相等元素沒有用過，則跳過
    continue;
}
// 選擇 nums[i]
```

當出現重複元素時，比如輸入 `nums = [1,2,2',2'']`，`2'` 只有在 `2` 已經被使用的情況下才會被選擇，同理，`2''` 只有在 `2'` 已經被使用的情況下才會被選擇，這就保證了相同元素在排列中的相對位置固定。

這裡拓展一下，如果你把上述剪枝邏輯中的 `!used[i - 1]` 改成 `used[i - 1]`，其實也可以通過所有測試用例，但效率會有所下降，這是為什麼呢？

之所以這樣修改不會產生錯誤，是因為這種寫法相當於維護了 `2'' -> 2' -> 2` 的相對順序，最終也可以實現去重的效果。

但為什麼這樣寫效率會下降呢？因為這個寫法剪掉的樹枝不夠多。比如輸入 `nums = [2,2',2'']`，產生的回溯樹如下：

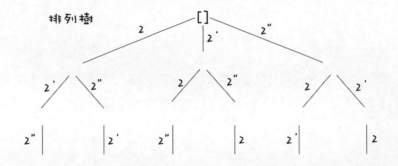

如果用藍色樹枝代表 `backtrack` 函式遍歷過的路徑，灰色樹枝代表剪枝邏輯的觸發，那麼 `!used[i - 1]` 這種剪枝邏輯得到的回溯樹長這樣：

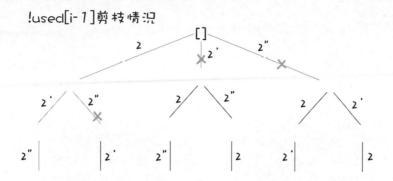

而 `used[i - 1]` 這種剪枝邏輯得到的回溯樹如下：

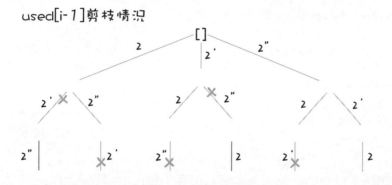

可以看到，`!used[i - 1]` 這種剪枝邏輯剪得乾淨俐落，而 `used[i - 1]` 這種剪枝邏輯雖然最終也能得到無重結果，但它剪掉的樹枝較少，存在的無效計算較多，所以效率會差一些。

當然，關於排列去重，可能會有讀者提出別的剪枝想法，比如這段程式也可以得到正確答案：

```java
void backtrack(int[] nums, LinkedList<Integer> track) {
    if (track.size() == nums.length) {
        res.add(new LinkedList(track));
        return;
    }

    // 記錄之前樹枝上元素的值
    // 題目說 -10 <= nums[i] <= 10，所以初始化為特殊值
```

```java
int prevNum = -666;
for (int i = 0; i < nums.length; i++) {
    // 排除不合法的選擇
    if (used[i]) {
        continue;
    }
    if (nums[i] == prevNum) {
        continue;
    }

    track.add(nums[i]);
    used[i] = true;
    // 記錄這條樹枝上的值
    prevNum = nums[i];

    backtrack(nums, track);

    track.removeLast();
    used[i] = false;
}
}
```

這個想法也是對的，設想一個節點出現了相同的樹枝，如果不做處理，這些相同樹枝下面的子樹也會長得一模一樣，所以會出現重複的排列：

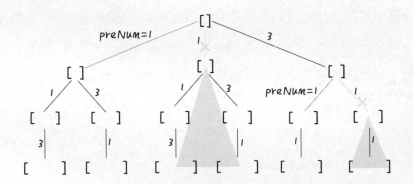

因為排序之後所有相等的元素都挨在一起，所以只要用 prevNum 記錄前一條樹枝的值，就可以避免遍歷值相同的樹枝，從而避免產生相同的子樹，最終避免出現重複的排列。

這樣包含重複輸入的排列問題也解決了。

六、子集 / 組合（元素無重可複選）

終於到了最後一種類型了：輸入陣列無重複元素，但每個元素可以被無限次使用。直接看 LeetCode 第 39 題「組合總和」：

給你一個無重複元素的整數陣列 candidates 和一個目標和 target，找出 candidates 中可以使數字和為目標數 target 的所有組合。candidates 中的每個數字可以無限制重複被選取，函式名稱如下：

```
List<List<Integer>> combinationSum(int[] candidates, int target)
```

比如輸入 candidates = [1,2,3], target = 3，演算法應該傳回：

```
[ [1,1,1],[1,2],[3] ]
```

這道題說是組合問題，實際上也是子集問題：candidates 的哪些子集的和為 target？

想解決這種類型的問題，也要回到回溯樹上，**我們不妨先思考，標準的子集 / 組合問題是如何保證不重複使用元素的。**

答案在於 backtrack 遞迴時輸入的參數 start：

```
// 無重組合的回溯演算法框架
void backtrack(int[] nums, int start) {
    for (int i = start; i < nums.length; i++) {
        // ...
        // 遞迴遍歷下一層回溯樹，注意參數
        backtrack(nums, i + 1);
        // ...
    }
}
```

這個 `i` 從 `start` 開始,那麼下一層回溯樹就是從 `start + 1` 開始,從而保證 `nums[start]` 這個元素不會被重複使用:

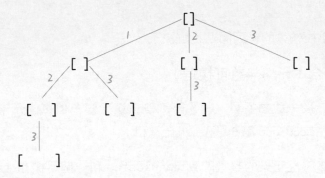

那麼反過來,如果我想讓每個元素被重複使用,我只要把 `i+1` 改成 `i` 即可:

```java
// 可重組合的回溯演算法框架
void backtrack(int[] nums, int start) {
    for (int i = start; i < nums.length; i++) {
        // ...
        // 遞迴遍歷下一層回溯樹,注意參數
        backtrack(nums, i);
        // ...
    }
}
```

這相當於給之前的回溯樹添加了一條樹枝,在遍歷這棵樹的過程中,一個元素可以被無限次使用:

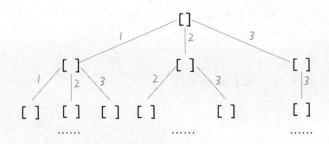

　　當然，這樣這棵回溯樹會永遠生長下去，所以我們的遞迴函式需要設置合適的 base case 以結束演算法，即路徑和大於 **target** 時就沒必要再遍歷下去了。這道題的解法程式如下：

```java
List<List<Integer>> res = new LinkedList<>();
// 記錄回溯的路徑
LinkedList<Integer> track = new LinkedList<>();
// 記錄 track 中的路徑和
int trackSum = 0;
public List<List<Integer>> combinationSum(int[] candidates, int target) {
    if (candidates.length == 0) {
        return res;
    }
    backtrack(candidates, 0, target);
    return res;
}


// 回溯演算法主函式
void backtrack(int[] nums, int start, int target) {
    // base case，找到目標和，記錄結果
    if (trackSum == target) {
        res.add(new LinkedList<>(track));
        return;
    }
    // base case，超過目標和，停止向下遍歷
    if (trackSum > target) {
        return;
    }

    // 回溯演算法標準框架
    for (int i = start; i < nums.length; i++) {
        // 選擇 nums[i]
        trackSum += nums[i];
        track.add(nums[i]);
        // 遞迴遍歷下一層回溯樹
        // 同一元素可重複使用，注意參數
        backtrack(nums, i, target);
        // 撤銷選擇 nums[i]
        trackSum -= nums[i];
```

```
        track.removeLast();
    }
}
```

七、排列（元素無重可複選）

LeetCode 上沒有類似的題目，我們不妨先想一下，`nums` 陣列中的元素無重複且可複選的情況下，會有哪些排列？

比如輸入 `nums = [1,2,3]`，那麼這種條件下的全排列共有 33 = 27 種：

```
[
    [1,1,1],[1,1,2],[1,1,3],[1,2,1],[1,2,2],[1,2,3],[1,3,1],[1,3,2],[1,3,3],
    [2,1,1],[2,1,2],[2,1,3],[2,2,1],[2,2,2],[2,2,3],[2,3,1],[2,3,2],[2,3,3],
    [3,1,1],[3,1,2],[3,1,3],[3,2,1],[3,8,2],[3,2,3],[3,3,1],[3,3,2],[3,3,3]
]
```

標準的全排列演算法利用 `used` 陣列進行剪枝，避免重複使用同一個元素。如果允許重複使用元素的話，直接去除所有 `used` 陣列的剪枝邏輯就行了。

那這個問題就簡單了，程式如下：

```java
List<List<Integer>> res = new LinkedList<>();
LinkedList<Integer> track = new LinkedList<>();

public List<List<Integer>> permuteRepeat(int[] nums) {
    backtrack(nums);
    return res;
}

// 回溯演算法核心函式
void backtrack(int[] nums) {
    // base case，到達葉子節點
    if (track.size() == nums.length) {
        // 收集葉子節點上的值
        res.add(new LinkedList(track));
        return;
    }
```

```
    // 回溯演算法標準框架
    for (int i = 0; i < nums.length; i++) {
        // 做選擇
        track.add(nums[i]);
        // 進入下一層回溯樹
        backtrack(nums);
        // 取消選擇
        track.removeLast();
    }
}
```

至此，排列、組合、子集問題的幾種變化就都講完了。

八、最後總結

來回顧一下排列、組合、子集問題的三種形式在程式上的區別，由於子集問題和組合問題本質上是一樣的，無非就是 base case 有一些區別，所以把這兩個問題放在一起看。

形式一，元素無重不可複選，即 nums 中的元素都是唯一的，每個元素最多只能被使用一次，backtrack 核心程式如下：

```
/* 組合、子集問題回溯演算法框架 */
void backtrack(int[] nums, int start) {
    // 回溯演算法標準框架
    for (int i = start; i < nums.length; i++) {
        // 做選擇
        track.addLast(nums[i]);
        // 注意參數
        backtrack(nums, i + 1);
        // 撤銷選擇
        track.removeLast();
    }
}

/* 排列問題回溯演算法框架 */
void backtrack(int[] nums) {
```

```java
    for (int i = 0; i < nums.length; i++) {
        // 剪枝邏輯
        if (used[i]) {
            continue;
        }
        // 做選擇
        used[i] = true;
        track.addLast(nums[i]);

        backtrack(nums);
        // 撤銷選擇
        track.removeLast();
        used[i] = false;
    }
}
```

形式二，元素可重不可複選，即 `nums` 中的元素可以存在重複，每個元素最多只能被使用一次，其關鍵在於排序和剪枝，`backtrack` 核心程式如下：

```java
Arrays.sort(nums);
/* 組合、子集問題回溯演算法框架 */
void backtrack(int[] nums, int start) {
    // 回溯演算法標準框架
    for (int i = start; i < nums.length; i++) {
        // 剪枝邏輯，跳過值相同的相鄰樹枝
        if (i > start && nums[i] == nums[i - 1]) {
            continue;
        }
        // 做選擇
        track.addLast(nums[i]);
        // 注意參數
        backtrack(nums, i + 1);
        // 撤銷選擇
        track.removeLast();
    }
}

Arrays.sort(nums);
```

```java
/* 排列問題回溯演算法框架 */ void backtrack(int[] nums) {
    for (int i = 0; i < nums.length; i++) {
        // 剪枝邏輯
        if (used[i]) {
            continue;
        }
        // 剪枝邏輯，固定相同的元素在排列中的相對位置
        if (i > 0 && nums[i] == nums[i - 1] && !used[i - 1]) {
            continue;
        }
        // 做選擇
        used[i] = true;
        track.addLast(nums[i]);

        backtrack(nums);
        // 撤銷選擇
        track.removeLast();
        used[i] = false;
    }
}
```

形式三，元素無重可複選，即 `nums` 中的元素都是唯一的，每個元素可以被使用若干次，只要刪掉去重邏輯即可，`backtrack` 核心程式如下：

```java
/* 組合、子集問題回溯演算法框架 */
void backtrack(int[] nums, int start) {
    // 回溯演算法標準框架
    for (int i = start; i < nums.length; i++) {
        // 做選擇
        track.addLast(nums[i]);
        // 注意參數
        backtrack(nums, i);
        // 撤銷選擇
        track.removeLast();
    }
}
/* 排列問題回溯演算法框架 */
void backtrack(int[] nums) {
```

```
for (int i = 0; i < nums.length; i++) {
    // 做選擇
    track.addLast(nums[i]);
    backtrack(nums);
    // 撤銷選擇
    track.removeLast();
}
}
```

只要從樹的角度思考，這些問題看似複雜多變，實則改改 base case 就能解決，這也是為什麼我在 **1.1 學習演算法和資料結構的框架思維**和 **1.6 一步步帶你刷二元樹（綱領）**中強調樹類型題目重要性的原因。

如果你能夠看到這裡，真得給你鼓掌，相信你以後遇到形形色色的演算法題，也能一眼看透它們的本質，以不變應萬變。另外，考慮到篇幅，本節並沒有對這些演算法進行複雜度的分析，你可以使用在 **4.1.3 演算法時空複雜度分析實用指南** 講到的複雜度分析方法嘗試自己分析它們的複雜度。

3.4.2 經典回溯演算法：集合劃分問題

讀完本節，你將不僅學到演算法策略，還可以順便解決以下題目：

698. 劃分為 k 個相等的子集（中等）

之前說過回溯演算法是筆試中最好用的演算法，只要你沒什麼想法，就用回溯演算法暴力求解，即使不能通過所有測試用例，多少能過一點。回溯演算法的技巧也不難，在 **1.4 回溯演算法解題策略框架**中講過，回溯演算法就是窮舉一棵決策樹的過程，只要在遞迴之前「做選擇」，在遞迴之後「撤銷選擇」就行了。

但是，就算暴力窮舉，不同的想法也有優劣之分。本節就來看一道非常經典的回溯演算法問題，LeetCode 第 698 題「劃分為 k 個相等的子集」。這道題可以幫你更深刻理解回溯演算法的思維，得心應手地寫出回溯函式。

題目非常簡單，給你輸入一個陣列 `nums` 和一個正整數 `k`，請你判斷 `nums` 是否能夠被平分為元素和相同的 `k` 個子集，函式名稱如下：

```
boolean canPartitionKSubsets(int[] nums, int k);
```

我們將在 **4.3.3 背包問題變形之子集分割** 詳細講解子集劃分問題，不過那道題只需要把集合劃分成兩個相等的集合，可以轉化成背包問題用動態規劃技巧解決。但是如果劃分成多個相等的集合，解法一般只能透過暴力窮舉，時間複雜度爆表，是練習回溯演算法和遞迴思維的好機會。

一、想法分析

首先，我們回顧一下以前學過的排列組合知識：

1. $P(n,k)$（也有很多書寫成 $A(n,k)$）表示從 n 個不同元素中拿出 k 個元素的排列（Permutation/Arrangement）；$C(n,k)$ 表示從 n 個不同元素中拿出 k 個元素的組合（Combination）總數。

2. 「排列」和「組合」的主要區別在於是否考慮順序的差異。

3. 排列、組合總數的計算公式如下：

$$P(n,k) = \frac{n!}{(n-k)!}$$

$$C(n,k) = \frac{n!}{k!(n-k)!}$$

好，現在我問一個問題，這個排列公式 $P(n,k)$ 是如何推導出來的？為了弄清楚這個問題，我需要講一點組合數學的知識。

3 一步步培養演算法思維

排列組合問題的各種變形都可以抽象成「球盒模型」，$P(n,k)$ 就可以抽象成下面這個場景：

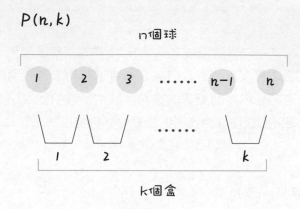

即，將 `n` 個標記了不同序號的球（標號為了表現順序的差異），放入 `k` 個標記了不同序號的盒子中（其中 `n >= k`，每個盒子最終都恰好裝有一個球），共有 $P(n,k)$ 種不同的方法。

現在你來往盒子裡放球，將怎麼放？其實有兩種角度。

首先，你可以站在盒子的角度， 每個盒子必然選擇一個球。這樣，第一個盒子可以選擇 `n` 個球中的任意一個，然後你需要讓剩下 `k - 1` 個盒子在 `n - 1` 個球中選擇：

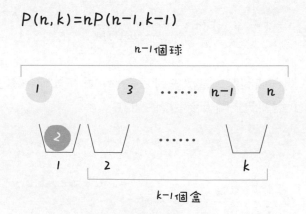

另外，你也可以站在球的角度，因為並不是每個球都會被裝進盒子，所以球的角度分兩種情況：

1. 第一個球可以不裝進任何一個盒子，這樣你就需要將剩下 `n - 1` 個球放入 `k` 個盒子。

2. 第一個球可以裝進 k 個盒子中的任意一個，這樣你就需要將剩下 `n - 1` 個球放入 `k - 1` 個盒子。

結合上述兩種情況，可以得到：

$$P(n,k)=P(n-1,k)+kP(n-1,k-1)$$

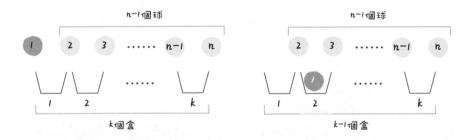

你看，兩種角度得到兩個不同的遞迴式，但這兩個遞迴式解開的結果都是我們熟知的階乘形式：

$$
\begin{aligned}
P(n,k) \\
&=nP(n-1,k-1) \\
&=P(n-1,k) + kP(n-1,k-1) \\
&= \frac{n!}{(n-k)!}
\end{aligned}
$$

至於如何解遞迴式，涉及數學的內容比較多，這裡就不做深入探討了，有興趣的讀者可以自行學習組合數學相關知識。

回到正題，這道演算法題讓我們求子集劃分，子集問題和排列組合問題有所區別，但我們可以參考「球盒模型」的抽象，用兩種不同的角度來解決這道子集劃分問題。

把裝有 n 個數字的陣列 nums 分成 k 個和相同的集合，你可以想像將 n 個數字分配到 k 個「桶」裡，最後這 k 個「桶」裡的數字之和要相同。

1.4 回溯演算法解題策略框架 講過，回溯演算法的關鍵在哪裡？關鍵是要知道怎麼「做選擇」，這樣才能利用遞迴函式進行窮舉。

那麼模仿排列公式的推導想法，將 n 個數字分配到 k 個桶裡，我們也可以有兩種角度：

角度一，如果我們切換到這 n 個數字的角度，每個數字都要選擇進入到 k 個桶中的某一個。

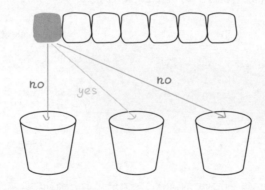

角度二，如果我們切換到這 k 個桶的角度，對於每個桶，都要遍歷 nums 中的 n 個數字，然後選擇是否將當前遍歷到的數字裝進自己這個桶裡。

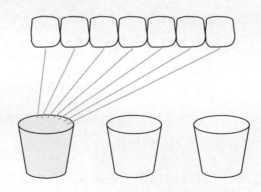

你可能問,這兩種角度有什麼不同?用不同的角度進行窮舉,雖然結果相同,但是解法程式的邏輯完全不同,進而演算法的效率也會不同;對比不同的窮舉角度,可以幫你更深刻地理解回溯演算法,我們慢慢道來。

二、以數字的角度

用 for 迴圈迭代遍歷 `nums` 陣列相信大家都會:

```java
for (int index = 0; index < nums.length; index++) {
    System.out.println(nums[index]);
}
```

遞迴遍歷陣列你會不會?其實也很簡單:

```java
void traverse(int[] nums, int index) {
    if (index == nums.length) {
        return;
    }
    System.out.println(nums[index]);
    traverse(nums, index + 1);
}
```

只要呼叫 `traverse(nums,0)`,和 for 迴圈的效果是完全一樣的。那麼回到這道題,以數字的角度,選擇 k 個桶,用 for 迴圈寫出來是下面這樣:

```java
// k 個桶(集合),記錄每個桶裝的數字之和
int[] bucket = new int[k];

// 窮舉 nums 中的每個數字
for (int index = 0; index < nums.length; index++) {
    // 窮舉每個桶
    for (int i = 0; i < k; i++) {
        // nums[index] 選擇是否要進入第 i 個桶
        // ...
    }
}
```

如果改成遞迴的形式，就是下面這段程式邏輯：

```
// k 個桶（集合），記錄每個桶裝的數字之和
int[] bucket = new int[k];

// 窮舉 nums 中的每個數字
void backtrack(int[] nums, int index) {
    // base case
    if (index == nums.length) {
        return;
    }
    // 窮舉每個桶
    for (int i = 0; i < bucket.length; i++) {
        // 選擇裝進第 i 個桶
        bucket[i] += nums[index];
        // 遞迴窮舉下一個數字的選擇
        backtrack(nums, index + 1);
        // 撤銷選擇
        bucket[i] -= nums[index];
    }
}
```

雖然上述程式僅是窮舉邏輯，還不能解決我們的問題，但是只要略加完善即可：

```
// 主函式
boolean canPartitionKSubsets(int[] nums, int k) {
    // 排除一些基本情況
    if (k > nums.length) return false; int sum = 0;
    for (int v : nums) sum += v;
    if (sum % k != 0) return false;

    // k 個桶（集合），記錄每個桶裝的數字之和
    int[] bucket = new int[k];
    // 理論上每個桶（集合）中數字的和
    int target = sum / k;
    // 窮舉，看看 nums 是否能劃分成 k 個和為 target 的子集
    return backtrack(nums, 0, bucket, target);
}
```

```java
// 遞迴窮舉 nums 中的每個數字
boolean backtrack(
    int[] nums, int index, int[] bucket, int target) {

    if (index == nums.length) {
        // 檢查所有桶的數字之和是否都是 target
        for (int i = 0; i < bucket.length; i++) {
            if (bucket[i] != target) {
                return false;
            }
        }
        // nums 成功平分成 k 個子集
        return true;
    }

    // 窮舉 nums[index] 可能載入的桶
    for (int i = 0; i < bucket.length; i++) {
        // 剪枝，桶裝滿了
        if (bucket[i] + nums[index] > target) {
            continue;
        }
        // 將 nums[index] 載入 bucket[i]
        bucket[i] += nums[index];
        // 遞迴窮舉下一個數字的選擇
        if (backtrack(nums, index + 1, bucket, target)) {
            return true;
        }
        // 撤銷選擇
        bucket[i] -= nums[index];
    }

    // nums[index] 載入哪個桶都不行
    return false;
}
```

有之前的鋪陳，相信這段程式是比較容易理解的，其實我們可以再做一個最佳化，主要看 `backtrack` 函式的遞迴部分：

```java
for (int i = 0; i < bucket.length; i++) {
    // 剪枝
    if (bucket[i] + nums[index] > target) {
        continue;
    }

    if (backtrack(nums, index + 1, bucket, target)) {
        return true;
    }
}
```

如果我們讓盡可能多的情況命中剪枝的那個 if 分支，就可以減少遞迴呼叫的次數，一定程度上減少時間複雜度。

如何盡可能多地命中這個 if 分支呢？要知道我們的 `index` 參數是從 0 開始遞增的，也就是遞迴地從 0 開始遍歷 `nums` 陣列。如果我們提前對 `nums` 陣列排序，把大的數字排在前面，那麼大的數字會先被分配到 `bucket` 中，對於之後的數字，`bucket[i] + nums[index]` 會更大，更容易觸發剪枝的 if 條件。

所以可以在之前的程式中再添加一些程式：

```java
boolean canPartitionKSubsets(int[] nums, int k) {
    // 其他程式不變
    // ...
    /* 降冪排序 nums 陣列 */
    Arrays.sort(nums);
    for (i = 0, j = nums.length - 1; i < j; i++, j--) {
        // 交換 nums[i] 和 nums[j]
        int temp = nums[i];
        nums[i] = nums[j];
        nums[j] = temp;
    }
    /******************/
    return backtrack(nums, 0, bucket, target);
}
```

　　鑑於 Java 的語言特性，這段程式透過先昇冪排序再反轉，達到降冪排列的目的。這個解法可以得到正確答案，但耗時比較多，已經無法透過所有測試用例了，接下來看看另一種角度的解法。

三、以桶的角度

　　本節開頭說了，以桶的角度進行窮舉，每個桶需要遍歷 nums 中的所有數字，決定是否把當前數字裝進桶中；當裝滿一個桶之後，還要裝下一個桶，直到所有桶都裝滿為止。

　　這個想法可以用下面這段程式表示出來：

```java
// 裝滿所有桶為止
while (k > 0) {
    // 記錄當前桶中的數字之和
    int bucket = 0;
    for (int i = 0; i < nums.length; i++) {
        // 決定是否將 nums[i] 放入當前桶中
        if (canAdd(bucket, num[i])) {
            bucket += nums[i];
        }
        if (bucket == target) {
            // 裝滿了一個桶，裝下一個桶
            k--;
            break;
        }
    }
}
```

　　那麼也可以把這個 while 迴圈改寫成遞迴函式，不過比剛才略微複雜一些，首先寫一個 backtrack 遞迴函式：

```java
boolean backtrack(int k, int bucket,
    int[] nums, int start, boolean[] used, int target);
```

　　不要被這麼多參數嚇到，我會一個個解釋這些參數。**如果你能夠透徹理解本節內容，就也能得心應手地寫出這樣的回溯函式。**

這個 `backtrack` 函式的參數可以這樣解釋:

現在 k 號桶正在思考是否應該把 `nums[start]` 這個元素裝進來;目前 k 號桶裡面已經裝的數字之和為 `bucket`;`used` 標識某一個元素是否已經被裝到桶中;`target` 是每個桶需要達成的目標和。

根據這個函式定義,可以這樣呼叫 `backtrack` 函式:

```
boolean canPartitionKSubsets(int[] nums, int k) {
    // 排除一些基本情況
    if (k > nums.length) return false;
    int sum = 0;
    for (int v : nums) sum += v;
    if (sum % k != 0) return false;

    boolean[] used = new boolean[nums.length];
    int target = sum / k;
    // k 號桶初始什麼都沒裝,從 nums[0] 開始做選擇
    return backtrack(k, 0, nums, 0, used, target);
}
```

實現 `backtrack` 函式的邏輯之前,再重複一遍,從桶的角度:

1. 需要遍歷 nums 中所有數字,決定哪些數字需要裝到當前桶中。

2. 如果當前桶裝滿了(桶內數字和達到 `target`),則讓下一個桶開始執行第 1 步。

下面的程式就實現了這個邏輯:

```
boolean backtrack(int k, int bucket,
    int[] nums, int start, boolean[] used, int target) {
    // base case
    if (k == 0) {
        // 所有桶都被裝滿了,而且 nums 一定全部用完了
        // 因為 target == sum / k
        return true;
    }
```

```
        if (bucket == target) {
            // 裝滿了當前桶，遞迴窮舉下一個桶的選擇
            // 讓下一個桶從 nums[0] 開始選數字
            return backtrack(k - 1, 0 ,nums, 0, used, target);
        }

        // 從 start 開始向後探查有效的 nums[i] 載入當前桶
        for (int i = start; i < nums.length; i++) {
            // 剪枝
            if (used[i]) {
                // nums[i] 已經被載入別的桶中
                continue;
            }
            if (nums[i] + bucket > target) {
                // 當前桶裝不下 nums[i]
                continue;
            }
            // 做選擇，將 nums[i] 載入當前桶中
            used[i] = true;
            bucket += nums[i];
            // 遞迴窮舉下一個數字是否載入當前桶
            if (backtrack(k, bucket, nums, i + 1, used, target)) {
                return true;
            }
            // 撤銷選擇
            used[i] = false;
            bucket -= nums[i];
        }
        // 窮舉了所有數字，都無法裝滿當前桶
        return false;
}
```

　　這段程式是可以得出正確答案的，但是效率很低，我們可以思考一下是否還有最佳化的空間。

　　首先，在這個解法中每個桶都可以認為是沒有差異的，但是我們的回溯演算法卻會對它們區別對待，這裡就會出現重複計算的情況。

這是什麼意思呢？我們的回溯演算法，說到底就是窮舉所有可能的組合，然後看是否能找出和為 `target` 的 k 個桶（子集）。

那麼，比以下面這種情況，`target = 5`，演算法會在第一個桶裡面裝 `1, 4`：

現在第一個桶裝滿了，就開始裝第二個桶，演算法會載入 `2,3`：

然後依此類推，對後面的元素進行窮舉，湊出若干個和為 5 的桶（子集）。但問題是，如果最後發現無法湊出和為 `target` 的 k 個子集，演算法會怎麼做？

回溯演算法會回溯到第一個桶，重新開始窮舉，現在它知道第一個桶裡裝 `1, 4` 是不可行的，它會嘗試把 `2, 3` 裝到第一個桶裡：

現在第一個桶裝滿了，就開始裝第二個桶，演算法會載入 `1, 4`：

好，到這裡你應該看出來問題了，這種情況其實和之前的那種情況是一樣的。也就是說，到這裡你其實已經知道不需要再窮舉了，必然湊不出來和為 `target` 的 k 個子集。但我們的演算法還是會傻乎乎地繼續窮舉，因為在它看來，第一個桶和第二個桶裡面裝的元素不一樣，這就是兩種不一樣的情況。

　　那怎麼讓演算法的「智商」提高，辨識出這種情況，避免容錯計算呢？注意這兩種情況的 used 陣列肯定長得一樣，所以 used 陣列可以認為是回溯過程中的「狀態」。

　　所以，我們可以用一個 memo 備忘錄，在裝滿一個桶時記錄當前 used 的狀態，如果當前 used 的狀態是曾經出現過的，那就不用再繼續窮舉了，從而造成剪枝避免容錯計算的作用。

　　有讀者肯定會問，used 是一個布林陣列，怎麼作為鍵進行儲存呢？這其實是小問題，有很多種解決方案，比如一種偷懶的解決方式是利用 Java 的 toString 方法把陣列轉化成字串，這樣就可以作為雜湊表的鍵進行儲存了。

　　看下程式實現，只要稍微改一下 backtrack 函式即可：

```java
// 備忘錄，儲存 used 陣列的狀態
HashMap<String, Boolean> memo = new HashMap<>();

boolean backtrack(int k, int bucket, int[] nums, int start, boolean[] used, int target) {
    // base case
    if (k == 0) {
        return true;
    }
    // 將 used 的狀態轉化成形如 [true, false, ...] 的字串
    // 便於存入 HashMap
    String state = Arrays.toString(used);

    if (bucket == target) {
        // 裝滿了當前桶，遞迴窮舉下一個桶的選擇
        boolean res = backtrack(k - 1, 0, nums, 0, used, target);
        // 將當前狀態和結果存入備忘錄
        memo.put(state, res);
        return res;
    }

    if (memo.containsKey(state)) {
        // 如果當前狀態曾經計算過，就直接傳回，不要再遞迴窮舉了
        return memo.get(state);
```

```
    }

    // 其他邏輯不變
}
```

　　這樣提交解法，發現執行效率依然比較低，這次不是因為演算法邏輯上的容錯計算，而是程式實現上的問題。

　　因為每次遞迴都要把 used 陣列轉化成字串，這對程式語言來說也是一個不小的消耗，所以還可以進一步最佳化。

　　注意題目給的資料規模 nums.length <= 16，也就是說 used 陣列最多也不會超過 16，那麼完全可以用「點陣圖」的技巧，用一個 int 類型的 used 變數來替代 used 陣列。

　　具體來說，可以用整數 used 的第 i 位元（(used >> i) & 1）的 1/0 來表示 used[i] 的 true/false。這樣一來，不僅節約了空間，而且整數 used 也可以直接作為鍵存入 HashMap，省去陣列轉字串的消耗。

　　看下最終的解法程式：

```java
public boolean canPartitionKSubsets(int[] nums, int k) {
    // 排除一些基本情況
    if (k > nums.length) return false;
    int sum = 0;
    for (int v : nums) sum += v;
    if (sum % k != 0) return false;

    int used = 0; // 使用點陣圖技巧
    int target = sum / k;
    // k 號桶初始什麼都沒裝，從 nums[0] 開始做選擇
    return backtrack(k, 0, nums, 0, used, target);
}

HashMap<Integer, Boolean> memo = new HashMap<>();

boolean backtrack(int k, int bucket,
                int[] nums, int start, int used, int target) {
```

```java
// base case
if (k == 0) {
    // 所有桶都被裝滿了，而且 nums 一定全部用完了
    return true;
}
if (bucket == target) {
    // 裝滿了當前桶，遞迴窮舉下一個桶的選擇
    // 讓下一個桶從 nums[0] 開始選數字
    boolean res = backtrack(k - 1, 0, nums, 0, used, target);
    // 快取結果
    memo.put(used, res);
    return res;
}

if (memo.containsKey(used)) {
    // 避免容錯計算
    return memo.get(used);
}

for (int i = start; i < nums.length; i++) {
    // 剪枝
    if (((used >> i) & 1) == 1) { // 判斷第 i 位是否是 1
        // nums[i] 已經被載入別的桶中
        continue;
    }
    if (nums[i] + bucket > target) {
        continue;
    }
    // 做選擇
    used |= 1 << i; // 將第 i 位置為 1
    bucket += nums[i];
    // 遞迴窮舉下一個數字是否載入當前桶
    if (backtrack(k, bucket, nums, i + 1, used, target)) {
        return true;
    }
    // 撤銷選擇
    used ^= 1 << i; // 使用互斥運算將第 i 位恢復為 0
    bucket -= nums[i];
}
```

```
    return false;
}
```

至此，這道題的第二種想法也完成了。

四、最後總結

本節寫的這兩種想法都可以算出正確答案，不過第一種解法即使經過了排序最佳化，也明顯比第二種解法慢很多，這是為什麼呢？

我們來分析一下這兩種演算法的時間複雜度，假設 `nums` 中的元素個數為 n。

先說第一種解法，也就是從數字的角度進行窮舉，n 個數字，每個數字有 k 個桶可供選擇，所以組合出的結果個數為 k^n，時間複雜度也就是 $O(k^n)$。

第二種解法，每個桶要遍歷 n 個數字，對每個數字有「載入」或「不載入」兩種選擇，所以組合的結果有種 2^n；而我們有 k 個桶，所以總的時間複雜度為 $O(k \times 2^n)$。

當然，這是對最壞複雜度上界的粗略估算，實際的複雜度肯定要好很多，畢竟我們添加了這麼多剪枝邏輯。 不過，從複雜度的上界已經可以看出第一種想法要慢很多了。

所以，誰說回溯演算法沒有技巧性的？雖然回溯演算法就是暴力窮舉，但窮舉也分聰明的窮舉方式和低效的窮舉方式，關鍵看你以誰的「角度」進行窮舉。

通俗來說，我們應該儘量「少量多次」，就是說寧可多做幾次選擇（乘法關係），也不要給太大的選擇空間（指數關係）；做 n 次「k 選一」僅重複一次（$O(k^n)$），比 n 次「二選一」重複 k 次（$O(k \times 2^n)$）效率低很多。

這道題我們從兩種角度進行窮舉，雖然程式量看起來多，但核心邏輯都是類似的，相信你透過本節能夠更深刻地理解回溯演算法。

3.4.3 DFS 演算法搞定島嶼系列題目

讀完本節，你將不僅學到演算法策略，還可以順便解決以下題目：

200. 島嶼數量（中等）	1254. 統計封閉島嶼的數目（中等）
1020. 飛地的數量（中等）	695. 島嶼的最大面積（中等）
1905. 統計子島嶼（中等）	694. 不同的島嶼數量（中等）

島嶼系列演算法問題是經典的面試高頻題，雖然基本的問題並不難，但是這類問題有一些有意思的擴展，比如求子島嶼數量，求形狀不同的島嶼數量，等等，本節就來把這些問題一網打盡。

島嶼系列題目的核心考點就是用 DFS/BFS 演算法遍歷二維陣列。本節主要講解如何用 DFS 演算法來搞定島嶼系列題目，不過用 BFS 演算法的核心想法是完全一樣的，無非就是把 DFS 改寫成 BFS。

那麼如何在二維矩陣中使用 DFS 搜尋呢？如果你把二維矩陣中的每一個位置看作一個節點，這個節點的上下左右四個位置就是相鄰節點，那麼整個矩陣就可以抽象成一幅網狀的「圖」結構。

根據第 1 章學習的框架思維，我們完全可以根據二元樹的遍歷框架改寫出二維矩陣的 DFS 程式框架：

```java
// 二元樹遍歷框架
void traverse(TreeNode root) {
    traverse(root.left);
    traverse(root.right);
}

// 二維矩陣遍歷框架
void dfs(int[][] grid, int i, int j, boolean[][] visited) {
    int m = grid.length, n = grid[0].length;
    if (i < 0 || j < 0 || i >= m || j >= n) {
        // 超出索引邊界
        return;
    }
```

```
    if (visited[i][j]) {
        // 已遍歷過 (i, j)
        return;
    }
    // 進入節點 (i, j)
    visited[i][j] = true;
    dfs(grid, i - 1, j, visited); // 上
    dfs(grid, i + 1, j, visited); // 下
    dfs(grid, i, j - 1, visited); // 左
    dfs(grid, i, j + 1, visited); // 右
}
```

因為二維矩陣本質上是一幅「圖」，所以遍歷的過程中需要一個 **visited** 布林陣列防止走回頭路，如果你能理解上面這段程式，那麼搞定所有島嶼系列題目都很簡單。

這裡額外說一個處理二維陣列的常用小技巧，你有時會看到使用「方向陣列」來處理上下左右的遍歷：

```
// 方向陣列，分別代表上下左右
int[][] dirs = new int[][]{{-1,0}, {1,0}, {0,-1}, {0,1}};

void dfs(int[][] grid, int i, int j, boolean[][] visited) {
    int m = grid.length, n = grid[0].length;
    if (i < 0 || j < 0 || i >= m || j >= n) {
        // 超出索引邊界
        return;
    }
    if (visited[i][j]) {
        // 已遍歷過 (i, j)
        return;
    }

    // 進入節點 (i, j)
    visited[i][j] = true;
    // 遞迴遍歷上下左右的節點
    for (int[] d : dirs) {
        int next_i = i + d[0];
        int next_j = j + d[1];
```

```
        dfs(grid, next_i, next_j, visited);
    }
    // 離開節點 (i, j)
}
```

這種寫法無非就是用 for 迴圈處理上下左右的遍歷罷了，你可以按照個人喜好選擇寫法。

一、島嶼數量

這是 LeetCode 第 200 題「島嶼數量」，最簡單也是最經典的一道問題，題目會輸入一個二維陣列 grid，其中只包含 0 或 1，0 代表海水，1 代表陸地，且假設該矩陣四周都是被海水包圍著的。我們說連成片的陸地形成島嶼，那麼請你寫一個演算法，計算這個矩陣 grid 中島嶼的個數，函式名稱如下：

```
int numIslands(char[][] grid);
```

比如題目給你輸入下面這個 grid 有四片島嶼，演算法應該傳回 4：

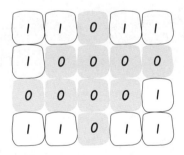

想法很簡單，關鍵在於如何尋找並標記「島嶼」，這就要 DFS 演算法發揮作用了，我們直接看解法程式：

```
// 主函式，計算島嶼數量
int numIslands(char[][] grid) {
    int res = 0;
    int m = grid.length, n = grid[0].length;
    // 遍歷 grid
    for (int i = 0; i < m; i++) {
```

```
        for (int j = 0; j < n; j++) {
            if (grid[i][j] == '1') {
                // 每發現一個島嶼，島嶼數量加一
                res++;
                // 然後使用 DFS 將島嶼淹了
                dfs(grid, i, j);
            }
        }
    }
    return res;
}

// 從 (i, j) 開始，將與之相鄰的陸地都變成海水
void dfs(char[][] grid, int i, int j) {
    int m = grid.length, n = grid[0].length;
    if (i < 0 || j < 0 || i >= m || j >= n) {
        // 超出索引邊界
        return;
    }
    if (grid[i][j] == '0') {
        // 已經是海水了
        return;
    }
    // 將 (i, j) 變成海水
    grid[i][j] = '0';
    // 淹沒上下左右的陸地
    dfs(grid, i + 1, j);
    dfs(grid, i, j + 1);
    dfs(grid, i - 1, j);
    dfs(grid, i, j - 1);
}
```

為什麼每次遇到島嶼，都要用 **DFS** 演算法把島嶼「淹了」呢？主要是為了省事，避免維護 visited 陣列。因為 dfs 函式遍歷到值為 0 的位置會直接傳回，所以只要把經過的位置都設置為 0，就可以造成不走回頭路的作用。

這個最基本的演算法問題就說到這裡，我們來看看後面的題目有什麼花樣。

二、封閉島嶼的數量

上一題講過可以認為二維矩陣四周也是被海水包圍的，所以靠邊的陸地也算作島嶼，而 LeetCode 第 1254 題「統計封閉島嶼的數目」和上一題有兩點不同：

1. 用 0 表示陸地，用 1 表示海水。

2. 讓你計算「封閉島嶼」的數目。所謂「封閉島嶼」就是上下左右全部被 1 包圍的 0，也就是說**靠邊的陸地不算作「封閉島嶼」**。

比如題目給你輸入以下這個二維矩陣：

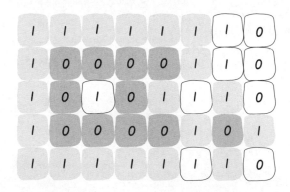

演算法傳回 2，只有圖中灰色部分的 0 是四周全都被海水包圍著的「封閉島嶼」，函式簽名如下：

```
int closedIsland(int[][] grid)
```

那麼如何判斷「封閉島嶼」呢？其實很簡單，把上一題中那些靠邊的島嶼排除掉，剩下的不就是「封閉島嶼」了嗎？

有了這個想法，就可以直接看程式了，注意這題規定 0 表示陸地，用 1 表示海水：

```
// 主函式：計算封閉島嶼的數量
int closedIsland(int[][] grid) {
    int m = grid.length, n = grid[0].length;
    for (int j = 0; j < n; j++) {
```

```
        // 把靠上邊的島嶼淹掉
        dfs(grid, 0, j);
        // 把靠下邊的島嶼淹掉
        dfs(grid, m - 1, j);
    }
    for (int i = 0; i < m; i++) {
        // 把靠左邊的島嶼淹掉
        dfs(grid, i, 0);
        // 把靠右邊的島嶼淹掉
        dfs(grid, i, n - 1);
    }
    // 遍歷 grid，剩下的島嶼都是封閉島嶼
    int res = 0;
    for (int i = 0; i < m; i++) {
        for (int j = 0; j < n; j++) {
            if (grid[i][j] == 0) {
                res++;
                dfs(grid, i, j);
            }
        }
    }
    return res;
}

// 從 (i, j) 開始，將與之相鄰的陸地都變成海水
void dfs(int[][] grid, int i, int j) {
    int m = grid.length, n = grid[0].length;
    if (i < 0 || j < 0 || i >= m || j >= n) {
        return;
    }
    if (grid[i][j] == 1) {
        // 已經是海水了
        return;
    }
    // 將 (i, j) 變成海水
    grid[i][j] = 1;
    // 淹沒上下左右的陸地
    dfs(grid, i + 1, j);
    dfs(grid, i, j + 1);
    dfs(grid, i - 1, j);
```

```
        dfs(grid, i, j - 1);
}
```

只要提前把靠邊的陸地都淹掉，然後算出來的就是封閉島嶼了。

注意：處理這類島嶼題目除了 DFS/BFS 演算法之外，Union-Find 演算法也是一種可選的方法。

這道島嶼題目的解法稍微改改就可以解決 LeetCode 第 1020 題「飛地的數量」，這題不讓你求封閉島嶼的數量，而是求封閉島嶼的面積總和。其實想法都是一樣的，先把靠邊的陸地淹掉，然後去數剩下的陸地數量就行了，注意第 1020 題中 1 代表陸地，0 代表海水：

```
int numEnclaves(int[][] grid) {
    int m = grid.length, n = grid[0].length;
    // 淹掉靠邊的陸地
    for (int i = 0; i < m; i++) {
        dfs(grid, i, 0);
        dfs(grid, i, n - 1);
    }
    for (int j = 0; j < n; j++) {
        dfs(grid, 0, j);
        dfs(grid, m - 1, j);
    }

    // 數一數剩下的陸地
    int res = 0;
    for (int i = 0; i < m; i++) {
        for (int j = 0; j < n; j++) {
            if (grid[i][j] == 1) {
                res += 1;
            }
        }
    }

    return res;
}

// 和之前的實現類似
```

```
void dfs(int[][] grid, int i, int j) {
    // ...
}
```

篇幅所限，具體程式就不寫了，我們繼續看其他的島嶼題目。

三、島嶼的最大面積

這是 LeetCode 第 695 題「島嶼的最大面積」，0 表示海水，1 表示陸地，現在不讓你計算島嶼的個數了，而是讓你計算最大的那個島嶼的面積，函式名稱如下：

```
int maxAreaOfIsland(int[][] grid)
```

比如題目給你輸入以下一個二維矩陣：

其中面積最大的是灰色的島嶼，演算法傳回它的面積 6。

這道題的大體想法和之前完全一樣，只不過 dfs 函式淹沒島嶼的同時，還應該想辦法記錄這個島嶼的面積。

　　我們可以給 `dfs` 函式設置傳回值，記錄每次淹沒的陸地的個數，直接看解法吧：

```java
int maxAreaOfIsland(int[][] grid) {
    // 記錄島嶼的最大面積
    int res = 0;
    int m = grid.length, n = grid[0].length;
    for (int i = 0; i < m; i++) {
        for (int j = 0; j < n; j++) {
            if (grid[i][j] == 1) {
                // 淹沒島嶼，並更新最大島嶼面積
                res = Math.max(res, dfs(grid, i, j));
            }
        }
    }
    return res;
}

// 淹沒與 (i, j) 相鄰的陸地，並傳回淹沒的陸地面積
int dfs(int[][] grid, int i, int j) {
    int m = grid.length, n = grid[0].length;
    if (i < 0 || j < 0 || i >= m || j >= n) {
        // 超出索引邊界
        return 0;
    }
    if (grid[i][j] == 0) {
        // 已經是海水了
        return 0;
    }
    // 將 (i, j) 變成海水
    grid[i][j] = 0;

    return dfs(grid, i + 1, j)
        + dfs(grid, i, j + 1)
        + dfs(grid, i - 1, j)
        + dfs(grid, i, j - 1) + 1;
}
```

解法和之前相比差不多，這裡也不多說了，接下來的兩道島嶼題目是比較有技巧性的，我們重點來看一下。

四、子島嶼數量

如果說前面的題目都是範本題，那麼 LeetCode 第 1905 題「統計子島嶼」可能得動動腦子了，題目描述如下：

給你輸入兩個只包含 0 和 1 的矩陣 grid1 和 grid2，其中 0 表示水域，1 表示陸地。如果 grid2 的島嶼的每一個格子都被 grid1 中同一個島嶼完全包含，那麼我們稱 grid2 中的這個島嶼為子島嶼。請你計算 grid2 中子島嶼的數目。

比如輸入的 grid1 和 grid2 分別為：

```
[[1,1,1,0,0],            [[1,1,1,0,0],
 [0,1,1,1,1],             [0,0,1,1,1],
 [0,0,0,0,0],             [0,1,0,0,0],
 [1,0,0,0,0],             [1,0,1,1,0],
 [1,1,0,1,1]]             [0,1,0,1,0]]
```

那麼你的演算法應該傳回 3，grid2 中有 3 個子島嶼，以下圖所示：

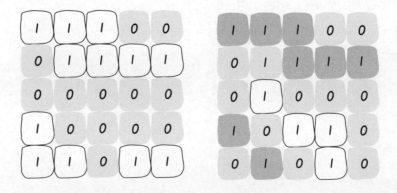

這道題的關鍵在於，如何快速判斷子島嶼。肯定可以借助 Union-Find 並查集演算法來判斷，不過本節重點在 DFS 演算法，就不展開並查集演算法了。

什麼情況下 `grid2` 中的島嶼 B 是 `grid1` 中的島嶼 A 的子島？當島嶼 B 中所有陸地在島嶼 A 中也是陸地的時候，島嶼 B 是島嶼 A 的子島。

反過來說，如果島嶼 B 中存在一片陸地，在島嶼 A 的對應位置是海水，那麼島嶼 B 就不是島嶼 A 的子島。

那麼，我們只要遍歷 `grid2` 中的所有島嶼，把那些不可能是子島的島嶼排除掉，剩下的就是子島。依據這個想法，可以直接寫出下面的程式：

```
int countSubIslands(int[][] grid1, int[][] grid2) {
    int m = grid1.length, n = grid1[0].length;
    for (int i = 0; i < m; i++) {
        for (int j = 0; j < n; j++) {
            if (grid1[i][j] == 0 && grid2[i][j] == 1) {
                // 這個島嶼肯定不是子島，淹掉
                dfs(grid2, i, j);
            }
        }
    }
    // 現在 grid2 中剩下的島嶼都是子島，計算島嶼數量
    int res = 0;
    for (int i = 0; i < m; i++) {
        for (int j = 0; j < n; j++) {
            if (grid2[i][j] == 1) {
                res++;
                dfs(grid2, i, j);
            }
        }
    }
    return res;
}

// 從 (i, j) 開始，將與之相鄰的陸地都變成海水
void dfs(int[][] grid, int i, int j) {
    int m = grid.length, n = grid[0].length;
    if (i < 0 || j < 0 || i >= m || j >= n) {
        return;
    }
    if (grid[i][j] == 0) {
```

```
        return;
    }

    grid[i][j] = 0;
    dfs(grid, i + 1, j);
    dfs(grid, i, j + 1);
    dfs(grid, i - 1, j);
    dfs(grid, i, j - 1);
}
```

這道題的想法和計算「封閉島嶼」數量的想法有些類似，只不過後者排除那些靠邊的島嶼，前者排除那些不可能是子島的島嶼。

五、不同的島嶼數量

LeetCode 第 694 題「不同的島嶼數量」是本節的最後一道島嶼題目，作為壓軸題，當然是最有意思的。題目還是輸入一個二維矩陣，0 表示海水，1 表示陸地，這次讓你計算不同的（distinct）島嶼數量，函式名稱如下：

```
int numDistinctIslands(int[][] grid)
```

比如題目輸入下面這個二維矩陣：

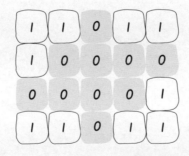

其中有四個島嶼，但是左下角和右上角的島嶼形狀相同，所以不同的島嶼共有三個，演算法傳回 3。

很顯然我們要想辦法把二維矩陣中的「島嶼」進行轉化，變成比如字串這樣的類型，然後利用 `HashSet` 這樣的資料結構去重，最終得到不同的島嶼的個數。

如果想把島嶼轉化成字串，說穿了就是序列化，序列化說穿了就是遍歷嘛，**3.1.3 一步步帶你刷二元樹（序列化篇）** 講了二元樹和字串互轉，這裡也是類似的。

首先，對於形狀相同的島嶼，如果從同一起點出發，dfs 函式遍歷的順序肯定是一樣的。 因為遍歷順序是寫死在你的遞迴函式裡面的，不會動態改變：

```
void dfs(int[][] grid, int i, int j) {
    // 遞迴順序：
    dfs(grid, i - 1, j); // 上
    dfs(grid, i + 1, j); // 下
    dfs(grid, i, j - 1); // 左
    dfs(grid, i, j + 1); // 右
}
```

所以，遍歷順序從某種意義上說就可以用來描述島嶼的形狀，比以下圖這兩個島嶼：

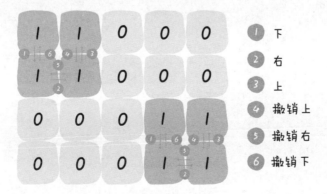

如果分別用 `1, 2, 3, 4` 代表上下左右，用 `-1, -2, -3, -4` 代表上下左右的撤銷，那麼可以這樣表示它們的遍歷順序：

```
2, 4, 1, -1, -4, -2
```

你看，這就相當於島嶼序列化的結果，只要每次使用 `dfs` 遍歷島嶼的時候生成這串數字進行比較，就可以計算到底有多少個不同的島嶼了。

注意：必須記錄撤銷操作。比如「下，右，撤銷右，撤銷下「和」下，撤銷下，右，撤銷右」顯然是兩個不同的遍歷順序，但如果不記錄撤銷操作，那麼它倆都是「下，右」，成了相同的遍歷順序，顯然是不對的。

我們需要稍微改造 `dfs` 函式，添加一些函式參數以便記錄遍歷順序：

```java
void dfs(int[][] grid, int i, int j, StringBuilder sb, int dir) {
    int m = grid.length, n = grid[0].length;
    if (i < 0 || j < 0 || i >= m || j >= n
        || grid[i][j] == 0) {
        return;
    }
    // 前序遍歷位置：進入 (i, j)
    grid[i][j] = 0;
    sb.append(dir).append(',');

    dfs(grid, i - 1, j, sb, 1); // 上
    dfs(grid, i + 1, j, sb, 2); // 下
    dfs(grid, i, j - 1, sb, 3); // 左
    dfs(grid, i, j + 1, sb, 4); // 右

    // 後序遍歷位置：離開 (i, j)
    sb.append(-dir).append(',');
}
```

dir 記錄方向，dfs 函式遞迴結束後，sb 記錄著整個遍歷順序，其實這就是 **1.4 回溯演算法解題策略框架** 說到的回溯演算法框架，你看到頭來這些演算法都是相通的。

有了這個 dfs 函式就好辦了，我們可以直接寫出最後的解法程式：

```java
int numDistinctIslands(int[][] grid) {
    int m = grid.length, n = grid[0].length;
    // 記錄所有島嶼的序列化結果
    HashSet<String> islands = new HashSet<>();
    for (int i = 0; i < m; i++) {
    for (int j = 0; j < n; j++) {
            if (grid[i][j] == 1) {
                // 淹掉這個島嶼，同時儲存島嶼的序列化結果
                StringBuilder sb = new StringBuilder();
                // 初始的方向可以隨便寫，不影響正確性
                dfs(grid, i, j, sb, 666);
                islands.add(sb.toString());
            }
        }
    }
    // 不相同的島嶼數量
    return islands.size();
}
```

這樣，這道題就解決了，至於為什麼初始呼叫 dfs 函式時的 dir 參數可以隨意寫，因為這個 dfs 函式實際上是回溯演算法，它關注的是「樹枝」而非「節點」，**3.3.1 圖論演算法基礎**已講過具體的區別，這裡就不贅述了。以上就是全部島嶼系列題目的解題想法，也許前面的題目大部分人會做，但是最後兩題還是比較巧妙的，希望能對你有所幫助。

3.4.4 BFS 演算法解決智力遊戲

讀完本節，你將不僅學到演算法策略，還可以順便解決以下題目：

773. 滑動謎題（困難）

滑動拼圖遊戲大家應該都玩過，下圖是一個 4×4 的滑動拼圖：

拼圖中有一個格子是空的，可以利用這個空著的格子移動其他數字。你需要透過移動這些數字，得到某個特定排列順序，這樣就算贏了。

我小時候還玩過一款叫作「華容道」的益智遊戲，也和滑動拼圖比較類似：

實際上，滑動拼圖遊戲也叫數字華容道，你看它倆很相似。

那麼這種遊戲怎麼玩呢？我記得是有一些策略的，類似於魔方還原公式。但是本節不來研究讓人頭禿的技巧，**這些益智遊戲通通可以用暴力搜尋演算法解決，所以我們就學以致用，用 BFS 演算法框架來搞定這些遊戲。**

一、題目解析

LeetCode 第 773 題「滑動謎題」就是這個問題，題目的要求如下：

給你一個 2×3 的滑動拼圖，用一個 2×3 的陣列 board 表示。拼圖中有數字 0~5 共 6 個數，其中**數字 0 就表示那個空著的格子**，你可以移動其中的數字，當 board 變為 [[1,2,3],[4,5,0]] 時，贏得遊戲。

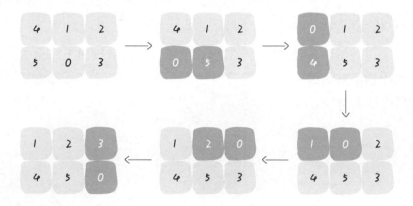

請你寫一個演算法，計算贏得遊戲需要的最少移動次數，如果不能贏得遊戲，傳回 -1。比如輸入二維陣列 board = [[4,1,2],[5,0,3]]，演算法應該傳回 5：

如果輸入的是 board = [[1,2,3],[5,4,0]]，則演算法傳回 -1，因為這種局面下無論如何都不能贏得遊戲。

二、想法分析

對於這種計算最小步數的問題，我們就要敏感地想到 BFS 演算法。這個題目轉化成 BFS 問題是有一些技巧的，我們面臨以下問題：

1. 一般的 BFS 演算法，是從一個起點 `start` 開始，向終點 `target` 進行尋路，但是拼圖問題不是在尋路，而是在不斷交換數字，這應該怎麼轉化成 BFS 演算法問題呢？

2. 即使這個問題能夠轉化成 BFS 問題，如何處理起點 `start` 和終點 `target`？可它們都是陣列，把陣列放進佇列，套 BFS 框架，想想就比較麻煩且低效。

首先回答第一個問題，**BFS 演算法並不只是一個尋路演算法，而是一種暴力搜尋演算法**，只要涉及暴力窮舉的問題，BFS 就可以用，而且可以最快地找到答案。

你想想電腦是怎麼解決問題的，哪有那麼多特殊技巧，本質上就是把所有可行解暴力窮列出來，然後從中找到一個最佳解罷了。

明白了這個道理，我們的問題就轉化成了：**如何窮列出 board 當前局面下可能衍生出的所有局面？** 這就簡單了，看數字 0 的位置，和上下左右的數字進行交換就行了：

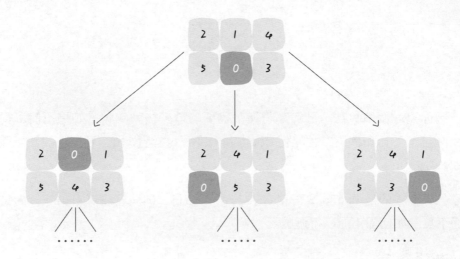

這樣其實就是一個 BFS 問題，每次先找到數字 0，然後和周圍的數字進行交換，形成新的局面加入佇列……當第一次到達 `target` 時，就獲得了贏得遊戲的最少步數。

對於第二個問題，我們這裡的 board 僅是 2×3 的二維陣列，所以可以壓縮成一個一維字串。**其中比較有技巧性的點在於，二維陣列有「上下左右」的概念，壓縮成一維後，如何得到某一個索引上下左右的索引？**

對於這道題，輸入的陣列大小都是 2×3，所以可以直接手動寫出來這個映射：

```java
// 記錄一維字串的相鄰索引
int[][] neighbor = new int[][]{
      {1, 3},
      {0, 4, 2},
      {1, 5},
      {0, 4},
      {3, 1, 5},
      {4, 2}
};
```

neighbor 陣列的含義就是，在一維字串中，索引 i 在二維陣列中的相鄰索引為 neighbor[i]：

那麼對於一個 m×n 的二維陣列，手寫它的一維索引映射肯定不現實了，如何用程式生成它的一維索引映射呢？

觀察上圖就能發現，如果二維陣列中的某個元素 e 在一維陣列中的索引為 i，那麼 e 的左右相鄰元素在一維陣列中的索引就是 i - 1 和 i + 1，而 e 的上下相鄰元素在一維陣列中的索引就是 i - n 和 i + n，其中 n 為二維陣列的列數。

這樣，對於 **m×n** 的二維陣列，可以寫一個函式來生成它的 `neighbor` 索引映射：

```java
int[][] generateNeighborMapping(int m, int n) {
    int[][] neighbor = new int[m * n][];
    for (int i = 0; i < m * n; i++) {
        List<Integer> neighbors = new ArrayList<>();

        // 如果不是第一列，有左側鄰居
        if (i % n != 0) neighbors.add(i - 1);
        // 如果不是最後一列，有右側鄰居
        if (i % n != n - 1) neighbors.add(i + 1);
        // 如果不是第一行，有上方鄰居
        if (i - n >= 0) neighbors.add(i - n);
        // 如果不是最後一行，有下方鄰居
        if (i + n < m * n) neighbors.add(i + n);

        // Java 語言特性，將 List 類型轉為 int[] 陣列
        neighbor[i] = neighbors.stream().mapToInt(Integer::intValue).toArray();
    }
    return neighbor;
}
```

至此，我們就把這個問題完全轉化成標準的 BFS 問題了，借助 **1.5 BFS 演算法解題策略框架**的程式框架，就可以直接套出解法程式：

```java
public int slidingPuzzle(int[][] board) {
    int m = 2, n = 3;
    StringBuilder sb = new StringBuilder();
    String target = "123450";
    // 將 2×3 的陣列轉化成字串作為 BFS 的起點
    for (int i = 0; i < m; i++) {
        for (int j = 0; j < n; j++) {
            sb.append(board[i][j]);
        }
    }
    String start = sb.toString();

    // 記錄一維字串的相鄰索引
```

```java
int[][] neighbor = new int[][]{
        {1, 3},
        {0, 4, 2},
        {1, 5},
        {0, 4},
        {3, 1, 5},
        {4, 2}
};

/******* BFS 演算法框架開始 *******/
Queue<String> q = new LinkedList<>();
HashSet<String> visited = new HashSet<>();
// 從起點開始 BFS 搜尋
q.offer(start);
visited.add(start);

int step = 0;
while (!q.isEmpty()) {
    int sz = q.size();
    for (int i = 0; i < sz; i++) {
        String cur = q.poll();
        // 判斷是否達到目標局面
        if (target.equals(cur)) {
            return step;
        }
        // 找到數字 0 的索引
        int idx = 0;
        for (; cur.charAt(idx) != '0'; idx++) ;
        // 將數字 0 和相鄰的數字交換位置
        for (int adj : neighbor[idx]) {
            String new_board = swap(cur.toCharArray(), adj, idx);
            // 防止走回頭路
            if (!visited.contains(new_board)) {
                q.offer(new_board);
                visited.add(new_board);
            }
        }
    }
    step++;
```

```
    }
    /******* BFS 演算法框架結束 *******/
    return -1;
}

private String swap(char[] chars, int i, int j) {
    char temp = chars[i];
    chars[i] = chars[j];
    chars[j] = temp;
    return new String(chars);
}
```

　　至此，這道題目就解決了，其實框架完全沒有變，策略都是一樣的，我們只是花了比較多的時間將滑動拼圖遊戲轉化成 BFS 演算法。

　　很多益智遊戲都是這樣的，雖然看起來特別巧妙，但都架不住暴力窮舉，常用的演算法就是回溯演算法或 BFS 演算法。

第 **4** 章

一步步刷動態規劃

　　相信很多讀者對動態規劃害怕久已，且不說動態規劃的題目不好做，甚至有時候即使給你看解法程式，都不是很容易看懂。為什麼會這樣呢？

　　因為動態規劃有固定的一套步驟，一般是從暴力遞迴解法開始的，你需要首先寫出暴力遞迴解法，然後可以用備忘錄消除重疊子問題，寫出自頂向下附帶備忘錄的遞迴解法，再進一步改寫成自底向上迭代的解法程式。如果你跳過前面的步驟，直接看最後一步自底向上的迭代解法，那當然會傻了。

在第 1 章的核心框架中你已經學會了給暴力遞迴解法加備忘錄、改迭代解法的技巧，可是這些最佳化屬於標準策略，而動態規劃最難的部分恰恰就在於這個暴力解法怎麼寫，也就是我們常說的狀態轉移方程式怎麼寫。

想快速找到一個問題的狀態轉移關係，就要用到上一章講二元樹時說到的「分解問題」的想法了。本章列舉一些經典且不失趣味性的動態規劃題目，帶你全面掌握動態規劃的解題技巧。

4.1 動態規劃核心原理

在第 1 章我們講了動態規劃的通用解題步驟，本節將對動態規劃演算法中的一些技術細節進行深入探討，並列出一套實用的演算法複雜度分析方法。

4.1.1 base case 和備忘錄的初始值怎麼定

讀完本節，你將不僅學到演算法策略，還可以順便解決以下題目：

931. 下降路徑最小和（中等）

很多讀者對動態規劃問題的 base case、備忘錄初始值等問題存在疑問，本節就專門講一講這類問題，順便講一講怎麼透過題目的蛛絲馬跡揣測出題人的小心思，輔助我們解題。

看下 LeetCode 第 931 題「下降路徑最小和」，輸入為一個 n×n 的二維陣列 `matrix`，請你計算從第一行落到最後一行，經過的路徑和最小為多少，函式名稱如下：

```
int minFallingPathSum(int[][] matrix);
```

就是說你可以站在 `matrix` 的第一行的任意一個元素，需要下降到最後一行。每次下降，可以向下、向左下、向右下三個方向移動一格。也就是說，可以從 `matrix[i][j]` 降到 `matrix[i+1][j]` 或 `matrix[i+1][j-1]` 或 `matrix[i+1][j+1]` 三個位置。

請你計算下降的「最小路徑和」，比如題目給你輸入以下 `matrix` 陣列：

```
[[2,1,3],
 [6,5,4],
 [7,8,9]]
```

那麼最小下降路徑和為 13，即 `1 -> 5 -> 7` 或 `1 -> 4 -> 8` 這兩條路徑。

我們借這道題來講講 base case 的傳回值、備忘錄的初始值、索引越界情況的傳回值如何確定，不過還是要透過 1.3 節講過的動態規劃解題策略框架介紹這道題的解題想法，首先定義一個 `dp` 函式：

```
int dp(int[][] matrix, int i, int j);
```

這個 `dp` 函式的定義如下：

從第一行（`matrix[0][..]`）向下落，落到位置 `matrix[i][j]` 的最小路徑和為 `dp(matrix, i, j)`。

根據這個定義，我們可以把主函式的邏輯寫出來：

```
int minFallingPathSum(int[][] matrix) {
    int n = matrix.length;
    int res = Integer.MAX_VALUE;

    // 終點可能在最後一行的任意一列
    for (int j = 0; j < n; j++) {
        res = Math.min(res, dp(matrix, n - 1, j));
    }

    return res;
}
```

因為可能落到最後一行的任意一列，所以要窮舉，看看落到哪一列才能得到最小的路徑和。

接下來看看 `dp` 函式如何實現，對於 `matrix[i][j]`，只有可能從 `matrix[i-1][j]`, `matrix[i-1][j-1]`, `matrix[i-1][j+1]` 這三個位置轉移過來：

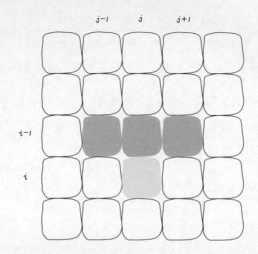

那麼，只要知道到達 `(i-1, j)`,`(i-1, j-1)`,`(i-1, j+1)` 這三個位置的最小路徑和，加上 `matrix[i][j]` 的值，就能夠計算出來到達位置 `(i, j)` 的最小路徑和：

```
int dp(int[][] matrix, int i, int j) {
    // 非法索引檢查
    if (i < 0 || j < 0 ||
        i >= matrix.length ||
        j>= matrix[0].length) {
        // 傳回一個特殊值
        return 99999;
    }
    // base case
    if (i == 0) {
        return matrix[i][j];
    }
    // 狀態轉移
    return matrix[i][j] + min(
        dp(matrix, i - 1, j),
        dp(matrix, i - 1, j - 1),
            dp(matrix, i - 1, j + 1)
```

```
        );
    }

int min(int a, int b, int c) {
    return Math.min(a, Math.min(b, c));
}
```

當然，上述程式是暴力窮舉解法，我們可以用備忘錄的方法消除重疊子問題，完整程式如下：

```
int minFallingPathSum(int[][] matrix) {
    int n = matrix.length;
    int res = Integer.MAX_VALUE;
    // 備忘錄裡的值初始化為 66666
    memo = new int[n][n];
    for (int i = 0; i < n; i++) {
        Arrays.fill(memo[i], 66666);
    }
    // 終點可能在 matrix[n-1] 的任意一列
    for (int j = 0; j < n; j++) {
        res = Math.min(res, dp(matrix, n - 1, j));
    }
    return res;
}

// 備忘錄
int[][] memo;

int dp(int[][] matrix, int i, int j) {
    // 1. 索引合法性檢查
    if (i < 0 || j < 0 ||
        i>= matrix.length ||
        j>= matrix[0].length) {

        return 99999;
    }
    // 2. base case
    if (i == 0) {
        return matrix[0][j];
```

```
    }
    // 3. 查詢備忘錄，防止重複計算
    if (memo[i][j] != 66666) {
        return memo[i][j];
    }
    // 進行狀態轉移
    memo[i][j] = matrix[i][j] + min(
            dp(matrix, i - 1, j),
            dp(matrix, i - 1, j - 1),
            dp(matrix, i - 1, j + 1)
        );
    return memo[i][j];
}

int min(int a, int b, int c) {
    return Math.min(a, Math.min(b, c));
}
```

如果看過之前的動態規劃核心框架，這個解題想法應該是非常容易理解的。**那麼本節對於這個 dp 函式仔細探討三個問題：**

1. 對於索引的合法性檢測，傳回值為什麼是 99999？其他的值行不行？

2. base case 為什麼是 `i == 0`？

3. 備忘錄 memo 的初始值為什麼是 66666？其他值行不行？

首先，說說 base case 為什麼是 `i==0`，傳回值為什麼是 `matrix[0][j]`，這是根據 dp 函式的定義所決定的。

回顧我們的 dp 函式定義：

從第一行（`matrix[0][..]`）向下落，落到位置 `matrix[i][j]` 的最小路徑和為 `dp(matrix, i, j)`。

根據這個定義，我們就是從 `matrix[0][j]` 開始下落。那如果想落到的目的地就是 `i == 0`，所需的路徑和當然就是 `matrix[0][j]`。

再說說備忘錄 memo 的初始值為什麼是 66666，這是由題目列出的資料範圍決定的。

備忘錄 memo 陣列的作用是什麼？就是防止重複計算，將 dp(matrix, i, j) 的計算結果存進 memo[i][j]，遇到重複計算可以直接傳回。

那麼，我們必須知道 memo[i][j] 到底有沒有儲存計算結果，對吧？如果存結果了，就直接傳回；沒存，就去遞迴計算。所以，memo 的初始值一定要是特殊值，和合法的答案有所區分。

我們回過頭看看題目列出的資料範圍：

matrix 是 n×n 的二維陣列，其中 1<=n<=100；對於二維陣列中的元素，有 -100 <= matrix[i][j] <= 100。

假設 matrix 的大小是 100×100，所有元素都是 100，那麼從第一行往下落，得到的路徑和就是 100×100 = 10000，也就是最大的合法答案。

同理，依然假設 matrix 的大小是 100×100，所有元素是 -100，那麼從第一行往下落，就獲得了最小的合法答案 -100×100 = -10000。

也就是說，這個問題的合法結果會落在區間 [-10000, 10000] 中。所以，memo 的初始值就要避開區間 [-10000, 10000]，換句話說，memo 的初始值只要在區間 (-inf,-10001) U [10001, +inf) 中就可以。

最後，說說對於不合法的索引，傳回值應該如何確定，這需要根據狀態轉移方程式的邏輯確定。

對於這道題，狀態轉移的基本邏輯如下：

```
int dp(int[][] matrix, int i, int j) {

    return matrix[i][j] + min(
        dp(matrix, i - 1, j),
        dp(matrix, i - 1, j - 1),
        dp(matrix, i - 1, j + 1)
    );
}
```

顯然，`i - 1, j - 1, j + 1` 這幾個運算可能會造成索引越界，對於索引越界的 `dp` 函式，應該傳回一個不可能被取到的值。因為我們呼叫的是 `min` 函式，最終傳回的值是最小值，所以對於不合法的索引，只要 `dp` 函式傳回一個永遠不會被取到的最大值即可。

剛才說了，合法答案的區間是 `[-10000, 10000]`，所以我們的傳回值只要大於 10000 就相當於一個永不會取到的最大值。換句話說，只要傳回區間 `[10001, +inf)` 中的值，就能保證不會被取到。

至此，我們就把動態規劃相關的三個細節問題舉例說明了。

拓展延伸一下，建議大家做題時，除了題意本身，一定不要忽視題目給定的其他資訊。

本節舉的例子，測試用例資料範圍可以確定「什麼是特殊值」，從而幫助我們將想法轉化成程式。

除此之外，資料範圍還可以幫我們估算演算法的時間／空間複雜度。

比如，有的演算法題給的資料規模很小，沒有超過 20，那麼說明這個題的解法必然是用回溯演算法暴力窮舉，不用再考慮其他巧妙的解法了。反過來，如果題目給的資料規模

比較大，那麼你就要避免過於簡單粗暴地窮舉，考慮一下能不能用空間換時間的想法。

除了資料範圍，有時候題目還會限制我們演算法的時間複雜度，這種資訊其實也暗示著一些資訊。

比如要求我們的演算法複雜度是 $O(N\log N)$，你想想怎麼才能做出一個對數等級的複雜度呢？肯定要用到二分搜尋或二元樹相關的資料結構，比如 TreeMap、PriorityQueue 之類的對吧。

再比如，有時候題目要求你的演算法時間複雜度是 $O(M \times N)$，這可以聯想到什麼？

可以大膽猜測，回溯演算法暴力窮舉的時間複雜度大多是指數級，所以這種情況大機率要用動態規劃求解，而且是一個二維動態規劃，需要一個 M×N 的二維 dp 陣列，才能產生這樣一個時間複雜度。

如果你早就胸有成竹了，那就當我沒說，畢竟猜測也不一定準確；但如果你本來就沒啥解題想法，那有了這些推測之後，最起碼可以給你的想法一些方向吧？總之，多動腦筋，不放過任何蛛絲馬跡，你不成為刷題小能手才怪。

4.1.2 最佳子結構和 dp 陣列的遍歷方向怎麼定

本節就給你講明白下面幾個問題：

1. 到底什麼才叫「最佳子結構」，和動態規劃什麼關係？

2. 如何判斷一個問題是動態規劃問題，即如何看出是否存在重疊子問題？

3. 為什麼經常看到將 dp 陣列的大小設置為 n + 1 而非 n？

4. 為什麼動態規劃遍歷 dp 陣列的方式五花八門，有的正著遍歷，有的倒著遍歷，有的斜著遍歷。

一、最佳子結構詳解

「最佳子結構」是某些問題的一種特定性質，並不是動態規劃問題專有的。也就是說，很多問題其實都具有最佳子結構，只是其中大部分不具有重疊子問題，所以我們不把它們歸為動態規劃系列問題。

先舉一個很容易理解的例子：假設你們學校有 10 個班，你已經計算出了每個班的最高考試成績。那麼現在要求計算全校最高的成績，你會不會算？當然會，而且你不用重新遍歷全校學生的分數進行比較，而是只在這 10 個最高成績中取最大的就是全校的最高成績。

以上提出的這個問題就**符合最佳子結構**：可以從子問題的最佳結果推出更大規模問題的最佳結果。讓你算**每個班**的最佳成績就是子問題，你知道所有子問題的答案後，就可以借此推出**全校**學生的最佳成績這個規模更大的問題的答案。

你看,這麼簡單的問題都有最佳子結構性質,只是因為顯然沒有重疊子問題,所以我們簡單地求最值肯定用不著動態規劃。

再舉個例子:假設你們學校有 10 個班,已知每個班的最大分數差(最高分和最低分的差值),現在讓你計算全校學生中的最大分數差,你會不會算?可以想辦法算,但是肯定不能透過已知的這 10 個班的最大分數差推導出來。因為這 10 個班的最大分數差不一定包含全校學生的最大分數差,比如全校的最大分數差可能是 3 班的最高分和 6 班的最低分之差。

這次我給你提出的問題就**不符合最佳子結構**,因為沒辦法透過每個班的最佳值推出全校的最佳值,沒辦法透過子問題的最佳值推出規模更大的問題的最佳值。1.3 動態規劃解題策略框架中講過,想滿足最佳子結構,子問題之間必須互相獨立。全校的最大分數差可能出現在兩個班之間,顯然子問題不獨立,所以這個問題本身不符合最佳子結構。

那麼遇到這種最佳子結構失效情況,該怎麼辦呢?策略是:改造問題。 對於最大分數差這個問題,不是沒辦法利用已知的每個班的分數差嘛,那只能這樣寫一段暴力程式:

```
int result = 0;
for (Student a : school) {
    for (Student b : school) {
        if (a is b) continue;
        result = max(result, |a.score - b.score|);
    }
}
return result;
```

改造問題,也就是把問題等價轉化:最大分數差,不就等價於最高分數和最低分數的差嘛,那不就是要求最高和最低分數嘛,不就是我們討論的第一個問題嘛,不就具有最佳子結構了嘛?那現在改變想法,借助最佳子結構解決最值問題,再回過頭解決最大分數差問題,是不是就高效多了?

　　當然，上面這個例子太簡單了，不過請讀者回顧一下，我們做動態規劃問題，是不是一直在求各種最值，本質和這裡舉的例子沒什麼區別，無非需要處理一下重疊子問題。但 4.4.2 節的高樓扔雞蛋問題就展示了如何高效率地改造問題，不同的最佳子結構，可能導致不同的解法和效率。

　　再舉個常見但也十分簡單的例子，求一棵二元樹的最大值，不難吧（簡單起見，假設節點中的值都是非負數）：

```
int maxVal(TreeNode root) {
    if (root == null)
        return -1;
    int left = maxVal(root.left);
    int right = maxVal(root.right);
    return max(root.val, left, right);
}
```

　　你看這個問題也符合最佳子結構，以 `root` 為根的樹的最大值，可以透過兩邊子樹（子問題）的最大值推導出來，結合剛才學校和班級的例子，很容易理解吧。

　　當然這也不是動態規劃問題，以上內容旨在說明，最佳子結構並不是動態規劃獨有的一種性質，能求最值的問題大部分都具有這個性質；**但反過來，最佳子結構性質作為動態規劃問題的必要條件，一定是讓你求最值的**，以後碰到那種最值題，想法往動態規劃想就對了，這就是策略。

　　動態規劃不就是從最簡單的 base case 往後推導嗎，可以想像成一個鏈式反應，以小博大。但只有符合最佳子結構的問題，才有發生這種鏈式反應的性質。找最佳子結構的過程，其實就是證明狀態轉移方程式正確性的過程，方程式符合最佳子結構就可以寫暴力解了，寫出暴力解就可以看出有沒有重疊子問題了，有則最佳化。這也是策略，經常刷題的讀者應該能體會到。

　　這裡就不舉那些正宗動態規劃的例子了，讀者可以翻翻其他動態規劃的文章，看看狀態轉移是如何遵循最佳子結構的。這個話題就講到這，下面再來看其他的動態規劃方面的內容。

二、如何一眼看出重疊子問題

經常有讀者說：

看了 **1.3** 動態規劃解題策略框架，我知道了如何一步步最佳化動態規劃問題；

看了 **4.2.1** 動態規劃設計：最長遞增子序列，我知道了利用數學歸納法寫出暴力解（狀態轉移方程式）。

但就算我寫出了暴力解，也很難判斷這個解法是否存在重疊子問題，從而無法確定是否可以運用備忘錄等方法去最佳化演算法效率。

對於這個問題，其實也不難回答。

首先，最簡單粗暴的方式就是畫圖，把遞迴樹畫出來，看看有沒有重複的節點。

比如最簡單的例子，**1.3** 動態規劃解題策略框架中費氏數列的遞迴樹：

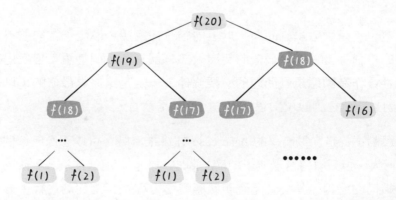

這棵遞迴樹很明顯存在重複的節點，所以我們可以透過備忘錄避免冗錯計算。但畢竟費氏數列問題太簡單了，實際的動態規劃問題比較複雜，比如二維甚至三維的動態規劃，當然也可以畫遞迴樹，但不免有些複雜。

比如在 4.4. 節的最小路徑和問題中,寫出了這樣一個暴力解:

```java
int dp(int[][] grid, int i, int j) {
    if (i == 0 && j == 0) {
        return grid[0][0];
    }
    if (i < 0 || j < 0) {
        return Integer.MAX_VALUE;
    }

    return Math.min(
            dp(grid, i - 1, j),
            dp(grid, i, j - 1)
    ) + grid[i][j];
}
```

你不需要讀過那節內容,僅看這個函式程式就能看出來,該函式遞迴過程中參數 `i, j` 在不斷變化,即「狀態」是 `(i, j)` 的值,你是否可以判斷這個解法存在重疊子問題呢?

假設輸入的 `i = 8, j = 7`,二維狀態的遞迴樹以下圖,顯然出現了重疊子問題:

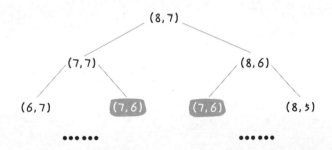

但稍加思考就可以知道,其實根本沒必要畫圖,可以透過遞迴框架直接判斷是否存在重疊子問題。

具體操作就是直接刪掉程式細節，抽象出該解法的遞迴框架：

```
int dp(int[][] grid, int i, int j) {
    dp(grid, i - 1, j), // #1
    dp(grid, i, j - 1) // #2
}
```

可以看到 `i, j` 的值在不斷減小，那麼我問你一個問題：如果我想從狀態 `(i, j)` 轉移到 `(i-1, j-1)`，有幾種路徑？

顯然有兩種路徑，可以是 `(i, j) -> #1 -> #2` 或 `(i, j) -> #2 -> #1`，不止一種，說明 `(i-1, j-1)` 會被多次計算，所以一定存在重疊子問題。

再舉個稍微複雜的例子，**4.2.5 詳解正規匹配問題**的暴力解程式：

```
bool dp(string& s, int i, string& p, int j) {
    int m = s.size(), n = p.size();
    if (j == n) return i == m;
    if (i == m) {
        if ((n - j) % 2 == 1) return false;
        for (; j + 1 < n; j += 2) {
            if (p[j + 1] != '*') return false;
        }
        return true;
    }

    if (s[i] == p[j] || p[j] == '.') {
        if (j < n - 1 && p[j + 1] == '*') {
            return dp(s, i, p, j + 2)
                || dp(s, i + 1, p, j);
        } else {
            return dp(s, i + 1, p, j + 1);
        }
    } else if (j < n - 1 && p[j + 1] == '*') {
        return dp(s, i, p, j + 2);
    }
    return false;
}
```

程式有些複雜對，如果畫圖的話有些麻煩，但我們不畫圖，直接忽略所有細節程式和條件分支，只抽象出遞迴框架：

```
bool dp(string& s, int i, string& p, int j) {
    dp(s, i, p, j + 2); // #1
    dp(s, i + 1, p, j); // #2
    dp(s, i + 1, p, j + 1); // #3
}
```

和上一題一樣，這個解法的「狀態」也是 `(i, j)` 的值，那麼我繼續問你問題：如果我想從狀態 `(i, j)` 轉移到 `(i+2, j+2)`，有幾種路徑？顯然，至少有兩條路徑：`(i, j) -> #1 -> #2 -> #2` 和 `(i, j) -> #3 -> #3`。

所以，不用畫圖就知道這個解法也存在重疊子問題，需要用備忘錄技巧去最佳化。

三、dp 陣列的大小設置

比如在 **4.2.3 詳解編輯距離問題**中我首先講的是自頂向下的遞迴解法，實現了這樣一個 **dp** 函式：

```
int minDistance(String s1, String s2) {
    int m = s1.length(), n = s2.length();
    // 按照 dp 函式的定義，計算 s1 和 s2 的最小編輯距離
    return dp(s1, m - 1, s2, n - 1);
}

// 定義：s1[0..i] 和 s2[0..j] 的最小編輯距離是 dp(s1, i, s2, j)
int dp(String s1, int i, String s2, int j) {
    // 處理 base case
    if (i == -1) {
        return j + 1;
    }
    if (j == -1) {
        return i + 1;
    }

    // 進行狀態轉移
```

```
    if (s1.charAt(i) == s2.charAt(j)) {
        return dp(s1, i - 1, s2, j - 1);
    } else {
        return min(
            dp(s1, i, s2, j - 1) + 1,
            dp(s1, i - 1, s2, j) + 1,
            dp(s1, i - 1, s2, j - 1) + 1
        );
    }
}
```

然後改造成了自底向上的迭代解法：

```
int minDistance(String s1, String s2) {
    int m = s1.length(), n = s2.length();
    // 定義：s1[0..i] 和 s2[0..j] 的最小編輯距離是 dp[i+1][j+1]
    int[][] dp = new int[m + 1][n + 1];
    // 初始化 base case
    for (int i = 1; i <= m; i++)
        dp[i][0] = i;
    for (int j = 1; j <= n; j++)
        dp[0][j] = j;

    // 自底向上求解
    for (int i = 1; i <= m; i++) {
        for (int j = 1; j <= n; j++) {
            // 進行狀態轉移
            if (s1.charAt(i-1) == s2.charAt(j-1)) {
                dp[i][j] = dp[i - 1][j - 1];
            } else {
                dp[i][j] = min(
                    dp[i - 1][j] + 1,
                    dp[i][j - 1] + 1,
                    dp[i - 1][j - 1] + 1
                );
            }
        }
    }
    // 按照 dp 陣列的定義，儲存 s1 和 s2 的最小編輯距離
```

```
    return dp[m][n];
}
```

這兩種解法想法是完全相同的，但就有讀者提問，為什麼迭代解法中的 dp 陣列初始化大小要設置為 `int[m+1][n+1]`？為什麼 `s1[0..i]` 和 `s2[0..j]` 的最小編輯距離要儲存在 `dp[i+1][j+1]` 中，有一位索引偏移？能不能模仿 dp 函式的定義，把 dp 陣列初始化為 `int[m][n]`，然後讓 `s1[0..i]` 和 `s2[0..j]` 的最小編輯距離儲存在 `dp[i][j]` 中？

理論上，你怎麼定義都可以，只要根據定義處理好 base case。

你看 dp 函式的定義，`dp(s1, i, s2, j)` 計算 `s1[0..i]` 和 `s2[0..j]` 的編輯距離，那麼 `i, j` 等於 -1 時代表空串的 base case，所以函式開頭處理了這兩種特殊情況。

再看 dp 陣列，你當然也可以定義 `dp[i][j]` 儲存 `s1[0..i]` 和 `s2[0..j]` 的編輯距離，但問題是 base case 怎麼處理？索引怎麼能是 -1 呢？

所以把 dp 陣列初始化為 `int[m+1][n+1]`，讓索引整體偏移一位，把索引 0 留出來作為 base case 表示空串，然後定義 `dp[i+1][j+1]` 儲存 `s1[0..i]` 和 `s2[0..j]` 的編輯距離。

四、dp 陣列的遍歷方向

我相信讀者做動態規問題時，不免會對 dp 陣列的遍歷順序有些頭疼。我們拿二維 dp 陣列來舉例，有時候是正向遍歷：

```
int[][] dp = new int[m][n];
for (int i = 0; i < m; i++)
    for (int j = 0; j < n; j++)
        // 計算 dp[i][j]
```

有時候是反向遍歷：

```
for (int i = m - 1; i >= 0; i--)
    for (int j = n - 1; j >= 0; j--)
        // 計算 dp[i][j]
```

有時候可能會斜向遍歷：

```
// 斜著遍歷陣列
for (int l = 2; l <= n; l++) {
    for (int i = 0; i <= n - l; i++) {
        int j = l + i - 1;
        // 計算 dp[i][j]
    }
}
```

甚至更讓人迷惑的是，有時候發現正向反向遍歷都可以得到正確答案。如果仔細觀察可以發現，其實你怎麼遍歷都可以，只要把握住兩點：

1. **遍歷的過程中，所需的狀態必須是已經計算出來的。**

2. **遍歷結束後，儲存結果的那個位置必須已經被計算出來。**

下面來具體解釋上面兩個原則是什麼意思。

比如編輯距離這個經典的問題，詳解見 **4.2.3 詳解編輯距離問題**，我們透過對 dp 陣列的定義，確定了 base case 是 dp[..][0] 和 dp[0][..]，最終答案是 dp[m][n]；而且我們透過狀態轉移方程式知道 dp[i][j] 需要從 dp[i-1][j], dp[i][j-1], dp[i-1][j-1] 轉移而來，以下圖：

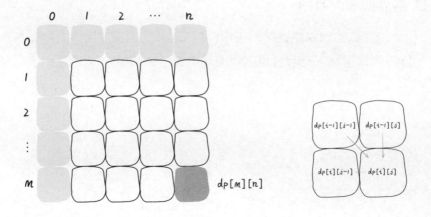

那麼，參考剛才說的兩筆原則，你該怎麼遍歷 dp 陣列？肯定是正向遍歷：

```
for (int i = 1; i < m; i++)
    for (int j = 1; j < n; j++)
        // 透過 dp[i-1][j], dp[i][j - 1], dp[i-1][j-1]
        // 計算 dp[i][j]
```

因為，這樣每一步迭代的左邊、上邊、左上邊的位置都是 base case 或之前計算過的，而且最終結束在我們想要的答案 dp[m][n]。

再舉一例，迴文子序列問題，詳見 **4.2.6 子序列問題解題範本**，我們透過過對 dp 陣列的定義，確定了 base case 處在中間的對角線，dp[i][j] 需要從 dp[i+1][j], dp[i] [j-1], dp[i+1][j-1] 轉移而來，想要求的最終答案是 dp[0][n-1]，以下圖：

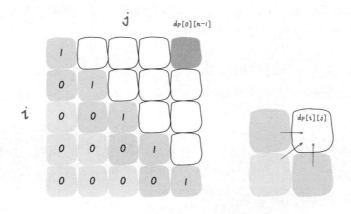

這種情況根據剛才的兩個原則，就可以有兩種正確的遍歷方式：

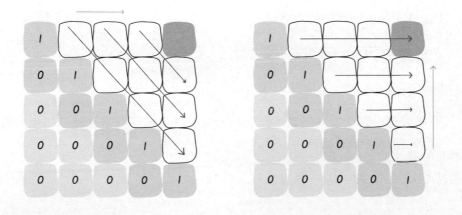

不是從左至右斜著遍歷，就是從下向上從左到右遍歷，這樣才能保證每次 dp[i][j] 的左邊、下邊、左下邊已經計算完畢，得到正確結果。

現在，你應該理解了這兩個原則，主要就是看 base case 和最終結果的儲存位置，保證遍歷過程中使用的資料都是計算完畢的就行，有時候確實存在多種方法可以得到正確答案，可根據個人偏好自行選擇。

4.1.3 演算法時空複雜度分析實用指南

前面主要講解演算法的原理和解題的思維，對時間複雜度和空間複雜度的分析經常一筆帶過，主要是基於以下兩個原因：

1. 對於偏新手的讀者，我希望你集中精力理解演算法原理。如果加入太多偏數學的內容，很容易讓人產生挫敗感。

2. 正確理解常用演算法底層原理，是進行複雜度分析的前提。尤其是遞迴相關的演算法，只有從樹的角度進行思考和分析，才能正確分析其複雜度。

鑑於讀到這裡的讀者已經掌握了所有常見演算法的核心原理，所以我專門寫一節時空複雜度的分析指南，授人以魚不如授人以漁，教給你一套通用的方法分析任何演算法的時空複雜度。

本節篇幅會較長，將涵蓋以下幾個方面：

1. Big O 標記法的幾個基本特點。

2. 非遞迴演算法中的時間複雜度分析。

3. 資料結構 API 的效率衡量方法（攤還分析）。

4. 遞迴演算法的時間、空間複雜度的分析方法，這部分是重點，將用動態規劃和回溯演算法舉例。

廢話不多說了，接下來一個個看。

一、**Big O** 標記法

首先看 Big O 記號的數學定義：

$O(g(n))=\{f(n)$：存在正常數 c 和 n_0，使得對所有 $n \geq n_0$，有 $0 \leq f(n) \leq c \times g(n)\}$

我們常用的這個符號 O 其實代表一個函式的集合，比如 $O(n^2)$ 代表著一個由 $g(n)=n^2$ 衍生出來的函式集合；我們說一個演算法的時間複雜度為 $O(n^2)$，意思就是描述該演算法的複雜度的函式屬於這個函式集合之中。

理論上，你看明白這個抽象的數學定義，就可以解答你關於 Big O 標記法的一切疑問了。

但考慮到有些人看到數學定義就頭暈，我給你列舉兩個複雜度分析中會用到的特性，記住這兩個就夠用了。

1. **只保留增長速率最快的項，其他的項可以省略。**

    首先，乘法和加法中的常數因數都可以忽略不計，比以下面的例子：

    $$O(2N + 100) = O(N)$$
    $$O(2^{N+1})=O(2 \times 2^N) = O(2^N)$$
    $$O(M + 3N + 99) = O(M + N)$$

    當然，不要見到常數就消，有的常數消不得：

    $$O(2^{2N}) = O(4^N)$$

    除了常數因數，增長速率慢的項在增長速率快的項面前也可以忽略不計：

    $$O(N^3 + 999 \times N^2 + 999 \times N) = O(N^3)$$
    $$O((N + 1) \times 2^N) = O(N \times 2^N + 2^N) = O(N \times 2^N)$$

以上列舉的都是最簡單常見的例子，這些例子都可以被 Big O 記號的定義正確解釋。如果你遇到更複雜的複雜度場景，也可以根據定義來判斷自己的複雜度運算式是否正確。

2. Big O 記號表示複雜度的「上界」。

換句話說，只要你列出的是一個上界，用 Big O 記號表示就都是正確的。比如以下程式：

```
for (int i = 0; i < N; i++) {
    print("hello world");
}
```

如果說這是一個演算法，那麼顯然它的時間複雜度是 $O(N)$。但如果你非要說它的時間複雜度是 $O(N^2)$，嚴格意義上講是可以的，因為 O 記號表示一個上界嘛，這個演算法的時間複雜度確實不會超過 N^2 這個上界，雖然這個上界不夠「緊」，但符合定義，所以沒毛病。

上述例子太簡單，非要擴大它的時間複雜度上界顯得沒什麼意義。但有些演算法的複雜度會和演算法的輸入資料有關，沒辦法提前列出一個特別精確的時間複雜度，那麼在這種情況下，用 Big O 記號擴大時間複雜度的上界就變得有意義了。

比如 **1.3 動態規劃解題策略框架**中講到的湊零錢問題的暴力遞迴解法，核心程式框架如下：

```
// 定義：要湊出金額 n，至少要 dp(coins, n) 個硬幣
int dp(int[] coins, int amount) {
    // base case
    if (amount <= 0) return;
    // 狀態轉移
    for (int coin : coins) {
        dp(coins, amount - coin);
    }
}
```

當 `amount = 11, coins = [1,2,5]` 時，演算法的遞迴樹就長這樣：

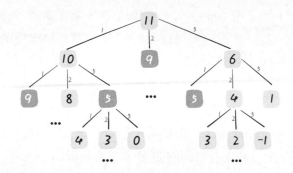

後文會具體講遞迴演算法的時間複雜度計算方法，現在我們先求一下這棵遞迴樹上的節點個數吧。

假設金額 `amount` 的值為 N，`coins` 串列中元素個數為 K，那麼這棵遞迴樹就是一棵 K 元樹。但這棵樹的生長和 `coins` 串列中的硬幣面額有直接的關係，所以這棵樹的形狀會很不規則，導致我們很難精確地求出樹上節點的總數。

對於這種情況，比較簡單的處理方式就是按最壞情況做近似處理：

這棵樹的高度有多高？不知道，那就按最壞情況來處理，假設全都是面額為 1 的硬幣，這種情況下樹高為 N。

這棵樹的結構是什麼樣的？不知道，那就按最壞情況來處理，假設它是一棵滿 K 元樹好了。

那麼，這棵樹上共有多少節點？都按最壞情況來處理，高度為 N 的一棵滿 K 元樹，其節點總數的計算方法為等比數列求和公式 $(K^N-1)/(K-1)$，用 Big O 表示就是 $O(K^N)$。

當然，我們知道這棵樹上的節點數其實沒有這麼多，但用 $O(K^N)$ 表示一個上界是沒問題的。

所以，有時候你自己估算出來的時間複雜度和別人估算的複雜度不同，並不一定代表誰算錯了，可能你倆都是對的，只是估算的精度不同，一般來說只要數量級（線性、指數級、對數級、平方級等）能對上就沒問題。

在演算法領域，除了用 Big O 表示漸進上界，還有漸進下界、漸進緊確界等邊界的表示方法，有興趣的讀者可以自行搜尋。不過從實用的角度看，以上對 Big O 記號標記法的講解就夠用了。

二、非遞迴演算法分析

非遞迴演算法的空間複雜度一般很容易計算，你看它有沒有申請陣列之類的儲存空間就行了，所以我主要說說時間複雜度的分析。

非遞迴演算法中巢狀結構迴圈很常見，大部分場景下，只需把每一層的複雜度相乘就是總的時間複雜度：

```
// 複雜度 O(N×W)
for (int i = 1; i <= N; i++) {
    for (int w = 1; w <= W; w++) {
        dp[i][w] = ...;
    }
}


// 1 + 2 + ... + n = n/2 + (n^2)/2
// 用 Big O 表示化簡為 O(n^2)
for (int i = 0; i < n; i++) {
    for (int j = i; j >= 0; j--) {
        dp[i][j] = ...;
    }
}
```

但有時候只看巢狀結構迴圈的層數並不準確，還要看演算法**具體在做什麼**，比如 **5.7 一個函式解決 nSum** 問題中將有這樣一段程式：

```
// 左右雙指標
int lo = 0, hi = nums.length;
while (lo < hi) {
    int sum = nums[lo] + nums[hi];
    int left = nums[lo], right = nums[hi];
    if (sum < target) {
        while (lo < hi && nums[lo] == left) lo++;
    } else if (sum > target) {
```

```
        while (lo < hi && nums[hi] == right) hi--;
    } else {
        while (lo < hi && nums[lo] == left) lo++;
        while (lo < hi && nums[hi] == right) hi--;
    }
}
```

這段程式看起來很複雜，大 while 迴圈裡面套了好多小 while 迴圈，感覺這段程式的時間複雜度應該是 $O(N^2)$（N 代表 nums 的長度）。

其實，你只需要弄清楚程式到底在幹什麼，就能輕鬆計算出正確的複雜度了。

這段程式採用的就是 2.1.2 節的陣列雙指標的解題策略，lo 是左邊的指標，hi 是右邊的指標，這兩個指標相向而行，相遇時外層 while 結束。

甭管多複雜的邏輯，你看 lo 指標一直在往右走（lo++），hi 指標一直在往左走（hi--），它倆有沒有回退過？沒有。

所以這段演算法的邏輯就是 lo 和 hi 不斷相向而行，相遇時演算法結束，那麼它的時間複雜度就是線性的 $O(N)$。

同理，你看 1.8 我寫了一個範本，把滑動視窗演算法變成了默寫題 列出的滑動視窗演算法範本：

```
/* 滑動視窗演算法框架 */
void slidingWindow(string s, string t) {
    unordered_map<char, int> window;
    // 雙指標，維護 [left, right) 為視窗
    int left = 0, right = 0;
    while (right < s.size()) {
        // 增大視窗
        right++;
        // 判斷左側視窗是否要收縮
        while (window needs shrink) {
            // 縮小視窗
            left++;
        }
```

```
    }
}
```

乍一看這是個巢狀結構迴圈，但仔細觀察，發現這也是個雙指標技巧，`left` 和 `right` 指標從 0 開始，一直向右移，直到移動到 `s` 的末尾結束外層 while 迴圈，沒有回退過。

那麼該演算法做的事情就是把 `left` 和 `right` 兩個指標從 0 移動到 N（N 代表字串 `s` 的長度），所以滑動視窗演算法的時間複雜度為線性的 $O(N)$。

三、資料結構分析

因為資料結構會用來儲存資料，其 API 的執行效率可能受到其中儲存的資料的影響，所以衡量資料結構 API 效率的方法和衡量普通演算法函式效率的方法是有一些區別的。

就拿我們常見的資料結構舉例，比如很多語言都提供動態陣列，可以自動進行擴充和縮容。在它的尾部添加元素的時間複雜度是 $O(1)$。但當底層陣列擴充時會分配新記憶體並把原來的資料搬移到新陣列中，這個時間複雜度就是 $O(N)$ 了，那我們能說在陣列尾部添加元素的時間複雜度就是 $O(N)$ 嗎？

再比如雜湊表也會在負載因數達到某個設定值時進行擴充和 rehash，時間複雜度也會達到 $O(N)$，那麼我們為什麼還說雜湊表對單一鍵值對的存取效率是 $O(1)$ 呢？

答案就是，如果想衡量資料結構類中的某個方法的時間複雜度，不能簡單地看最壞時間複雜度，而應該看攤還（平均）時間複雜度。

比如 **2.2.5 單調佇列結構解決滑動視窗問題** 實現的單調佇列類別：

```
/* 單調佇列的實現 */
class MonotonicQueue {
    LinkedList<Integer> q = new LinkedList<>();

    public void push(int e) {
        // 將小於 e 的元素全部刪除
        while (!q.isEmpty() && q.getLast() < e) {
```

```
        q.pollLast();
    }
    q.addLast(e);
}
public void pop(int e) {
    // e 可能已經在 push 的時候被刪掉了
    // 所以需要額外判斷一下
    if (e == q.getFirst()) {
        q.pollFirst();
    }
}
}
```

在標準的佇列實現中，**push** 和 **pop** 方法的時間複雜度應該都是 $O(1)$，但這個 **MonotonicQueue** 類別的 **push** 方法包含一個迴圈，其複雜度取決於參數 **e**，最好情況下是 $O(1)$，而最壞情況下複雜度應該是 $O(N)$，N 為佇列中的元素個數。

對於這種情況，我們用平均時間複雜度來衡量 **push** 方法的效率比較合理。雖然它包含迴圈，但它的平均時間複雜度依然為 $O(1)$。

計算平均時間複雜度最常用的方法叫作「聚合分析」，想法如下：

給你一個空的 **MonotonicQueue**，然後請你執行 N 個 **push,pop** 組成的操作序列，請問這 N 個操作所需的總時間複雜度是多少？

因為這 N 個操作最多就是讓 $O(N)$ 個元素加入佇列再出隊，每個元素只會加入佇列和出隊一次，所以這 N 個操作的總時間複雜度是 $O(N)$。

那麼平均下來，一次操作的時間複雜度就是 $O(N)/N=O(1)$，也就是說 **push** 和 **pop** 方法的平均時間複雜度都是 $O(1)$。

同理，想想之前說的資料結構擴充的場景，也許 N 次操作中的某一次操作恰好觸發了擴充，導致時間複雜度提高，但不可能每次操作都觸發擴充吧？所以總的時間複雜度依然保持在 $O(N)$，均攤到每一次操作上，其平均時間複雜度依然是 $O(1)$。

四、遞迴演算法分析

對很多人來說，遞迴演算法的時間複雜度是比較難分析的。但如果你有框架思維，明白所有遞迴演算法的本質是樹的遍歷，那麼分析起來應該沒什麼難度。

計算演算法的時間複雜度，無非就是看這個演算法做了什麼事，花了多少時間。而遞迴演算法做的事情就是遍歷一棵遞迴樹，在樹上的每個節點做一些事情罷了。

所以：

遞迴演算法的時間複雜度 = 遞迴的次數 × 函式本身的時間複雜度

遞迴演算法的空間複雜度 = 遞迴堆疊的深度 + 演算法申請的儲存空間

或再說得直觀一點：

遞迴演算法的時間複雜度 = 遞迴樹的節點個數 × 每個節點的時間複雜度

遞迴演算法的空間複雜度 = 遞迴樹的高度 + 演算法申請的儲存空間

函式遞迴的原理是作業系統維護的函式堆疊，所以遞迴堆疊的空間消耗也需要算在空間複雜度之內，這一點不要忘了。

首先說一下動態規劃演算法，還是拿 **1.3** 動態規劃解題策略框架中講到的湊零錢問題舉例，它的暴力遞迴解法主體如下：

```java
int dp(int[] coins, int amount) {
    // base case
    if (amount == 0) return 0;
    if (amount < 0) return -1;

    int res = Integer.MAX_VALUE;
    // 時間複雜度為 O(K)
    for (int coin : coins) {
        int subProblem = dp(coins, amount - coin);
        if (subProblem == -1) continue;
        res = Math.min(res, subProblem + 1);
```

```
    }

    return res == Integer.MAX_VALUE ? -1 : res;
}
```

當 `amount = 11,coins = [1,2,5]` 時，該演算法的遞迴樹長這樣：

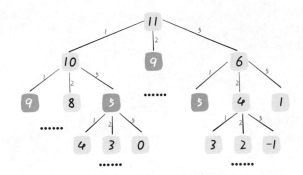

剛才說了這棵樹上的節點個數為 $O(K^N)$，那麼每個節點消耗的時間複雜度是多少呢？其實就是這個 dp 函式本身的時間複雜度。

你看 dp 函式裡面有個 for 迴圈遍歷長度為 K 的 `coins` 串列，所以函式本身的時間複雜度為 $O(K)$，故該演算法總的時間複雜度為：

$$O(K^N) \times O(K) = O(K^{N+1})$$

當然，之前也說了，這個複雜度只是一個粗略的上界，並不準確，真實的效率肯定會高一些。

這個演算法的空間複雜度很容易分析：

dp 函式本身沒有申請陣列之類的，所以演算法申請的儲存空間為 $O(1)$；而 dp 函式的堆疊深度為遞迴樹的高度 $O(N)$，所以這個演算法的空間複雜度為 $O(N)$。

暴力遞迴解法的分析結束，但這個解法存在重疊子問題，透過備忘錄消除重疊子問題的容錯計算之後，相當於在原來的遞迴樹上進行剪枝：

```java
// 備忘錄，空間複雜度為 O(N)
memo = new int[N];
Arrays.fill(memo, -666);

int dp(int[] coins, int amount) {
    if (amount == 0) return 0;
    if (amount < 0) return -1;
    // 查備忘錄，防止重複計算
    if (memo[amount] != -666)
        return memo[amount];

    int res = Integer.MAX_VALUE;
    // 時間複雜度為 O(K)
    for (int coin : coins) {
        int subProblem = dp(coins, amount - coin);
        if (subProblem == -1) continue;
        res = Math.min(res, subProblem + 1);
    }
    // 把計算結果存入備忘錄
    memo[amount] = (res == Integer.MAX_VALUE) ? -1 : res;
    return memo[amount];
}
```

透過備忘錄剪掉大量節點之後，雖然函式本身的時間複雜度依然是 $O(K)$，但大部分遞迴在函式開頭就立即傳回了，根本不會執行到 for 迴圈那裡，所以可以認為遞迴函式執行的次數（遞迴樹上的節點）減少了，從而時間複雜度下降。

剪枝之後還剩多少節點呢？根據備忘錄剪枝的原理，相同「狀態」不會被重複計算，所以剪枝之後剩下的節點數就是「狀態」的數量，即 memo 的大小 N。

所以，對於附帶備忘錄的動態規劃演算法的時間複雜度，以下幾種理解方式都是等價的：

遞迴的次數 × 函式本身的時間複雜度
= 遞迴樹節點個數 × 每個節點的時間複雜度

= 狀態個數 × 計算每個狀態的時間複雜度

= 子問題個數 × 解決每個子問題的時間複雜度

= $O(N) \times O(K)$

= $O(N \times K)$

像「狀態」「子問題」屬於動態規劃類型問題特有的詞彙，但時間複雜度本質上還是遞迴次數即函式本身複雜度，換湯不換藥罷了。

備忘錄最佳化解法的空間複雜度也不難分析：

`dp` 函式的堆疊深度為「狀態」的個數，依然是 $O(N)$，而演算法申請了一個大小為 $O(N)$ 的備忘錄 `memo` 陣列，所以總的空間複雜度為

$O(N)+O(N)=O(N)$

雖然用 Big O 標記法來看，最佳化前後的空間複雜度相同，不過顯然最佳化解法消耗的空間要更多，所以用備忘錄進行剪枝也被稱為「用空間換時間」。

如果你把自頂向下附帶備忘錄的解法進一步改寫成自底向上的迭代解法：

```
int coinChange(int[] $coins, int amount) {
    // 空間複雜度為 O(N)
    int[] dp = new int[amount + 1];
    Arrays.fill(dp, amount + 1);

    dp[0] = 0;
    // 時間複雜度為 O(KN)
    for (int i = 0; i < dp.length; i++) {
        for (int coin : coins) {
            if (i - coin < 0) continue;
            dp[i] = Math.min(dp[i], 1 + dp[i - coin]);
        }
    }
    return (dp[amount] == amount + 1) ? -1 : dp[amount];
}
```

該解法的時間複雜度不變，但已經不存在遞迴了，所以空間複雜度中不需要考慮堆疊的深度，只需考慮 `dp` 陣列的儲存空間，雖然用 Big O 標記法來看，該演算法的空間複雜度依然是 $O(N)$，但該演算法的實際空間消耗更小，所以自底向上迭代的動態規劃是各方面性能最好的。

接下來說一下回溯演算法，需要你看過 **3.4.1 回溯演算法解決子集、排列、組合問題**，下面我會以標準的全排列問題和子集問題的解法為例，分析其時間複雜度。

先看標準全排列問題（元素無重不可複選）的核心函式 `backtrack`：

```java
// 回溯演算法計算全排列
void backtrack(int[] nums) {
    // 到達葉子節點，收集路徑值，時間複雜度為 O(N)
    if (track.size() == nums.length) {
        res.add(new LinkedList(track));
        return;
    }

    // 非葉子節點，遍歷所有子節點，時間複雜度為 O(N)
    for (int i = 0; i < nums.length; i++) {
        if (used[i]) {
            // 剪枝邏輯
            continue;
        }
        // 做選擇
        used[i] = true;
        track.addLast(nums[i]);
        backtrack(nums);
        // 取消選擇
        track.removeLast();
        used[i] = false;
    }
}
```

當 nums = [1,2,3] 時，backtrack 其實在遍歷這棵遞迴樹：

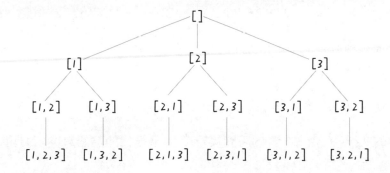

假設輸入的 nums 陣列長度為 N，那麼這個 backtrack 函式遞迴了多少次？

backtrack 函式本身的複雜度是多少？

先看看 backtrack 函式本身的時間複雜度，即樹中每個節點的複雜度。

對於非葉子節點，會執行 for 迴圈，複雜度為 $O(N)$；對於葉子節點，不會執行迴圈，但將 track 中的值複製到 res 串列中也需要 $O(N)$ 的時間，**所以 backtrack 函式本身的時間複雜度為 $O(N)$。**

注意：函式本身（每個節點）的時間複雜度並不是樹枝的筆數。看程式，每個節點都會執行整個 for 迴圈，所以每個節點的複雜度都是 $O(N)$。

再來看看 backtrack 函式遞迴了多少次，即這個排列樹上有多少個節點。第 0 層（根節點）有 $P(N,0)=1$ 個節點。

第 1 層有 $P(N,1)=N$ 個節點。

第 2 層有 $P(N,2)=N\times(N\text{-}1)$ 個節點。

第 3 層有 $P(N,3)=N\times(N\text{-}1)\times(N\text{-}2)$ 個節點。

依此類推，其中 P 就是我們高中學過的排列數函式。

全排列的回溯樹高度為 N，所以節點總數為：

$$P(N,0)+P(N,1)=P(N,2)+\cdots+P(N,N)$$

這一堆排列數累加不好算，粗略估計一下上界，把它們全都擴大成 $P(N,N)$ $=N!$，**那麼節點總數的上界就是** $O(N \times N!)$。

現在就可以得出演算法的總時間複雜度：

遞迴的次數 $\times$ 函式本身的時間複雜度 = 遞迴樹節點個數 $\times$ 每個節點的時間複雜度

$=O(N \times N!) \times O(N)$

$=O(N^2 \times N!)$

當然，由於計算節點總數的時候我們為了方便計算把累加項擴大了很多，所以這個結果肯定也是偏大的，不過用來描述複雜度的上界還是可以接受的。

接下來分析該演算法的空間複雜度：

`backtrack` 函式的遞迴深度為遞迴樹的高度 $O(N)$，而演算法需要儲存所有全排列的結果，即需要申請的空間為 $O(N \times N!)$，**所以總的空間複雜度為** $O(N \times N!)$。

最後看下標準子集問題（元素無重不可複選）的核心函式 `backtrack`：

```java
// 回溯演算法計算所有子集（冪集）
void backtrack(int[] nums, int start) {

    // 每個節點的值都是一個子集，O(N)
    res.add(new LinkedList<>(track));

    // 遍歷子節點，O(N)
    for (int i = start; i < nums.length; i++) {
        // 做選擇
        track.addLast(nums[i]);
        backtrack(nums, i + 1);
        // 撤銷選擇
```

```
        track.removeLast();
    }
}
```

當 `nums = [1,2,3]` 時，`backtrack` 其實在遍歷這棵遞迴樹：

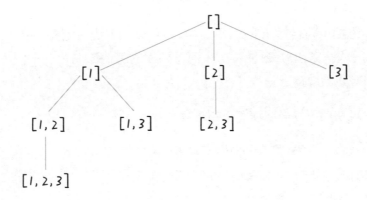

假設輸入的 `nums` 陣列長度為 N，那麼這個 `backtrack` 函式遞迴了多少次？

`backtrack` 函式本身的複雜度是多少？

先看看 `backtrack` 函式本身的時間複雜度，即樹中每個節點的複雜度。

`backtrack` 函式在前序位置都會將 `track` 串列複製到 `res` 中，消耗 $O(N)$ 的時間，且會執行一個 for 迴圈，也消耗 $O(N)$ 的時間，所以 **`backtrack` 函式本身的時間複雜度為** $O(N)$。

再來看看 `backtrack` 函式遞迴了多少次，即這個排列樹上有多少個節點。那就直接看圖一層一層數吧：

第 0 層（根節點）有 $C(N,0)=1$ 個節點。

第 1 層有 $C(N,1)=N$ 個節點。

第 2 層有 $C(N,2)$ 個節點。

第 3 層有 $C(N,3)$ 個節點。

依此類推，其中 C 就是我們高中學過的組合數函式。

由於這棵組合樹的高度為 N，組合數求和公式是高中學過的，**所以總的節點數為 2^N**：

$$C(N,0)+C(N,1)+C(N,2)+\cdots+C(N,N)=2^N$$

就算你忘記了組合數求和公式，其實也可以推導出來節點總數：因為 N 個元素的所有子集（冪集）數量為 2^N，而這棵樹的每個節點代表一個子集，所以樹的節點總數也為 2^N。

那麼，現在就可以得出演算法的總複雜度：

遞迴的次數 × 函式本身的時間複雜度
= 遞迴樹節點個數 × 每個節點的時間複雜度
$=O(2^N)\times O(N)$
$=O(N\times 2^N)$

分析該演算法的空間複雜度：

`backtrack` 函式的遞迴深度為遞迴樹的高度 $O(N)$，而演算法需要儲存所有子集的結果，粗略估算下需要申請的空間為 $O(N\times 2^N)$，**所以總的空間複雜度為 $O(N\times 2^N)$**。

到這裡，標準排列、子集問題的時間複雜度就分析完了，3.4.1 回溯演算法解決子集、排列、組合問題中的其他問題變形都可以按照類似的邏輯分析，這些就留給讀者自己分析吧。

五、最後總結

本節篇幅較大，我簡單總結下重點：

1. Big O 標記代表一個函式的集合，用它表示時空複雜度時代表一個上界，所以如果你和別人算的複雜度不一樣，可能你們都是對的，只是精確度不同罷了。

2. 時間複雜度的分析不難，關鍵是你要透徹理解演算法到底做了什麼事。
   非遞迴演算法中巢狀結構迴圈的複雜度依然可能是線性的；資料結構
   API 需要用平均時間複雜度衡量性能；遞迴演算法本質是遍歷遞迴樹，
   時間複雜度取決於遞迴樹中節點的個數（遞迴次數）和每個節點的複雜
   度（遞迴函式本身的複雜度）。

需要說明的是，本節列出的一些複雜度都是比較粗略的估算，上界都不是
很「緊」，如果你不滿足於粗略的估算，想計算更「緊」更精確的上界，就需
要比較好的數學功底了。不過從面試、筆試的角度來說，掌握這些基本分析技
術已經足夠了。

4.1.4 動態規劃的降維打擊：空間壓縮技巧

動態規劃消除重疊子問題的最佳化技巧對演算法效率的提升非常顯著，一
般來說都能把指數級和階乘級時間複雜度的演算法最佳化成 $O(N^2)$，堪稱演算法
界的二向箔，把各路魑魅魍魎統統打成二次元。

但是，動態規劃求解的過程也是可以進行階段性最佳化的，如果你認真觀
察某些動態規劃問題的狀態轉移方程式，就能夠把它們解法的空間複雜度進一
步降低，由 $O(N^2)$ 降到 $O(N)$。能夠使用空間壓縮技巧的動態規劃一般都是二維
`dp` 問題，你看它的狀態轉移方程式，如果計算狀態 `dp[i][j]` 需要的都是 `dp[i]`
`[j]` 相鄰的狀態，那麼就可以使用空間壓縮技巧，將二維的 `dp` 陣列轉化成一維，
將空間複雜度從 $O(N^2)$ 降低到 $O(N)$。

什麼叫「和 `dp[i][j]` 相鄰的狀態」呢，比如 4.2.6 動態規劃之子序列問題
解題範本中，最終的程式如下：

```
int longestPalindromeSubseq(string s) {
    int n = s.length();
    // dp 陣列全部初始化為 0
    int [][] dp = new int[n][n];
    // base case
    for (int i = 0; i < n; i++)
        dp[i][i] = 1;
```

```
// 反著遍歷保證正確的狀態轉移
for (int i = n - 2; i >= 0; i--) {
    for (int j = i + 1; j < n; j++) {
        // 狀態轉移方程式
        if (s.charAt[i] == s.charAt[j]) {
            dp[i][j] = dp[i + 1][j - 1] + 2;
        else
            dp[i][j] = Math.max(dp[i + 1][j], dp[i][j - 1]);
        }
    }
}
// 整個 s 的最長迴文子串長度
return dp[0][n - 1];
}
```

注意：本節不探討如何推狀態轉移方程式，只探討對二維 DP 問題進行空間壓縮的技巧。技巧都是通用的，所以如果你沒看過相關內容，不明白這段程式的邏輯也無妨，完全不會阻礙你學會空間壓縮。

　　你看我們對 dp[i][j] 的更新，其實只依賴於 dp[i+1][j-1], dp[i][j-1], dp[i+1][j] 這三個狀態：

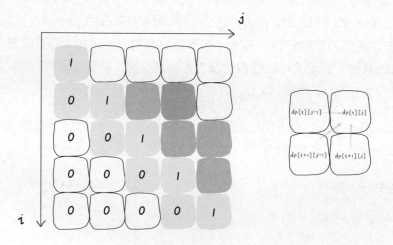

這就叫和 `dp[i][j]` 相鄰，反正你計算 `dp[i][j]` 只需要這三個相鄰狀態，其實根本不需要那麼大一個二維的 DP table 對不對？**空間壓縮的核心想法就是，將二維陣列「投影」到一維陣列：**

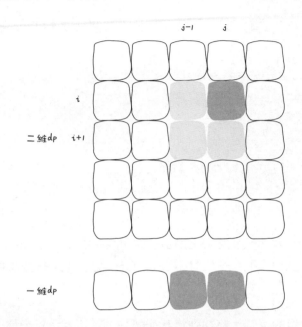

想法很直觀，但是也有一個明顯的問題，圖中 `dp[i][j-1]` 和 `dp[i+1][j-1]` 這兩個狀態處在同一列，而一維陣列中只能容下 個，那麼當我計算 `dp[i][j]` 時，它倆必然有一個會被另一個覆蓋掉，怎麼辦？這就是空間壓縮的困難，下面就來分析解決這個問題，還是拿「最長迴文子序列」問題舉例，它的狀態轉移方程式的主要邏輯就是以下這段程式：

```
for (int i = n - 2; i >= 0; i--) {
    for (int j = i + 1; j < n; j++) {
        // 狀態轉移方程式
        if (s[i] == s[j])
            dp[i][j] = dp[i + 1][j - 1] + 2;
        else
            dp[i][j] = max(dp[i + 1][j], dp[i][j - 1]);
    }
}
```

想把二維 `dp` 陣列壓縮成一維，一般來說是把第一個維度，也就是 `i` 這個維度去掉，只剩下 `j` 這個維度。**壓縮後的一維 `dp` 陣列就是之前二維 `dp` 陣列的 `dp[i][..]` 那一行。**

我們先將上述程式進行改造，直接去掉 `i` 這個維度，把 `dp` 陣列變成一維：

```
for (int i = n - 2; i >= 0; i--) {
    for (int j = i + 1; j < n; j++) {
        // 在這裡，一維 dp 陣列中的數是什麼？
        if (s[i] == s[j])
            dp[j] = dp[j - 1] + 2;
        else
            dp[j] = max(dp[j], dp[j - 1]);
    }
}
```

上述程式的一維 `dp` 陣列只能表示二維 `dp` 陣列的一行 `dp[i][..]`，那怎麼才能得到 `dp[i+1][j-1]`, `dp[i][j-1]`, `dp[i+1][j]` 這幾個必要的值，進行狀態轉移呢？

在程式中註釋的位置，將要進行狀態轉移，更新 `dp[j]`，那麼我們要來思考兩個問題：

1. 在對 `dp[j]` 賦新值之前，`dp[j]` 對應著二維 `dp` 陣列中的什麼位置？

2. `dp[j-1]` 對應著二維 `dp` 陣列中的什麼位置？

對於問題 1，在對 `dp[j]` 賦新值之前，`dp[j]` 的值就是外層 **for** 迴圈上一次迭代算出來的值，也就是對應二維 `dp` 陣列中 `dp[i+1][j]` 的位置。

對於問題 2，`dp[j-1]` 的值就是內層 **for** 迴圈上一次迭代算出來的值，也就是對應二維 `dp` 陣列中 `dp[i][j-1]` 的位置。

那麼問題已經解決了一大半，只剩下二維 `dp` 陣列中的 `dp[i+1][j-1]` 這個狀態我們不能直接從一維 `dp` 陣列中得到：

```
for (int i = n - 2; i >= 0; i--) {
    for (int j = i + 1; j < n; j++) {
```

```
    if (s[i] == s[j])
        // dp[i][j] = dp[i+1][j-1] + 2;
        dp[j] = ?? + 2;
    else
        / dp[i][j] = max(dp[i+1][j], dp[i][j-1]);
        dp[j] = max(dp[j], dp[j - 1]);
    }
}
```

因為 for 迴圈遍歷 i 和 j 的順序為從左向右，從下向上，所以可以發現，在更新一維 dp 陣列的時候，dp[i+1][j-1] 會被 dp[i][j-1] 覆蓋掉，圖中標出了這四個位置被遍歷到的次序：

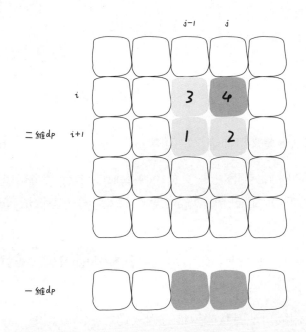

那麼如果我們想得到 dp[i+1][j-1]，就必須在它被覆蓋之前用一個臨時變數 temp 把它存起來，並把這個變數的值保留到計算 dp[i][j] 的時候。為了達到這個目的，結合上圖，我們可以這樣寫程式：

```
for (int i = n - 2; i >= 0; i--) {
    // 儲存 dp[i+1][j-1] 的變數
    int pre = 0;
```

```
    for (int j = i + 1; j < n; j++) {
        int temp = dp[j];
        if (s[i] == s[j])
            // dp[i][j] = dp[i+1][j-1] + 2;
            dp[j] = pre + 2;
        else
            dp[j] = max(dp[j], dp[j - 1]);
        // 到下一輪迴圈，pre 就是 dp[i+1][j-1] 了
        pre = temp;
    }
}
```

別小看這段程式，這是一維 dp 最精妙的地方，會者不難，難者不會。為了清晰起見，我用具體的數值來拆解這個邏輯。假設現在 i = 5, j = 7 且 s[5] == s[7]，那麼現在會進入下面這個邏輯對吧：

```
if (s[5] == s[7])
    // dp[5][7] = dp[i+1][j-1] + 2;
    dp[7] = pre + 2;
```

我問你這個 pre 變數是什麼？是內層 for 迴圈上一次迭代的 temp 值。

那我再問你內層 for 迴圈上一次迭代的 temp 值是什麼？是 dp[j-1] 也就是 dp[6]，但這是外層 for 迴圈上一次迭代對應的 dp[6]，也就是二維 dp 陣列中的 dp[i+1][6] = dp[6][6]。

也就是說，pre 變數就是 dp[i+1][j-1] = dp[6][6]，也就是我們想要的結果。

那麼現在我們成功地對狀態轉移方程式進行了降維打擊，算是最硬的骨頭啃掉了，但注意還有 base case 要處理：

```
// dp 陣列全部初始化為 0
int[] dp = new int[n][0];
// base case
for (int i = 0; i < n; i++)
    dp[i][i] = 1;
```

如何把 base case 也打成一維呢？很簡單，記住空間壓縮就是投影，我們把 base case 投影到一維看看：

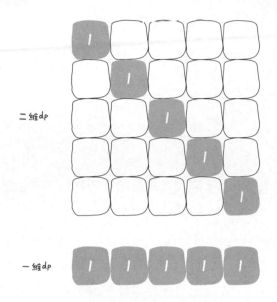

二維 dp 陣列中的 base case 全都落入了一維 dp 陣列，不存在衝突和覆蓋，所以說直接這樣寫程式就行了：

```
// base case: 一維 dp 陣列全部初始化為 1
int[] dp = new int[n];
Arrays.fill (dp,i);
```

至此，我們把 base case 和狀態轉移方程式都進行了降維，實際上已經寫出完整程式了：

```
int longestPalindromeSubseq(string s) {
    int n = s.length();
    // base case：一維 dp 陣列全部初始化為 0
    int[] dp = new int[n];
    Arrays.fill (dp,i);

    for (int i = n - 2; i >= 0; i--) {
        int pre = 0;
        for (int j = i + 1; j < n; j++) {
```

```
        int temp = dp[j];
        // 狀態轉移方程式
        if (s.charAt[i] == s.charAt[j])
            dp[j] = pre + 2;
        else
            dp[j] = Math.max(dp[j], dp[j - 1]);
        pre = temp;
    }
}
return dp[n - 1];
}
```

本節到這裡就快結束了，不過空間壓縮技巧再厲害，也是基於常規動態規劃想法的。

你也看到了，使用空間壓縮技巧對二維 dp 陣列進行降維打擊之後，解法程式的可讀性變得非常差，如果直接看這種解法，任何人都會傻的。演算法的最佳化就是這麼一個過程，先寫出可讀性很好的暴力遞迴演算法，然後嘗試運用動態規劃技巧最佳化重疊子問題，最後嘗試用空間壓縮技巧最佳化空間複雜度。

也就是說，你最起碼能夠熟練運用 **1.3** 動態規劃解題策略框架的策略找出狀態轉移方程式，寫出一個正確的動態規劃解法，然後才有可能觀察狀態轉移的情況，分析是否可能使用空間壓縮技巧來最佳化。希望讀者能夠穩紮穩打，層層遞進，對於這種比較極限的最佳化，不做也罷。畢竟策略存於心，走遍天下都不怕！

4.2 子序列類型問題

在之前的章節，我們用雙指標技巧處理子串、子陣列相關的問題，但對於子序列問題，我們一般需要用遞迴邏輯進行窮舉且可能存在重疊子問題，所以用動態規劃來解決就是很自然的了。

4.2.1 動態規劃設計：最長遞增子序列

讀完本節，你將不僅學到演算法策略，還可以順便解決以下題目：

300. 最長遞增子序列（中等）	354. 俄羅斯套娃信封問題（困難）

我們學會了動態規劃的策略：找到了問題的「狀態」，明確了 dp 陣列 / 函式的含義，定義了 base case；但是不知道如何確定「選擇」，也就是找不到狀態轉移的關係，依然寫不出動態規劃解法，怎麼辦？

不要擔心，動態規劃的困難本來就在於尋找正確的狀態轉移方程式，本節就借助經典的「最長遞增子序列問題」來講一講設計動態規劃的通用技巧：**數學歸納思想**。

最長遞增子序列（Longest Increasing Subsequence，簡寫 LIS）是非常經典的演算法問題，比較容易想到的是動態規劃解法，時間複雜度為 $O(N^2)$，我們借這個問題來由淺入深講解如何尋找狀態轉移方程式，如何寫出動態規劃解法。比較難想到的是利用二分搜尋，時間複雜度是 $O(NlogN)$，我們透過一種簡單的紙牌遊戲來輔助理解這種巧妙的解法。

LeetCode 第 300 題「最長遞增子序列」就是這個問題，給你輸入一個無序的整數陣列，請你找到其中最長的嚴格遞增子序列的長度，函式名稱如下：

```
int lengthOfLIS(int[] nums);
```

比如輸入 nums=[10,9,2,5,3,7,101,18]，其中最長的遞增子序列是 [2,3,7,101]，所以演算法的輸出應該是 4。

注意「子序列」和「子串」這兩個名詞的區別，子串一定是連續的，而子序列不一定是連續的。下面先來設計動態規劃演算法解決這個問題。

一、動態規劃解法

動態規劃的核心設計思想是數學歸納法，相信大家對數學歸納法都不陌生，高中就學過，而且想法很簡單。比如我們想證明一個數學結論，那麼**先假設這個結論在 k<n 時成立，然後根據這個假設，想辦法推導證明出 k=n 的時候此結論也成立**。如果能夠證明出來，那麼就說明這個結論對於 k 等於任何數都成立。

同理，我們設計動態規劃演算法，不是需要一個 dp 陣列嘛，可以假設 dp[0..i-1] 都已經被算出來了，然後問自己：怎麼透過這些結果算出 dp[i]？

直接拿最長遞增子序列這個問題舉例你就明白了。不過，首先要定義清楚 dp 陣列的含義，即 dp[i] 的值到底代表什麼？

我們的定義是這樣的：dp[i] 表示以 nums[i] 這個數結尾的最長遞增子序列的長度。

注意：為什麼這樣定義呢？這是解決子序列問題的策略，**4.2.6 動態規劃之子序列問題解題範本** 總結了幾種常見策略。讀完本章所有的動態規劃問題，就會發現 dp 陣列的定義方法也就那幾種。

根據這個定義，可以推出 base case：dp[i] 初始值為 1，因為以 nums[i] 結尾的最長遞增子序列起碼要包含它自己。

舉兩個例子：

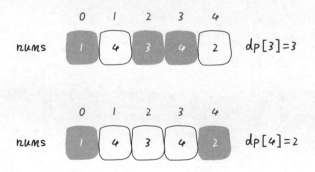

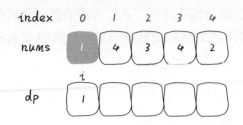

根據這個定義，我們的最終結果（子序列的最大長度）應該是 `dp` 陣列中的最大值。

```
int res = 0;
for (int i = 0; i < dp.length; i++) {
    res = Math.max(res, dp[i]);
}
return res;
```

讀者也許會問，剛才的演算法演進過程中每個 `dp[i]` 的結果是我們肉眼看出來的，我們應該怎麼設計演算法邏輯來正確計算每個 `dp[i]` 呢？這就是動態規劃的重頭戲了，要思考如何設計演算法邏輯進行狀態轉移，才能正確執行呢？這裡可以使用數學歸納的思想：

假設已經知道了 `dp[0..4]` 的所有結果，如何透過這些已知結果推出 `dp[5]` 呢？

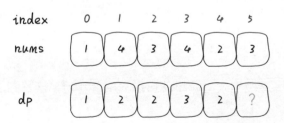

根據上面對 `dp` 陣列的定義，現在想求 `dp[5]` 的值，也就是想求以 `nums[5]` 為結尾的最長遞增子序列。

nums[5]=3，既然是遞增子序列，只要找到前面那些結尾比 3 小的子序列，然後把 3 接到這些子序列末尾，就可以形成一個新的遞增子序列，而且這個新的子序列長度加 1。

nums[5] 前面有哪些元素小於 nums[5]？這個好算，用 for 迴圈比較一輪就可以把這些元素找出來了。

再進一步，以這些元素為結尾的最長遞增子序列的長度是多少？回顧我們對 dp 陣列的定義，它記錄的正是以每個元素為結尾的最長遞增子序列的長度。

以我們舉的例子來說，nums[0] 和 nums[4] 都是小於 nums[5] 的，然後對比 dp[0] 和 dp[4] 的值，我們讓 nums[5] 和更長的遞增子序列結合，得出 dp[5] = 3：

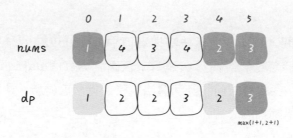

```
for (int j = 0; j < i; j++) {
    if (nums[i] > nums[j]) {
        dp[i] = Math.max(dp[i], dp[j] + 1);
    }
}
```

當 i = 5 時，這段程式的邏輯就可以算出 dp[5]。其實到這裡，這道演算法題我們就基本做完了。

讀者也許會問，剛才只是算了 dp[5] 呀，dp[4], dp[3] 這些怎麼算呢？類似數學歸納法，你已經可以算出 dp[5] 了，其他的就都可以算出來：

```
for (int i = 0; i < nums.length; i++) {
    for (int j = 0; j < i; j++) {
        // 尋找 nums[0..j-1] 中比 nums[i] 小的元素
```

```
        if (nums[i] > nums[j]) {
            // 把 nums[i] 接在後面，即可形成長度為 dp[j] + 1，
            // 且以 nums[i] 為結尾的遞增子序列
            dp[i] = Math.max(dp[i], dp[j] + 1);
        }
    }
}
```

結合前面講的 base case，來看一下完整程式：

```
int lengthOfLIS(int[] nums) {
    // 定義：dp[i] 表示以 nums[i] 這個數結尾的最長遞增子序列的長度
    int[] dp = new int[nums.length];
    // base case：dp 陣列全都初始化為 1
    Arrays.fill(dp, 1);
    for (int i = 0; i < nums.length; i++) {
        for (int j = 0; j < i; j++) {
            if (nums[i] > nums[j])
                dp[i] = Math.max(dp[i], dp[j] + 1);
        }
    }

    int res = 0;
    for (int i = 0; i < dp.length; i++) {
        res = Math.max(res, dp[i]);
    }
    return res;
}
```

至此，這道題就解決了，時間複雜度為 $O(N^2)$。下面總結一下如何找到動態規劃的狀態轉移關係：

1. 明確 dp 陣列的定義。這一步對於任何動態規劃問題都很重要，如果不得當或不夠清晰，會阻礙之後的步驟。

2. 根據 dp 陣列的定義，運用數學歸納法的思想，假設 dp[0...i-1] 都已知，想辦法求出 dp[i]，一旦這一步完成，整個題目基本就解決了。

但如果無法完成這一步，很可能就是 dp 陣列的定義不夠恰當，需要重新定義 dp 陣列的含義；或可能是 dp 陣列儲存的資訊還不夠，不足以推出下一步的答案，需要把 dp 陣列擴大成二維陣列甚至三維陣列。

二、二分搜尋解法

這個解法的時間複雜度為 $O(N\log N)$，但是說實話，正常人基本想不到這種解法（也許玩過某些紙牌遊戲的人可以想出來）。所以大家了解一下就好，正常情況下能夠列出動態規劃解法就已經很不錯了。

根據題目的意思，我都很難想像這個問題竟然能和二分搜尋扯上關係。其實最長遞增子序列和一種叫作 patience game 的紙牌遊戲有關，甚至有一種排序方法就叫作 patience sorting（耐心排序）。為了簡單起見，後文跳過所有數學證明，透過一個簡化的例子來理解一下演算法想法。

首先，給你一排撲克牌，我們像遍歷陣列那樣從左到右一張一張處理這些牌，最終要把這些牌分成若干堆。

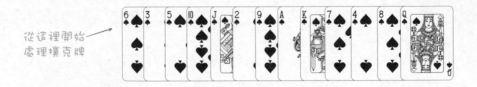

從這裡開始
處理撲克牌

處理這些撲克牌要遵循以下規則：

只能把點數小的牌壓到點數比它大的牌上；如果當前牌點數較大沒有可以放置的堆，則新建一個堆，把這張牌放進去；如果當前牌有多個堆可供選擇，則選擇最左邊的那一堆放置。

比如上述的撲克牌最終會被分成這樣 5 堆（我們認為紙牌 A 的牌面是最大的，紙牌 2 的牌面是最小的）：

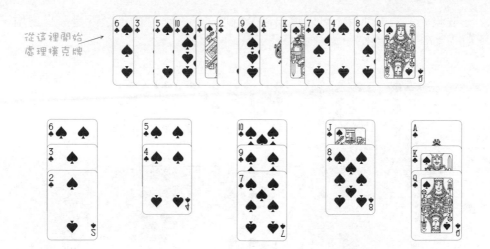

為什麼遇到多個可選擇堆的時候要放到最左邊的堆積上呢？因為這樣可以保證牌堆頂的牌有序（2, 4, 7, 8, Q），證明略。

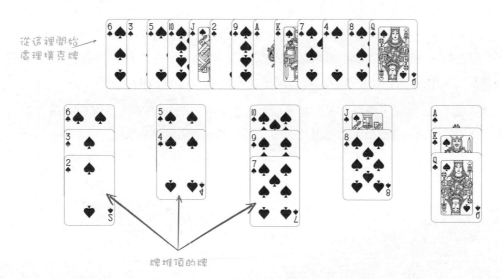

　　按照上述規則執行，可以算出最長遞增子序列，牌的堆數就是最長遞增子序列的長度，證明略。

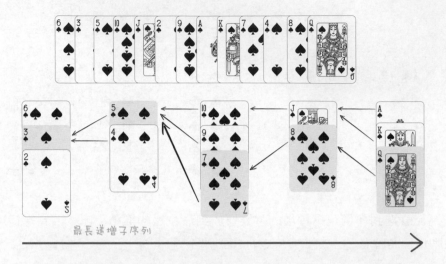

最長遞增子序列

　　我們只要把處理撲克牌的過程程式設計寫出來即可。每次處理一張撲克牌不是要找一個合適的牌堆頂來放嘛，牌堆頂的牌不是**有序**嘛，這就能用到二分搜尋了：用查詢左側邊界的二分搜尋來搜尋當前牌應放置的位置。

　　注意：**1.7** 我寫了首詩，保你閉著眼睛都能寫出二分搜尋演算法詳細介紹了二分搜尋的細節及變形，這裡就用上了，不熟悉的讀者請看前文。

```
int lengthOfLIS(int[] nums) {
    int[] top = new int[nums.length];
    // 牌堆數初始化為 0
    int piles = 0;
    for (int i = 0; i < nums.length; i++) {
        // 要處理的撲克牌
        int poker = nums[i];

        /***** 搜尋左側邊界的二分搜尋 *****/
        int left = 0, right = piles;
        while (left < right) {
            int mid = (left + right) / 2;
            if (top[mid] > poker) {
                right = mid;
```

```
            } else if (top[mid] < poker) {
                left = mid + 1;
            } else {
                right = mid;
            }
        }
        /********************************/
        // 沒找到合適的牌堆，新建一堆
        if (left == piles) piles++;
        // 把這張牌放到牌堆頂
        top[left] = poker;
    }
    // 牌堆數就是 LIS 長度
    return piles;
}
```

至此，二分搜尋的解法也講解完畢，不過這個解法確實很難想到。首先涉及數學證明，誰能想到按照這些規則執行，就能得到最長遞增子序列呢？其次還有二分搜尋的運用，要是對二分搜尋的細節不清楚，給了想法也很難寫對。所以，這個方法作為思維拓展好了。但動態規劃的設計方法應該完全理解：假設之前的答案已知，利用數學歸納的思想正確進行狀態的推演轉移，最終得到答案。

三、拓展到二維

我們看一個經常出現在生活中的有趣問題，LeetCode 第 354 題「俄羅斯套娃信封問題」：

列出一些信封，每個信封用寬度和高度的整數對形式 (w, h) 表示。當一個信封 A 的寬度和高度都比另一個信封 B 大的時候，則 B 就可以放進 A 裡，如同「俄羅斯套娃」一樣。請計算最多有多少個信封能組成一組「俄羅斯套娃」信封（即最多能套幾層）。

函式名稱如下：

```
int maxEnvelopes(int[][] envelopes);
```

比如輸入 `envelopes = [[5,4],[6,4],[6,7],[2,3]]`，演算法傳回 3，因為最多有 3 個信封能夠套起來，它們是 `[2,3] => [5,4] => [6,7]`。

這道題目其實是最長遞增子序列的變種，因為每次合法的巢狀結構是大的套小的，相當於在二維平面中找一個最長遞增的子序列，其長度就是最多能巢狀結構的信封個數。

前面說的標準 LIS 演算法只能在一維陣列中尋找最長子序列，而我們的信封是由 `(w, h)` 這樣的二維數對形式表示的，如何把 LIS 演算法運用過來呢？

LIS=[1,3,4]
len(LIS)=3

讀者也許會想，透過 `w × h` 計算面積，然後對面積進行標準的 LIS 演算法。但是稍加思考就會發現這樣不行，比如 `1 × 10` 大於 `3 × 3`，但是顯然這樣的兩個信封是無法互相巢狀結構的。

這道題的解法想法比較巧妙：

先對寬度 `w` 進行昇冪排序，如果遇到 `w` 相同的情況，則按照高度 `h` 降冪排序；之後把所有的 `h` 作為一個陣列，在這個陣列上計算出的 LIS 的長度就是答案。

畫一張圖理解一下，先對這些數對進行排序：

然後在 h 上尋找最長遞增子序列，這個子序列就是最佳的巢狀結構方案：

```
  寬度w  高度h
  [ 1,8 ]
  [ 2,3 ]
  [ 5,4 ]
  [ 5,2 ]
  [ 6,7 ]
  [ 6,4 ]
```

為什麼呢？稍微思考一下就明白了：

首先，對寬度 w 從小到大排序，確保了 w 這個維度可以互相巢狀結構，所以我們只需專注高度 h 這個維度能夠互相巢狀結構即可。

其次，兩個 w 相同的信封不能相互包含，所以對於寬度 w 相同的信封，對高度 h 進行降冪排序，保證 LIS 中不存在多個 w 相同的信封（因為題目說了長寬相同也無法巢狀結構）。

下面看解法程式：

```java
// envelopes = [[w, h], [w, h]...]
public int maxEnvelopes(int[][] envelopes) {
    int n = envelopes.length;
    // 按寬度昇冪排列，如果寬度一樣，則按高度降冪排列
    Arrays.sort(envelopes, new Comparator<int[]>()
    {
        public int compare(int[] a, int[] b) {
            return a[0] == b[0] ?
                b[1] - a[1] : a[0] - b[0];
        }
    });
    // 對高度陣列尋找 LIS
    int[] height = new int[n];
    for (int i = 0; i < n; i++)
```

```
        height[i] = envelopes[i][1];

    return lengthOfLIS(height);
}

int lengthOfLIS(int[] nums) {
    // 見前文
}
```

為了清晰，我將程式分為了兩個函式，你也可以合併，這樣可以節省下 `height` 陣列的空間。

如果使用二分搜尋版的 `lengthOfLIS` 函式，此演算法的時間複雜度為 $O(N\log N)$，因為排序和計算 LIS 各需要 $O(N\log N)$ 的時間，空間複雜度為 $O(N)$，因為計算 LIS 的函式中需要一個 top 陣列。

4.2.2 詳解最大子陣列和

讀完本節，你將不僅學到演算法策略，還可以順便解決以下題目：

53. 最大子陣列和（簡單）

LeetCode 第 53 題「最大子陣列和」問題和 **4.2.1 動態規劃設計：最長遞增子序列**的策略非常相似，代表著一類比較特殊的動態規劃問題的想法，題目如下：

給你輸入一個整數陣列 `nums`，請你在其中找一個和最大的子陣列，傳回這個子陣列的和，函式名稱如下：

```
int maxSubArray(int[] nums);
```

比如輸入 `nums = [-3,1,3,-1,2,-4,2]`，演算法傳回 5，因為最大子陣列 `[1,3,-1,2]` 的和為 5。

其實第一次看到這道題，我首先想到的是滑動視窗演算法，因為我們前文說過，滑動視窗演算法就是專門處理子串 / 子陣列問題的，這裡不就是子陣列問題嗎？

想用滑動視窗演算法，先問自己幾個問題：

1. 什麼時候應該擴大視窗？

2. 什麼時候應該縮小視窗？

3. 什麼時候更新答案？

我之前認為這題用不了滑動視窗演算法，因為我認為 nums 中包含負數，所以無法確定什麼時候擴大和縮小視窗。但經過和網友討論，我發現這道題確實是可以用滑動視窗技巧解決的。

我們可以在視窗內元素之和大於或等於 0 時擴大視窗，在視窗內元素之和小於 0 時縮小視窗，在每次移動視窗時更新答案。先直接看解法程式：

```java
int maxSubArray(int[] nums) {
    int left = 0, right = 0;
    int windowSum = 0, maxSum = Integer.MIN_VALUE;
    while(right < nums.length){
        // 擴大視窗並更新視窗內的元素和
        windowSum += nums[right];
        right++;

        // 更新答案
        maxSum = windowSum > maxSum ? windowSum : maxSum;

        // 判斷視窗是否要收縮
        while(windowSum < 0) {
            // 縮小視窗並更新視窗內的元素和
            windowSum -= nums[left];
            left++;
        }
    }
    return maxSum;
}
```

結合前文列出的滑動視窗程式框架，這段程式的結構應該很清晰，我主要解釋為什麼這個邏輯是正確的。

首先討論一種特殊情況，就是 `nums` 中全是負數的時候，此時演算法是可以得到正確答案的。

接下來討論一般情況，`nums` 中有正有負，這種情況下元素和最大的那個子陣列一定是以正數開頭的（以負數開頭的話，把這個負數去掉，就可以得到和更大的子陣列了，與假設相矛盾）。那麼此時我們需要窮舉所有以正數開頭的子陣列，計算它們的元素和，找到元素和最大的那個子陣列。

說到這裡，解法程式的邏輯應該就清晰了。演算法只有在視窗元素和大於 0 時才會不斷擴大視窗，並且在擴大視窗時更新答案，這其實就是在窮舉所有正數開頭的子陣列，尋找子陣列和最大的那個，所以這段程式能夠得到正確的結果。

一、動態規劃想法

解決這個問題還可以用動態規劃技巧解決，但是 `dp` 陣列的定義比較特殊。按照我們常規的動態規劃想法，一般是這樣定義 `dp` 陣列的：

`nums[0..i]` 中的「最大子陣列和」為 `dp[i]`。

如果這樣定義的話，整個 `nums` 陣列的「最大子陣列和」就是 `dp[n-1]`。如何找狀態轉移方程式呢？按照數學歸納法，假設我們知道了 `dp[i-1]`，如何推導出 `dp[i]` 呢？

以下圖，按照對 `dp` 陣列的定義，`dp[i] = 5`，也就是等於 `nums[0..i]` 中的最大子陣列和：

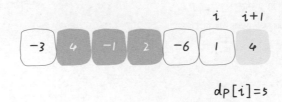

那麼在上圖這種情況中，利用數學歸納法，你能用 `dp[i]` 推出 `dp[i+1]` 嗎？

實際上是不行的，因為子陣列一定是連續的，按照我們當前 `dp` 陣列定義，並不能保證 `nums[0..i]` 中的最大子陣列與 `nums[i+1]` 是相鄰的，也就沒辦法從 `dp[i]` 推導出 `dp[i+1]`。

所以說我們這樣定義 `dp` 陣列是不正確的，無法得到合適的狀態轉移方程式。對於這類子陣列問題，我們要重新定義 `dp` 陣列的含義：

以 `nums[i]` 為結尾的「最大子陣列和」為 `dp[i]`。

在這種定義之下，想得到整個 `nums` 陣列的「最大子陣列和」，不能直接傳回 `dp[n- 1]`，而需要遍歷整個 `dp` 陣列：

```
int res = Integer.MIN_VALUE;
for (int i = 0; i < n; i++) {
    res = Math.max(res, dp[i]);
}
return res;
```

依然使用數學歸納法來找狀態轉移關係：假設我們已經算出了 `dp[i-1]`，如何推導出 `dp[i]` 呢？

可以做到，`dp[i]` 有兩種「選擇」，不是與前面的相鄰子陣列連接，形成一個和更大的子陣列；就是不與前面的子陣列連接，自成一派，自己作為一個子陣列。

如何進行選擇呢？既然要求「最大子陣列和」，當然選擇結果更大的那個啦：

```
// 不是自成一派，就是和前面的子陣列合併
dp[i] = Math.max(nums[i], nums[i] + dp[i - 1]);
```

至此，我們已經寫出了狀態轉移方程式，接下來就可以直接寫出解法了：

```
int maxSubArray(int[] nums) {
    int n = nums.length;
    if (n == 0) return 0;
```

```
// 定義：dp[i] 記錄以 nums[i] 為結尾的 " 最大子陣列和 "
int[] dp = new int[n];
// base case
// 第一個元素前面沒有子陣列
dp[0] = nums[0];
// 狀態轉移方程式
for (int i = 1; i < n; i++) {
    dp[i] = Math.max(nums[i], nums[i] + dp[i - 1]);
}
// 得到 nums 的最大子陣列
int res = Integer.MIN_VALUE;
for (int i = 0; i < n; i++) {
    res = Math.max(res, dp[i]);
}
return res;
}
```

以上解法的時間複雜度是 $O(N)$，空間複雜度也是 $O(N)$，較暴力解法已經很優秀了，不過注意 **dp[i] 僅和 dp[i-1] 的狀態有關**，那麼我們可以施展 **4.1.4 動態規劃的降維打擊：空間壓縮技巧** 講的技巧進行進一步最佳化，將空間複雜度降低：

```
int maxSubArray(int[] nums) {
    int n = nums.length;
    if (n == 0) return 0;
    // base case
    int dp_0 = nums[0];
    int dp_1 = 0, res = dp_0;

    for (int i = 1; i < n; i++) {
        // dp[i] = max(nums[i], nums[i] + dp[i-1])
        dp_1 = Math.max(nums[i], nums[i] +
        dp_0); dp_0 = dp_1;
        // 順便計算最大的結果
        res = Math.max(res, dp_1);
    }

    return res;
}
```

二、首碼和想法

在動態規劃解法中,我們透過狀態轉移方程式推導以 `nums[i]` 結尾的最大子陣列和,其實用 **2.1.3 小而美的演算法技巧:首碼和陣列** 講過的首碼和陣列也可以達到相同的效果。

回顧一下,首碼和陣列 `preSum` 就是 `nums` 元素的累加和,`preSum[i+1]-preSum[j]` 其實就是子陣列 `nums[j..i]` 之和(根據 `preSum` 陣列的實現,索引 0 是預留位置,所以 `i` 有一位索引偏移)。

那麼反過來想,以 `nums[i]` 為結尾的最大子陣列之和是多少?其實就是 `preSum[i+1]-min(preSum[0..i])`。

所以,我們可以利用首碼和陣列計算以每個元素結尾的子陣列之和,進而得到和最大的子陣列:

```java
// 首碼和技巧解題
int maxSubArray(int[] nums) { int n = nums.length;
    int[] preSum = new
    int[n + 1];
    preSum[0] = 0;
    // 構造 nums 的首碼和陣列
    for (int i = 1; i <= n; i++) {
        preSum[i] = preSum[i - 1] + nums[i - 1];
    }

    int res = Integer.MIN_VALUE;
    int minVal = Integer.MAX_VALUE;
    for (int i = 0; i < n; i++) {
        // 維護 minVal 是 preSum[0..i] 的最小值
        minVal = Math.min(minVal, preSum[i]);
        // 以 nums[i] 結尾的最大子陣列和就是 preSum[i+1] - min(preSum[0..i])
        res = Math.max(res, preSum[i + 1] - minVal);
    }
    return res;
}
```

至此,首碼和解法也完成了。

　　簡單總結下動態規劃解法，雖然說狀態轉移方程式確實有那麼點「玄學」，但大部分還是有規律可循的，跑不出那幾個策略。像子陣列、子序列這類問題，你就可以嘗試定義 `dp[i]` 是以 `nums[i]` 為結尾的最大子陣列和 / 最長遞增子序列，因為這樣定義更容易將 `dp[i+1]` 和 `dp[i]` 建立起聯繫，利用數學歸納法寫出狀態轉移方程式。

4.2.3　詳解編輯距離問題

　　讀完本節，你將不僅學到演算法策略，還可以順便解決以下題目：

72. 編輯距離（困難）

　　之前看了一份某網際網路大廠的面試題，演算法部分一大半是動態規劃，最後一題就是寫一個計算編輯距離的函式，本節專門來探討這個問題。我個人很喜歡編輯距離這個問題，因為它看起來十分困難，解法卻出奇地簡單漂亮，而且它是少有的比較實用的演算法。

　　LeetCode 第 72 題「編輯距離」就是這個問題，先看下題目：

　　你可以對一個字串進行三種操作：**插入**一個字元，**刪除**一個字元，**替換**一個字元。現在替你兩個字串 `s1` 和 `s2`，請計算將 `s1` 轉換成 `s2` 最少需要多少次操作，函式名稱如下：

```
int minDistance(String s1, String s2)
```

　　為什麼說這個問題難呢，因為對動態規劃不熟悉的人會感到無從下手，望而生畏。但為什麼說它實用呢，因為我就在日常工作中用到了這個演算法。之前有一篇公眾號文章由於疏忽，寫錯位了一段內容，我決定修改這部分內容讓邏輯通順。但是已發出的公眾號文章最多只能修改 20 個字，且只支援增、刪、替換操作（和編輯距離問題一模一樣），於是我就用演算法求出了一個最佳方案，只用了 16 步就完成了修改。

再比如「高大上」一點的應用，DNA 序列是由 A,G,C,T 組成的序列，可以類比成字串。編輯距離可以衡量兩個 DNA 序列的相似度，編輯距離越小，說明這兩段 DNA 越相似，說不定這兩個 DNA 的主人是遠古近親之類的。

下面言歸正傳，詳細講解編輯距離該怎麼算，相信本節會讓你有所收穫。

一、想法

編輯距離問題就是給我們兩個字串 `s1` 和 `s2`，只能用三種操作來把 `s1` 變成 `s2`，求最少的操作步驟數。需要明確的是，不管是把 `s1` 變成 `s2`，還是反過來，結果都是一樣的，所以後文就以 `s1` 變成 `s2` 舉例。

在 **4.2.4 詳解最長公共子序列問題**將講到，**解決兩個字串的動態規劃問題，一般都是用兩個指標 i 和 j 分別指向兩個字串的最後，然後一步步往前移動，縮小問題的規模。**

注意：其實讓 **i** 和 **j** 從前往後移動也可以，改一下 `dp` 函式／陣列的定義即可，想法是完全一樣的。

設兩個字串分別為 `"rad"` 和 `"apple"`，為了把 `s1` 變成 `s2`，演算法會這樣進行，掃二維碼觀看動畫效果：

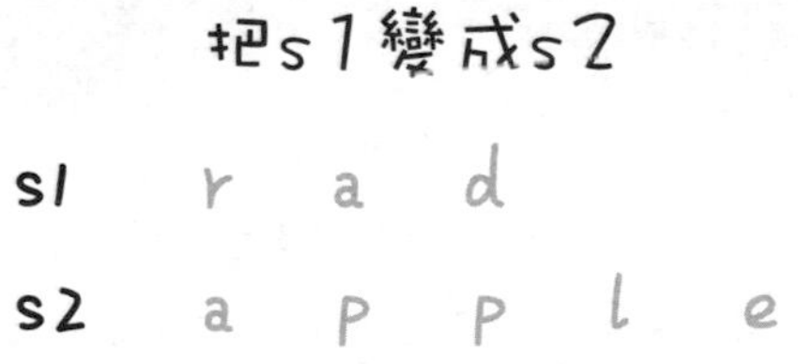

把 s1 變成 s2

s1   r   a   d

s2   a   p   p   l   e

請記住這個過程，這樣就能算出編輯距離。關鍵在於如何做出正確的操作，後面會講。

根據上面的過程，可以發現操作不只有三個，其實還有第四個操作，就是什麼都不要做（skip）。比如這個情況：

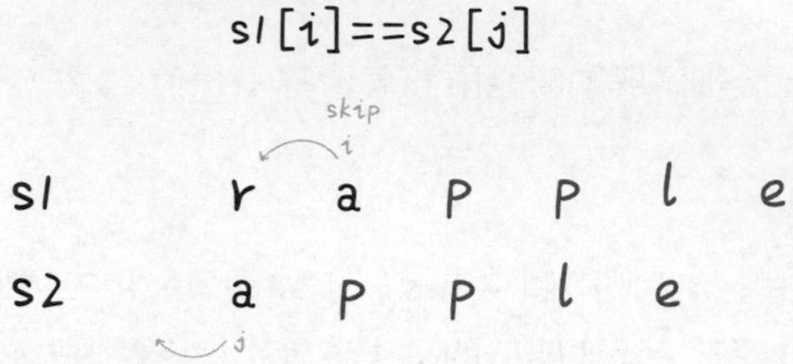

$$sl[i]==s2[j]$$

因為這兩個字元本來就相同，為了使編輯距離最小，顯然不應該對它們有任何操作，直接往前移動 i 和 j 即可。

還有一個很容易處理的情況，就是 j 走完 s2 時，如果 i 還沒走完 s1，那麼只能用刪除操作把 s1 縮短為 s2。比如這種情況：

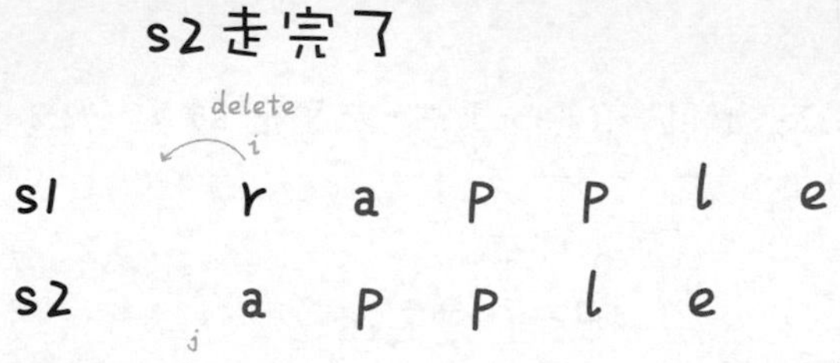

同理，如果 i 走完 s1 時 j 還沒走完了 s2，那就只能用插入操作把 s2 剩下的字元全部插入 s1。下面會看到，這兩種情況就是演算法的 base case。

二、程式詳解

先梳理一下之前的想法：

base case 是 i 走完 s1 或 j 走完 s2，可以直接傳回另一個字串剩下的長度。對於每對字元 s1[i] 和 s2[j]，可以有 4 種操作：

```
if s1[i] == s2[j]:
    什麼都別做（skip）
```

```
        i 和 j 同時向前移動
else:
    三選一：
        插入（insert）
        刪除（delete）
        替換（replace）
```

　　有這個框架，問題就已經解決了。讀者也許會問，這個「三選一」到底該
怎麼選擇呢？很簡單，窮舉嘛，全試一遍，哪個操作最後得到的編輯距離最小，
就選哪個。不過這裡需要遞迴技巧，理解需要一點技巧，先看看暴力解法程式：

```java
int minDistance(String s1, String s2) {
    int m = s1.length(), n = s2.length();
    // i 和 j 初始化指向最後一個索引
    return dp(s1, m - 1, s2, n - 1);
}
// 定義：傳回 s1[0..i] 和 s2[0..j] 的最小編輯距離
int dp(String s1, int i, String s2, int j) {
    // base case
    if (i == -1) return j + 1;
    if (j == -1) return i + 1;

    if (s1.charAt(i) == s2.charAt(j)) {
        return dp(s1, i - 1, s2, j - 1); // 什麼都不做
    }
    return min(
        dp(s1, i, s2, j - 1) + 1, // 插入
        dp(s1, i - 1, s2, j) + 1, // 刪除
        dp(s1, i - 1, s2, j - 1) + 1 // 替換
    );
}

int min(int a, int b, int c) {
    return Math.min(a, Math.min(b, c));
}
```

　　下面來詳細解釋一下這段遞迴程式，base case 應該不用解釋了，主要解釋
遞迴部分。

都說遞迴程式的可解釋性很好，這是有道理的，只要理解函式的定義，就能很清楚地理解演算法的邏輯，dp 函式的定義是這樣的：

```
// 定義：傳回 s1[0..i] 和 s2[0..j] 的最小編輯距離
int dp(String s1, int i, String s2, int j) {
```

記住這個定義之後，先來看這段程式：

```python
if s1[i] == s2[j]:
    return dp(s1, i - 1, s2, j - 1); # 什麼都不做
# 解釋：
# 本來就相等，不需要任何操作
# s1[0..i] 和 s2[0..j] 的最小編輯距離等於
# s1[0..i-1] 和 s2[0..j-1] 的最小編輯距離
# 也就是說 dp(i, j) 等於 dp(i-1, j-1)
```

如果 **s1[i] != s2[j]**，就要對三個操作遞迴了，稍微需要一些思考：

```python
dp(s1, i, s2, j - 1) + 1,        # 插入
# 解釋：
# 直接在 s1[i] 插入一個和 s2[j] 一樣的字元
# 那 s2[j] 就被匹配了，前移 j，繼續和 i 對比
# 別忘了運算元加 1
```

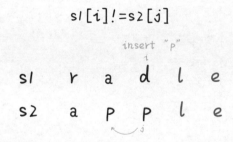

```python
dp(s1, i - 1, s2, j) + 1,        # 刪除
# 解釋：
# 直接把 s[i] 這個字元刪掉
# 前移 i，繼續和 j 對比
# 運算元加 1
```

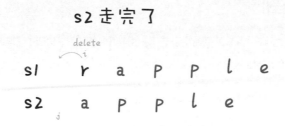

```
dp(s1, i - 1, s2, j - 1) + 1 # 替換
# 解釋：
# 直接把 s1[i] 替換成 s2[j]，這樣它倆就匹配了
# 同時前移 i 和 j，繼續對比
# 運算元加 1
```

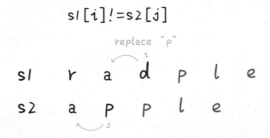

現在，你應該完全理解這段短小精悍的程式了。這裡還有點小問題就是，這個解法是暴力解法，存在重疊子問題，需要用動態規劃技巧來最佳化。

怎麼能一眼看出存在重疊子問題呢？前文提過，這裡再簡單提一下，需要抽象出本節演算法的遞迴框架：

```
int dp(i, j) {
    dp(i - 1, j - 1);    // #1
    dp(i, j - 1);        // #2
    dp(i - 1, j);        // #3
}
```

對於子問題 `dp(i-1, j-1)`，如何透過原問題 `dp(i, j)` 得到呢？有不止一條路徑，比如 `dp(i, j) -> #1` 和 `dp(i, j) -> #2 -> #3`。一旦發現一條重複路徑，就說明存在巨量重複路徑，也就是重疊子問題。

三、動態規劃最佳化

對於重疊子問題呢， **1.3 動態規劃解題策略框架** 詳細介紹過，最佳化方法無非是備忘錄或 DP table。

備忘錄很好加，原來的程式稍加修改即可：

```java
// 備忘錄
int[][] memo;

public int minDistance(String s1, String s2) {
    int m = s1.length(), n = s2.length();
    // 備忘錄初始化為特殊值，代表還未計算
    memo = new int[m][n];
    for (int[] row : memo) {
        Arrays.fill(row, -1);
    }
    return dp(s1, m - 1, s2, n - 1);
}

int dp(String s1, int i, String s2, int j) {
    if (i == -1) return j + 1;
    if (j == -1) return i + 1;
    // 查備忘錄，避免重疊子問題
    if (memo[i][j] != -1) {
        return memo[i][j];
    }
    // 狀態轉移，結果存入備忘錄
    if (s1.charAt(i) == s2.charAt(j)) {
        memo[i][j] = dp(s1, i - 1, s2, j - 1);
    } else {
        memo[i][j] = min(
            dp(s1, i, s2, j - 1) + 1,
            dp(s1, i - 1, s2, j) + 1,
            dp(s1, i - 1, s2, j - 1) + 1
        );
    }
    return memo[i][j];
}
```

```
int min(int a, int b, int c) {
    return Math.min(a, Math.min(b, c));
}
```

主要說下 DP table 的解法。

首先明確 dp 陣列的含義，dp 陣列是一個二維陣列，類似這樣：

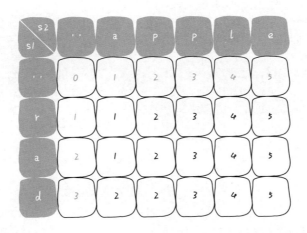

有了之前遞迴解法的鋪陳，應該很容易理解。dp[..][0] 和 dp[0][..] 對應 base case，dp[i][j] 的含義和之前的 dp 函式類似：

```
int dp(String s1, int i, String s2, int j)
// 傳回 s1[0..i] 和 s2[0..j] 的最小編輯距離

dp[i-1][j-1]
// 儲存 s1[0..i] 和 s2[0..j] 的最小編輯距離
```

dp 函式的 base case 是 i 和 j 等於 -1，而陣列索引至少是 0，所以 dp 陣列會偏移一位。既然 dp 陣列和遞迴 dp 函式含義一樣，也就可以直接套用之前的想法寫程式，**唯一不同的是，DP table 是自底向上求解，遞迴解法是自頂向下求解**：

```
int minDistance(String s1, String s2) {
    int m = s1.length(), n = s2.length();
    // 定義：s1[0..i] 和 s2[0..j] 的最小編輯距離是 dp[i+1][j+1]
    int[][] dp = new int[m + 1][n + 1];
```

```
    // base case
    for (int i = 1; i <= m; i++)
        dp[i][0] = i;
    for (int j = 1; j <= n; j++)
        dp[0][j] = j;
    // 自底向上求解
    for (int i = 1; i <= m; i++) {
        for (int j = 1; j <= n; j++) {
            if (s1.charAt(i-1) == s2.charAt(j-1)) {
                dp[i][j] = dp[i - 1][j - 1];
            } else {
                dp[i][j] = min(
                    dp[i - 1][j] + 1,
                    dp[i][j - 1] + 1,
                    dp[i - 1][j - 1] + 1
                );
            }
        }
    }
    // 儲存著整個 s1 和 s2 的最小編輯距離
    return dp[m][n];
}

int min(int a, int b, int c) {
    return Math.min(a, Math.min(b, c));
}
```

四、擴展延伸

一般來說，處理兩個字串的動態規劃問題，都是按本節的想法處理，建立 DP table。為什麼呢，因為易於找出狀態轉移的關係，比如編輯距離的 DP table：

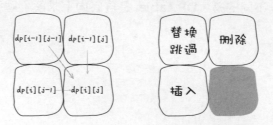

還有一個細節，既然每個 `dp[i][j]` 只和它附近的三個狀態有關，空間複雜度是可以壓縮成 $O(min(M,N))$ 的（M，N 是兩個字串的長度）。不難，但是可解釋性大大降低，讀者可以自己根據 **4.1.4 動態規劃的降維打擊：空間壓縮技巧** 嘗試最佳化。

你可能還會問，**這裡只求出了最小的編輯距離，那具體的操作是什麼？** 根據之前舉的例子可知，只有一個最小編輯距離肯定不夠，還知道具體怎麼修改才行。這個其實很簡單，程式稍加修改，給 `dp` 陣列增加額外的資訊即可：

```
// int[][] dp;
Node[][] dp;

class Node {
    int val;
    int choice;
    // 0 代表什麼都不做
    // 1 代表插入
    // 2 代表刪除
    // 3 代表替換
}
```

`val` 屬性就是之前的 `dp` 陣列的數值，`choice` 屬性代表操作。在做最佳選擇時，順便把操作記錄下來，然後就從結果反推具體操作。我們的最終結果不是 `dp[m][n]` 嗎，這裡的 `val` 存著最小編輯距離，`choice` 存著最後一個操作，比如插入操作，那麼就可以左移一格：

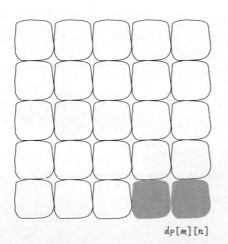

dp[m][n]

重複此過程，可以一步步回到起點 `dp[0][0]`，形成一條路徑，按這條路徑上的操作進行編輯，就是最佳方案：

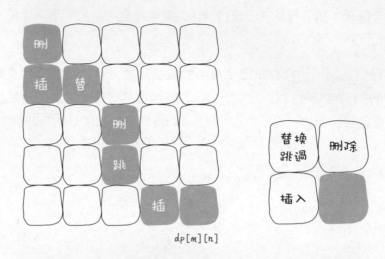

dp[m][n]

4.2.4 詳解最長公共子序列問題

讀完本節，你將不僅學到演算法策略，還可以順便解決以下題目：

1143. 最長公共子序列（中等）	583. 兩個字串的刪除操作（中等）
712. 兩個字串的最小 ASCII 刪除和（中等）	

不知道大家做演算法題有什麼感覺，我總結出來做演算法題的技巧就是，把大的問題細化到一個點，先研究在這個小的點上如何解決問題，然後再透過遞迴、迭代的方式擴展到整個問題。

比如解決二元樹的題目時，我們就會把整個問題細化到某一個節點上，想像自己站在某個節點上，需要做什麼，然後套二元樹遞迴框架就行了。你只要把一個節點的工作安排好，遞迴函式會幫你讓所有節點都有序工作。

動態規劃系列問題也是一樣，尤其是子序列相關的問題。本節從最長公共子序列問題展開，總結三道子序列問題，解題過程中仔細講講這種子序列問題的策略，你就能感受到這種思維方式了。

一、最長公共子序列

計算最長公共子序列（Longest Common Subsequence，簡稱 LCS）是一道經典的動態規劃題日，LeetCode 第 1143 題「最長公共子序列」就是這個問題：

給你輸入兩個字串 `s1` 和 `s2`，請找出它們的最長公共子序列，傳回這個子序列的長度，函式名稱如下：

```
int longestCommonSubsequence(String s1, String s2);
```

比如輸入 `s1 = "zabcde", s2 = acez"`，它倆的最長公共子序列是 `lcs = "ace"`，長度為 3，所以演算法傳回 3。

如果沒有做過這道題，一個最簡單的暴力演算法就是，把 `s1` 和 `s2` 的所有子序列都窮列出來，看看有沒有公共的，然後在所有公共子序列裡再尋找一個最長的。

顯然，這種想法的複雜度非常高，你要窮列出所有子序列，這個複雜度就是指數級的，肯定不實際。

正確的想法是不要考慮整個字串，而是細化到 `s1` 和 `s2` 的每個字元。我們將在 4.2.6 子序列問題解題範本中總結出一個規律：

對於兩個字串求子序列的問題，都是用兩個指標 i 和 j 分別在兩個字串上移動，大機率是動態規劃想法。

最長公共子序列的問題也可以遵循這個規律，我們可以先寫一個 `dp` 函式：

```
// 定義：計算 s1[i..] 和 s2[j..] 的最長公共子序列長度
int dp(String s1, int i, String s2, int j)
```

這個 `dp` 函式的定義是：`dp(s1, i, s2, j)` 計算 `s1[i..]` 和 `s2[j..]` 的最長公共子序列長度。

根據這個定義，那麼我們想要的答案就是 `dp(s1, 0, s2,0)`，且 base case 就是 `i == len(s1)` 或 `j == len(s2)` 時，因為這時候 `s1[i..]` 或 `s2[j..]` 就相當於空串了，最長公共子序列的長度顯然是 0：

```
int longestCommonSubsequence(String s1, String s2) {
    return dp(s1, 0, s2, 0);
}

/* 主函式 */
int dp(String s1, int i, String s2, int j) {
    // base case
    if (i == s1.length() || j == s2.length()) {
        return 0;
    }
    // ...
```

接下來，我們不要看 `s1` 和 `s2` 兩個字串，而是要具體到每一個字元，思考每個字元該做什麼。

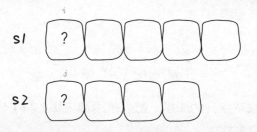

我們只看 `s1[i]` 和 `s2[j]`，如果 `s1[i] == s2[j]`，說明這個字元一定在 **lcs** 中：

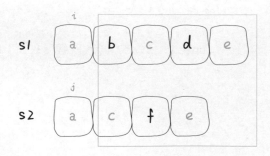

這樣，就找到了一個 `lcs` 中的字元，根據 `dp` 函式的定義，可以完善一下程式：

```java
// 定義：計算 s1[i..] 和 s2[j..] 的最長公共子序列長度
int dp(String s1, int i, String s2, int j) {
    if (s1.charAt(i) == s2.charAt(j)) {
        // s1[i] 和 s2[j] 必然在 lcs 中，
        // 加上 s1[i+1..] 和 s2[j+1..] 中的 lcs 長度，就是答案
        return 1 + dp(s1, i + 1, s2, j + 1)
    } else {
        // ...
    }
}
```

剛才說的是 `s1[i] == s2[j]` 的情況，但如果 `s1[i] != s2[j]`，應該怎麼辦呢？ `s1[i] != s2[j]` 表示， `s1[i]` 和 `s2[j]` 中至少有一個字元不在 **lcs** 中：

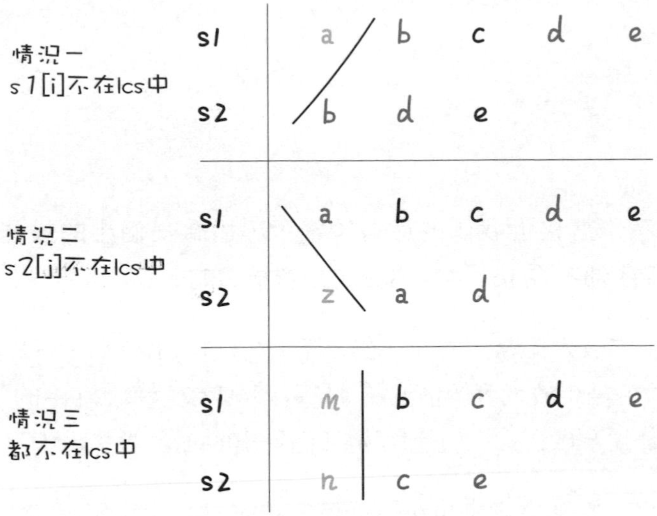

如上圖，總共可能有三種情況，怎麼知道具體是哪種情況呢？

其實我們也不知道，那就把這三種情況的答案都算出來，取其中結果最大的那個，因為題目讓我們算「最長」公共子序列的長度。

這三種情況的答案怎麼算？回想一下 `dp` 函式定義，不就是專門為了計算它們而設計的嘛！

程式可以再進一步：

```java
// 定義：計算 s1[i..] 和 s2[j..] 的最長公共子序列長度
int dp(String s1, int i, String s2, int j) {
    if (s1.charAt(i) == s2.charAt(j)) {
        return 1 + dp(s1, i + 1, s2, j + 1)
    } else {
        // s1[i] 和 s2[j] 中至少有一個字元不在 lcs 中，
        // 窮舉三種情況的結果，取其中的最大結果
        return max(
            // 情況一，s1[i] 不在 lcs 中
            dp(s1, i + 1, s2, j),
            // 情況二，s2[j] 不在 lcs 中
            dp(s1, i, s2, j + 1),
            // 情況三，都不在 lcs 中
            dp(s1, i + 1, s2, j + 1)
        );
    }
}
```

這裡就已經非常接近我們的最終答案了，**還有一個小的最佳化，情況三「s1[i] 和 s2[j] 都不在 lcs 中」其實可以直接忽略。**

因為我們在求最大值嘛，情況三在計算 `s1[i+1..]` 和 `s2[j+1..]` 的 `lcs` 長度，這個長度肯定是小於或等於情況二 `s1[i..]` 和 `s2[j+1..]` 中的 `lcs` 長度的，因為 `s1[i+1..]` 比 `s1[i..]` 短，那從這裡面算出的 `lcs` 當然也不可能更長。

同理，情況三的結果肯定也小於或等於情況一。說穿了，情況三被情況一和情況二包含了，所以可以直接忽略掉情況三，完整程式如下：

```java
// 備忘錄，消除重疊子問題
int[][] memo;

/* 主函式 */
int longestCommonSubsequence(String s1, String s2) {
```

```
    int m = s1.length(), n = s2.length();
    // 備忘錄值為 -1 代表未曾計算
    memo = new int[m][n];
    for (int[] row : memo)
        Arrays.fill(row, -1);
    // 計算 s1[0..] 和 s2[0..] 的 lcs 長度
    return dp(s1, 0, s2, 0);
}

// 定義：計算 s1[i..] 和 s2[j..] 的最長公共子序列長度
int dp(String s1, int i, String s2, int j) {
    // base case
    if (i == s1.length() || j == s2.length()) {
        return 0;
    }
    // 如果之前計算過，則直接傳回備忘錄中的答案
    if (memo[i][j] != -1) {
        return memo[i][j];
    }
    // 根據 s1[i] 和 s2[j] 的情況做選擇
    if (s1.charAt(i) == s2.charAt(j)) {
        // s1[i] 和 s2[j] 必然在 lcs 中
        memo[i][j] = 1 + dp(s1, i + 1, s2, j + 1);
    } else {
        // s1[i] 和 s2[j] 至少有一個不在 lcs 中
        memo[i][j] = Math.max( dp(s1, i + 1, s2, j),
            dp(s1, i, s2, j + 1)
        );
    }
    return memo[i][j];
}
```

以上想法完全就是按照我們之前的動態規劃策略框架來的，應該是很容易理解的。至於為什麼要加 memo 備忘錄，這裡還是再簡單分析一下，首先抽象出核心 dp 函式的遞迴框架：

```
int dp(int i, int j) {
    dp(i + 1, j + 1);    // #1
    dp(i, j + 1);        // #2
```

```
    dp(i + 1, j);          // #3
}
```

你看，假設我想從 `dp(i, j)` 轉移到 `dp(i+1, j+1)`，有不止一種方式，可以直接走 `#1`，也可以走 `#2 -> #3`，還可以走 `#3 -> #2`。

這就是重疊子問題，如果不用 `memo` 備忘錄消除子問題，那麼 `dp(i+1, j+1)` 就會被多次計算，這是沒有必要的。

至此，最長公共子序列問題就完全解決了，用的是自頂向下附帶備忘錄的動態規劃想法，當然也可以使用自底向上的迭代的動態規劃想法，和我們的遞迴想法一樣，關鍵是如何定義 `dp` 陣列，這裡也寫一下自底向上的解法：

```java
int longestCommonSubsequence(String s1, String s2) {
    int m = s1.length(), n = s2.length();
    int[][] dp = new int[m + 1][n + 1];
    // 定義：s1[0..i-1] 和 s2[0..j-1] 的 lcs 長度為 dp[i][j]
    // 目標：s1[0..m-1] 和 s2[0..n-1] 的 lcs 長度，即 dp[m][n]
    // base case: dp[0][..] = dp[..][0] = 0

    for (int i = 1; i <= m; i++) {
        for (int j = 1; j <= n; j++) {
            // 現在 i 和 j 從 1 開始，所以要減 1
            if (s1.charAt(i - 1) == s2.charAt(j - 1)) {
                // s1[i-1] 和 s2[j-1] 必然在 lcs 中
                dp[i][j] = 1 + dp[i - 1][j - 1];
            } else {
                // s1[i-1] 和 s2[j-1] 至少有一個不在 lcs 中
                dp[i][j] = Math.max(dp[i][j - 1], dp[i - 1][j]);
            }
        }
    }

    return dp[m][n];
}
```

自底向上的解法中 `dp` 陣列定義的方式和我們的遞迴解法有一點差異，而且由於陣列索引從 0 開始，有索引偏移，不過想法和我們的遞迴解法完全相同，如果你看懂了遞迴解法，這個解法應該不難理解。

另外，自底向上的解法可以透過 4.1.4 節講過的空間壓縮技巧進行最佳化，把空間複雜度壓縮為 $O(N)$，這裡由於篇幅所限，就不展開了。

下面，來看兩道和最長公共子序列相似的題目。

二、字串的刪除操作

這是 LeetCode 第 583 題「兩個字串的刪除操作」，看下題目：

給定兩個單字 `s1` 和 `s2`，傳回使得 `s1` 和 `s2` 相同所需的最小步數。每步可以刪除任意一個字串中的字元。

函式名稱如下：

```
int minDistance(String s1, String s2);
```

比如輸入 `s1 = "sea"` `s2 = "eat"`，演算法傳回 2，第一步將 `"sea"` 變為 `"ea"`，第二步將 `"eat"` 變為 `"ea"`。

題目讓我們計算將兩個字串變得相同的最少刪除次數，那我們可以思考一下，最後這兩個字串會被刪成什麼樣子？刪除的結果不就是它倆的最長公共子序列嘛！

那麼，要計算刪除的次數，就可以透過最長公共子序列的長度推導出來：

```
int minDistance(String s1, String s2) {
    int m = s1.length(), n = s2.length();
    // 重複使用前文計算 lcs 長度的函式
    int lcs = longestCommonSubsequence(s1, s2);
    return m - lcs + n - lcs;
}
```

這道題就解決了！

三、最小 ASCII 刪除和

這是 LeetCode 第 712 題「兩個字串的最小 ASCII 刪除和」，題目和上一道類似，只不過上道題要求刪除次數最小化，這道題要求刪掉的字元 ASCII 碼之和最小化。

函式名稱如下：

```
int minimumDeleteSum(String s1, String s2)
```

比如輸入 s1 = "sea", s2 = "eat"，演算法傳回 231。

因為在 "sea" 中刪除 "s"，在 "eat" 中刪除 "t"，可使得兩個字串相等，且刪掉字元的 ASCII 碼之和最小，即 s(115) + t(116) = 231。

這道題不能直接重複使用計算最長公共子序列的函式，但是可以依照之前的想法，稍微修改 base case 和狀態轉移部分即可直接寫出解法程式：

```
// 備忘錄
int memo[][];
/* 主函式 */
int minimumDeleteSum(String s1, String s2) {
    int m = s1.length(), n = s2.length();
    // 備忘錄值為 -1 代表未曾計算
    memo = new int[m][n];
    for (int[] row : memo)
        Arrays.fill(row, -1);

    return dp(s1, 0, s2, 0);
}

// 定義：將 s1[i..] 和 s2[j..] 刪除成相同字串，
// 最小的 ASCII 碼之和為 dp(s1, i, s2, j)。
int dp(String s1, int i, String s2, int j) {
    int res = 0;
    // base case
    if (i == s1.length()) {
        // 如果 s1 到頭了，那麼 s2 剩下的都要刪除
        for (; j < s2.length(); j++)
```

```
            res += s2.charAt(j);
        return res;
    }
    if (j == s2.length()) {
        // 如果 s2 到頭了，那麼 s1 剩下的都要刪除
        for (; i < s1.length(); i++)
            res += s1.charAt(i);
        return res;
    }

    if (memo[i][j] != -1) {
        return memo[i][j];
    }

    if (s1.charAt(i) == s2.charAt(j)) {
        // s1[i] 和 s2[j] 都是在 lcs 中的，不用刪除
        memo[i][j] = dp(s1, i + 1, s2, j + 1);
    } else {
        // s1[i] 和 s2[j] 至少有一個不在 lcs 中，刪一個
        memo[i][j] = Math.min(
            s1.charAt(i) + dp(s1, i + 1, s2, j),
            s2.charAt(j) + dp(s1, i, s2, j + 1)
        );
    }
    return memo[i][j];
}
```

base case 有一定區別，計算 `lcs` 長度時，如果一個字串為空，那麼 `lcs` 長度必然是 0；但是這道題如果一個字串為空，另一個字串必然要被全部刪除，所以需要計算另一個字串所有字元的 ASCII 碼之和。

關於狀態轉移，當 `s1[i]` 和 `s2[j]` 相同時不需要刪除，不同時需要刪除，所以可以利用 `dp` 函式計算兩種情況，得出最佳的結果。其他的大同小異，就不具體展開了。

至此，三道子序列問題就解決完了，關鍵在於將問題細化到字元，根據每兩個字元是否相同來判斷它們是否在結果子序列中，從而避免了對所有子序列進行窮舉。

這也算是在兩個字串中求子序列的常用想法，建議大家好好體會，多多練習。

4.2.5　詳解正規匹配問題

讀完本節，你將不僅學到演算法策略，還可以順便解決以下題目：

> 10. 正規表示法匹配（困難）

正規表示法是一個非常強力的工具，本節就來具體看一看正規表示法的底層原理是什麼。LeetCode 第 10 題「正規表示法匹配」就要求我們實現一個簡單的正規匹配演算法，包括 "." 萬用字元和 "*" 萬用字元，其中點號 "." 可以匹配任意一個字元，星號 "*" 可以讓之前的那個字元重複任意次數（包括 0 次）。

比如模式串 ".a*b" 就可以匹配文字 "zaaab"，也可以匹配 "cb"；模式串 "a..b" 可以匹配文字 "amnb"；而模式串 ".*" 就比較牛了，它可以匹配任何文字。

題目會給我們輸入兩個字串 s 和 p，s 代表文字，p 代表模式串，請你判斷模式串 p 是否可以匹配文字 s。我們可以假設模式串只包含小寫字母和上述兩種萬用字元且一定合法，不會出現 *a 或 b** 這種不合法的模式串。

函式名稱如下：

```
bool isMatch(string s, string p);
```

注意：本節涉及較多的字串處理操作，所以用 C++ 撰寫程式講解想法。對於我們將要實現的這個正規表示法，困難在哪裡呢？

點號萬用字元其實很好實現，s 中的任何字元，只要遇到 . 萬用字元，直接匹配就完事了。主要是這個星號萬用字元不好實現，一旦遇到 * 萬用字元，前面的那個字元可以選擇重複一次，可以重複多次，也可以一次都不出現，這該怎麼辦？

對於這個問題，答案很簡單，對於所有可能出現的情況，全部窮舉一遍，只要有一種情況可以完成匹配，就認為 p 可以匹配 s。那麼一旦涉及兩個字串的窮舉，我們就應該條件反射地想到動態規劃的技巧了。

一、想法分析

我們先想一下，s 和 p 相互匹配的過程大致是，兩個指標 i,j 分別在 s 和 p 上移動，如果最後兩個指標都能移動到字串的末尾，那麼就匹配成功，反之則匹配失敗。

如果不考慮 * 萬用字元，面對兩個待匹配字元 s[i] 和 p[j]，我們唯一能做的就是看它們是否匹配：

```
bool isMatch(string s, string p) {
    int i = 0, j = 0;
    while (i < s.size() && j < p.size()) {
        // "." 萬用字元就是萬金油
        if (s[i] == p[j] || p[j] == '.') {
            // 匹配，接著匹配 s[i+1..] 和 p[j+1..]
            i++; j++;
        } else {
            // 不匹配
            return false;
        }
    }
    return i == j;
}
```

那麼考慮一下，如果加入 * 萬用字元，局面就會稍微複雜一些，不過只要分情況來分析，也不難理解。

當 p[j + 1] 為 * 萬用字元時，我們分情況討論下：

1. 如果 s[i] == p[j]，那麼有兩種情況：

1.1 p[j] 有可能會匹配多個字元，比如 s="aaa", p="a*"，那麼 p[0] 會透過 * 匹配 3 個字元 "a"。

1.2 `p[i]` 也有可能匹配 0 個字元，比如 s="aa", p="a*aa"，由於後面的字元可以匹配 s，所以 `p[0]` 只能匹配 0 次。

2. 如果 s[i] != p[j]，只有一種情況：

   `p[j]` 只能匹配 0 次，然後看下一個字元是否能和 `s[i]` 匹配。比如 s = "aa", p = "b*aa"，此時 `p[0]` 只能匹配 0 次。

綜上，可以把之前的程式針對 * 萬用字元進行改造：

```
if (s[i] == p[j] || p[j] == '.') {
    // 匹配
    if (j < p.size() - 1 && p[j + 1] == '*') {
        // 有 * 萬用字元，可以匹配 0 次或多次
    } else {
        // 無 * 萬用字元，老老實實匹配 1 次
        i++; j++;
    }
} else {
    // 不匹配
    if (j < p.size() - 1 && p[j + 1] == '*') {
        // 有 * 萬用字元，只能匹配 0 次
    } else {
        // 無 * 萬用字元，匹配無法進行下去了
        return false;
    }
}
```

整體的想法已經很清晰了，但現在的問題是，遇到 * 萬用字元時，到底應該匹配 0 次還是匹配多次？多次是幾次？

你看，這就是一個做「選擇」的問題，要把所有可能的選擇都窮舉一遍才能得出結果。動態規劃演算法的核心就是「狀態」和「選擇」，**「狀態」**無非就是 i 和 j 兩個指標的位置，**「選擇」**就是 `p[j]` 選擇匹配幾個字元。

二、動態規劃解法

根據「狀態」，我們可以定義一個 dp 函式：

```
bool dp(string& s, int i, string& p, int j);
```

dp 函式的定義如下：

若 dp(s, i, p, j) = true，則表示 s[i..] 可以匹配 p[j..]；若 dp(s, i, p, j) = false，則表示 s[i..] 無法匹配 p[j..]。

根據這個定義，我們想要的答案就是 i = 0, j = 0 時 dp 函式的結果，所以可以這樣使用這個 dp 函式：

```
bool isMatch(string s, string p) {
    // 指標 i，j 從索引 0 開始移動
    return dp(s, 0, p, 0);
}
```

可以根據之前的程式寫出 dp 函式的主要邏輯：

```
bool dp(string& s, int i, string& p, int j) {
    if (s[i] == p[j] || p[j] == '.') {
        // 匹配
        if (j < p.size() - 1 && p[j + 1] == '*') {
            // 1.1 萬用字元匹配 0 次或多次
            return dp(s, i, p, j + 2)
                || dp(s, i + 1, p, j);
        } else {
            // 1.2 常規匹配 1 次
            return dp(s, i + 1, p, j + 1);
        }
    } else {
        // 不匹配
        if (j < p.size() - 1 && p[j + 1] == '*') {
            // 2.1 萬用字元匹配 0 次
            return dp(s, i, p, j + 2);
        } else {
            // 2.2 無法繼續匹配
            return false;
```

```
        }
    }
}
```

根據 dp 函式的定義，程式註釋中的幾種情況都很好解釋：

1.1 萬用字元匹配 0 次或多次

將 j 加 2，i 不變，含義就是直接跳過 p[j] 和之後的萬用字元，即萬用字元匹配 0 次。即使 s[i] == p[j]，依然可能出現這種情況，以下圖：

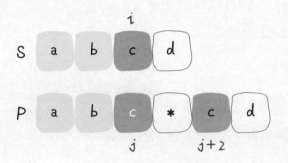

將 i 加 1，j 不變，含義就是 p[j] 匹配了 s[i]，但 p[j] 還可以繼續匹配，即萬用字元匹配多次的情況：

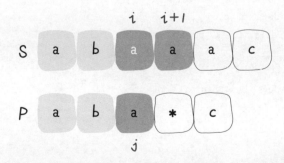

兩種情況只要有一種可以完成匹配即可，所以對上面兩種情況求或運算。

1.2 常規匹配 1 次

由於這個條件分支是無 `*` 的常規匹配，那麼如果 `s[i] == p[j]`，就是 `i` 和 `j` 分別加 1：

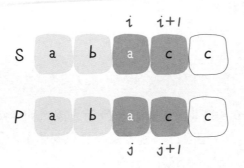

2.1 萬用字元匹配 0 次

類似情況 1.1，將 `j` 加 2，`i` 不變：

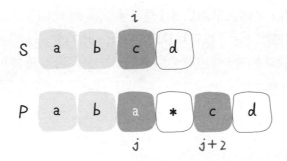

2.2 如果沒有 `*` 萬用字元，也無法匹配，那只能說明匹配失敗了：

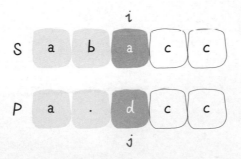

看圖理解應該很容易了，現在可以思考 dp 函式的 base case：

一個 base case 是 j == p.size() 時，按照 dp 函式的定義，這表示模式串 p 已經被匹配完了，那麼應該看看文字串 s 匹配到哪裡了，如果 s 也恰好被匹配完，則說明匹配成功：

```
if (j == p.size()) {
    return i == s.size();
}
```

另一個 base case 是 i == s.size() 時，按照 dp 函式的定義，這種情況表示文字串 s 已經全部被匹配了，那麼是不是只要簡單地檢查一下 p 是否也匹配完就行了呢？

```
if (i == s.size()) {
    // 這樣行嗎？
    return j == p.size();
}
```

這是不正確的，此時並不能根據 j 是否等於 p.size() 來判斷是否完成匹配，只要 p[j..] 能夠匹配空串，就可以算完成匹配。比如 s = "a", p = "ab*c*"，當 i 走到 s 末尾的時候，j 並沒有走到 p 的末尾，但是 p 依然可以匹配 s。所以我們可以寫出以下程式：

```
int m = s.size(), n = p.size();

if (i == s.size()) {
    // 如果能匹配空串，一定是字元和 * 成對出現
    if ((n - j) % 2 == 1) {
        return false;
    }
    // 檢查是否為 x*y*z* 這種形式
    for (; j + 1 < p.size(); j += 2) {
        if (p[j + 1] != '*') {
            return false;
        }
    }
}
```

```
        return true;
}
```

根據以上想法，就可以寫出完整的程式：

```cpp
// 備忘錄
vector<vector<int>> memo;

bool isMatch(string s, string p) {
    int m = s.size(), n = p.size();
    memo = vector<vector<int>>(m, vector<int>(n, -1));
    // 指標 i, j 從索引 0 開始移動
    return dp(s, 0, p, 0);
}

/* 計算 p[j..] 是否匹配 s[i..] */
bool dp(string& s, int i, string& p, int j) {
    int m = s.size(), n = p.size();
    // base case
    if (j == n) {
        return i == m;
    }
    if (i == m) {
        if ((n - j) % 2 == 1) {
            return false;
        }
        for (; j + 1 < n; j += 2) {
            if (p[j + 1] != '*') {
                return false;
            }
        }
        return true;
    }

    // 查備忘錄，防止重複計算
    if (memo[i][j] != -1) {
        return memo[i][j];
    }
```

```
bool res = false;

if (s[i] == p[j] || p[j] == '.') {
    if (j < n - 1 && p[j + 1] == '*') {
        res = dp(s, i, p, j + 2)
               || dp(s, i + 1, p, j);
    } else {
        res = dp(s, i + 1, p, j + 1);
    }
} else {
    if (j < n - 1 && p[j + 1] == '*') {
        res = dp(s, i, p, j + 2);
    } else {
        res = false;
    }
}
// 將當前結果記入備忘錄
memo[i][j] = res;
return res;
}
```

程式中用了一個雜湊表 `memo` 消除重疊子問題，因為正規表達演算法的遞迴框架如下：

```
bool dp(string& s, int i, string& p, int j) {
    dp(s, i, p, j + 2);     // 1
    dp(s, i + 1, p, j);     // 2
    dp(s, i + 1, p, j + 1); // 3
    dp(s, i, p, j + 2);     // 4
}
```

那麼，如果讓你從 `dp(s, i, p, j)` 得到 `dp(s, i+2, p, j+2)`，至少有兩條路徑：`1 -> 2 -> 2` 和 `3 -> 3`，那麼就說明 (i+2, j+2) 這個狀態存在重複，這就說明存在重疊子問題。

動態規劃的時間複雜度為「狀態的總數」×「每次遞迴花費的時間」，本題中狀態的總數當然就是 **i** 和 **j** 的組合，也就是 $M \times N$（M 為 **s** 的長度，N 為

p 的長度）；遞迴函式 dp 中沒有迴圈（base case 中的不考慮，因為 base case 的觸發次數有限），所以一次遞迴花費的時間為常數。二者相乘，總的時間複雜度為 $O(M \times N)$。

空間複雜度很簡單，就是備忘錄 memo 的大小，即 $O(M \times N)$。

4.2.6 子序列問題解題範本

讀完本節，你將不僅學到演算法策略，還可以順便解決以下題目：

516. 最長迴文子序列（中等）	1312. 讓字串成為迴文串的最少插入次數（困難）

子序列問題是常見的演算法問題，而且並不好解決。

首先，子序列問題本身就相對子串、子陣列更困難一些，因為前者是不連續的序列，而後兩者是連續的，就算窮舉你都不一定會，更別說求解相關的演算法問題了。

而且，子序列問題很可能涉及兩個字串，比如 4.2.4 詳解最長公共子序列問題，如果沒有一定的處理經驗，真的不容易想出來。所以本節就來扒一扒子序列問題的策略，其實就有兩種範本，相關問題只要往這兩種想法上想，十拿九穩。

一般來說，這類問題都是讓你求一個**最長子序列**，因為最短子序列就是一個字元嘛，沒什麼可問的。一旦涉及子序列和最值，那幾乎可以肯定，**考查的是動態規劃技巧，時間複雜度一般都是** $O(N^2)$。

原因很簡單，你想想一個字串，它的子序列有多少種可能？起碼是指數級的，這種情況下，不用動態規劃技巧，還想怎麼著？

既然要用動態規劃，那就要定義 dp 陣列，找狀態轉移關係。我們說的兩種想法範本，就是 dp 陣列的定義想法。不同的問題可能需要不同的 dp 陣列定義來解決。

一、兩種想法

1. 第一種想法範本是一個一維的 dp 陣列：

```
int n = array.length;
int[] dp = new int[n];

for (int i = 1; i < n; i++) {
    for (int j = 0; j < i; j++) {
        dp[i] = 最值 (dp[i], dp[j] + ...)
    }
}
```

比如 **4.2.1** 動態規劃設計：最長遞增子序列和 **4.2.2** 經典動態規劃：最大子陣列和都是這個想法。

在這個想法中 dp 陣列的定義是：

在子陣列 arr[0..i] 中，以 arr[i] 結尾的子序列的長度是 dp[i]。

為什麼最長遞增子序列需要這種想法呢？前文說得很清楚了，因為這樣符合歸納法，可以找到狀態轉移的關係，這裡就不具體展開了。

2. 第二種想法範本是一個二維的 dp 陣列：

```
int n = arr.length;
int[][] dp = new dp[n][n];

for (int i = 0; i < n; i++) {
    for (int j = 0; j < n; j++) {
        if (arr[i] == arr[j])
            dp[i][j] = dp[i][j] + ...

        else
            dp[i][j] = 最值 (...)
    }
}
```

這種想法運用相對更多一些，尤其是涉及兩個字串 / 陣列的子序列時，比如前文講的 **4.2.4 詳解最長公共子序列問題** 和 **4.2.3 詳解編輯距離問題**；這種想法也可以用於只涉及一個字串 / 陣列的情景，比如本節講的迴文子序列問題。

2.1 涉及兩個字串 / 陣列的場景，dp 陣列的定義如下：

在子陣列 `arr1[0..i]` 和子陣列 `arr2[0..j]` 中，我們要求的子序列長度為 `dp[i][j]`。

2.2 只涉及一個字串 / 陣列的場景，dp 陣列的定義如下：

在子陣列 `array[i..j]` 中，我們要求的子序列的長度為 `dp[i][j]`。

下面就看看最長迴文子序列問題，詳解第二種情況下如何使用動態規劃。

二、最長迴文子序列

之前解決了 **2.1.2 陣列雙指標的解題策略** 的問題，這次提升難度，看看 LeetCode 第 516 題「最長迴文子序列」，求最長迴文子序列的長度：

輸入一個字串 `s`，請你找出 `s` 中的最長迴文子序列長度，函式名稱如下：

```
int longestPalindromeSubseq(String s);
```

比如輸入 `s = "aecda"`，演算法傳回 3，因為最長迴文子序列是 `"aca"`，長度為 3。 我們對 `dp` 陣列的定義是：在子串 `s[i..j]` 中，最長迴文子序列的長度為 `dp[i][j]`。

一定要記住這個定義才能理解演算法。

為什麼這個問題要這樣定義二維的 `dp` 陣列呢？我在 **4.2.1 動態規劃設計：最長遞增子序列** 提到，找狀態轉移需要歸納思維，說穿了就是如何從已知的結果推出未知的部分，而這樣定義能夠進行歸納，容易發現狀態轉移關係。

具體來說，如果想求 `dp[i][j]`，假設你知道了子問題 `dp[i+1][j-1]` 的結果（`s[i+1..j-1]` 中最長迴文子序列的長度），是否能想辦法算出 `dp[i][j]` 的值（`s[i.. j]` 中，最長迴文子序列的長度）呢？

可以！這取決於 `s[i]` 和 `s[j]` 的字元：

如果它倆相等，那麼它倆加上 `s[i+1..j-1]` 中的最長迴文子序列就是 `s[i..j]` 的最長迴文子序列：

如果它倆不相等，說明它倆**不可能同時**出現在 `s[i..j]` 的最長迴文子序列中，那麼把它倆分別加入 `s[i+1..j-1]` 中，看看哪個子串產生的迴文子序列更長即可：

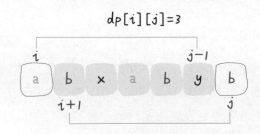

以上兩種情況寫成程式就是這樣的：

```
if (s[i] == s[j])
    // 它倆一定在最長迴文子序列中
    dp[i][j] = dp[i + 1][j - 1] + 2;
else
    // s[i+1..j] 和 s[i..j-1] 誰的迴文子序列更長？
    dp[i][j] = max(dp[i + 1][j], dp[i][j - 1]);
```

至此，狀態轉移方程式就寫出來了，根據 dp 陣列的定義，我們要求的就是 dp[0][n-1]，也就是整個 s 的最長迴文子序列的長度。

三、程式實現

首先來明確 base case，如果只有一個字元，顯然最長迴文子序列長度是 1，也就是 dp[i][j] = 1 (i == j)。

因為 i 肯定小於或等於 j，所以對於那些 i>j 的位置，根本不存在什麼子序列，應該初始化為 0。

其次，看看剛才寫的狀態轉移方程式，想求 dp[i][j] 需要知道 dp[i+1][j-1]，dp[i+1][j]，dp[i][j-1] 這三個位置；再看看已經確定的 base case，填入 dp 陣列之後是這樣的：

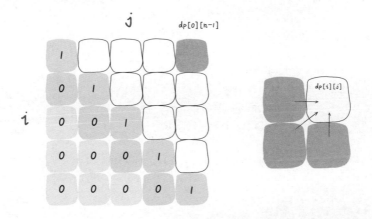

為了保證每次計算 `dp[i][j]`，左、下、右方向的位置已經被計算出來，只能斜著遍歷或反著遍歷：

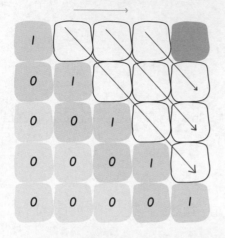 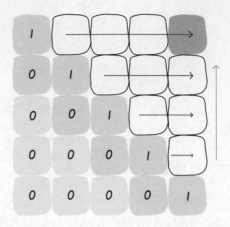

我選擇反著遍歷，程式如下：

```java
int longestPalindromeSubseq(String s) {
    int n = s.length();
    // dp 陣列全部初始化為 0
    int[][] dp = new int[n][n];
    // base case
    for (int i = 0; i < n; i++) {
        dp[i][i] = 1;
    }
    // 反著遍歷保證正確的狀態轉移
    for (int i = n - 1; i >= 0; i--) {
        for (int j = i + 1; j < n; j++) {
            // 狀態轉移方程式
            if (s.charAt(i) == s.charAt(j)) {
                dp[i][j] = dp[i + 1][j - 1] + 2;
            } else {
                dp[i][j] = Math.max(dp[i + 1][j], dp[i][j - 1]);
            }
        }
    }
```

```
    // 整個 s 的最長迴文子串長度
    return dp[0][n - 1];
}
```

至此，最長迴文子序列的問題就解決了。

四、拓展延伸

雖然迴文相關的問題沒有什麼特別廣泛的使用場景，但是你會算最長迴文子序列之後，一些類似的題目也可以順手做掉。

比如 LeetCode 第 1312 題「讓字串成為迴文串的最少插入次數」：

輸入一個字串 s，你可以在字串的任意位置插入任意字元。如果要把 s 變成迴文串，請你計算最少要進行多少次插入？

函式名稱如下：

```
int minInsertions(String s);
```

比如輸入 s="abcea"， 演算法傳回 2， 因為可以給 s 插入 2 個字元變成迴文串 "abeceba" 或 "aebcbea"。如果輸入 s = "aba"，則演算法傳回 0，因為 s 已經是迴文串，不用插入任何字元。

這也是一道單字串的子序列問題，所以也可以使用一個二維 dp 陣列，其中 dp[i][j] 的定義如下：

對字串 s[i..j]，最少需要進行 dp[i][j] 次插入才能變成迴文串。

根據 dp 陣列的定義，base case 就是 dp[i][i] = 0，因為單一字元本身就是迴文串，不需要插入。

然後使用數學歸納法，假設已經計算出了子問題 `dp[i+1][j-1]` 的值了，思考如何推出 `dp[i][j]` 的值：

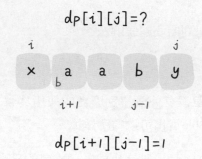

$$dp[i][j]=?$$

$$dp[i+1][j-1]=1$$

實際上和最長迴文子序列問題的狀態轉移方程式非常類似，這裡也分兩種情況：

```
if (s[i] == s[j]) {
    // 不需要插入任何字元
    dp[i][j] = dp[i + 1][j - 1];
} else {
    // 把 s[i+1..j] 和 s[i..j-1] 變成迴文串，選插入次數較少的
    // 然後還要再插入一個 s[i] 或 s[j]，使 s[i..j] 配成迴文串
    dp[i][j] = min(dp[i + 1][j], dp[i][j - 1]) + 1;
}
```

最後，依然採取倒著遍歷 `dp` 陣列的方式，寫出程式：

```
int minInsertions(String s) {
    int n = s.length();
    // dp[i][j] 表示把字串 s[i..j] 變成迴文串的最少插入次數
    // dp 陣列全部初始化為 0 int[][] dp = new int[n][n];
    // 反著遍歷保證正確的狀態轉移
    for (int i = n - 1; i >= 0; i--) {
        for (int j = i + 1; j < n; j++) {
            // 狀態轉移方程式
            if (s.charAt(i) == s.charAt(j)) {
                dp[i][j] = dp[i + 1][j - 1];
            } else {
                dp[i][j] = Math.min(dp[i + 1][j], dp[i][j - 1]) + 1;
```

```
            }
        }
    }
    // 整個 s 的最少插入次數
    return dp[0][n - 1];
}
```

至此，這道題也使用子序列解題範本解決了，整體邏輯和最長迴文子序列非常相似，那麼這個問題是否可以直接重複使用迴文子序列的解法呢？

其實是可以的，我們甚至都不用寫狀態轉移方程式，你仔細想想：

我先算出字串 s 中的最長迴文子序列，那些不在最長迴文子序列中的字元，不就是需要插入的字元嗎？

所以這道題可以直接重複使用之前實現的 `longestPalindromeSubseq` 函式：

```
// 計算把 s 變成迴文串的最少插入次數
public int minInsertions(String s) {
    return s.length() - longestPalindromeSubseq(s);
}

// 計算 s 中的最長迴文子序列長度
int longestPalindromeSubseq(String s) {
    // 見上文
}
```

子序列相關的演算法就講到這裡，希望對你有所啟發。

4.3 背包問題

標準的 0-1 背包問題是一種經典的動態規劃演算法，其關鍵是對狀態轉移的定義。只要你熟悉了背包問題的狀態轉移方程式，就能很容易地解題了。

4.3.1　0-1 背包問題解題框架

很多讀者可能對背包問題比較頭疼，這個問題其實會者不難，關鍵是這類問題的狀態轉移方程式比較特殊。記住狀態轉移方程式之後再借助動態規劃解題框架，背包問題也無非就是狀態 + 選擇，沒什麼特別之處。

本節就來說一說背包問題，以最常說的 0-1 背包問題為例。問題描述：

給你一個可裝載重量為 `W` 的背包和 `N` 個物品，每個物品有重量和價值兩個屬性。其中第 `i` 個物品的重量為 `wt[i]`，價值為 `val[i]`，現在讓你用這個背包裝物品，最多能裝的價值是多少？

舉個簡單的例子，輸入如下：

```
N = 3, W = 4
wt = [2, 1, 3]
val = [4, 2, 3]
```

演算法傳回 6，選擇前兩件物品裝進背包，總重量 3 小於 `W`，可以獲得最大價值 6。 題目就是這麼簡單，這是一個典型的動態規劃問題。這個題目中的物品不可以分割，

不是裝進包裡，就是不裝，不能說切成兩塊裝一半。這就是 0-1 背包這個名詞的來歷。

解決這個問題沒什麼特別巧妙的方法，只能窮舉所有可能，根據 **1.3 動態規劃解題策略框架**中的策略，直接走流程就行了。

第一步要明確兩點，「狀態」和「選擇」。

先說狀態，如何才能描述一個問題局面？只要給幾個物品和一個背包的容量限制，就形成了一個背包問題呀。**所以狀態有兩個，就是「背包的容量」和「可選擇的物品」。**

再說選擇，這也很容易想到，對於每件物品，你能選擇什麼？**選擇就是「裝進背包」或「不裝進背包」。**

明白了狀態和選擇，動態規劃問題基本上就解決了，只要往這個框架套就完事了：

```
for 狀態 1 in 狀態 1 的所有設定值：
    for 狀態 2 in 狀態 2 的所有設定值：
        for ...
            dp[ 狀態 1][ 狀態 2][...] = 擇優 ( 選擇 1，選擇 2...)
```

第二步要明確 dp 陣列的定義。

首先看看剛才找到的「狀態」，有兩個，也就是說我們需要一個二維 dp 陣列。

`dp[i][w]` 的定義如下：對於前 `i` 個物品，當前背包的容量為 `w`，這種情況下可以裝的最大價值是 `dp[i][w]`。

比如，如果 `dp[3][5] = 6`，其含義為：對於給定的一系列物品，若只對前 3 個物品進行選擇，當背包容量為 5 時，最多可以裝下的價值為 6。

注意：為什麼要這麼定義？你可以視為這就是背包類型問題的策略，記下來就行了，任何動態規劃問題如果能轉化成背包問題，就這樣定義。

根據這個定義，我們想求的最終答案就是 `dp[N][W]`。base case 就是 `dp[0][..] = dp[..][0] = 0`，因為沒有物品或背包沒有空間的時候，能裝的最大價值就是 0。

細化上面的框架：

```
int[][] dp[N+1][W+1]
dp[0][..] = 0
dp[..][0] = 0

for i in [1..N]:
    for w in [1..W]:
        dp[i][w] = max(
            把物品 i 裝進背包 ,
            不把物品 i 裝進背包
        )
return dp[N][W]
```

第三步,根據「選擇」,思考狀態轉移的邏輯。

簡單說就是,上面虛擬碼中「把物品 `i` 裝進背包」和「不把物品 `i` 裝進背包」怎麼用程式表現出來呢?

這就要結合對 `dp` 陣列的定義,看看這兩種選擇會對狀態產生什麼影響:先重申一下前面的 `dp` 陣列的定義:

`dp[i][w]` 表示:對於前 `i` 個物品(從 1 開始計數),當前背包的容量為 `w` 時,這種情況下可以裝下的最大價值是 `dp[i][w]`。

如果你沒有把這第 `i` 個物品載入背包,那麼很顯然,最大價值 `dp[i][w]` 應該等於 `dp[i-1][w]`,繼承之前的結果。

如果你把這第 `i` 個物品載入了背包,那麼 `dp[i][w]` 應該等於 `val[i-1]+dp[i-1] [w-wt[i-1]]`。

首先,由於陣列索引從 0 開始,而我們定義中的 `i` 是從 1 開始計數的,所以 `val[i-1]` 和 `wt[i-1]` 表示第 `i` 個物品的價值和重量。

你如果選擇將第 `i` 個物品裝進背包,那麼第 `i` 個物品的價值 `val[i-1]` 肯定就到手了,接下來你就要在剩餘容量 `w - wt[i-1]` 的限制下,在前 `i - 1` 個物品中挑選,求最大價值,即 `dp[i-1][w - wt[i-1]]`。

以上就是兩種選擇,都已經分析完畢,也就是寫出來了狀態轉移方程式,可以進一步細化程式:

```
for i in [1..N]:
    for w in [1..W]:
        dp[i][w] = max(
            dp[i-1][w],
            dp[i-1][w - wt[i-1]] + val[i-1]
        )
return dp[N][W]
```

最後一步，把虛擬碼翻譯成程式，處理一些邊界情況。

我用 Java 寫的程式，把上面的想法完全翻譯了一遍，並且處理了 `w-wt[i-1]` 可能小於 0 導致陣列索引越界的問題：

```java
int knapsack(int W, int N, int[] wt, int[] val) {
    assert N == wt.length;
    // base case 已初始化
    int[][] dp = new int[N + 1][W + 1];
    for (int i = 1; i <= N; i++) {
        for (int w = 1; w <= W; w++) {
            if (w - wt[i - 1] < 0) {
                // 這種情況下只能選擇不載入背包
                dp[i][w] = dp[i - 1][w];
            } else {
                // 載入或不載入背包，擇優
                dp[i][w] = Math.max(
                    dp[i - 1][w - wt[i-1]] + val[i-1],
                    dp[i - 1][w]
                );
            }
        }
    }

    return dp[N][W];
}
```

注意：其實函式名稱中的物品數量 N 就是 wt 陣列的長度，所以實際上這個參數 N 個此一舉。但為了表現原汁原味的 0-1 背包問題，我就附帶上這個參數 N 了，你自己寫的話可以省略。

至此，背包問題就解決了，相比而言，我覺得這是比較簡單的動態規劃問題，因為狀態轉移的推導比較自然，只要你明確了 dp 陣列的定義，就可以理所當然地確定狀態轉移了。

4.3.2 背包問題變形之子集分割

讀完本節，你將不僅學到演算法策略，還可以順便解決以下題目：

416. 分割等和子集（中等）

前面詳解了通用的 0-1 背包問題，本節來看看背包問題的思想能夠如何運用到其他演算法題目上。

一、問題分析

看一下 LeetCode 第 416 題「分割等和子集」：

輸入一個隻包含正整數的不可為空陣列 `nums`，請你寫一個演算法，判斷這個陣列是否可以被分割成兩個子集，使得兩個子集的元素和相等。演算法的函式名稱如下：

```
// 輸入一個集合，傳回是否能夠分割成和相等的兩個子集
boolean canPartition(int[] nums);
```

比如輸入 `nums = [1,5,11,5]`，演算法傳回 true，因為 `nums` 可以分割成 `[1,5,5]` 和 `[11]` 這兩個子集。如果輸入 `nums = [1,3,2,5]`，演算法傳回 false，因為 `nums` 無論如何都不能分割成兩個和相等的子集。

對於這個問題，看起來和背包沒有任何關係，為什麼說它是背包問題呢？首先回憶一下背包問題大致的描述是什麼：

給你一個可裝載重量為 `W` 的背包和 `N` 個物品，每個物品有重量和價值兩個屬性。其中第 `i` 個物品的重量為 `wt[i]`，價值為 `val[i]`，現在讓你用這個背包裝物品，最多能裝的價值是多少？

那麼對於這個問題，可以先對集合求和，得出 `sum`，把問題轉化為背包問題：

給一個可裝載重量為 `sum/2` 的背包和 N 個物品，每個物品的重量為 `nums[i]`。現在讓你裝物品，是否存在一種裝法，能夠恰好將背包裝滿？

你看，這就是背包問題的模型，甚至比我們之前的經典背包問題還要簡單一些，下面我們就直接轉換成背包問題，開始套前面講過的背包問題框架即可。

二、解法分析

第一步要明確兩點，「狀態」和「選擇」。

前面已經詳細解釋過了，狀態就是「背包的容量」和「可選擇的物品」，選擇就是「裝進背包」或「不裝進背包」。

第二步要明確 `dp` 陣列的定義。

按照背包問題的策略，可以列出以下定義：

`dp[i][j] = x` 表示，對於前 `i` 個物品（`i` 從 **1** 開始計數），當前背包的容量為 `j` 時，若 `x` 為 `true`，則說明可以恰好將背包裝滿，若 `x` 為 `false`，則說明不能恰好將背包裝滿。

比如，如果 `dp[4][9] = true`，其含義為：對於容量為 9 的背包，若只是用前 4 個物品，可以有一種方法把背包恰好裝滿。

或說對於本題，含義是對於給定的集合，若只對前 4 個數字進行選擇，存在一個子集的和可以恰好湊出 9。

根據這個定義，我們想求的最終答案就是 `dp[N][sum/2]`，base case 就是 `dp[..][0] = true` 和 `dp[0][..] = false`，因為背包沒有空間的時候，就相當於裝滿了，而當沒有物品可選擇的時候，肯定沒辦法裝滿背包。

第三步，根據「選擇」，思考狀態轉移的邏輯。

回想剛才的 `dp` 陣列含義，可以根據「選擇」對 `dp[i][j]` 得到以下狀態轉移：

如果不把 `nums[i]` 算入子集，**或說你不把這第 `i` 個物品載入背包**，那麼是否能夠恰好裝滿背包，取決於上一個狀態 `dp[i-1][j]`，繼承之前的結果。

如果把 `nums[i]` 算入子集，**或說你把這第 `i` 個物品載入了背包**，那麼是否能夠恰好裝滿背包，取決於狀態 `dp[i-1][j-nums[i-1]]`。

注意：由於 `dp` 陣列定義中的 `i` 是從 1 開始計數，而陣列索引是從 0 開始的，所以第 `i` 個物品的重量應該是 `nums[i-1]`，這一點不要弄混。

`dp[i-1][j-nums[i-1]]` 也很好理解：你如果裝了第 `i` 個物品，就要看背包的剩餘重量 `j-nums[i-1]` 限制下是否能夠被恰好裝滿。

換句話說，如果 `j-nums[i-1]` 的重量可以被恰好裝滿，那麼只要把第 `i` 個物品裝進去，也可恰好裝滿 `j` 的重量；否則的話，重量 `j` 肯定是裝不滿的。

最後一步，把虛擬碼翻譯成程式，處理一些邊界情況。

以下是我的 Java 程式，完全翻譯了之前的想法，並處理了一些邊界情況：

```java
boolean canPartition(int[] nums) {
    int sum = 0;
    for (int num : nums) sum += num;
    // 和為奇數時，不可能劃分成兩個和相等的集合
    if (sum % 2 != 0) return false; int n = nums.length;
    sum = sum / 2;
    boolean[][] dp = new boolean[n + 1][sum + 1];
    // base case
    for (int i = 0; i <= n; i++)
        dp[i][0] = true;

    for (int i = 1; i <= n; i++) {
        for (int j = 1; j <= sum; j++) {
            if (j - nums[i - 1] < 0) {
                // 背包容量不足，不能載入第 i 個物品
                dp[i][j] = dp[i - 1][j];
            } else {
                // 載入或不載入背包
                dp[i][j] = dp[i - 1][j] || dp[i - 1][j - nums[i - 1]];
            }
        }
    }
    return dp[n][sum];
}
```

三、進一步最佳化

再進一步，是否可以最佳化這個程式呢？**可以看到 dp[i][j] 都是透過上一行 dp[i- 1][..] 轉移過來的**，之前的資料都不會再使用了。

所以，可以根據 4.1.4 節介紹的空間壓縮技巧，將二維 dp 陣列壓縮為一維，降低空間複雜度：

```
boolean canPartition(int[] nums) {
    int sum = 0;
    for (int num : nums) sum += num;
    // 和為奇數時，不可能劃分成兩個和相等的集合
    if (sum % 2 != 0) return false; int n = nums.length;
    sum = sum / 2;
    boolean[] dp = new boolean[sum + 1];

    // base case
    dp[0] = true;

    for (int i = 0; i < n; i++) {
        for (int j = sum; j >= 0; j--) {
            if (j - nums[i] >= 0) {
                dp[j] = dp[j] || dp[j - nums[i]];
            }
        }
    }
    return dp[sum];
}
```

其實這段程式和之前的解法想法完全相同，只在一行 dp 陣列上操作，i 每進行一輪迭代，dp[j] 其實就相當於 dp[i-1][j]，所以只需要一維陣列就夠用了。

唯一需要注意的是 j 應該從後往前反向遍歷，因為每個物品（或說數字）只能用一次，以免之前的結果影響其他的結果。至此，子集分割的問題就完全解決了，時間複雜度為 $O(N \times sum)$，空間複雜度為 $O(sum)$。

4.3.3 背包問題之零錢兌換

讀完本節，你將不僅學到演算法策略，還可以順便解決以下題目：

518. 零錢兌換 II（中等）

讀本節之前，希望你已經看過了動態規劃和背包問題的策略，本節繼續按照背包問題的策略，列舉一個背包問題的變形。

本節講的是 LeetCode 第 518 題「零錢兌換 II」，描述一下題目：

給定不同面額的硬幣 coins 和一個總金額 amount，寫一個函式來計算可以湊成總金額的硬幣組合數。**假設每一種面額的硬幣有無限個**。我們要完成的函式的簽名如下：

```
int change(int amount, int[] coins);
```

比如輸入 amount = 5, coins = [1,2,5]，演算法應該傳回 4，因為有以下 4 種方式可以湊出目標金額：

```
5=5
5=2+2+1
5=2+1+1+1
5=1+1+1+1+1
```

如果輸入的 amount = 5, coins = [3]，演算法應該傳回 0，因為用面額為 3 的硬幣無法湊出總金額 5。

我們可以把這個問題轉化為背包問題的描述形式：

有一個背包，最大容量為 amount，有一系列物品 coins，每個物品的重量為 coins[i]，**每個物品的數量無限**。請問有多少種方法，能夠把背包恰好裝滿？

這個問題和我們前面講過的兩個背包問題，有一個最大的區別就是，每個物品的數量是無限的，這也就是傳說中的**「完全背包問題」**，沒什麼「高大上」的，無非就是狀態轉移方程式有一點變化而已。

下面就以背包問題的描述形式，繼續按照流程來分析。

第一步要明確兩點，「狀態」和「選擇」。

狀態有兩個，就是「背包的容量」和「可選擇的物品」，選擇就是「裝進背包」或「不裝進背包」，背包問題的策略都是這樣的。

明白了狀態和選擇，動態規劃問題基本上就解決了，只要往這個框架套就完事了：

```
for 狀態 1 in 狀態 1 的所有設定值：
    for 狀態 2 in 狀態 2 的所有設定值：
        for ...
            dp[ 狀態 1][ 狀態 2][...] = 計算 ( 選擇 1，選擇 2...)
```

第二步要明確 dp 陣列的定義。

首先看看剛才找到的「狀態」，有兩個，也就是說我們需要一個二維 dp 陣列。背包問題中 dp[i][j] 的定義屬於策略了，如下：

若只使用前 i 個物品（可以重複使用），當背包容量為 j 時，有 dp[i][j] 種方法可以裝滿背包。

換句話說，翻譯這道題目的意思就是：

若只使用 coins 中的前 i 個（i 從 1 開始計數）硬幣的面額，若想湊出金額 j，有 dp[i][j] 種湊法。

經過以上的定義，可以得到：

base case 為 dp[0][..] = 0, dp[..][0] = 1。i = 0 代表不使用任何硬幣面額，這種情況下顯然無法湊出任何金額；j = 0 代表需要湊出的目標金額為 0，那麼什麼都不做就是唯一的一種湊法。

我們最終想得到的答案就是 dp[N][amount]，其中 N 為 coins 陣列的大小。

大致的虛擬碼想法如下：

```
int dp[N+1][amount+1]
dp[0][..] = 0
dp[..][0] = 1

for i in [1..N]:
    for j in [1..amount]:
        把物品 i 裝進背包，
        不把物品 i 裝進背包
return dp[N][amount]
```

第三步，根據「選擇」，思考狀態轉移的邏輯。

注意，我們這個問題的特殊點在於物品的數量是無限的，所以這裡 **4.3.1 0-1 背包問題解題框架** 有所不同。

如果你不把第 i 個物品載入背包，也就是說你不使用 `coins[i-1]` 這個面額的硬幣，那麼湊出面額 j 的方法數 `dp[i][j]` 應該等於 `dp[i-1][j]`，繼承之前的結果。

如果你把這第 i 個物品載入背包，也就是說你使用 `coins[i-1]` 這個面額的硬幣，那麼 `dp[i][j]` 應該等於 `dp[i][j-coins[i-1]]`。

注意：由於定義中的 `i` 是從 1 開始計數的，所以 `coins` 的索引是 `i-1` 時表示第 `i` 個硬幣的面額。

`dp[i][j-coins[i-1]]` 也不難理解，如果你決定使用這個面額的硬幣，那麼就應該關注如何湊出金額 `j - coins[i-1]`。

比如，你想用面額為 2 的硬幣湊出金額 5，那麼如果你知道了湊出金額 3 的方法，再加上一枚面額為 2 的硬幣，不就可以湊出 5 了嘛。

以上就是兩種選擇，而我們想求的 `dp[i][j]` 是「共有多少種湊法」，所以 `dp[i][j]` 的值應該是以上兩種選擇的結果之和：

```
for (int i = 1; i <= n; i++) {
    for (int j = 1; j <= amount; j++) {
```

```
        if (j - coins[i-1] >= 0)
            dp[i][j] = dp[i - 1][j]
                + dp[i][j-coins[i-1]];
return dp[N][W]
```

有的讀者在這裡可能會有疑問，不是說可以重複使用硬幣嗎？那麼如果我確定「使用第 **i** 個面額的硬幣」，怎麼確定這個面額的硬幣被使用了多少枚？簡單的 `dp[i] [j-coins[i-1]]` 可以包含重複使用第 **i** 個硬幣的情況嗎？

對於這個問題，建議你再仔細閱讀一下我們對 `dp` 陣列的定義，然後把這個定義代入 `dp[i][j-coins[i-1]]` 看看：

若只使用前 **i** 個物品（可以重複使用），當背包容量為 `j-coins[i-1]` 時，有 `dp[i][j-coins[i-1]]` 種方法可以裝滿背包。

看到了嗎，`dp[i][j-coins[i-1]]` 也是允許你使用第 **i** 個硬幣的，所以說已經包含了重複使用硬幣的情況，你儘管放心好了。

最後一步，把虛擬碼翻譯成程式，處理一些邊界情況。

我用 Java 寫的程式，把上面的想法完全翻譯了一遍，並且處理了一些邊界問題：

```java
int change(int amount, int[] coins) {
    int n = coins.length;
    int[][] dp = int[n + 1][amount + 1];
    // base case
    for (int i = 0; i <= n; i++)
        dp[i][0] = 1;

    for (int i = 1; i <= n; i++) {
        for (int j = 1; j <= amount; j++)
            if (j - coins[i-1] >= 0)
                dp[i][j] = dp[i - 1][j]
                        + dp[i][j - coins[i-1]];
            else
                dp[i][j] = dp[i - 1][j];
    }
```

```
    return dp[n][amount];
}
```

而且，透過觀察可以發現，dp 陣列的轉移只和 dp[i][..] 和 dp[i-1][..] 有關，所以可以使用 4.1.4 節講過的空間壓縮技巧，進一步降低演算法的空間複雜度：

```
int change(int amount, int[] coins) {
    int n = coins.length;
    int[] dp = new int[amount + 1];
    dp[0] = 1; // base case
    for (int i = 0; i < n; i++)
        for (int j = 1; j <= amount; j++)
            if (j - coins[i] >= 0)
                dp[j] = dp[j] + dp[j-coins[i]];

    return dp[amount];
}
```

這個解法和之前的想法完全相同，將二維 dp 陣列壓縮為一維，時間複雜度為 $O(N \times amount)$，空間複雜度為 $O(amount)$。

至此，這道零錢兌換問題也透過背包問題的框架解決了。

4.4 用動態規劃玩遊戲

動態規劃演算法在現實生活中的運用非常廣泛，因為很多問題的窮舉過程中都會出現重疊子問題，本小節就帶你看一些有些難度但不失趣味性的問題。

4.4.1 最小路徑和問題

讀完本節，你將不僅學到演算法策略，還可以順便解決以下題目：

64. 最小路徑和（中等）

本節講一道經典的動態規劃題目，它是 LeetCode 第 64 題「最小路徑和」，我來簡單描述一下題目：

現在替你輸入一個二維陣列 `grid`，其中的元素都是**非負整數**，現在你站在左上角，**只能向右或向下移動**，需要到達右下角。現在請你計算，經過的路徑和最小是多少？函式名稱如下：

```
int minPathSum(int[][] grid);
```

比如題目舉的例子，輸入以下的 `grid` 陣列：

演算法應該傳回 7，最小路徑和為 7，就是上圖藍色的路徑。

其實這道題難度不算大，但這個問題還有一些難度比較大的變形，所以講一下這種問題的通用想法。一般來說，讓你在二維矩陣中求最最佳化問題（最大值或最小值），肯定需要遞迴 + 備忘錄，也就是動態規劃技巧。

就拿題目舉的例子來說，我給圖中的幾個格子編上號以方便描述：

我們想計算從起點 D 到達 B 的最小路徑和，那你說怎麼才能到達 B 呢？題目說了只能向右或向下走，所以只有從 A 或 C 走到 B。

那麼演算法怎麼知道從 A 走到 B，而非從 C 走到 B，才能使路徑和最小呢？難道是因為位置 A 的元素大小是 1，位置 C 的元素是 2，1 小於 2，所以一定要從 A 走到 B 才能使路徑和最小嗎？

其實不是的，**真正的原因是，從 D 走到 A 的最小路徑和是 6，而從 D 走到 C 的最小路徑和是 8，6 小於 8，所以一定要從 A 走到 B 才能使路徑和最小。** 換句話說，我們把「從 D 走到 B 的最小路徑和」這個問題轉化成了「從 D 走到 A 的最小路徑和」和「從 D 走到 C 的最小路徑和」這兩個問題。

理解了上面的分析，不難看出這不就是狀態轉移方程式嗎？所以這個問題肯定會用到動態規劃技巧來解決，比如我們寫一個 dp 函式：

```
int dp(int[][] grid, int i, int j);
```

這個 dp 函式的定義如下：

從左上角位置 (0, 0) 走到位置 (i, j) 的最小路徑和為 dp(grid, i, j)。

根據這個定義，我們想求的最小路徑和就可以透過呼叫這個 dp 函式計算出來：

```
int minPathSum(int[][] grid) {
    int m = grid.length;
    int n = grid[0].length;
    // 計算從左上角走到右下角的最小路徑和
    return dp(grid, m - 1, n - 1);
}9
```

再根據剛才的分析，很容易發現，dp(grid,i,j) 的值取決於 dp(grid, i - 1, j) 和 dp(grid, i, j - 1) 傳回的值。我們可以直接寫程式了：

```
int dp(int[][] grid, int i, int j) {
    // base case
    if (i == 0 && j == 0) {
        return grid[0][0];
    }
    // 如果索引出界，傳回一個很大的值，
```

```java
// 保證在取 min 的時候不會被取到
if (i < 0 || j < 0) {
    return Integer.MAX_VALUE;
}

// 左邊和上面的最小路徑和加上 grid[i][j]
// 就是到達 (i, j) 的最小路徑和
return Math.min(
        dp(grid, i - 1, j),
        dp(grid, i, j - 1)
    ) + grid[i][j];
}
```

上述程式邏輯已經完整了，接下來就分析，這個遞迴演算法是否存在重疊子問題？是否需要用備忘錄最佳化執行效率？

前文多次說過判斷重疊子問題的技巧，首先抽象出上述程式的遞迴框架：

```java
int dp(int i, int j) {
    dp(i - 1, j); // #1
    dp(i, j - 1); // #2
}
```

如果我想從 dp(i, j) 遞迴到 dp(i-1, j-1)，有幾種不同的遞迴呼叫路徑？

可以是 dp(i, j)->#1->#2 或 dp(i, j)->#2->#1，不止一種，說明 dp(i-1, j-1) 會被多次計算，所以一定存在重疊子問題，那麼可以使用備忘錄技巧進行最佳化：

```java
int[][] memo;

int minPathSum(int[][] grid) {
    int m = grid.length;
    int n = grid[0].length;
    // 構造備忘錄，初始值全部設為 -1
    memo = new int[m][n];
    for (int[] row : memo)
        Arrays.fill(row, -1);
```

```
    return dp(grid, m - 1, n - 1);
}

int dp(int[][] grid, int i, int j) {
    // base case
    if (i == 0 && j == 0) {
        return grid[0][0];
    }
    if (i < 0 || j < 0) {
        return Integer.MAX_VALUE;
    }
    // 避免重複計算
    if (memo[i][j] != -1) {
        return memo[i][j];
    }
    // 將計算結果記入備忘錄
    memo[i][j] = Math.min(
        dp(grid, i - 1, j),
        dp(grid, i, j - 1)
    ) + grid[i][j];

    return memo[i][j];
}
```

至此，本題就算是解決了，時間複雜度和空間複雜度都是 $O(M \times N)$，採用的是標準的自頂向下動態規劃解法。有的讀者可能會問，能不能用自底向上的迭代解法來做這道題呢？完全可以。

首先，類似剛才的 dp 函式，我們需要一個二維 dp 陣列，定義如下：

從左上角位置 (0, 0) 走到位置 (i, j) 的最小路徑和為 dp[i][j]。

狀態轉移方程式當然不會變，dp[i][j] 依然取決於 dp[i-1][j] 和 dp[i][j-1]，直接看程式吧：

```
int minPathSum(int[][] grid) {
    int m = grid.length;
    int n = grid[0].length;
    int[][] dp = new int[m][n];
```

```
/**** base case ****/
dp[0][0] = grid[0][0];

for (int i = 1; i < m; i++)
    dp[i][0] = dp[i - 1][0] + grid[i][0];

for (int j = 1; j < n; j++)
    dp[0][j] = dp[0][j - 1] + grid[0][j];
/*******************/

// 狀態轉移
for (int i = 1; i < m; i++) {
    for (int j = 1; j < n; j++) {
        dp[i][j] = Math.min(
            dp[i - 1][j],
            dp[i][j - 1]
        ) + grid[i][j];
    }
}

return dp[m - 1][n - 1];
}
```

這個解法的 base case 看起來和遞迴解法略有不同，但實際上是一樣的。因為狀態轉移為下面這段程式：

```
dp[i][j] = Math.min(
    dp[i - 1][j],
    dp[i][j - 1]
) + grid[i][j];
```

那如果 i 或 j 等於 0 的時候，就會出現索引越界的錯誤。所以我們需要提前計算出 dp[0][..] 和 dp[..][0]，然後讓 i 和 j 的值從 1 開始迭代。

dp[0][..] 和 dp[..][0] 的值怎麼算呢？其實很簡單，第一行和第一列的路徑和只有下面這一種情況嘛：

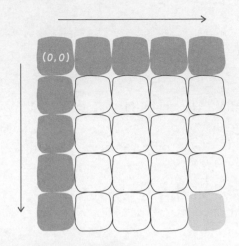

那麼按照 dp 陣列的定義，dp[i][0] = sum(grid[0..i][0]), dp[0][j] = sum(grid[0][0..j])，也就是以下程式：

```
/**** base case ****/
dp[0][0] = grid[0][0];

for (int i = 1; i < m; i++)
    dp[i][0] = dp[i - 1][0] + grid[i][0];

for (int j = 1; j < n; j++)
    dp[0][j] = dp[0][j - 1] + grid[0][j];
/*******************/
```

到這裡，自底向上的迭代解法也搞定了，那有的讀者可能又要問了，能不能最佳化一下演算法的空間複雜度呢？ **4.1.4 動態規劃的降維打擊：空間壓縮技巧**講過降低 dp 陣列的技巧，這裡也是適用的，不過略微複雜些，由於篇幅所限這裡就不寫了，有興趣的讀者可以自行嘗試。

4.4.2 動態規劃演算法通關《魔塔》

讀完本節，你將不僅學到演算法策略，還可以順便解決以下題目：

174. 地下城遊戲（困難）

「魔塔」是一款經典的地牢類遊戲，碰怪物要掉血，吃血瓶能加血，你要收集鑰匙，一層一層上樓，最後救出美麗的公主，現在手機上仍然可以玩這款遊戲：

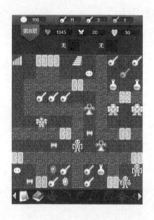

嗯，相信這款遊戲承包了不少人的童年回憶，記得小時候，一個人拿著遊戲主機玩，兩三個人圍在左右指手畫腳，這導致玩遊戲的人體驗極差，而圍觀的人異常快樂。

LeetCode 第 174 題「地下城遊戲」是一道類似的題目，我簡單描述一下：

輸入一個儲存著整數的二維陣列 `grid`，如果 `grid[i][j] > 0`，說明這個格子裝著血瓶，經過它可以增加對應的生命值；如果 `grid[i][j] == 0`，則這是一個空格子，經過它不會發生任何事情；如果 `grid[i][j] < 0`，說明這個格子有怪物，經過它會損失對應的生命值。現在你是一名騎士，將出現在左上角，公主被困在右下角，你只能向右和向下移動，請問你初始至少需要多少生命值才能成功救出公主？

換句話說，就是問你至少需要多少初始生命值，能夠讓騎士從左上角移動到右下角，且任何時候生命值都要大於 **0**，函式名稱如下：

```
int calculateMinimumHP(int[][] grid);
```

比如題目給我們舉的例子，輸入以下一個二維陣列 `grid`，用 K 表示騎士，用 P 表示公主。

演算法應該傳回 7，也就是說騎士的初始生命值**至少**為 7 時才能成功救出公主，行進路線以下圖中的箭頭所示。

在 **4.4.1 動態規劃之最小路徑和**中，我們寫過類似的問題，問你從左上角到右下角的最小路徑和是多少。我們做演算法題一定要嘗試舉一反三，感覺本節這道題和最小路徑和有點關係對吧？

想要最小化騎士的初始生命值，是不是表示要最大化騎士行進路線上的血瓶？是不是相當於求「最大路徑和」？是不是可以直接套用計算「最小路徑和」的想法？

但是稍加思考，發現這個推論並不成立，吃到最多的血瓶，並不一定就能獲得最小的初始生命值。比如以下這種情況，如果想要吃到最多的血瓶獲得「最大路徑和」，應該按照下圖箭頭所示的路徑行進，初始生命值需要 11：

但也很容易看到，正確的答案應該是下圖箭頭所示的路徑，初始生命值只需要 1：

所以，關鍵不在於吃最多的血瓶，而是在於如何損失最少的生命值。

這類求最值的問題，肯定要借助動態規劃技巧，要合理設計 dp 陣列 / 函式的定義，但是這道題對 dp 函式的定義比較有意思。

類比 **4.4.1 動態規劃之最小路徑和**，dp 函式名稱肯定長這樣：

```
int dp(int[][] grid, int i, int j);
```

按照常理，這個 dp 函式的定義應該是：

從左上角（`grid[0][0]`）走到 `grid[i][j]` 至少需要 `dp(grid, i, j)` 的生命值。

這樣定義的話，base case 就是 `i,j` 都等於 0 的時候，可以這樣寫程式：

```
int calculateMinimumHP(int[][] grid) {
    int m = grid.length;
    int n = grid[0].length;
    // 我們想計算左上角到右下角所需的最小生命值
    return dp(grid, m - 1, n - 1);
}

int dp(int[][] grid, int i, int j) {
    // base case
    if (i == 0 && j == 0) {
        // 保證騎士落地不死就行了
        return gird[i][j] > 0 ? 1 : -grid[i][j] + 1;
    }
    ...
}
```

注意：為了簡潔，之後 `dp(grid, i, j)` 就簡寫為 `dp(i, j)`，大家理解就好。

接下來需要找狀態轉移了，還記得如何找狀態轉移方程式嗎？我們這樣定義 `dp` 函式能否正確進行狀態轉移呢？

我們希望 `dp(i, j)` 能夠透過 `dp(i-1, j)` 和 `dp(i, j-1)` 推導出來，這樣就能不斷逼近 base case，也就能夠正確進行狀態轉移。

具體來說，我們希望「到達 A 的最小生命值」能夠由「到達 B 的最小生命值」和「到達 C 的最小生命值」推導出來：

但問題是，能推出來嗎？實際上是不能的。

因為按照 dp 函式的定義，你只知道「能夠從左上角到達 B 的最小生命值」，並不知道「到達 B 時的生命值」。「到達 B 時的生命值」是進行狀態轉移的必要參考，舉個例子你就明白了，假設下圖這種情況：

你說這種情況下，騎士救公主的最佳路線是什麼？

顯然是按照圖中藍色的線走到 B，最後走到 A 對，這樣初始血量只需要 1 就可以；如果走灰色箭頭這條路，先走到 C 然後走到 A，初始血量至少需要 6。

為什麼會這樣呢？騎士走到 B 和 C 的最少初始血量都是 1，為什麼最後是從 B 走到 A，而非從 C 走到 A 呢？

因為騎士走到 B 的時候生命值為 11，而走到 C 的時候生命值依然是 1。

如果騎士執意要透過 C 走到 A，那麼初始血量必須加到 6 才行；而如果透過 B 走到 A，初始血量為 1 就夠了，因為路上吃到血瓶了，生命值足夠抗住 A 上面怪物的傷害。

這下應該說得很清楚了，再回顧我們對 dp 函式的定義，上圖的情況，演算法只知道 dp(1, 2) = dp(2, 1) = 1，都是一樣的，怎麼做出正確的決策，計算出 dp(2, 2) 呢？

所以說，我們之前對 dp 陣列的定義是錯誤的，資訊量不足，演算法無法做出正確的狀態轉移。

正確的做法需要反向思考，依然是以下的 dp 函式：

```
int dp(int[][] grid, int i, int j);
```

但是要修改 dp 函式的定義：

從 grid[i][j] 到達終點（右下角）所需的最少生命值是 dp(grid, i, j)。

那麼可以這樣寫程式：

```
int calculateMinimumHP(int[][] grid) {
    // 我們想計算左上角到右下角所需的最小生命值
    return dp(grid, 0, 0);
}

int dp(int[][] grid, int i, int j) {
    int m = grid.length;
    int n = grid[0].length;
    // base case
    if (i == m - 1 && j == n - 1) {
        return grid[i][j] >= 0 ? 1 : -grid[i][j] + 1;
    }
    ...
}
```

根據新的 dp 函式定義和 base case，我們想求 dp(0, 0)，那就應該試圖透過 dp(i, j+1) 和 dp(i+1, j) 推導出 dp(i, j)，這樣才能不斷逼近 base case，正確進行狀態轉移。

具體來說，「從 A 到達右下角的最少生命值」應該由「從 B 到達右下角的最少生命值」和「從 C 到達右下角的最少生命值」推導出來：

能不能推導出來呢？這次是可以的，假設 `dp(0, 1) = 5, dp(1,0) = 4`，那麼可以肯定要從 A 走向 C，因為 4 小於 5 嘛。

那麼怎麼推出 `dp(0, 0)` 是多少呢？

假設 A 的值為 1，既然知道下一步要往 C 走，且 `dp(1, 0) = 4` 表示走到 `grid[1][0]` 的時候至少要有 4 點生命值，那麼就可以確定騎士出現在 A 點時需要 4 - 1 = 3 點初始生命值，對吧。

那如果 A 的值為 10，落地就能撿到一個大血瓶，超出了後續需求，4 - 10 = -6 表示騎士的初始生命值為負數，這顯然不可以，騎士的生命值小於 1 就掛了，所以這種情況下騎士的初始生命值應該是 1。

綜上，狀態轉移方程式已經推出來了：

```
int res = min(
    dp(i + 1, j),
    dp(i, j + 1)
) - grid[i][j];

dp(i, j) = res <= 0 ? 1 : res;
```

根據這個核心邏輯，加 1 個備忘錄消除重疊子問題，就可以直接寫出最終的程式了：

```
/* 主函式 */
int calculateMinimumHP(int[][] grid) {
    int m = grid.length;
    int n = grid[0].length;
    // 備忘錄中都初始化為 -1
    memo = new int[m][n];
    for (int[] row : memo) {
        Arrays.fill(row, -1);
    }

    return dp(grid, 0, 0);
}

// 備忘錄，消除重疊子問題
int[][] memo;

/* 定義：從 (i, j) 到達右下角，需要的初始血量至少是多少 */
int dp(int[][] grid, int i, int j) {
    int m = grid.length;
    int n = grid[0].length;
    // base case
    if (i == m - 1 && j == n - 1) {
        return grid[i][j] >= 0 ? 1 : -grid[i][j] + 1;
    }
    if (i == m || j == n) {
        return Integer.MAX_VALUE;
    }
    // 避免重複計算
    if (memo[i][j] != -1) {
        return memo[i][j];
    }
    // 狀態轉移邏輯
    int res = Math.min(
            dp(grid, i, j + 1),
            dp(grid, i + 1, j)
        ) - grid[i][j];
    // 騎士的生命值至少為 1
```

```
    memo[i][j] = res <= 0 ? 1 : res;
    return memo[i][j];
}
```

這就是自頂向下附帶備忘錄的動態規劃解法，參考 **1.3 動態規劃解題策略框架** 很容易就可以改寫成 `dp` 陣列的迭代解法，這裡就不寫了，讀者可以嘗試自己寫一寫。

這道題的核心是定義 `dp` 函式，找到正確的狀態轉移方程式，從而計算出正確的答案。

4.4.3 高樓扔雞蛋問題

讀完本節，你將不僅學到演算法策略，還可以順便解決以下題目：

887. 雞蛋掉落（困難）

本節要講一個很經典的演算法問題，有若干層樓，若干個雞蛋，讓你算出最少的嘗試次數，找到雞蛋恰好摔不碎的那層樓。及 Google、臉書面試都經常考這道題，只不過他們覺得扔雞蛋太浪費，改成扔杯子、扔破碗什麼的。

具體的問題稍後再說，但是這道題的解法技巧很多，僅動態規劃就有好幾種效率不同的想法，最後還有一種極其高效的數學解法。秉承本書一貫的作風，拒絕過於詭異的技巧，因為這些技巧無法舉一反三，學了也不划算。

下面就來用我們一直強調的動態規劃通用想法來研究這道題。

一、解析題目

這是 LeetCode 第 887 題「雞蛋掉落」，我描述一下題目：

你面前有一棟從 1 到 N 共 N 層的樓，然後給你 K 個雞蛋（K 至少為 1）。現在確定這棟樓存在樓層 `0 <= F <= N`，在這層樓將雞蛋扔下去，雞蛋**恰好沒摔碎**（從高於 F 的樓層往下扔都會碎，從低於 F 的樓層往下扔都不會碎，如果雞蛋沒碎，可以撿回來繼續扔）。現在問你，**最壞**情況下，你至少要扔幾次雞蛋，才能**確定**這個樓層 F 呢？

也就是讓你找摔不碎雞蛋的最高樓層 F，但什麼叫「最壞情況」下「至少」要扔幾次呢？分別舉個例子就明白了。

比如**現在先不管雞蛋個數的限制**，有 7 層樓，你怎麼去找雞蛋恰好摔碎的那層樓？

最原始的方式就是線性掃描：我先在 1 樓扔一下，沒碎，我再去 2 樓扔一下，沒碎，我再去 3 樓……

以這種策略，**最壞**情況應該就是我試到第 7 層雞蛋也沒碎（`F = 7`），也就是我扔了 7 次雞蛋。

現在你應該理解什麼叫「最壞情況」下了，**雞蛋破碎一定發生在搜尋區間窮盡時**，不會說你在第 1 層摔一下雞蛋就碎了，這是你運氣好，不是最壞情況。

現在再來理解一下什麼叫「至少」要扔幾次。依然不考慮雞蛋個數限制，同樣是 7 層樓，我們可以最佳化策略。

最好的策略是使用二分搜尋想法，我先去第 `(1 + 7) / 2 = 4` 層扔一下：

如果碎了說明 F 小於 4，就去第 `(1 + 3) / 2 = 2` 層試……

如果沒碎說明 F 大於或等於 4，就去第 `(5 + 7) / 2 = 6` 層試……

以這種策略，**最壞**情況應該是試到第 7 層雞蛋還沒碎（`F = 7`），或雞蛋一直碎到第 1 層（`F = 0`）。然而無論哪種最壞情況，只需要試 `log7` 向上取整數等於 3 次，比剛才嘗試 7 次要少，這就是所謂的至少要扔幾次。

實際上，如果不限制雞蛋個數，二分想法顯然可以得到最少嘗試的次數，**但問題是，現在替你了雞蛋個數的限制 K，直接使用二分想法就不行了。**

比如只給你 1 個雞蛋，7 層樓，你敢用二分嗎？你直接去第 4 層扔一下，如果雞蛋沒碎還好，但如果碎了你就沒有雞蛋繼續測試了，無法確定雞蛋恰好摔不碎的樓層 F 了。這種情況下只能用線性掃描的方法，演算法傳回結果應該是 7。

　　有的讀者也許會有這種想法：二分搜尋排除樓層的速度無疑是最快的，那乾脆先用二分搜尋，等到只剩 1 個雞蛋的時候再執行線性掃描，這樣得到的結果是不是就是最少的扔雞蛋次數呢？

　　很遺憾，並不是，比如把樓層變高一些，100 層，給你 2 個雞蛋，你在 50 層往下扔，碎了，那就只能線性掃描第 1 ～ 49 層了，最壞情況下要扔 50 次。

　　如果不要「二分」，變成「五分」「十分」都會大幅減少最壞情況下的嘗試次數。比如第一個雞蛋每隔 10 層樓扔一次，在哪裡碎了再拿第二個雞蛋一層層線性掃描，總共不會超過 20 次。最佳解其實是 14 次。最佳策略非常多，而且並沒有什麼規律可言。

　　說了這麼多，就是確保大家理解了題目的意思，而且意識到這個題目確實複雜，就連我們手算都不容易，如何用演算法解決呢？

二、想法分析

　　對動態規劃問題，直接套書中已多次強調的框架即可：這個問題有什麼「狀態」，有什麼「選擇」，然後窮舉。

　　「狀態」很明顯，就是當前擁有的雞蛋數 K 和需要測試的樓層數 N。隨著測試的進行，雞蛋個數可能減少，樓層的搜尋範圍會減小，這就是狀態的變化。

　　「選擇」其實就是去選擇哪層樓扔雞蛋。回顧剛才的線性掃描和二分想法，二分搜尋每次選擇到樓層區間的中間去扔雞蛋，而線性掃描選擇一層層向上測試。不同的選擇會造成狀態的轉移。

　　現在明確了「狀態」和「選擇」，**動態規劃的基本想法就形成了**：肯定是個二維的 dp 陣列或帶有兩個狀態參數的 dp 函式來表示狀態轉移；外加 1 個 for 迴圈來遍歷所有選擇，擇最佳的選擇更新狀態：

```
// 定義：當前狀態為 K 個雞蛋，面對 N 層樓
// 傳回這個狀態下最少的扔雞蛋次數
int dp(int K, int N):
    int res
    for 1 <= i <= N:
```

```
        res = min(res, 這次在第 i 層樓扔雞蛋 )
    return res
```

這段虛擬碼還沒有展示遞迴和狀態轉移，不過大致的演算法框架已經完成了。

我們選擇在第 i 層樓扔了雞蛋之後，可能出現兩種情況：雞蛋碎了，雞蛋沒碎。**注意，這時候狀態轉移就來了：**

如果雞蛋碎了，那麼雞蛋的個數 K 應該減 1，搜尋的樓層區間應該從 [1.. N] 變為 [1.. i-1] 共 i-1 層樓；

如果雞蛋沒碎，那麼雞蛋的個數 K 不變，搜尋的樓層區間應該從 [1..N] 變為 [i+1..N] 共 N-i 層樓。

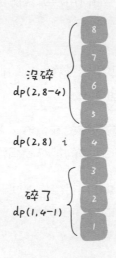

注意：細心的讀者可能會問，在第 i 層樓扔雞蛋如果沒碎，樓層的搜尋區間縮小至上面的樓層，是不是應該包含第 i 層樓呀？不必，因為已經包含了。開頭說了 F 是可以等於 0 的，向上遞迴後，第 i 層樓其實就相當於第 0 層，可以被取到，所以說並沒有錯誤。

因為要求的是**最壞情況**下扔雞蛋的次數，所以雞蛋在第 i 層樓碎沒碎，取決於哪種情況的結果**更大**：

```
int dp(int K, int N):
    for 1 <= i <= N:
        // 最壞情況下的最少扔雞蛋次數
        res = min(res,
                max(
                    dp(K - 1, i - 1), // 碎
                    dp(K, N - i)      // 沒碎
                ) + 1 // 在第 i 樓扔了一次
                )
    return res
```

遞迴的 base case 很容易理解，當樓層數 N 等於 0 時，顯然不需要扔雞蛋；當雞蛋數 K 為 1 時，顯然只能線性掃描所有樓層：

```
int dp(int K, int N) {
    // base case
    if (K == 1) return N;
    if (N == 0) return 0;
    // ...
}
```

至此，其實這道題就已經解決了！只要添加 1 個備忘錄消除重疊子問題即可：

```
// 備忘錄
int[][] memo;

public int superEggDrop(int K, int N) {
    // m 最多不會超過 N 次（線性掃描）
    memo = new int[K + 1][N + 1];
    for (int[] row : memo) {
        Arrays.fill(row, -666);
    }
    return dp(K, N);
}

// 定義：手握 K 個雞蛋，面對 N 層樓，最少的扔雞蛋次數為 dp(K, N)
int dp(int K, int N) {
    // base case
```

```
if (K == 1) return N;
if (N == 0) return 0;

// 查備忘錄避免容錯計算
if (memo[K][N] != -666) {
    return memo[K][N];
}
// 狀態轉移方程式
int res = Integer.MAX_VALUE;
for (int i = 1; i <= N; i++) {
    // 在所有樓層進行嘗試，取最少扔雞蛋次數
    res = Math.min(
        res,
        // 碎和沒碎取最壞情況
        Math.max(dp(K, N - i), dp(K - 1, i - 1)) + 1
    );
}
// 結果存入備忘錄
memo[K][N] = res;
return res;
}
```

這個演算法的時間複雜度是多少呢？**動態規劃演算法的時間複雜度就是子問題個數 × 函式本身的複雜度。**

函式本身的複雜度就是忽略遞迴部分的複雜度，這裡 `dp` 函式中有一個 for 迴圈，所以函式本身的複雜度是 $O(N)$。

子問題個數也就是不同狀態組合的總數，顯然是兩個狀態的乘積，也就是 $O(K \times N)$，所以演算法的總時間複雜度是 $O(K \times N^2)$，空間複雜度是 $O(K \times N)$。

這個問題很複雜，但是演算法程式卻十分簡潔，這就是動態規劃的特性，窮舉加備忘錄 /DP table 最佳化，真的沒啥新意。

有讀者可能不理解程式中為什麼用一個 for 迴圈遍歷樓層 `[1..N]`，也許會把這個邏輯和之前探討的線性掃描混為一談。其實不是的，**這只是在做一次「選擇」。**

比如你有 2 個雞蛋，面對 10 層樓，你這次選擇去哪一層樓扔呢？不知道，那就把這 10 層樓全試一遍。至於下次怎麼選擇不用你操心，有正確的狀態轉移，遞迴演算法會把每個選擇的代價都算出來，我們取最佳的那個就是最佳解。

另外，這個問題還有更好的解法，比如修改程式中的 for 迴圈為二分搜尋，可以將時間複雜度降為 $O(K \times N \times \log N)$；再改進動態規劃解法可以進一步降為 $O(K \times N)$；使用數學方法解決，時間複雜度達到最佳 $O(K \times \log N)$，空間複雜度達到 $O(1)$。

二分的解法也有點誤導性，你很可能以為它和之前討論的二分想法扔雞蛋有關係，實際上沒有任何關係。能用二分搜尋是因為狀態轉移方程式的函式影像具有單調性，可以快速找到最值。

接下來我們看一看如何最佳化。

三、二分搜尋最佳化

二分搜尋最佳化的核心是狀態轉移方程式的單調性，首先簡述原始動態規劃的想法：

1. 暴力窮舉嘗試在所有樓層 `1 <= i <= N` 扔雞蛋，每次選擇嘗試次數**最少**的那一層；

2. 每次扔雞蛋有兩種可能，不是碎，就是沒碎；

3. 如果雞蛋碎了，`F` 應該在第 `i` 層下面，不然 `F` 可能在第 `i` 層上面；

4. 雞蛋是碎了還是沒碎，取決於哪種情況下嘗試次數**更多**，因為我們想求的是最壞情況下的結果。

核心的狀態轉移程式是這段：

```
// 當前狀態為 K 個雞蛋，面對 N 層樓
// 傳回這個狀態下的最佳結果
int dp(int K, int N):
    for 1 <= i <- N:
        // 最壞情況下的最少扔雞蛋次數
```

```
        res = min(res,
               max(
                  dp(K - 1, i - 1), // 碎
                  dp(K, N - i)      // 沒碎
               ) + 1 // 在第 i 樓扔了一次
            )
return res
```

這個 for 迴圈就是下面這個狀態轉移方程式的具體程式實現：

$$dp(K, N) = \min_{0 <= i <= N} \{ \max\{ dp(K - 1, i - 1), dp(K, N - i) \} + 1 \}$$

如果能夠理解這個狀態轉移方程式，那麼就很容易理解二分搜尋的最佳化想法。

首先根據 dp(K, N) 陣列的定義（有 K 個雞蛋面對 N 層樓，最少需要扔幾次），**很容易知道 K 固定時，這個函式隨著 N 的增加一定是單調遞增的**，無論你的策略多聰明，樓層增加測試次數一定要增加。

那麼注意 dp(K - 1, i - 1) 和 dp(K, N - i) 這兩個函式，其中 i 是從 1 到 N 單調遞增的，如果固定 K 和 N，**把這兩個函式看作關於 i 的函式，前者隨著 i 的增加應該也是單調遞增的，而後者隨著 i 的增加應該是單調遞減的**：

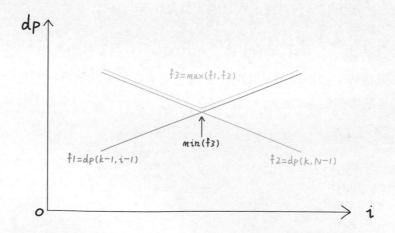

這時求二者的較大值，再求這些最大值之中的最小值，其實就是求這兩條直線的交點，也就是淺藍色折線的最低點 `min(f3)`。

在 **5.5 二分搜尋題型策略分析** 將講，二分搜尋的運用很廣泛，只要能夠找到具有單調性的函式，都很有可能可以運用二分搜尋來最佳化線性搜尋的複雜度。回顧這兩個 **dp** 函式的曲線，我們要找的最低點其實就是這種情況：

```
for (int i = 1; i <= N; i++) {
    if (dp(K - 1, i - 1) == dp(K, N - i))
        return dp(K, N - i);
}
```

熟悉二分搜尋的讀者肯定敏感地想到了，這不就是相當於求 Valley（山谷）值嘛，可以用二分搜尋來快速尋找這個點，直接看程式，將 **dp** 函式的線性搜尋改造成了二分搜尋，加快了搜尋速度：

```
int dp(int K, int N) {
    // base case
    if (K == 1) return N;
    if (N == 0) return 0;

    if (memo[K][N] != -666) {
        return memo[K][N];
    }
    // for (int i = 1; i <= N; i++) {
    //     res = Math.min(
    //         res,
    //         Math.max(dp(K, N - i), dp(K - 1, i - 1)) + 1
    //     );
    // }

    // 用二分搜尋代替線性搜尋
    int res = Integer.MAX_VALUE;
    int lo = 1, hi = N;
    while (lo <= hi) {
        int mid = lo + (hi - lo) / 2;
        // 雞蛋在第 mid 層碎了和沒碎兩種情況
        int broken = dp(K - 1, mid - 1);
```

```
        int not_broken = dp(K, N - mid);
        // res = min(max( 碎，沒碎 ) + 1)
        if (broken > not_broken) {
            hi = mid - 1;
            res = Math.min(res, broken + 1);
        } else {
            lo = mid + 1;
            res = Math.min(res, not_broken + 1);
        }
    }
    memo[K][N] = res;
    return res;
}
```

這個演算法的時間複雜度是多少呢？**動態規劃演算法的時間複雜度就是子問題個數 × 函式本身的複雜度。**

函式本身的複雜度就是忽略遞迴部分的複雜度，這裡 `dp` 函式中用了一個二分搜尋，所以函式本身的複雜度是 $O(\log N)$。

子問題個數也就是不同狀態組合的總數，顯然是兩個狀態的乘積，也就是 $O(K \times N)$。

所以演算法的總時間複雜度是 $O(K \times N \times \log N)$，空間複雜度是 $O(K \times N)$，效率上比之前的演算法 $O(K \times N^2)$ 要高一些。

四、重新定義狀態轉移

找動態規劃的狀態轉移本來就是見仁見智、比較「玄學」的事情，不同的狀態定義可以衍生出不同的解法，其解法和複雜程度都可能有巨大差異，這裡就是一個很好的例子。

再回顧一下我們之前定義的 `dp` 陣列含義：

```
int dp(int k, int n)
// 當前狀態為 k 個雞蛋，面對 n 層樓
// 傳回這個狀態下最少的扔雞蛋次數
```

用 dp 陣串列示也是一樣的：

```
dp[k][n] = m
// 當前狀態為 k 個雞蛋，面對 n 層樓
// 這個狀態下最少的扔雞蛋次數為 m
```

按照這個定義，就是**確定當前的雞蛋個數和面對的樓層數，就知道最小扔雞蛋次數**。最終我們想要的答案就是 dp(K,N) 的結果。

在這種想法下，肯定要窮舉所有可能的扔法，用二分搜尋最佳化也只是做了「剪枝」，減小了搜尋空間，但本質想法沒有變，還是窮舉。

現在，我們稍微修改 dp 陣列的定義，**確定當前的雞蛋個數和最多允許的扔雞蛋次數，就知道能夠確定 F 的最高樓層數**。具體來說是這個意思：

```
dp[k][m] = n
// 當前有 k 個雞蛋，可以嘗試扔 m 次雞蛋
// 這個狀態，最壞情況下最多能切確測試一棟 n 層的樓

// 比如 dp[1][7] = 7 表示：
// 現在有 1 個雞蛋，允許你扔 7 次；
// 這個狀態下最多給你 7 層樓，
// 使得你可以確定樓層 F 扔雞蛋恰好擇不碎
// （一層一層線性探查嘛）
```

這其實就是我們原始想法的「反向」版本，先不管這種想法的狀態轉移怎麼寫，先來思考一下這種定義之下，最終想求的答案是什麼。

我們最終要求的其實是扔雞蛋次數 m，但是這時候 m 在狀態之中而非 dp 陣列的結果，可以這樣處理：

```
int superEggDrop(int K, int N) {

    int m = 0;
    while (dp[K][m] < N) {
        m++;
        // 狀態轉移……
    }
```

```
    return m;
}
```

題目不是**給了 K 個雞蛋，N 層樓，讓你求最壞情況下最少的測試次數 m** 嗎？`while` 迴圈結束的條件是 `dp[K][m] == N`，也就是**給你 K 個雞蛋，測試 m 次，最壞情況下最多能測試 N 層樓。**

注意看這兩段描述，是完全一樣的！所以說這樣組織程式是正確的，關鍵是狀態轉移方程式怎麼找。還要從我們原始的想法開始講。之前的解法配了這張圖幫助大家理解狀態轉移想法：

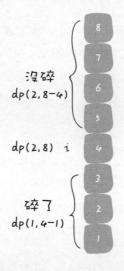

這張圖描述的僅是某一個樓層 `i`，原始解法還得線性或二分掃描所有樓層，要求最大值、最小值。但是現在這種 `dp` 定義根本不需要這些了，基於下面兩個事實：

1. **無論你在哪層樓扔雞蛋，雞蛋只可能摔碎或沒摔碎，碎了的話就測樓下，沒碎的話就測樓上。**

2. **無論你上樓還是下樓，總的樓層數 = 樓上的樓層數 + 樓下的樓層數 + 1（當前這層樓）。**

根據這個特點，可以寫出下面的狀態轉移方程式：

```
dp[k][m] = dp[k][m - 1] + dp[k - 1][m - 1] + 1
```

dp[k][m - 1] 就是樓上的樓層數，因為雞蛋個數 k 不變，也就是雞蛋沒碎，扔雞蛋次數 m 減 1；

dp[k - 1][m - 1] 就是樓下的樓層數，因為雞蛋個數 k 減 1，也就是雞蛋碎了，同時扔雞蛋次數 m 減 1。

注意：這個 m 為什麼要減 1 而非加 1？之前定義得很清楚，這個 m 是一個允許扔雞蛋的次數上界，而非扔了幾次。

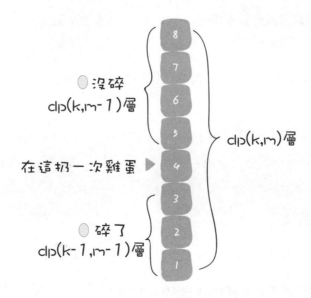

至此，整個想法就完成了，只要把狀態轉移方程式填進框架即可：

```
int superEggDrop(int K, int N) {
    // m 最多不會超過 N 次（線性掃描）
    int[][] dp = new int[K + 1][N + 1];
    // base case:
    // dp[0][..] = 0
    // dp[..][0] = 0
    // Java 預設初始化陣列都為 0 int m = 0;
    while (dp[K][m] < N) {
```

```
        m++;
        for (int k = 1; k <= K; k++)
            dp[k][m] = dp[k][m - 1] + dp[k - 1][m - 1] + 1;
    }
    return m;
}
```

如果你還覺得這段程式有點難以理解,其實它就等於這樣寫:

```
for (int m = 1; dp[K][m] < N; m++)
    for (int k = 1; k <= K; k++)
        dp[k][m] = dp[k][m - 1] + dp[k - 1][m - 1] + 1;
```

看到這種程式形式就熟悉多了,因為我們要求的不是 `dp` 陣列裡的值,而是某個符合條件的索引 `m`,所以用 `while` 迴圈來找到這個 `m` 而已。

這個演算法的時間複雜度是多少?很明顯就是兩個巢狀結構迴圈的複雜度 $O(K \times N)$。

另外,可以看到 `dp[m][k]` 轉移只和左邊和左上的兩個狀態有關,可以根據 **4.1.4 動態規劃的降維打擊:空間壓縮技巧** 的內容最佳化成一維 `dp` 陣列,這裡就不寫了。

五、還可以再最佳化

再往下還可以繼續最佳化,我就不具體展開了,僅簡單提一下想法吧。

在剛才的想法之上,**注意函式 `dp(m, k)` 是隨著 m 單調遞增的,因為雞蛋個數 k 不變時,允許的測試次數越多,可測試的樓層就越高。**

這裡又可以借助二分搜尋演算法快速逼近 `dp[K][m] == N`這個終止條件,時間複雜度進一步下降為 $O(K \times \log N)$。不過我覺得我們能夠寫出 $O(K \times N \times \log N)$ 的二分最佳化演算法就行了,後面的這些解法呢,我認為不太有必要掌握,把欲望限制在能力的範圍之內才能擁有快樂!

不過可以肯定的是，根據二分搜尋代替線性掃描 `m` 的設定值，程式的大致框架肯定是修改窮舉 `m` 的 while 迴圈：

```
// 把線性搜尋改成二分搜尋
// for (int m = 1; dp[K][m] < N; m++)
int lo = 1, hi = N;
while (lo < hi) {
    int mid = (lo + hi) / 2;
    if (... < N) {
        lo = ...
    } else {
        hi = ...
    }

    for (int k = 1; k <= K; k++) {
        // 狀態轉移方程式
    }
}
```

簡單總結一下，第一個二分最佳化是利用了 `dp` 函式的單調性，用二分搜尋技巧快速搜尋答案；第二種最佳化是巧妙地修改了狀態轉移方程式，簡化了求解流程，但相應地，解題邏輯比較難以想到。 後續還可以用一些數學方法和二分搜尋進一步最佳化第二種解法，不過不太值得掌握。

4.4.4　戳氣球問題

讀完本節，你將不僅學到演算法策略，還可以順便解決以下題目：

312. 戳氣球（困難）

本節要講的這道題和 **4.4.2 高樓扔雞蛋問題**分析過的高樓扔雞蛋問題類似，知名度很高，但難度確實也很大。因此專門用一節來了解這道題目到底有多難。

它是 LeetCode 第 312 題「戳氣球」，題目如下：

輸入一個包含非負整數的陣列 `nums` 代表一排氣球，`nums[i]` 代表第 `i` 個氣球的分數。現在，**你要戳破所有氣球，請計算最多可能獲得多少分？**

分數的計算規則比較特別，當你戳破第 **i** 個氣球時，可以獲得

$$\text{nums[left]} \times \text{nums[i]} \times \text{mums[right]}$$

的分數，其中 nums[left] 和 nums[right] 代表氣球 i 的左右相鄰氣球的分數。

注意：`nums[left]` 不一定就是 `nums[i-1]`，`nums[right]` 不一定就是 `nums[i+1]`。比如戳破了 `nums[3]`，現在 `nums[4]` 的左側就和 `nums[2]` 相鄰了。

另外，可以假設 `nums[-1]` 和 `nums[len(nums)]` 是兩個虛擬氣球，它們的值都是 1。

必須要說明的是，這個題目的狀態轉移方程式真的比較巧妙，所以如果你看了題目之後完全沒有想法恰恰是正常的。雖然最佳答案不容易想出來，但基本的想法分析是我們應該力求做到的。所以本節會先分析常規想法，然後再引入動態規劃解法。

一、回溯想法

先來順一下解決這種問題的策略：

前文多次強調過，很顯然只要涉及求最值，沒有任何特殊技巧，一定是窮舉所有可能的結果，然後對比得出最值。

所以說，只要遇到求最值的演算法問題，首先要思考的就是：如何窮列出所有可能的結果。

窮舉主要有兩種演算法，回溯演算法和動態規劃，前者就是暴力窮舉，而後者是根據狀態轉移方程式推導「狀態」。

如何將紮氣球問題轉化成回溯演算法呢？這個應該是不難想到的，**其實就是想窮舉戳氣球的順序**，不同的戳氣球順序可能得到不同的分數，我們需要把所有可能的分數中最高的那個找出來，對吧？

那麼，這不就是一個「全排列」問題嘛，**1.4 回溯演算法解題策略框架**中有全排列演算法的詳解和程式，其實只要稍微改一下邏輯即可，虛擬碼想法如下：

```
int res = Integer.MIN_VALUE;
/* 輸入一組氣球，傳回戳破它們獲得的最大分數 */
int maxCoins(int[] nums) {
    backtrack(nums, 0);
    return res;
}
/* 回溯演算法的虛擬碼解法 */
void backtrack(int[] nums, int socre) {
    if (nums 為空 ) {
        res = max(res, score);
        return;
    }
    for (int i = 0; i < nums.length; i++) {
        int point = nums[i-1] * nums[i] * nums[i+1];
        int temp = nums[i];
        // 做選擇
        在 nums 中刪除元素 nums[i]
        // 遞迴回溯
        backtrack(nums, score + point);
        // 撤銷選擇
        將 temp 還原到 nums[i]
    }
}
```

回溯演算法就是這麼簡單粗暴，但是相應地，演算法的效率非常低。這個解法等於全排列，所以時間複雜度是階乘等級，非常高，題目裡 nums 的大小 n 最多為 500，所以回溯演算法肯定是不能通過所有測試用例的。

二、動態規劃想法

這個動態規劃問題和書中之前的動態規劃問題相比有什麼特別之處？為什麼它比較難呢？

原因在於，這個問題中我們每戳破一個氣球 nums[i]，得到的分數和該氣球相鄰的氣球 nums[i-1] 和 nums[i+1] 是有相關性的。

1.3 動態規劃解題策略框架 講過運用動態規劃演算法的重要條件：**子問題必須獨立**。所以對於這個戳氣球問題，如果想用動態規劃，必須巧妙地定義 `dp` 陣列的含義，避免子問題產生相關性，才能推出合理的狀態轉移方程式。

如何定義 `dp` 陣列呢，這裡需要對問題進行一個簡單的轉化。題目說可以認為 `nums[-1]=nums[n]=1`，那麼我們先直接把這兩個邊界加進去，形成一個新的陣列 `points`：

```
int maxCoins(int[] nums) {
    int n = nums.length;
    // 兩端加入兩個虛擬氣球
    int[] points = new int[n + 2];
    points[0] = points[n + 1] = 1;
    for (int i = 1; i <= n; i++) {
        points[i] = nums[i - 1];
    }
    // ...
}
```

現在氣球的索引變成了從 1 到 n，`points[0]` 和 `points[n+1]` 可以被認為是兩個「虛擬氣球」。

那麼我們可以改變問題：**在一排氣球 `points` 中，請你戳破氣球 0 和氣球 n+1 之間的所有氣球（不包括 0 和 n+1），使得最終只剩下氣球 0 和氣球 n+1 兩個氣球，最多能夠得到多少分？**

現在可以定義 `dp` 陣列的含義：

`dp[i][j] = x` 表示，戳破氣球 `i` 和氣球 `j` 之間（開區間，不包括 `i` 和 `j`）的所有氣球，可以獲得的最高分數為 `x`。

那麼根據這個定義，題目要求的結果就是 `dp[0][n+1]` 的值，而 base case 就是 `dp[i][j] = 0`，其中 `0 <= i <= n+1, j <= i+1`，因為這種情況下，開區間 `(i, j)` 中間根本沒有氣球可以戳。

```
// base case 已經都被初始化為 0
int[][] dp = new int[n + 2][n + 2];
```

現在我們要根據這個 dp 陣列來推導狀態轉移方程式了，根據前文的策略，所謂的推導「狀態轉移方程式」，實際上就是在思考怎麼「做選擇」，也就是這道題目最有技巧的部分：

不就是想求戳破氣球 i 和氣球 j 之間的最高分數嗎，如果「正向思考」，就只能寫出前文的回溯演算法；**我們需要「反向思考」，想一想氣球 i 和氣球 j 之間最後一個被戳破的氣球可能是哪一個？**

其實氣球 i 和氣球 j 之間的所有氣球都可能是最後被戳破的那一個，不妨假設為 k。回顧動態規劃的策略，這裡其實已經找到了「狀態」和「選擇」：i 和 j 就是兩個「狀態」，最後戳破的那個氣球 k 就是「選擇」。

根據剛才對 dp 陣列的定義，如果最後一個戳破氣球 k，dp[i][j] 的值應該為：

```
dp[i][j] = dp[i][k] + dp[k][j]
         + points[i]*points[k]*points[j]
```

你不是要最後戳破氣球 k 嘛，那得先把開區間 (i, k) 的氣球都戳破，再把開區間 (k, j) 的氣球都戳破；最後剩下的氣球 k，相鄰的就是氣球 i 和氣球 j，這時候戳破 k 的話得到的分數就是 points[i]×points[k]×points[j]。

那麼戳破開區間 (i, k) 和開區間 (k, j) 的氣球最多能得到的分數是多少呢？嘿嘿，就是 dp[i][k] 和 dp[k][j]，這恰好就是我們對 dp 陣列的定義嘛！

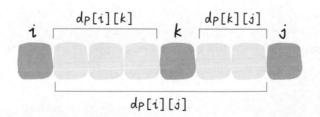

結合這個圖，就能體會出 dp 陣列定義的巧妙了。由於是開區間，dp[i][k] 和 dp[k][j] 不會影響氣球 k；而戳破氣球 k 時，旁邊相鄰的就是氣球 i 和氣球 j 了，最後還會剩下氣球 i 和氣球 j，這也恰好滿足了 dp 陣列開區間的定義。

那麼，對於一組給定的 `i` 和 `j`，只要窮舉 `i < k < j` 的所有氣球 `k`，選擇得分最高的作為 `dp[i][j]` 的值即可，這也就是狀態轉移方程式：

```
// 最後戳破的氣球是哪個？
for (int k = i + 1; k < j; k++) {
    // 擇優做選擇，使得 dp[i][j] 最大
    dp[i][j] = Math.max(
        dp[i][j],
        dp[i][k] + dp[k][j] + points[i]*points[j]*points[k]
    );
}
```

寫出狀態轉移方程式就完成這道題的一大半了，但是還有問題：對於 `k` 的窮舉僅是在做「選擇」，但是應該如何窮舉「狀態」`i` 和 `j` 呢？

```
for (int i = ...; ; )
    for (int j = ...; ; )
        for (int k = i + 1; k < j; k++) {
            dp[i][j] = Math.max(
                dp[i][j],
                dp[i][k] + dp[k][j] + points[i]*points[j]*points[k]
            );
        }
return dp[0][n+1];
```

三、寫出程式

關於「狀態」的窮舉，最重要的一點就是：狀態轉移所依賴的狀態必須被提前計算出來。

拿這道題舉例，`dp[i][j]` 所依賴的狀態是 `dp[i][k]` 和 `dp[k][j]`，那麼我們必須保證：在計算 `dp[i][j]` 時，`dp[i][k]` 和 `dp[k][j]` 已經被計算出來了（其中 `i < k < j`）。

那麼應該如何安排 `i` 和 `j` 的遍歷順序，來提供上述的保證呢？ **4.1.2 最佳子結構和 dp 陣列的遍歷方向怎麼定** 講過處理這種問題的「狡猾」的技巧：**根據 base case 和最終狀態進行推導。**

注意：最終狀態就是指題目要求的結果，對於這道題目也就是 `dp[0][n+1]`。

我們先把 base case 和最終的狀態在 DP table 上畫出來：

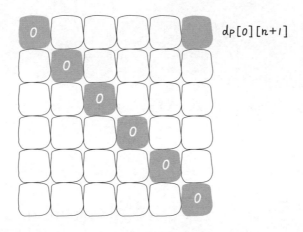

對於任意 `dp[i][j]`，我們希望所有 `dp[i][k]` 和 `dp[k][j]` 已經被計算，畫在圖上就是這種情況：

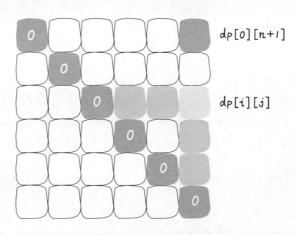

4 一步步刷動態規劃

那麼，為了達到這個要求，可以有兩種遍歷方法，不是斜著遍歷，就是從下到上從左到右遍歷：

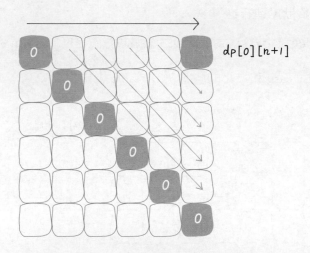

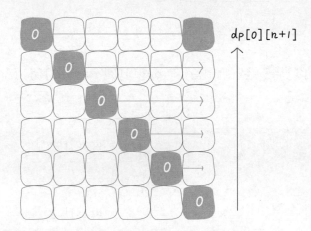

斜著遍歷有一點難寫，所以一般我們就從下往上遍歷，下面看完整程式：

```
int maxCoins(int[] nums) {
    int n = nums.length;
    // 添加兩側的虛擬氣球
    int[] points = new int[n + 2];
    points[0] = points[n + 1] = 1;
    for (int i = 1; i <= n; i++) {
```

```
            points[i] = nums[i - 1];
    }
    // base case 已經都被初始化為 0
    int[][] dp = new int[n + 2][n + 2];
    // 開始狀態轉移
    // i 應該從下往上
    for (int i = n; i >= 0; i--) {
        // j 應該從左往右
        for (int j = i + 1; j < n + 2; j++) {
            // 最後戳破的氣球是哪個？
            for (int k = i + 1; k < j; k++) {
                // 擇優做選擇
                dp[i][j] = Math.max(
                    dp[i][j],
                    dp[i][k] + dp[k][j] + points[i]*points[j]*points[k]
                );
            }
        }
    }
    return dp[0][n + 1];
}
```

關鍵在於 dp 陣列的定義，需要避免子問題互相影響，所以我們反向思考，將 dp[i][j] 的定義設為開區間，考慮最後戳破的氣球是哪一個，以此建構了狀態轉移方程式。對於如何窮舉「狀態」，我們使用了小技巧，透過 base case 和最終狀態推導出 i, j 的遍歷方向，保證正確的狀態轉移。

至此，這道題目就完全解決了，十分巧妙，但也不是那麼難，對吧？

高頻面試系列

經過前面幾章的學習，你已經對整個演算法的知識架構有了一個比較深入的理解，是否克服了對演算法的恐懼呢？題目看似複雜，但從根本上說，它們都有共通性，並不是完全無跡可尋的。

接下來的這一章將把前面學過的資料結構和演算法技巧結合起來，形成一套組合拳，解決一些有趣的高頻面試題。學完這些題目，你就順利畢業，可以獨自到題海中遨遊了！

5.1 鏈結串列操作的遞迴思維一覽

讀完本節，你將不僅學到演算法策略，還可以順便解決以下題目：

206. 反轉鏈結串列（簡單）	92. 反轉鏈結串列 II（中等）

反轉單鏈結串列的迭代實現不是一個困難的事情，但是遞迴實現就有點難度了，如果再加一點難度，讓你僅反轉單鏈結串列中的一部分，你是否能夠**遞迴實現**呢？本節就來由淺入深，一步步地解決這個問題。如果你還不會遞迴地反轉單鏈結串列也沒關係，**本節會從遞迴反轉整個單鏈結串列開始拓展**，只要你明白單鏈結串列的結構，相信會有所收穫。

```
// 單鏈結串列節點的結構
class ListNode {
    int val;
    ListNode next;
    ListNode(int x) { val = x; }
}
```

什麼叫反轉單鏈結串列的一部分呢，就是給你一個索引區間，讓你把單鏈結串列中這部分元素反轉，其他部分不變，看下 LeetCode 第 92 題「反轉鏈結串列 II」：

輸入一條單鏈結串列，和兩個索引 m 和 n（**索引從 1 開始算**，m <n，且可以假定 m 和 n 都不會超過鏈結串列長度），請你反轉鏈結串列中位置 m 到位置 n 的節點，傳回反轉後的鏈結串列，函式名稱如下：

```
ListNode reverseBetween(ListNode head, int m, int n);
```

比如輸入的鏈結串列是 `1->2->3->4->5->NULL`，`m = 2, n = 4`，則傳回的鏈結串列為 `1->4->3->2->5->NULL`。

迭代的想法大概是：先用一個 for 迴圈找到第 m 個位置，然後再用一個 for 迴圈將 m 和 n 之間的元素反轉。但是我們的遞迴解法不用一個 for 迴圈，純遞迴實現反轉。迭代實現想法看起來雖然簡單，但是細節問題很多，相反，遞迴實現就很簡潔優美，下面就由淺入深，先從反轉整個單鏈結串列說起。

5.1.1 遞迴反轉整個鏈結串列

這也是 LeetCode 第 206 題「反轉鏈結串列」，遞迴反轉單鏈結串列的演算法可能很多讀者都聽說過，這裡詳細介紹一下，直接看程式實現：

```java
ListNode reverse(ListNode head) {
    if (head == null || head.next == null) {
        return head;
    }
    ListNode last = reverse(head.next);
    head.next.next = head;
    head.next = null;
    return last;
}
```

看起來是不是感覺不知所云，完全不能理解這樣為什麼能夠反轉鏈結串列？這就對了，這個演算法常常拿來顯示遞迴的巧妙和優美，下面來詳細解釋這段程式。

對遞迴演算法，最重要的就是明確遞迴函式的定義。 具體來說，我們的 reverse 函式定義是這樣的：

輸入一個節點 head，將「以 head 為起點」的鏈結串列反轉，並傳回反轉之後的頭節點。

明白了函式的定義，再來看這個問題。比如我們想反轉這個鏈結串列：

那麼輸入 `reverse(head)` 後，會在這裡進行遞迴：

```
ListNode last = reverse(head.next);
```

不要跳進遞迴（你的腦袋能壓幾個堆疊呀？），而是要根據剛才的函式定義，來弄清楚這段程式會產生什麼結果：

```
         head
          ↓
     ┌───┐
     │ 1 │ → reverse( ┌───┐  → ┌───┐ → ┌───┐ → ┌───┐ → ┌───┐ → NULL)
     └───┘            │ 2 │    │ 3 │   │ 4 │   │ 5 │   │ 6 │
                      └───┘    └───┘   └───┘   └───┘   └───┘
```

這個 `reverse(head.next)` 執行完成後，整個鏈結串列就成了這樣：

```
        head                                                last
         ↓                                                   ↓
     ┌───┐    ┌───┐    ┌───┐    ┌───┐    ┌───┐    ┌───┐
     │ 1 │ →  │ 2 │ ←  │ 3 │ ←  │ 4 │ ←  │ 5 │ ←  │ 6 │
     └───┘    └───┘    └───┘    └───┘    └───┘    └───┘
               ↓
             NULL
```

並且根據函式定義，`reverse` 函式會傳回反轉之後的頭節點，我們用變數 `last` 接收了。現在再來看下面的程式：

```
head.next.next = head;
```

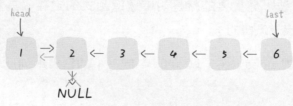

head.next.next=head

接下來：

```
head.next = null;
return last;
```

神不神奇，這樣整個鏈結串列就反轉過來了！遞迴程式就是這麼簡潔優雅，不過其中有兩個地方需要注意：

1. 遞迴函式要有 base case，也就是這句：

```
if (head.next == null || head.next == null) return head;
```

意思是如果鏈結串列為空或只有一個節點，反轉也是它自己，直接傳回即可。

2. 當鏈結串列遞迴反轉之後，新的頭節點是 last，而之前的 head 變成了最後一個節點，別忘了鏈結串列的末尾要指向 null：

```
head.next = null;
```

理解了這兩點後，我們就可以進一步深入了，接下來的問題其實都是在這個演算法上的擴展。

5.1.2 反轉鏈結串列前 *N* 個節點

這次我們實現一個這樣的函式：

```
// 將鏈結串列的前 n 個節點反轉（n <= 鏈結串列長度）
ListNode reverseN(ListNode head, int n)
```

比如對於下圖鏈結串列，執行 reverseN(head, 3)：

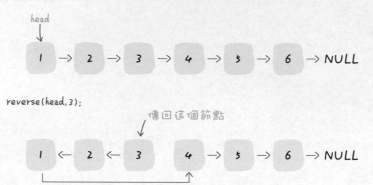

解決想法和反轉整個鏈結串列差不多，只要稍加修改即可：

```
ListNode successor = null; // 後驅節點

// 反轉以 head 為起點的 n 個節點，傳回新的頭節點
ListNode reverseN(ListNode head, int n) {
    if (n == 1) {
        // 記錄第 n + 1 個節點
        successor = head.next;
        return head;
    }
    // 以 head.next 為起點，需要反轉前 n - 1 個節點
    ListNode last = reverseN(head.next, n - 1);

    head.next.next = head;
    // 讓反轉之後的 head 節點和後面的節點連起來
    head.next = successor;
    return last;
}
```

具體的區別：

1. base case 變為 n == 1，反轉一個元素，就是它本身，同時**要記錄後驅節點**。

2. 剛才我們直接把 `head.next` 設置為 null，因為整個鏈結串列反轉後原來的 `head` 變成了整個鏈結串列的最後一個節點。但現在 `head` 節點在遞迴反轉之後不一定是最後一個節點了，所以要記錄後驅 `successor`（第 `n+1` 個節點），反轉之後將 `head` 連接上。

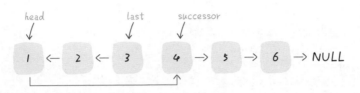

如果這個函式你也能看懂，就離實現「反轉一部分鏈結串列」不遠了。

5.1.3 反轉鏈結串列的一部分

現在解決前面提出的問題，給一個索引區間 `[m,n]`（索引從 1 開始），僅反轉區間中的鏈結串列元素。

```
ListNode reverseBetween(ListNode head, int m, int n)
```

首先，如果 `m == 1`，就相當於反轉鏈結串列開頭的 `n` 個元素，也就是我們前面實現的功能：

```
ListNode reverseBetween(ListNode head, int m, int n) {
    // base case
    if (m == 1) {
        // 相當於反轉前 n 個元素
        return reverseN(head, n);
    }
    // ...
}
```

如果 `m != 1` 怎麼辦？如果把 `head` 的索引視為 1，那麼是想從第 `m` 個元素開始反轉對吧；如果把 `head.next` 的索引視為 1 呢？那麼相對於 `head.next`，反轉的區間應該是從第 `m-1` 個元素開始的；那麼對於 `head.next.next` 呢……

區別於迭代思想，這就是遞迴思想，所以我們就可以完成程式了：

```
ListNode reverseBetween(ListNode head, int m, int n) {
    // base case
    if (m == 1) {
        return reverseN(head, n);
    }
    // 前進到反轉的起點觸發 base case
    head.next = reverseBetween(head.next, m - 1, n - 1);
    return head;
}
```

至此，我們的最終目標就被解決了。

最後總結幾句，遞迴的思想相對迭代思想，稍微有點難以理解，處理的技巧是：不要跳進遞迴，而是利用明確的定義來實現演算法邏輯。處理看起來比較困難的問題，可以嘗試化整為零，把一些簡單的解法進行修改，進而解決困難的問題。

值得一提的是，遞迴操作鏈結串列並不高效。和迭代解法相比，雖然時間複雜度都是 $O(N)$，但是迭代解法的空間複雜度是 $O(1)$，而遞迴解法需要堆疊，空間複雜度是 $O(N)$。所以遞迴操作鏈結串列可以作為對遞迴演算法的練習或拿去和朋友炫耀，但是考慮效率的話還是使用迭代演算法更好。

5.2 田忌賽馬背後的演算法決策

讀完本節，你將不僅學到演算法策略，還可以順便解決以下題目：

870. 優勢洗牌（中等）

田忌賽馬的故事大家都聽說過：

田忌和齊王賽馬，兩人的馬分上中下三等，如果同等級的馬對應著比賽，田忌贏不了齊王。但是田忌遇到了孫臏，孫臏就教他用自己的下等馬對齊王的上等馬，再用自己的上等馬對齊王的中等馬，最後用自己的中等馬對齊王的下等馬，結果三局兩勝，田忌贏了。

以前學到田忌賽馬的課文時，我就在想，如果不是三匹馬比賽，而是一百匹馬比賽，孫臏還能不能合理地安排比賽的順序，贏下齊王呢？當時沒想出什麼好的點子，只覺得這裡最核心問題是要盡可能讓自己佔便宜，讓對方吃虧。總結來說就是，**打得過就打，打不過就拿自己的垃圾和對方的精銳互換。**

不過，我一直沒具體把這個想法實現出來，直到最近刷到 LeetCode 第 870 題「優勢洗牌」，一眼就發現這是田忌賽馬問題的加強版：

給你輸入兩個**長度相等**的陣列 nums1 和 nums2，請你重新組織 nums1 中元素的位置，使得 nums1 的「優勢」最大化。如果 nums1[i] > nums2[i]，就是說 nums1 在索引 i 上對 nums2[i] 有「優勢」。優勢最大化也就是說讓你重新組織 nums1，盡可能多地讓 nums1[i] > nums2[i]。

演算法簽名如下：

```
int[] advantageCount(int[] nums1, int[] nums2);
```

比如輸入：

```
nums1 = [12,24,8,32]
nums2 = [13,25,32,11]
```

你的演算法應該傳回 [24,32,8,12]，因為這樣排列 nums1 的話有三個元素都有「優勢」。

這就像田忌賽馬的情景，nums1 就是田忌的馬，nums2 就是齊王的馬，陣列中的元素就是馬的戰鬥力，你就是孫臏，展示你真正的技術吧。

仔細想想，這道題的解法還是有點撲朔迷離的。什麼時候應該用下等馬故意認輸，什麼時候應該「硬剛」？這裡面應該有一種演算法策略來最大化「優勢」，認輸一定是迫不得已而為之的權宜之計，否則田忌就會以為你是齊王買來的演員。只有田忌的上等馬比不過齊王的上等馬時，才會用下等馬去和齊王的上等馬互換。

對於比較複雜的問題，可以嘗試從特殊情況考慮。

你想，誰應該去應對齊王最快的馬？肯定是田忌最快的那匹馬，我們簡稱一號選手。

如果田忌的一號選手比不過齊王的一號選手，那其他馬肯定是白給了，顯然這種情況應該用田忌墊底的馬去認輸，降低己方損失，儲存實力，增加接下來比賽的勝率。

但如果田忌的一號選手能比得過齊王的一號選手，那就和齊王「硬剛」反正這把田忌可以贏。

你也許說，這種情況下說不定田忌的二號選手也能幹得過齊王的一號選手。如果可以的話，讓二號選手去對決齊王的一號選手，不是更節約？就好比，如果考 60 分就能過的話，何必考 90 分？每多考一分就虧一分，剛剛好卡在 60 分是最划算的。

這種節約的策略是沒問題的，但是沒有必要。這也是本題有趣的地方，需要開動腦筋想一想：

我們暫且把田忌的一號選手稱為 `T1`，二號選手稱為 `T2`，齊王的一號選手稱為 `Q1`。

如果 `T2` 能贏 `Q1`，你試圖型儲存己方實力，讓 `T2` 去戰 `Q1`，把 `T1` 留著是為了對付誰？顯然，你擔心齊王還有戰力大於 `T2` 的馬，可以讓 `T1` 去對付。

但是你仔細想想，現在 `T2` 已經是可以戰勝 `Q1` 的，`Q1` 可是齊干最快的馬耶，齊王剩下的那些馬里，怎麼可能還有比 `T2` 更強的馬？

所以，沒必要節約，最後我們得出的策略就是：

將齊王和田忌的馬按照戰鬥力排序，然後按照排名一一對比。如果田忌的馬能贏，那就比賽，如果贏不了，那就換個墊底的來直接認輸，儲存實力。

上述想法的程式邏輯如下：

```
int n = nums1.length;

sort(nums1); // 田忌的馬
```

```
sort(nums2); // 齊王的馬

// 從最快的馬開始比
for (int i = n - 1; i >= 0; i--) {
    if (nums1[i] > nums2[i]) {
        // 比得過，跟它比
    } else {
        // 比不過，換個墊底的來直接認輸
    }
}
```

根據這個想法，我們需要對兩個陣列排序，但是 nums2 中元素的順序不能改變，因為計算結果的順序依賴 nums2 的順序，所以不能直接對 nums2 進行排序，而是利用其他資料結構來輔助。

同時，最終的解法還用到 2.1.2 陣列雙指標的解題策略 總結的雙指標演算法範本，用以處理認輸的情況：

```
int[] advantageCount(int[] nums1, int[] nums2) {
    int n = nums1.length;
    // 給 nums2 降冪排序
    PriorityQueue<int[]> maxpq = new PriorityQueue<>(
        (int[] pair1, int[] pair2) -> {
            return pair2[1] - pair1[1];
        }
    );
    for (int i = 0; i < n; i++) {
        maxpq.offer(new int[]{i, nums2[i]});
    }
    // 給 nums1 昇冪排序
    Arrays.sort(nums1);

    // nums1[left] 是最小值，nums1[right] 是最大值
    int left = 0, right = n - 1;
    int[] res = new int[n];

    while (!maxpq.isEmpty()) {
        int[] pair = maxpq.poll();
        // maxval 是 nums2 中的最大值，i 是對應索引
```

```
    int i = pair[0], maxval = pair[1];
    if (maxval < nums1[right]) {
        // 如果 nums1[right] 能勝過 maxval,那就自己上
        res[i] = nums1[right];
        right--;
    } else {
        // 否則用最小值混一下,養精蓄銳
        res[i] = nums1[left];
        left++;
    }
}
return res;
}
```

演算法的時間複雜度很好分析,也就是二元堆積和排序的複雜度為 $O(N \times \log N)$。至此,這道田忌賽馬的題就解決了,其程式實現上用到了雙指標技巧,從最快的馬開始,比得過就比,比不過就認輸,這樣就能對任意數量的馬求取一個最佳的比賽策略了。

5.3 一道陣列去重的演算法題把我整傻了

讀完本節,你將不僅學到演算法策略,還可以順便解決以下題目:

316. 去除重複字母(中等)

關於去重演算法,應該沒什麼難度,往雜湊集合裡面塞不就行了嗎?最多給你加點限制,問你怎麼給有序陣列原地去重,這個在 2.1.2 陣列雙指標的解題策略 講過。

本節講的問題應該是去重相關演算法中難度較大的了,這是 LeetCode 第 316 題「去除重複字母」,題目如下:

給你一個字串 s,請你去除字串中重複的字母,使得每個字母只出現一次。需保證**傳回結果的字典序最小,且不能打亂字元的相對位置**。

注意：這道題和第 1081 題「不同字元的最小子序列」的解法是完全相同的，你可以把這道題的解法程式直接黏過去把 1081 題也做掉。

題目的要求總結出來有三點：要求一、**要去重。**

要求二、去重字串中的字元順序**不能打亂 s 中字元出現的相對順序。**

要求三、在所有符合要求二的去重字串中，**字典序最小**的作為最終結果。

上述三點要求結合起來可能有點難理解，我舉個例子，比如輸入字串 s = "bebc"，去重且符合相對位置的字串有兩個，分別是 "bec" 和 "ebc"，但是我們的演算法要傳回 "bec"，因為它的字典序更小。

按理說，如果我們想要有序的結果，那就得對原字串排序對，但是排序後就不能保證符合 s 中字元出現順序了，這似乎是矛盾的。其實這裡會參考 2.2.4 單調堆疊結構解決三道演算法題中講到的「單調堆疊」的想法，沒看過也無妨，馬上你就明白了。

我們先暫時忽略要求三，用「堆疊」來實現要求一和要求二，至於為什麼用堆疊來實現，後面你就知道了：

```
String removeDuplicateLetters(String s) {
    // 存放去重的結果
    Stack<Character> stk = new Stack<>();
    // 布林陣列初始值為 false，記錄堆疊中是否存在某個字元
    // 輸入字元均為 ASCII 字元，所以大小為 256 就夠用了
    boolean[] inStack = new boolean[256];
    for (char c : s.toCharArray()) {
        // 如果字元 c 存在堆疊中，直接跳過
        if (inStack[c]) continue;
        // 若不存在，則插存入堆疊頂並標記為存在
        stk.push(c);
        inStack[c] = true;
    }

    StringBuilder sb = new StringBuilder();
    while (!stk.empty()) {
        sb.append(stk.pop());
```

```
    }
    // 堆疊中元素插入順序是反的，需要 reverse 一下
    return sb.reverse().toString();
}
```

這段程式的邏輯很簡單，就是用布林陣列 `inStack` 記錄堆疊中元素，達到去重的目的，**此時堆疊中的元素都是沒有重複的。**

如果輸入 `s = "bcabc"`，這個演算法會傳回 `"bca"`，已經符合要求一和要求二了，但是題目希望要的答案是 `"abc"`。

那我們想一想，如果想滿足要求三，保證字典序，需要做些什麼修改？

在向堆疊 `stk` 中插入字元 `'a'` 的這一刻，我們的演算法需要知道，字元 `'a'` 的字典序和之前的兩個字元 `'b'` 和 `'c'` 相比，誰大誰小？

如果當前字元 `'a'` 比之前的字元字典序小，就有可能需要把前面的字元 pop 移出堆疊，讓 `'a'` 排在前面，對吧？

那麼，我們先改一版程式：

```
String removeDuplicateLetters(String s) {
    Stack<Character> stk = new Stack<>();
    boolean[] inStack = new boolean[256];

    for (char c : s.toCharArray()) {
        if (inStack[c]) continue;

        // 插入之前，和之前的元素比較大小
        // 如果字典序比前面的小，pop 前面的元素
        while (!stk.isEmpty() && stk.peek() > c) {
            // 彈移出堆疊頂元素，並把該元素標記為不在堆疊中
            inStack[stk.pop()] = false;
        }
        stk.push(c);
        inStack[c] = true;
    }

    StringBuilder sb = new StringBuilder();
```

```
    while (!stk.empty()) {
        sb.append(stk.pop());
    }
    return sb.reverse().toString();
}
```

這段程式也好理解，就是插入了一個 while 迴圈，連續 pop 出比當前字元小的堆疊頂字元，直到堆疊頂元素比當前元素的字典序還小為止。這是不是有點「單調堆疊」的意思了？

這樣，對於輸入 s = "bcabc"，我們可以得出正確結果 "abc" 了。

但是，如果我改一下輸入，假設 s = "bcac"，按照剛才的演算法邏輯，傳回的結果是 "ac"，而正確答案應該是 "bac"，分析一下這是怎麼回事。

很容易發現，因為 s 中只有唯一一個 'b'，即使字元 'a' 的字典序比字元 'b' 要小，字元 'b' 也不應該被 pop 出去。

那問題出在哪裡？

我們的演算法在 stk.peek()>c 時才會 pop 元素，其實這時候應該分兩種情況：

情況一、如果 stk.peek() 這個字元之後還會出現，那麼可以把它 pop 出去，反正後面還有嘛，後面再 push 到堆疊裡，剛好符合字典序的要求。

情況二、如果 stk.peek() 這個字元之後不會出現了，前面也說了堆疊中不會存在重複的元素，那麼就不能把它 pop 出去，否則你就永遠失去了這個字元。

回到 s = "bcac" 這個例子，插入字元 'a' 的時候，發現前面的字元 'c' 的字典序比 'a' 大，且在 'a' 之後還會有字元 'c'，那麼堆疊頂的這個 'c' 就會被 pop 掉。

while 迴圈繼續判斷，發現前面的字元 'b' 的字典序還是比 'a' 大，但是在 'a' 之後再沒有字元 'b' 了，所以不應該把 'b'pop 出去。

那麼關鍵就在於，如何讓演算法知道字元 `'a'` 之後有幾個 `'b'` 有幾個 `'c'` 呢？

也不難，只要再改一版程式：

```
String removeDuplicateLetters(String s) {
    Stack<Character> stk = new Stack<>();
    // 維護一個計數器記錄字串中字元的數量
    // 因為輸入為 ASCII 字元，大小為 256 就夠用了
    int[] count = new int[256];
    for (int i = 0; i < s.length(); i++) {
        count[s.charAt(i)]++;
    }

    boolean[] inStack = new boolean[256];
    for (char c : s.toCharArray()) {
        // 每遍歷過一個字元，都將對應的計數減 1
        count[c]--;

        if (inStack[c]) continue;

        while (!stk.isEmpty() && stk.peek() > c) {
            // 若之後不存在堆疊頂元素了，則停止 pop
            if (count[stk.peek()] == 0) {
                break;
            }
            // 若之後還有，則可以 pop
            inStack[stk.pop()] = false;
        }
        stk.push(c);
        inStack[c] = true;
    }

    StringBuilder sb = new StringBuilder();
    while (!stk.empty()) {
        sb.append(stk.pop());
    }
    return sb.reverse().toString();
}
```

我們用了一個計數器 `count`，當字典序較小的字元試圖「擠掉」堆疊頂元素的時候，在 `count` 中檢查堆疊頂元素是否是唯一的，只有當後面還會有堆疊頂元素的時候才能擠掉，否則不能擠掉。至此，這個演算法就結束了，時間空間複雜度都是 $O(N)$。

你還記得前面提到的三個要求嗎？我們是怎麼達成這三個要求的？

針對要求一，透過 `inStack` 這個布林陣列做到堆疊 `stk` 中不存在重複元素。

針對要求二，我們順序遍歷字串 `s`，透過「堆疊」這種順序結構的 push/pop 操作記錄結果字串，保證了字元出現的順序和 `s` 中出現的順序一致。這裡也可以想到為什麼要用「堆疊」這種資料結構，因為先進後出的結構允許我們立即操作剛插入的字元，如果用「佇列」肯定是做不到的。

針對要求三，我們用類似單調堆疊的想法，配合計數器 `count` 不斷 pop 掉不符合最小字典序的字元，保證了最終得到的結果字典序最小。當然，由於堆疊的結構特點，我們最後需要把堆疊中元素取出後再反轉一次才是最終結果。這應該是陣列去重的最高境界了，沒做過還真不容易想出來。你學會了嗎？

5.4 附帶權重的隨機選擇演算法

讀完本節，你將不僅學到演算法策略，還可以順便解決以下題目：

528. 按權重隨機選擇（中等）

想必大家在玩類似英雄聯盟這樣的排位競技類遊戲時都吐槽過遊戲的匹配機制，比如系統經常給你匹配技術比較「菜」的隊友，導致遊戲體驗比較糟糕。具體的匹配機制我不清楚，畢竟匹配機制是所有競技類遊戲的核心環節，想必非常複雜，不是簡單幾個指標就能搞定的。但是如果把遊戲的匹配機制簡化，倒是一個值得思考的演算法問題：

系統如何在不同的機率約束下進行隨機匹配？或簡單點說，如何附帶權重地做隨機選擇？

不要覺得這個很容易，如果給你一個長度為 `n` 的陣列，讓你從中等機率隨機取出一個元素，你肯定會做，隨機出來一個 `[0, n-1]` 的數字作為索引就行了，每個元素被隨機選到的機率都是 `1/n`。但假設每個元素都有不同的權重，權重的大小代表隨機選到這個元素的機率大小，你如何寫演算法去隨機獲取元素呢？

LeetCode 第 528 題「按權重隨機選擇」就是這樣一個問題，請你實現下面這個類別：

```
class Solution {
    // 構造函式
    public Solution(int[] w);

    // 隨機選擇函式
    public int pickIndex();
}
```

構造函式輸入一個權重陣列 `w`，其中的每個元素 `w[i]` 代表選中該元素的隨機權重，`pickIndex` 在 `w` 中按照權重隨機選擇一個元素，傳回其索引。比如輸入 `w = [1,3]`，那麼 `pickIndex` 函式傳回索引 0 的機率應該是 25%，傳回索引 1 的機率應該是 75%。

下面就來思考一下這個問題，解決按照權重隨機選擇元素的問題。

5.4.1 解法想法

首先回顧一下和隨機演算法有關的章節：

2.2.3 O(1) 時間刪除 / 查詢陣列中的任意元素 主要考查的是資料結構的使用，每次把元素移到陣列尾部再刪除，可以避免資料搬移。不過 2.2.3 節並不能解決本節提出的問題，反而是 **2.1.3 小而美的演算法技巧：首碼和陣列**加上 **1.7 我寫了首詩，保你閉著眼睛都能寫出二分搜尋演算法**能夠解決附帶權重的隨機選擇演算法。

這個隨機演算法和首碼和技巧及二分搜尋技巧能扯上啥關係？假設給你輸入的權重陣列是 `w = [1,3,2,1]`，我們想讓機率符合權重，那麼可以抽象一下，根據權重畫出這麼一條線段：

如果我在線段上隨機丟一顆石子，石子落在哪個顏色上，我就選擇該顏色對應的權重索引，那麼每個索引被選中的機率是不是就是和權重相連結了？

所以，你再仔細看看這條彩色的線段像什麼？這不就是首碼和陣列嘛：

那麼接下來，如何模擬在線段上扔石子？當然是隨機數，比如上述首碼和陣列 `preSum`，設定值範圍是 `[1, 7]`，那麼生成一個在這個區間的隨機數 `target = 5`，就好像在這條線段中隨機扔了一顆石子：

還有一個問題，`preSum` 中並沒有 5 這個元素，我們應該選擇比 5 大的最小元素，也就是 6，即 `preSum` 陣列的索引 3：

如何快速尋找陣列中大於或等於目標值的最小元素？二分搜尋演算法就是我們想要的。

到這裡，這道題的核心想法就說完了，主要分幾步：

1. 根據權重陣列 `w` 生成首碼和陣列 `preSum`。

2. 生成一個設定值在 `preSum` 之內的隨機數，用二分搜尋演算法尋找大於或等於這個隨機數的最小元素索引。

3. 最後對這個索引減 1（因為首碼和陣列有一位索引偏移），就可以作為權重陣列的索引，即最終答案：

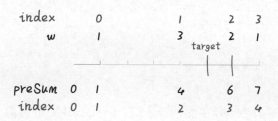

5.4.2 解法程式

上述想法應該不難理解，但是寫程式的時候坑可就多了。要知道涉及開閉區間、索引偏移和二分搜尋的題目，需要你對演算法的細節把控非常精確，否則會出各種難以排除的 bug。

下面來摳細節，繼續前面的例子：

比如這個 `preSum` 陣列，你覺得隨機數 `target` 應該在什麼範圍設定值？閉區間 `[0, 7]` 還是左閉右開 `[0, 7)`？都不是，應該在閉區間 `[1, 7]` 中選擇，**因為首碼和陣列中 0 本質上是個預留位置**，仔細體會一下：

所以要這樣寫程式：

```
int n = preSum.length;
// target 設定值範圍是閉區間 [1, preSum[n - 1]]
int target = rand.nextInt(preSum[n - 1]) + 1;
```

接下來，在 `preSum` 中尋找大於或等於 `target` 的最小元素索引，應該用什麼類型的二分搜尋？搜尋左側邊界的還是搜尋右側邊界的？實際上應該使用搜尋左側邊界的二分搜尋：

```
// 搜尋左側邊界的二分搜尋
int left_bound(int[] nums, int target) {
    if (nums.length == 0) return -1;
    int left = 0, right = nums.length;
    while (left < right) {
        int mid = left + (right - left) / 2;
        if (nums[mid] == target) {
            right = mid;
        } else if (nums[mid] < target) {
            left = mid + 1;
        } else if (nums[mid] > target) {
            right = mid;
        }
    }
    return left;
}
```

1.7 我寫了首詩，保你閉著眼睛都能寫出二分搜尋演算法 著重講了陣列中存在目標元素重複的情況，沒仔細講目標元素不存在的情況，這裡補充一下。

當目標元素 `target` 不存在於陣列 `nums` 中時，搜尋左側邊界的二分搜尋的傳回值可以做以下幾種解讀：

1. 傳回的這個值是 `nums` 中大於或等於 `target` 的最小元素索引。

2. 傳回的這個值是 `target` 應該插入在 `nums` 中的索引位置。

3. 傳回的這個值是 `nums` 中小於 `target` 的元素個數。

比如在有序陣列 `nums = [2,3,5,7]` 中搜尋 `target = 4`，搜尋左邊界的二分演算法會傳回 2，你帶入上面的說法，都是對的。所以以上三種解讀都是等價的，可以根據具體題目場景靈活運用，顯然這裡我們需要的是第一種。

綜上，可以寫出最終解法程式：

```java
class Solution {
    // 首碼和陣列
    private int[] preSum;
    private Random rand = new Random();

    public Solution(int[] w) {
        int n = w.length;
        // 建構首碼和陣列，偏移一位留給 preSum[0]
        preSum = new int[n + 1];
        preSum[0] = 0;
        // preSum[i] = sum(w[0..i-1])
        for (int i = 1; i <= n; i++) {
            preSum[i] = preSum[i - 1] + w[i - 1];
        }
    }

    public int pickIndex() { int n = preSum.length;
        // 在閉區間 [1, preSum[n - 1]] 中隨機選擇一個數字
        int target = rand.nextInt(preSum[n - 1]) + 1;
        // 獲取 target 在首碼和陣列 preSum 中的索引
        // 別忘了首碼和陣列 preSum 和原始陣列 w 有一位索引偏移
```

```
    return left_bound(preSum, target) - 1;
}

// 搜尋左側邊界的二分搜尋
private int left_bound(int[] nums, int target) {
    // 見上文
}
}
```

有了之前的鋪陳，相信你能夠完全理解上述程式，這道隨機權重的題目就解決了。

最後說幾句，經常有讀者調侃，每次看書都是「雲端刷題」，看完就會了，也不用親自動手刷了。但我想說的是，很多題目想法一說就懂，但是深入一些的話很多細節都可能有坑，本節講的這道題就是一個例子，所以還是建議多實踐，多總結，紙上得來終覺淺，絕知此事要躬行。

5.5 二分搜尋題型策略分析

讀完本節，你將不僅學到演算法策略，還可以順便解決以下題目：

875. 愛吃香蕉的珂珂（中等）	1011. 在 D 天內送達包裹的能力（中等）
410. 分割陣列的最大值（困難）	

我們在第 1 章就詳細介紹了二分搜尋的細節問題，探討了「搜尋一個元素」「搜尋左側邊界」「搜尋右側邊界」這三個情況，教你如何寫出正確無 bug 的二分搜尋演算法。

但是前文總結的二分搜尋程式框架侷限於「在有序陣列中搜尋指定元素」這個基本場景，具體的演算法問題沒有這麼直接，可能你都很難看出這個問題能夠用到二分搜尋。

所以本節就來總結一套二分搜尋演算法運用的框架策略，幫你在遇到二分搜尋演算法相關的實際問題時，能夠有條理地思考分析，步步為營，寫出答案。

5.5.1 原始的二分搜尋程式

二分搜尋的原型就是在「有序陣列」中搜尋一個元素 `target`，傳回該元素對應的索引。如果該元素不存在，那可以傳回一個什麼特殊值，這種細節問題只要微調演算法實現就可實現。

還有一個重要的問題，如果有序陣列中存在多個 `target` 元素，那麼這些元素肯定挨在一起，這裡就涉及演算法應該傳回最左側的那個 `target` 元素的索引還是最右側的那個 `target` 元素的索引，也就是所謂的「搜尋左側邊界」和「搜尋右側邊界」，這個也可以透過微調演算法的程式來實現。

在具體的演算法問題中，常用到的是「搜尋左側邊界」和「搜尋右側邊界」這兩種場景，很少讓你單獨「搜尋一個元素」。

因為演算法題一般都讓你求最值，比如讓你求吃香蕉的「最小速度」，讓你求輪船的「最低運載能力」，求最值的過程，必然是搜尋一個邊界的過程，所以下面就詳細分析這兩種搜尋邊界的二分演算法程式。

注意：本節使用的都是左閉右開的二分搜尋寫法，如果你喜歡兩端都閉的寫法，可自行改寫。

「搜尋左側邊界」的二分搜尋演算法的具體程式實現如下：

```java
// 搜尋左側邊界
int left_bound(int[] nums, int target) {
    if (nums.length == 0) return -1;
    int left = 0, right = nums.length;

    while (left < right) {
        int mid = left + (right - left) / 2;
        if (nums[mid] == target) {
            // 當找到 target 時，收縮右側邊界
            right = mid;
        } else if (nums[mid] < target) {
            left = mid + 1;
        } else if (nums[mid] > target) {
            right = mid;
```

```
        }
    }
    return left;
}
```

假設輸入的陣列 `nums = [1,2,3,3,3,5,7]`，想搜尋的元素 `target = 3`，
那麼演算法就會傳回索引 2。

如果畫一張圖，就是這樣：

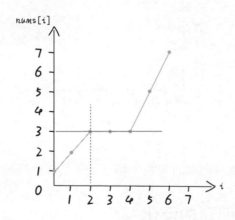

「搜尋右側邊界」的二分搜尋演算法的具體程式實現如下：

```
// 搜尋右側邊界
int right_bound(int[] nums, int target) {
    if (nums.length == 0) return -1;
    int left = 0, right = nums.length;

    while (left < right) {
        int mid = left + (right - left) / 2;
        if (nums[mid] == target) {
            // 當找到 target 時，收縮左側邊界
            left = mid + 1;
        } else if (nums[mid] < target) {
            left = mid + 1;
        } else if (nums[mid] > target) {
            right = mid;
        }
```

```
    }
    return left - 1;
}
```

輸入同上，那麼演算法就會傳回索引 4，如果畫一張圖，就是這樣：

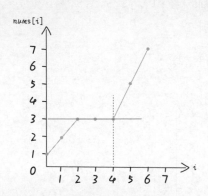

好，上述內容都屬於複習，我想讀到這裡的讀者應該都能理解。記住這張圖，所有能夠抽象出上述影像的問題，都可以使用二分搜尋解決。

5.5.2 二分搜尋問題的泛化

什麼問題可以運用二分搜尋演算法技巧呢？

首先，你要從題目中抽象出一個引數 x，一個關於 x 的函式 f(x)，以及一個目標值 target。

同時，`x, f(x), target` 還要滿足以下條件：

1. **`f(x)` 必須是在 `x` 上的單調函式（單調遞增單調遞減都可以）。**

2. **題目是讓你計算滿足約束條件 `f(x) == target` 時的 `x` 的值。**

上述規則聽起來有點抽象，來舉個具體的例子：

給你一個昇冪排列的有序陣列 `nums` 以及一個目標元素 `target`，請計算 `target` 在陣列中的索引位置，如果有多個目標元素，傳回最小的索引。

這就是「搜尋左側邊界」這個基本題型，解法程式之前都寫了，但這裡面 `x`, `f(x)`, `target` 分別是什麼呢？

我們可以把陣列中元素的索引認為是引數 `x`，函式關係 `f(x)` 就可以這樣設定：

```
// 函式 f(x) 是關於引數 x 的單調遞增函式
// 入參 nums 是不會改變的，所以可以忽略，不算引數
int f(int x, int[] nums) {
    return nums[x];
}
```

其實這個函式 `f` 就是在存取陣列 `nums`，因為題目給我們的陣列 `nums` 是昇冪排列的，所以函式 `f(x)` 就是在 `x` 上單調遞增的函式。

最後，題目讓我們求什麼來著？是不是讓我們計算元素 `target` 的最左側索引？是不是就相當於在問我們「滿足 `f(x) == target` 的 `x` 的最小值是多少」？

畫一張圖，如下：

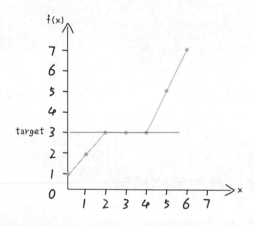

如果遇到一個演算法問題，能夠把它抽象成這幅圖，就可以對它運用二分搜尋演算法。

演算法程式如下：

```java
// 函式 f 是關於引數 x 的單調遞增函式
int f(int x, int[] nums) {
    return nums[x];
}

int left_bound(int[] nums, int target) {
    if (nums.length == 0) return -1;
    int left = 0, right = nums.length;

    while (left < right) {
        int mid = left + (right - left) / 2;
        if (f(mid, nums) == target) {
            // 當找到 target 時，收縮右側邊界
            right = mid;
        } else if (f(mid, nums) < target) {
            left = mid + 1;
        } else if (f(mid, nums) > target) {
            right = mid;
        }
    }
    return left;
}
```

這段程式把之前的程式微調了一下，把直接存取 `nums[mid]` 套了一層函式 `f`，其實就是多此一舉，但是，這樣能抽象出二分搜尋思想在具體演算法問題中的框架。

5.5.3 運用二分搜尋的策略框架

想要運用二分搜尋解決具體的演算法問題，可以從以下程式框架著手思考：

```java
// 函式 f 是關於引數 x 的單調函式
int f(int x) {
    // ...
}
```

```java
// 主函式，在 f(x) == target 的約束下求 x 的最值
int solution(int[] nums, int target) {
    if (nums.length == 0) return -1;
    // 問自己：引數 x 的最小值是多少？
    int left = ...;
    // 問自己：引數 x 的最大值是多少？
    int right = ... + 1;

    while (left < right) {
        int mid = left + (right - left) / 2;
        if (f(mid) == target) {
            // 問自己：題目是求左邊界還是右邊界？
            // ...
        } else if (f(mid) < target) {
            // 問自己：怎麼讓 f(x) 大一點？
            // ...
        } else if (f(mid) > target) {
            // 問自己：怎麼讓 f(x) 小一點？
            // ...
        }
    }
    return left;
}
```

具體來說，想要用二分搜尋演算法解決問題，分為以下幾步：

1. 確定 x, f(x), target 分別是什麼，並寫出函式 f 的程式。

2. 找到 x 的設定值範圍作為二分搜尋的搜尋區間，初始化 left 和 right 變數。

3. 根據題目的要求，確定應該使用搜尋左側還是搜尋右側的二分搜尋演算法，寫出解法程式。

下面用幾道例題來講解這個流程。

5.5.4 例題一：珂珂吃香蕉

這是 LeetCode 第 875 題「愛吃香蕉的珂珂」：

輸入一個長度為 `N` 的正整數陣列 `piles` 代表 N 堆香蕉，`piles[i]` 代表第 `i` 堆香蕉的數量。珂珂吃香蕉的速度為每小時 `K` 根，而且每小時他最多吃一堆香蕉，如果吃不下的話留到下一小時再吃；如果吃完了這一堆還有胃口，他也只會等到下一小時才會吃下一堆。

在這個條件下，請你寫一個演算法，確定珂珂吃香蕉的最小速度 `K`，使他能夠在 `H` 小時內把這些香蕉都吃完，函式名稱如下：

```
int minEatingSpeed(int[] piles, int H);
```

那麼，對於這道題，如何運用剛才總結的策略，寫出二分搜尋解法程式？按步驟思考即可：

1. 確定 `x`, `f(x)`, `target` 分別是什麼，並寫出函式 `f` 的程式。

引數 `x` 是什麼呢？回憶之前的函式影像，二分搜尋的本質就是在搜尋引數。所以，題目讓求什麼，就把什麼設為引數，珂珂吃香蕉的速度就是引數 `x`。

那麼，在 `x` 上單調的函式關係 `f(x)` 是什麼？顯然，吃香蕉的速度越快，吃完所有香蕉堆所需的時間就越短，速度和時間就是一個單調函式關係。

所以，`f(x)` 函式就可以這樣定義：若吃香蕉的速度為 `x` 根 / 小時，則需要 `f(x)` 小時吃完所有香蕉。由於題目給的資料規模較大，所以函式的傳回值需要 `long` 類型防止溢位。

程式實現如下：

```
// 定義：速度為 x 時，需要 f(x) 小時吃完所有香蕉
// f(x) 隨著 x 的增加單調遞減
long f(int[] piles, int x) {
    long hours = 0;
    for (int i = 0; i < piles.length; i++) {
        hours += piles[i] / x;
```

```
        if (piles[i] % x > 0) {
            hours++;
        }
    }
    return hours;
}
```

注意：為什麼 `f(x)` 的傳回值是 `long` 類型？因為你注意題目給的資料範圍和 `f` 函式的邏輯。`piles` 陣列中元素的最大值是 109，最多有 104 個元素；那麼當 `x` 設定值為 1 時，`hours` 變數就會被加到 1013 這個數量級，超過了 `int` 類型的最大值（大概 2×109 這個量級），所以這裡用 `long` 類型避免可能出現的整數溢位。

`target` 就很明顯了，吃香蕉的時間限制 H 自然就是 `target`，是對 `f(x)` 傳回值的最大約束。

2. 找到 `x` 的設定值範圍作為二分搜尋的搜尋區間，初始化 `left` 和 `right` 變數。

珂珂吃香蕉的速度最小是多少？多大是多少？

顯然，最小速度應該是 1，最大速度是 `piles` 陣列中元素的最大值，因為每小時最多吃一堆香蕉，胃口再大也白搭嘛。

這裡可以有兩種選擇，要麼你用一個 for 迴圈去遍歷 `piles` 陣列，計算最大值，要麼你看題目給的約束，`piles` 中的元素設定值範圍是多少，然後給 `right` 初始化一個設定值範圍之外的值。

我選擇第二種，假設 `1 <= piles[i] <= 10^9`，那麼就可以確定二分搜尋的區間邊界：

```
public int minEatingSpeed(int[] piles, int H) {
    int left = 1;
    // 注意，我選擇左閉右開的二分搜尋寫法，right 是開區間，所以再加 1
    int right = 1000000000 + 1;

    // ...
}
```

因為我們二分搜尋是對數等級的複雜度，所以 `right` 就算是個很大的值，演算法的效率依然很高。

3. 根據題目的要求，確定應該使用搜尋左側還是搜尋右側的二分搜尋演算法，寫出解法程式。

現在我們確定了引數 `x` 是吃香蕉的速度，`f(x)` 是單調遞減的函式，`target` 就是吃香蕉的時間限制 `H`，題目要我們計算最小速度，也就是 `x` 要盡可能小：

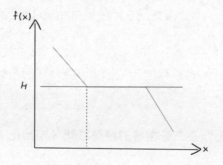

這就是搜尋左側邊界的二分搜尋嘛，不過注意 `f(x)` 是單調遞減的，不要閉眼睛套框架，需要結合上圖進行思考，寫出程式：

```java
public int minEatingSpeed(int[] piles, int H) {
    int left = 1;
    int right = 1000000000 + 1;

    while (left < right) {
        int mid = left + (right - left) / 2;
        if (f(piles, mid) == H) {
            // 搜尋左側邊界，則需要收縮右側邊界
            right = mid;
        } else if (f(piles, mid) < H) {
            // 需要讓 f(x) 的傳回值大一些
            right = mid;
        } else if (f(piles, mid) > H) {
            // 需要讓 f(x) 的傳回值小一些
            left = mid + 1;
        }
    }
```

```
    }
    return left;
}
```

注意：我這裡採用的是左閉右開的二分搜尋寫法，關於這個演算法中的細節問題，1.7 我寫了首詩，保你閉著眼睛都能寫出二分搜尋演算法 進行了詳細分析，這裡不展開了。

至此，這道題就解決了。我們的程式框架中多餘的 `if` 分支主要是幫助理解的，寫出正確解法後建議合併多餘的分支，可以提高演算法執行的效率：

```
public int minEatingSpeed(int[] piles, int H) {
    int left = 1;
    int right = 1000000000 + 1;

    while (left < right) {
        int mid = left + (right - left) / 2;
        if (f(piles, mid) <= H) {
            right = mid;
        } else {
            left = mid + 1;
        }
    }
    return left;
}

// f(x) 隨著 x 的增加單調遞減
long f(int[] piles, int x) {
    // 見上文
}
```

注意：我們程式框架中多餘的 `if` 分支主要是幫助理解的，寫出正確解法後建議合併多餘的分支，可以提高演算法執行的效率。

5.5.5 例題二：運送貨物

再看看 LeetCode 第 1011 題「在 D 天內送達包裹的能力」：

給你一個正整數陣列 `weights` 和一個正整數 `D`，其中 `weights` 代表一系列貨物，`weights[i]` 的值代表第 `i` 件物品的重量，貨物不可分割且必須按順序運輸。現在你有一艘貨船，要在 `D` 天內按順序運完所有貨物，貨物不可分割，如何確定貨船的最小載重呢？

函式名稱如下：

```
int shipWithinDays(int[] weights, int days);
```

比如輸入 `weights = [1,2,3,4,5,6,7,8,9,10], D = 5`，那麼演算法需要傳回 15。

因為要想在 5 天內完成運輸的話，第一天運輸五件貨物 1，2，3，4，5；第二天運輸兩件貨物 6，7；第三天運輸一件貨物 8；第四天運輸一件貨物 9；第五天運輸一件貨物 10。所以船的最小載重應該是 15，再少就要超過 5 天了。

和上一道題一樣，我們按照流程來就行：

1. 確定 `x, f(x), target` 分別是什麼，並寫出函式 `f` 的程式。

題目問什麼，什麼就是引數，也就是說船的運載能力就是引數 `x`。

運輸天數和運載能力成反比，所以可以讓 `f(x)` 計算 `x` 的運載能力下需要的運輸天數，那麼 `f(x)` 是單調遞減的。

函式 `f(x)` 的實現如下：

```
// 定義：當運載能力為 x 時，需要 f(x) 天運完所有貨物
// f(x) 隨著 x 的增加單調遞減
    int f(int[] weights, int x) { int days = 0;
    for (int i = 0; i < weights.length; ) {
        // 盡可能多裝貨物
        int cap = x;
```

```
        while (i < weights.length) {
            if (cap < weights[i]) break;
            else cap -= weights[i];
            i++;
        }
        days++;
    }
    return days;
}
```

對於這道題，`target` 顯然就是運輸天數 `D`，我們要在 `f(x)==D` 的約束下，算出船的最小載重。

2. 找到 `x` 的設定值範圍作為二分搜尋的搜尋區間，初始化 `left` 和 `right` 變數。

船的最小載重是多少？最大載重是多少？

顯然，船的最小載重應該是 `weights` 陣列中元素的最大值，因為每次至少得裝一件貨物走，不能裝不下嘛。

最大載重顯然就是 `weights` 陣列所有元素之和，也就是一次把所有貨物都裝走。這樣就確定了搜尋區間 `[left,right)`：

```
public int shipWithinDays(int[] weights, int days) {
    int left = 0;
    // 注意，right 是開區間，所以額外加 1
    int right = 1;
    for (int w : weights) {
        left = Math.max(left, w);
        right += w;
    }

    // ...
}
```

3. **需要根據題目的要求，確定應該使用搜尋左側還是搜尋右側的二分搜尋演算法，寫出解法程式。**

現在我們確定了引數 x 是船的載重能力，f(x) 是單調遞減的函式，target
就是運輸總天數限制 D，題目要我們計算船的最小載重，也就是 x 要盡可能小：

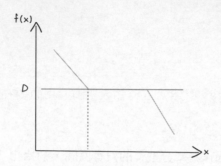

這就是搜尋左側邊界的二分搜尋嘛，結合上圖就寫入出二分搜尋程式：

```
public int shipWithinDays(int[] weights, int days) {
    int left = 0;
    // 注意，right 是開區間，所以額外加 1 int right = 1;
    for (int w : weights) {
        left = Math.max(left, w);
        right += w;
    }

    while (left < right) {
        int mid = left + (right - left) / 2;
        if (f(weights, mid) == days) {
            // 搜尋左側邊界，則需要收縮右側邊界
            right = mid;
        } else if (f(weights, mid) < days) {
            // 需要讓 f(x) 的傳回值大一些
            right = mid;
        } else if (f(weights, mid) > days) {
            // 需要讓 f(x) 的傳回值小一些
            left = mid + 1;
```

```
        }
    }

    return left;
}
```

到這裡，這道題的解法也寫出來了，我們合併一下多餘的 if 分支，提高程
式執行速度，最終程式如下：

```java
public int shipWithinDays(int[] weights, int days) {
    int left = 0;
    int right = 1;
    for (int w : weights) {
        left = Math.max(left, w);
        right += w;
    }

    while (left < right) {
        int mid = left + (right - left) / 2;
        if (f(weights, mid) <= days) {
            right = mid;
        } else {
            left = mid + 1;
        }
    }

    return left;
}

int f(int[] weights, int x) {
    // 見上文
}
```

5.5.6 例題三：分割陣列

我們再實操一下 LeetCode 第 410 題「分割陣列的最大值」，難度為困難：

輸入一個非負整數陣列 nums 和一個整數 m，你的演算法需要將這個陣列分成 m 個不可為空的連續子陣列，且使得這 m 個子陣列各自和的最大值最小，傳回這 m 個子陣列各自元素和的最大值，函式名稱如下：

```
int splitArray(int[] nums, int m);
```

這道題目比較繞，又是最大值又是最小值，簡單說，給你輸入一個陣列 nums 和數字 m，你要把 nums 分割成 m 個子陣列。肯定有不止一種分割方法，每種分割方法都會把 nums 分成 m 個子陣列，這 m 個子陣列中肯定有一個和最大的子陣列對吧？

我們想要找一個分割方法，該方法分割出的最大子陣列和是所有方法中最大子陣列和最小的，請你的演算法傳回這個分割方法對應的最大子陣列和。

我的媽呀，這個題目看了就覺得難得不行，完全沒想法，這題怎麼運用之前說的策略，轉化成二分搜尋呢？

其實，這道題和上面講的運輸問題是一模一樣的，不相信的話我給你改寫一下題目：

你只有一艘貨船，現在有若干貨物，每個貨物的重量是 nums[i]，現在你需要在 m 天內將這些貨物運走，請問你的貨船的最小載重是多少？

這不就是剛才我們解決的 LeetCode 第 1011 題「在 D 天內送達包裹的能力」嗎？

貨船每天運走的貨物就是 nums 的子陣列；在 m 天內運完就是將 nums 劃分成 m 個子陣列；讓貨船的載重盡可能小，就是讓所有子陣列中最大的那個子陣列元素之和盡可能小。

所以這道題的解法直接複製貼上運輸問題的解法程式即可：

```
int splitArray(int[] nums, int m) {
    return shipWithinDays(nums, m);
}

int shipWithinDays(int[] weights, int days) {
    // 見上文
}

int f(int[] weights, int x) {
    // 見上文
}
```

本節就到這裡，總結一下，如果發現題目中存在單調關係，就可以嘗試使用二分搜尋的想法來解決。弄清楚單調性和二分搜尋的種類，透過分析和畫圖，就能夠寫出最終的程式。

5.6 如何高效解決接雨水問題

讀完本節，你將不僅學到演算法策略，還可以順便解決以下題目：

42. 接雨水（困難）	11. 盛最多水的容器（中等）

LeetCode 第 42 題「接雨水」挺有意思，在面試題中的出現頻率還挺高的，本節就來步步最佳化，講解一下這道題：

給你輸入一個長度為 n 的 nums 陣列代表二維平面內一排寬度為 1 的柱子，每個元素 nums[i] 都是非負整數，代表第 i 個柱子的高度。現在請你計算，如果下雨了，這些柱子能夠裝下多少雨水？

說穿了就是用一個陣串列示一個橫條圖，問你這個橫條圖最多能接多少水，函式名稱如下：

```
int trap(int[] height);
```

比如輸入 `height = [0,1,0,2,1,0,1,3,1,1,2,1]`，輸出為 7，以下圖：

下面就來由淺入深介紹暴力解法 -> 備忘錄解法 -> 雙指標解法，在 $O(N)$ 時間 $O(1)$ 空間內解決這個問題。

5.6.1 核心想法

所以對這種問題，我們不要想整體，而應該去想局部；就像之前的章節講的動態規劃處理字串問題，不要考慮如何處理整個字串，而是去思考應該如何處理每一個字元。這麼一想，可以發現這道題的想法其實很簡單，具體來說，僅對於位置 `i`，能裝下多少水呢？

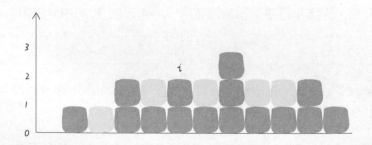

在上圖的例子中，能裝 2 格水，因為 `height[i]` 的高度為 0，且這裡最多能盛 2 格水，2-0=2。

為什麼位置 `i` 最多能盛 2 格水呢？因為，位置 `i` 能達到的水柱高度和其左邊的最高柱子、右邊的最高柱子有關，我們分別稱這兩根柱子高度為 `l_max` 和 `r_max`；位置 `i` 最大的水柱高度就是 `min(l_max, r_max)`。

更進一步，對於位置 **i**，能夠裝的水為：

```
water[i] - min(
            # 左邊最高的柱子
            max(height[0..i]),
            # 右邊最高的柱子
            max(height[i..end])
        ) - height[i]
```

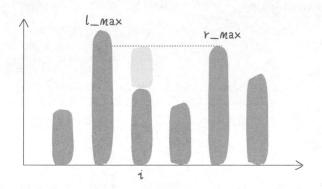

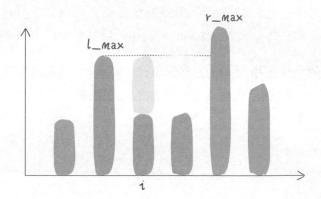

這就是本問題的核心想法，我們可以簡單寫一個暴力演算法：

```
int trap(int[] height) {
    int n = height.length;
    int res = 0;
    for (int i = 1; i < n - 1; i++) {
        int l_max = 0, r_max = 0;
```

```
        // 找右邊最高的柱子
        for (int j = i; j < n; j++)
            r_max = Math.max(r_max, height[j]);
        // 找左邊最高的柱子
        for (int j = i; j >= 0; j--)
            l_max = Math.max(l_max, height[j]);
        // 如果自己就是最高的話
        // l_max == r_max == height[i]
        res += Math.min(l_max, r_max) - height[i];
    }
    return res;
}
```

有之前的想法，這個解法應該是很直接粗暴的，時間複雜度為 $O(N^2)$，空間複雜度為 $O(1)$。但是很明顯這種計算 r_max 和 l_max 的方式非常笨拙，一般的最佳化方法就是備忘錄。

5.6.2 備忘錄最佳化

之前的暴力解法，不是在每個位置 i 都要計算 r_max 和 l_max 嘛，我們直接把結果都提前計算出來，別每次都遍歷，這樣時間複雜度不就降下來了嘛。

開兩個陣列 r_max 和 l_max 充當備忘錄，l_max[i] 表示位置 i 左邊最高的柱子高度，r_max[i] 表示位置 i 右邊最高的柱子高度。預先把這兩個陣列計算好，避免重複計算：

```
int trap(int[] height) {
    if (height.length == 0) {
        return 0;
    }
    int n = height.length;
    int res = 0;
    // 陣列充當備忘錄
    int[] l_max = new int[n];
    int[] r_max = new int[n];
    // 初始化 base case
    l_max[0] = height[0];
```

```
    r_max[n - 1] = height[n - 1];
    // 從左向右計算 l_max
    for (int i = 1; i < n; i++)
        l_max[i] = Math.max(height[i], l_max[i - 1]);
    // 從右向左計算 r_max
    for (int i = n - 2; i >= 0; i--)
        r_max[i] = Math.max(height[i], r_max[i + 1]);
    // 計算答案
    for (int i = 1; i < n - 1; i++)
        res += Math.min(l_max[i], r_max[i]) - height[i];
    return res;
}
```

這個最佳化其實和暴力解法想法差不多，就是避免了重複計算，把時間複雜度降為 $O(N)$，已經是最佳了，但是空間複雜度是 $O(N)$。下面來看一個精妙一些的解法，能夠把空間複雜度降到 $O(1)$。

5.6.3 雙指標解法

這種解法的想法和前一節的完全相同，但在實現手法上非常巧妙，我們這次也不要用備忘錄提前計算了，而是用雙指標**邊走邊算**，降低空間複雜度。首先，看一部分程式：

```
int trap(int[] height) {
    int left = 0, right = height.length - 1;
    int l_max = 0, r_max = 0;

    while (left < right) {
        l_max = Math.max(l_max, height[left]);
        r_max = Math.max(r_max, height[right]);
        // 此時 l_max 和 r_max 分別表示什麼？
        left++; right--;
    }
}
```

對於這部分程式，請問 `l_max` 和 `r_max` 分別表示什麼意義呢？很容易理解，`l_max` 是 `height[0..left]` 中最高柱子的高度，`r_max` 是 `height[right..end]` 的最高柱子的高度。

明白了這一點，直接看解法：

```java
int trap(int[] height) {
    int left = 0, right = height.length - 1;
    int l_max = 0, r_max = 0;

    int res = 0;
    while (left < right) {
        l_max = Math.max(l_max, height[left]);
        r_max = Math.max(r_max, height[right]);

        // res += min(l_max, r_max) - height[i]
        if (l_max < r_max) {
            res += l_max - height[left];
            left++;
        } else {
            res += r_max - height[right];
            right--;
        }
    }
    return res;
}
```

你看，其中的核心思想和之前一模一樣，換湯不換藥。但是細心的讀者可能會發現此解法還是有些細節上的差異：

之前的備忘錄解法，`l_max[i]` 和 `r_max[i]` 分別代表 `height[0..i]` 和 `height[i..end]` 的最高柱子高度。

```java
res += Math.min(l_max[i], r_max[i]) - height[i];
```

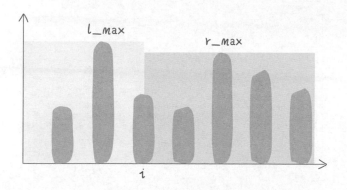

但是雙指標解法中，**l_max** 和 **r_max** 代表的是 `height[0..left]` 和 `height[right.. end]` 的最高柱子高度。比如這段程式：

```
if (l_max < r_max) {
    res += l_max - height[left];
    left++;
}
```

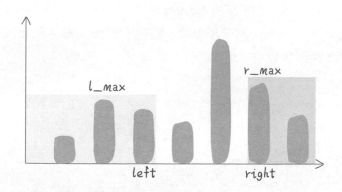

此時的 **l_max** 是 **left** 指標左邊的最高柱子，但是 **r_max** 並不一定是 **left** 指標右邊最高的柱子，這真的可以得到正確答案嗎？其實這個問題要這樣思考，我們只在乎 **min(l_max,r_max)**。**對於上圖的情況，我們已經知道 l_max<r_max 了，至於這個 r_max 是不是右邊最大的，不重要。重要的是 height[i] 能夠裝的水只和較低的 l_max 之差有關：**

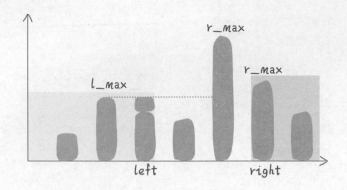

這樣，接雨水問題就解決了。

5.6.4 擴展延伸

下面看一道和接雨水問題非常類似的題目，LeetCode 第 11 題「盛最多水的容器」：

給定一個長度為 `n` 的整數陣列 `height` 代表 `n` 條垂線，其中第 `i` 條垂線的高度為 `height[i]`。找出其中的兩條垂線，使得它們與 x 軸共同組成的容器可以容納最多的水，傳回容器可以儲存的最大水量。

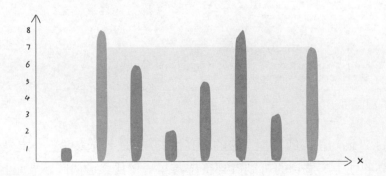

函式名稱如下：

```
int maxArea(int[] height);
```

這題和接雨水問題很類似，可以完全套用前文的想法，而且還更簡單。兩道題的區別在於：

接雨水問題類似一幅長條圖，每個水平座標都有寬度，而本題列出的每個水平座標是一條分隔號，沒有寬度。

前文討論了很多 `l_max` 和 `r_max` 的內容，實際上都是為了計算 `height[i]` 能夠裝多少水；而本題中 `height[i]` 沒有寬度，那自然就好辦多了。

舉個例子，如果在接雨水問題中，你知道了 `height[left]` 和 `height[right]` 的高度，能算出 `left` 和 `right` 之間能夠盛下多少水嗎？不能，因為你不知道 `left` 和 `right` 之間每根柱子具體能盛多少水，要透過每根柱子的 `l_max` 和 `r_max` 來計算才行。

反過來，就本題而言，你知道了 `height[left]` 和 `height[right]` 的高度，能算出 `left` 和 `right` 之間能夠盛下多少水嗎？可以，因為本題中分隔號沒有寬度，所以 `left` 和 `right` 之間能夠盛的水就是：

```
min(height[left], height[right]) * (right - left)
```

類似接雨水問題，高度是由 `height[left]` 和 `height[right]` 較小的值決定的，所以解決這道題的想法依然是雙指標技巧：

用 `left` 和 `right` 兩個指標從兩端向中心收縮，一邊收縮一邊計算 `[left,right]` 之間的矩形面積，取最大的面積值即是答案。

先直接看解法程式吧：

```java
int maxArea(int[] height) {
    int left = 0, right = height.length - 1;
    int res = 0;
    while (left < right) {
        // [left, right] 之間的矩形面積
        int cur_area = Math.min(height[left], height[right]) * (right - left);
        res = Math.max(res, cur_area);
        // 雙指標技巧，移動較低的一邊
        if (height[left] < height[right]) {
```

```
        left++;
    } else {
        right--;
    }
}
return res;
}
```

程式和接雨水問題大致相同,不過肯定有讀者會問,下面這段 if 敘述為什麼要移動較低的一邊:

```
// 雙指標技巧,移動較低的一邊
if (height[left] < height[right]) {
    left++;
} else {
    right--;
}
```

其實也好理解,因為矩形的高度是由 min(height[left], height [right])即較低的一邊決定的:

如果移動較低的那一邊,那條邊可能會變高,使得矩形的高度變大,進而就「有可能」使得矩形的面積變大;相反,如果去移動較高的那一邊,矩形的高度是無論如何都不會變大的,所以不可能使矩形的面積變得更大。

至此,這道題也解決了。

5.7 一個函式解決 nSum 問題

讀完本節,你將不僅學到演算法策略,還可以順便解決以下題目:

15. 三數之和(中等)	18. 四數之和(中等)

經常刷 LeetCode 的讀者肯定知道鼎鼎有名的兩數之和（twoSum）問題，倒不是因為這道題多巧妙，而是因為這道題是題號為 1 的題目。有的朋友頗具幽默感，就說自己背單字背了半年還是 abandon，刷題刷了半年還是 twoSum，以此來調侃自己不愛學習。

言歸正傳，除了 twoSum 問題，LeetCode 上面還有 3Sum、4Sum 問題，以後如果想出個 5Sum、6Sum 也不是不可以。

總結來說，這類 nSum 問題就是給你輸入一個陣列 nums 和一個目標和 target，讓你從 nums 選擇 n 個數，使得這些數字之和為 target。

那麼，對於這種問題有沒有什麼好辦法用策略解決呢？本節就由淺入深，層層推進，用一個函式來解決所有 nSum 類型的問題。

提前說一下，對於本節探討的題目，使用 C++ 撰寫的程式最方便也最清晰易懂，所以本節列出的都是 C++ 程式，你可以自行翻譯成熟悉的語言。

5.7.1 twoSum 問題

這裡我來編一道 twoSum 題目：

如果假設輸入一個陣列 nums 和一個目標和 target，請你傳回 nums 中能夠湊出 target 的兩個元素的值，比如輸入 nums = [1,3,5,6], target = 9，那麼演算法傳回兩個元素 [3,6]。可以假設有且僅有一對元素可以湊出 target。

我們可以先對 nums 排序，然後利用 **2.1.2 陣列雙指標的解題策略** 寫過的左右雙指標技巧，從兩端相向而行就行了：

```cpp
vector<int> twoSum(vector<int>& nums, int target) {
    // 先對陣列排序
    sort(nums.begin(), nums.end());
    // 左右指標
    int lo = 0, hi = nums.size() - 1;
    while (lo < hi) {
        int sum = nums[lo] + nums[hi];
        // 根據 sum 和 target 的比較，移動左右指標
```

```
        if (sum < target) {
            lo++;
        } else if (sum > target) {
            hi--;
        } else if (sum == target) {
            return {nums[lo], nums[hi]};
        }
    }
    return {};
}
```

這樣就可以解決這個問題了，不過我們要繼續調整題目，把這個題目變得更泛化，更困難一點：

nums 中可能有多對元素之和都等於 target，請你的演算法傳回所有和為 target 的元素對，其中不能出現重複。

函式名稱如下：

```
vector<vector<int>> twoSumTarget(vector<int>& nums, int target);
```

比如輸入為 `nums = [1,3,1,2,2,3], target = 4`，那麼演算法傳回的結果就是：`[[1,3],[2,2]]`（注意，我要求傳回元素，而非索引）。

對於修改後的問題，關鍵困難是現在可能有多個和為 **target** 的數對，還不能重複，比如上述例子中 `[1,3]` 和 `[3,1]` 就算重複，只能算一次。

首先，基本想法肯定還是排序加雙指標：

```
vector<vector<int>> twoSumTarget(vector<int>& nums, int target) {
    // 先對陣列排序
    sort(nums.begin(), nums.end());
    vector<vector<int>> res;
    int lo = 0, hi = nums.size() - 1;
    while (lo < hi) {
        int sum = nums[lo] + nums[hi];
        // 根據 sum 和 target 的比較，移動左右指標
        if (sum < target) lo++;
```

```
        else if (sum > target) hi--;
        else {
            res.push_back({nums[lo], nums[hi]});
            lo++; hi--;
        }
    }
    return res;
}
```

但是，這樣實現會造成重複的結果，比如 `nums = [1,1,1,2,2,3,3], target`
`= 4`，得到的結果中 `[1,3]` 肯定會重複。

出問題的地方在於 `sum == target` 條件的 if 分支，當給 `res` 加入一次結果
後，`lo` 和 `hi` 不僅應該相向而行，而且應該跳過所有重複的元素：

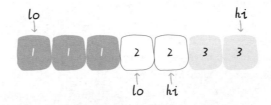

所以，可以對雙指標的 while 迴圈做出以下修改：

```
while (lo < hi) {
    int sum = nums[lo] + nums[hi];
    // 記錄索引 lo 和 hi 最初對應的值
    int left = nums[lo], right = nums[hi];
    if (sum < target) lo++;
    else if (sum > target) hi--;
    else {
        res.push_back({left, right});
        // 跳過所有重複的元素
        while (lo < hi && nums[lo] == left) lo++;
        while (lo < hi && nums[hi] == right) hi--;
    }
}
```

這樣就可以保證一個答案只被添加 1 次，重複的結果都會被跳過，可以得到正確的答案。不過，受這個想法的啟發，其實前兩個 if 分支也可以做一點效率最佳化，跳過相同的元素：

```cpp
vector<vector<int>> twoSumTarget(vector<int>& nums, int target) {
    // nums 陣列必須有序
    sort(nums.begin(), nums.end());
    int lo = 0, hi = nums.size() - 1;
    vector<vector<int>> res;
    while (lo < hi) {
        int sum = nums[lo] + nums[hi];
        int left = nums[lo], right = nums[hi];
        if (sum < target) {
            while (lo < hi && nums[lo] == left) lo++;
        } else if (sum > target) {
            while (lo < hi && nums[hi] == right) hi--;
        } else {
            res.push_back({left, right});
            while (lo < hi && nums[lo] == left) lo++;
            while (lo < hi && nums[hi] == right) hi--;
        }
    }
    return res;
}
```

這樣，一個通用化的 **twoSum** 函式就寫出來了，請確保你理解了該演算法的邏輯，後面解決 **3Sum** 和 **4Sum** 的時候會重複使用這個函式。

這個函式的時間複雜度非常容易看出來，雙指標操作的部分雖然有那麼多 while 迴圈，但是時間複雜度還是 $O(N)$，而排序的時間複雜度是 $O(N \times \log N)$，所以這個函式的時間複雜度是 $O(N \times \log N)$。

5.7.2 3Sum 問題

這是 LeetCode 第 15 題「三數之和」：

給你輸入一個陣列 `nums`，請你判斷其中是否存在三個元素 `a, b, c` 使得 `a + b + c = 0`，如果有的話，請你找出所有滿足條件且不重複的三元組。

比如輸入 `nums = [-1,0,1,2,-1,-4]`，演算法應該傳回的結果是兩個三元組 `[[-1,0,1],[-1,-1,2]]`。注意，結果中不能包含重複的三元組，函式名稱如下：

```cpp
vector<vector<int>> threeSum(vector<int>& nums);
```

這樣，我們再泛化一下題目，不要僅針對和為 0 的三元組了，計算和為 `target` 的三元組，和上面的 `twoSum` 一樣，也不允許重複的結果：

```cpp
vector<vector<int>> threeSum(vector<int>& nums) {
    // 求和為 0 的三元組
    return threeSumTarget(nums, 0);
}

vector<vector<int>> threeSumTarget(vector<int>& nums, int target) {
    // 輸入陣列 nums，傳回所有和為 target 的三元組
}
```

這個問題怎麼解決呢？**很簡單，窮舉吧**。現在想找和為 `target` 的三個數字，那麼對於第一個數字，可能是什麼？ `nums` 中的每一個元素 `nums[i]` 都有可能！

確定了第一個數字之後，剩下的兩個數字可以是什麼呢？其實就是和為 `target - nums[i]` 的兩個數字吧，那不就是 `twoSum` 函式解決的問題嗎？

可以直接寫程式了，需要把 `twoSum` 函式稍作修改即可重複使用：

```cpp
/* 從 nums[start] 開始，計算有序陣列
 * nums 中所有和為 target 的二元組 */
vector<vector<int>> twoSumTarget(
    vector<int>& nums, int start, int target) {
    // 左指標改為從 start 開始，其他不變
    int lo = start, hi = nums.size() - 1;
    vector<vector<int>> res;
    while (lo < hi) {
        ...
```

```
    }
    return res;
}

/* 計算陣列 nums 中所有和為 target 的三元組 */
vector<vector<int>> threeSumTarget(vector<int>& nums, int target) {
    // 陣列得排序
    sort(nums.begin(), nums.end());
    int n = nums.size();
    vector<vector<int>> res;
    // 窮舉 threeSum 的第一個數
    for (int i = 0; i < n; i++) {
        // 對 target - nums[i] 計算 twoSum vector<vector<int>>
            tuples = twoSumTarget(nums, i + 1, target - nums[i]);
        // 如果存在滿足條件的二元組,再加上 nums[i] 就是結果三元組
        for (vector<int>& tuple : tuples) {
            tuple.push_back(nums[i]);
            res.push_back(tuple);
        }
        // 跳過第一個數字重複的情況,否則會出現重複結果
        while (i < n - 1 && nums[i] == nums[i + 1]) i++;
    }
    return res;
}
```

需要注意的是,類似 twoSum,3Sum 的結果也可能重複,比如輸入是 nums = [1,1,1,2,3], target = 6,結果就會重複。

關鍵點在於,不能讓第一個數重複,至於後面的兩個數,我們重複使用的 twoSum 函式會保證它們不重複,所以程式中必須用一個 while 迴圈來保證 3Sum 中第一個元素不重複。

至此,3Sum 問題就解決了,時間複雜度不難算,排序的複雜度為 $O(N \times \log N)$, twoSumTarget 函式中的雙指標操作的複雜度為 $O(N)$, threeSumTarget 函式在 for 迴圈中呼叫 twoSumTarget,所以總的時間複雜度就是 $O(N \times \log N + N^2) = O(N^2)$。

5.7.3 4Sum 問題

這是 LeetCode 第 18 題「四數之和」：

輸入一個陣列 nums 和一個目標值 target，請問 nums 中是否存在 4 個元素 a, b, c, d 使得 a + b + c + d = target？請你找出所有符合條件且不重複 的四元組。

比如輸入 nums = [-1,0,1,2,-1,-4], target = 0，演算法應該傳回以下 三個四元組：

```
[[-1, 0, 0, 1],
 [-2, -1, 1, 2],
 [-2, 0, 0, 2]]
```

函式名稱如下：

```
vector<vector<int>> fourSum(vector<int>& nums, int target);
```

都到這份上了，4Sum 完全就可以用相同的想法：窮舉第一個數字，然後呼 叫 3Sum 函式計算剩下三個數，最後組合出和為 target 的四元組。

```cpp
vector<vector<int>> fourSum(vector<int>& nums, int target) {
    // 陣列需要排序
    sort(nums.begin(), nums.end());
    int n = nums.size();
    vector<vector<int>> res;
    // 窮舉 fourSum 的第一個數
    for (int i = 0; i < n; i++) {
        // 對 target - nums[i] 計算 threeSum
        vector<vector<int>>
            triples = threeSumTarget(nums, i + 1, target - nums[i]);
        // 如果存在滿足條件的三元組，再加上 nums[i] 就是結果四元組
        for (vector<int>& triple : triples) {
            triple.push_back(nums[i]);
            res.push_back(triple);
        }
    }
```

```
    // fourSum 的第一個數不能重複
    while (i < n - 1 && nums[i] == nums[i + 1]) i++;
    }
    return res;
}


/* 從 nums[start] 開始，計算有序陣列
 * nums 中所有和為 target 的三元組 */
vector<vector<int>> threeSumTarget(vector<int>& nums, int start, long target) {
    int n = nums.size();
    vector<vector<int>> res;
    // i 從 start 開始窮舉，其他都不變
    for (int i = start; i < n; i++) {
        ...
    }
    return res;
}
```

這樣，按照相同的策略，**4Sum** 問題就解決了，時間複雜度的分析和之前類似，for 迴圈中呼叫了 `threeSumTarget` 函式，所以總的時間複雜度就是 *O*(*N*3)。

注意我們把 `threeSumTarget` 函式名稱中的 `target` 變數設置為 `long` 類型，因為本題 `nums[i]` 和 `target` 的設定值都是 [-10⁹,10⁹]，`int` 類型的話會造成溢位。

5.7.4 100Sum 問題

在 LeetCode 上，**4Sum** 就到頭了，但是回想剛才寫 **3Sum** 和 **4Sum** 的過程，實際上是遵循相同的模式的。我相信你只要稍微修改一下 **4Sum** 的函式就可以重複使用並解決 **5Sum** 問題，然後解決 **6Sum** 問題……

那麼，如果我讓你求 **100Sum** 問題，怎麼辦呢？其實我們可以觀察上面這些解法，統一出一個 `nSum` 函式：

```
/* 注意：呼叫這個函式之前一定要先給 nums 排序 */
// n 填寫想求的是幾數之和，start 從哪個索引開始計算（一般填 0），target 填想湊出的目標和
```

```cpp
vector<vector<int>> nSumTarget(
    vector<int>& nums, int n, int start, long target) {

    int sz = nums.size();
    vector<vector<int>> res;
    // 至少是 2Sum，且陣列大小不應該小於 n
    if (n < 2 || sz < n) return res;
    // 2Sum 是 base case
    if (n == 2) {
        // 雙指標那一套操作
        int lo = start, hi = sz - 1;
        while (lo < hi) {
            int sum = nums[lo] + nums[hi];
            int left = nums[lo], right = nums[hi];
            if (sum < target) {
                while (lo < hi && nums[lo] == left) lo++;
            } else if (sum > target) {
                while (lo < hi && nums[hi] == right) hi--;
            } else {
                res.push_back({left, right});
                while (lo < hi && nums[lo] == left) lo++;
                while (lo < hi && nums[hi] == right) hi--;
            }
        }
    } else {
        // n > 2 時，遞迴計算 (n-1)Sum 的結果
        for (int i = start; i < sz; i++) {
            vector<vector<int>>
                sub = nSumTarget(nums, n - 1, i + 1, target - nums[i]);
            for (vector<int>& arr : sub) {
                // (n-1)Sum 加上 nums[i] 就是 nSum
                arr.push_back(nums[i]);
                res.push_back(arr);
            }
            while (i < sz - 1 && nums[i] == nums[i + 1]) i++;
        }
    }
    return res;
}
```

嗯，看起來很長，實際上就是把之前的題目解法合併起來了，`n == 2` 時是 `twoSum` 的雙指標解法，`n > 2` 時就是窮舉第一個數字，然後遞迴呼叫計算 `(n-1) Sum`，組裝答案。

根據之前幾道題的時間複雜度可以推算，本函式的時間複雜度應該是 $O(N^{n-1})$，N 為陣列的長度，`n` 為組成和的數字的個數。

需要注意的是，呼叫這個 `nSumTarget` 函式之前一定要先給 `nums` 陣列排序，因為 `nSumTarget` 是一個遞迴函式，如果在 `nSumTarget` 函式裡呼叫排序函式，那麼每次遞迴都會進行沒有必要的排序，效率會非常低。

比如現在我們寫 LeetCode 上的 `4Sum` 問題：

```cpp
vector<vector<int>> fourSum(vector<int>& nums, int target) {
    sort(nums.begin(), nums.end());
    // n 為 4，從 nums[0] 開始計算和為 target 的四元組
    return nSumTarget(nums, 4, 0, target);
}
```

再比如 LeetCode 的 `3Sum` 問題，找 `target == 0` 的三元組：

```cpp
vector<vector<int>> threeSum(vector<int>& nums) {
    sort(nums.begin(), nums.end());
    // n 為 3，從 nums[0] 開始計算和為 0 的三元組
    return nSumTarget(nums, 3, 0, 0);
}
```

那麼，如果讓你計算 `100Sum` 問題，直接呼叫這個函式就完事了。

5.8 一個方法解決最近公共祖先問題

讀完本節，你將不僅學到演算法策略，還可以順便解決以下題目：

236. 二元樹的最近公共祖先（中等）	1644. 二元樹的最近公共祖先 II（中等）
1650. 二元樹的最近公共祖先 III（中等）	1676. 二元樹的最近公共祖先 IV（中等）
235. 二元搜尋樹的最近公共祖先（簡單）	

如果說筆試的時候經常遇到動態規劃、回溯這種變化多端的題目，那麼面試會傾向於一些比較經典的問題，難度不算大，而且也比較實用。

本節就用 Git 引出一個經典的演算法問題：最近公共祖先（Lowest Common Ancestor，簡稱 LCA）。

`git pull` 這個命令我們會經常用到，它預設是使用 `merge` 方式將遠端別人的修改拉到本地；如果附帶上參數 `-r`，就會使用 `rebase` 的方式將遠端修改拉到本地。這二者最直觀的區別就是：`merge` 方式合併的分支會看到很多「分叉」，而 `rebase` 方式合併的分支就是一條直線。但無論哪種方式，如果存在衝突，Git 都會檢測出來並讓你手動解決衝突。

那麼問題來了，Git 是如何檢測兩條分支是否存在衝突的呢？

以 `rebase` 命令為例，比以下圖的情況，我站在 `dev` 分支執行 `git rebase master`，然後 `dev` 就會接到 `master` 分支之上：

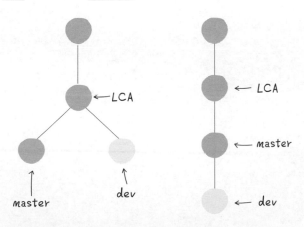

在這個過程中，Git 是這麼做的：

首先，找到這兩條分支的最近公共祖先 `LCA`，然後從 `master` 節點開始，重演 `LCA` 到 `dev` 幾個 `commit` 的修改，如果這些修改和 `LCA` 到 `master` 的 `commit` 有衝突，就會提示你手動解決衝突，最後的結果就是把 `dev` 的分支完全接到 `master` 上面。

那麼，Git 是如何找到兩條不同分支的最近公共祖先的呢？這就是一個經典的演算法問題了，下面我來由淺入深講一講。

5.8.1 尋找一個元素

先不管最近公共祖先問題，我請你實現一個簡單的演算法：給你輸入一棵沒有重複元素的二元樹根節點 `root` 和一個目標值 `val`，請你寫一個函式尋找樹中值為 `val` 的節點。

函式名稱如下：

```
TreeNode find(TreeNode root, int val);
```

這個函式應該很容易實現對，比如我這樣寫程式：

```
// 定義：在以 root 為根的二元樹中尋找值為 val 的節點
TreeNode find(TreeNode root, int val) {
    // base case
    if (root == null) {
        return null;
    }
    // 看看 root.val 是不是要找的
    if (root.val == val) {
        return root;
    }
    // root 不是目標節點，那就去左子樹找
    TreeNode left = find(root.left, val);
    if (left != null) {
        return left;
    }
}
```

```
    // 左子樹找不著，那就去右子樹找
    TreeNode right = find(root.right, val);
    if (right != null) {
        return right;
    }
    // 實在找不到了
    return null;
}
```

這段程式應該不用我多解釋了，下面我基於這段程式做一些簡單的改寫，請你分析一下我的改動會造成什麼影響。

注意：如果你沒讀過 1.6 一步步帶你刷二元樹（綱領），強烈建議先讀一下，理解二元樹前、中、後序遍歷的奧義。

首先，我修改一下 return 的位置：

```
TreeNode find(TreeNode root, int val) {
    if (root == null) {
        return null;
    }
    // 前序位置
    if (root.val == val) {
        return root;
    }
    // root 不是目標節點，去左右子樹尋找
    TreeNode left = find(root.left, val);
    TreeNode right = find(root.right, val);
    // 看看哪邊找到了
    return left != null ? left : right;
}
```

這段程式也可以達到目的，但是實際執行的效率會低一些，原因也很簡單，如果你能夠在左子樹找到目標節點，還有沒有必要去右子樹找了？沒有必要。但這段程式還是會去右子樹找一圈，所以效率相對差一些。

更進一步，我把對 `root.val` 的判斷從前序位置移動到後序位置：

```
TreeNode find(TreeNode root, int val) {
    if (root == null) {
        return null;
    }
    // 先去左右子樹尋找
    TreeNode left = find(root.left, val);
    TreeNode right = find(root.right, val);
    // 後序位置，看看 root 是不是目標節點
    if (root.val == val) {
        return root;
    }
    // root 不是目標節點，再去看看哪邊的子樹找到了
    return left != null ? left : right;
}
```

這段程式相當於你先去左右子樹找，然後才檢查 `root`，依然可以達到目的，但是效率會進一步下降。**因為這種寫法必然會遍歷二元樹的每一個節點。**

對於之前的解法，你在前序位置就檢查 `root`，如果輸入的二元樹根節點的值恰好就是目標值 `val`，那麼函式直接結束了，其他的節點根本不用搜尋。但如果你在後序位置判斷，那麼就算根節點就是目標節點，你也要去左右子樹遍歷完所有節點才能判斷出來。

最後，我再改一下題目，現在不讓你找值為 `val` 的節點，而是尋找值為 `val1` 或 `val2` 的節點，函式名稱如下：

```
TreeNode find(TreeNode root, int val1, int val2);
```

這和我們第一次實現的 **find** 函式基本上是一樣的，而且你應該知道可以有多種寫法，我選擇這樣寫程式：

```
// 定義：在以 root 為根的二元樹中尋找值為 val1 或 val2 的節點
TreeNode find(TreeNode root, int val1, int val2) {
    // base case
    if (root == null) {
        return null;
```

```
    }
    // 前序位置，看看 root 是不是目標值
    if (root.val == val1 || root.val == val2) {
        return root;
    }
    // 去左右子樹尋找
    TreeNode left = find(root.left, val1, val2);
    TreeNode right = find(root.right, val1, val2);
    // 後序位置，已經知道左右子樹是否存在目標值
    return left != null ? left : right;
}
```

為什麼要寫這樣一個奇怪的 find 函式呢？因為最近公共祖先系列問題的解法都是把這個函式作為框架的。

下面一道一道題目來看。

5.8.2 解決五道題目

先來看看 LeetCode 第 236 題「二元樹的最近公共祖先」：

給你輸入一棵**不含重複值**的二元樹，以及**存在於樹中的**兩個節點 p 和 q，請你計算 p 和 q 的最近公共祖先節點。

注意：後文我們用 LCA（Lowest Common Ancestor）作為最近公共祖先節點的縮寫。比如輸入這樣一棵二元樹：

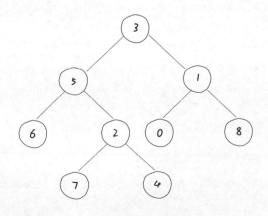

如果 p 是節點 6，q 是節點 7，那麼它倆的 LCA 就是節點 5：

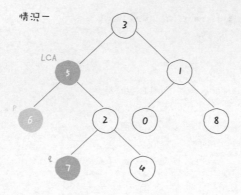

當然，p 和 q 本身也可能是 LCA，比如這種情況 q 本身就是 LCA 節點：

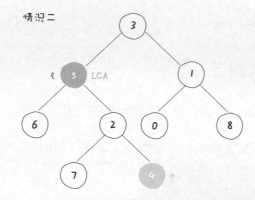

兩個節點的最近公共祖先其實就是這兩個節點向根節點的「延長線」的交匯點，那麼對於任意一個節點，它怎麼才能知道自己是不是 p 和 q 的最近公共祖先？

如果一個節點能夠在它的左右子樹中分別找到 p 和 q，則該節點為 LCA 節點。

這就要用到之前實現的 find 函式了，只需在後序位置添加一個判斷邏輯，即可改造成尋找最近公共祖先的解法程式：

```
TreeNode lowestCommonAncestor(TreeNode root, TreeNode p, TreeNode q) {
    return find(root, p.val, q.val);
```

```
}

// 在二元樹中尋找 val1 和 val2 的最近公共祖先節點
TreeNode find(TreeNode root, int val1, int val2) {
    if (root == null) {
        return null;
    }
    // 前序位置
    if (root.val == val1 || root.val == val2) {
        // 如果遇到目標值，直接傳回
        return root;
    }
    TreeNode left = find(root.left, val1, val2);
    TreeNode right = find(root.right, val1, val2);
    // 後序位置，已經知道左右子樹是否存在目標值
    if (left != null && right != null) {
        // 當前節點是 LCA 節點
        return root;
    }
    return left != null ? left : right;
}
```

在 `find` 函式的後序位置，如果發現 `left` 和 `right` 都不可為空，就說明當前節點是 `LCA` 節點，即解決了第一種情況：

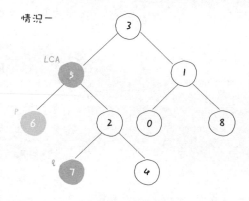

在 `find` 函式的前序位置，如果找到一個值為 `val1` 或 `val2` 的節點則直接傳回，恰好解決了第二種情況：

情況二

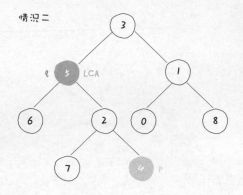

因為題目說了 p 和 q 一定存在於二元樹中（這一點很重要），所以即使我們遇到 q 就直接傳回，根本沒遍歷到 p，也依然可以斷定 p 在 q 底下，q 就是 LCA 節點。 這樣，標準的最近公共祖先問題就解決了，接下來看看這個題目有什麼變形。比如 LeetCode 第 1676 題「二元樹的最近公共祖先 IV」：

依然給你輸入一棵不含重複值的二元樹，但這次不是給你輸入 p 和 q 兩個節點了，而是給你輸入一個包含若干節點的串列 nodes（這些節點都存在於二元樹中），讓你算這些節點的最近公共祖先。函式名稱如下：

```
TreeNode lowestCommonAncestor(TreeNode root, TreeNode[] nodes);
```

比如還是這棵二元樹：

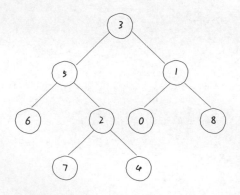

輸入 nodes = [7,4,6]，那麼函式應該傳回節點 5。

看起來怪嚇人的，實則解法邏輯是一樣的，把剛才的程式邏輯稍加改造即可解決這道題：

```java
TreeNode lowestCommonAncestor(TreeNode root, TreeNode[] nodes) {
    // 將串列轉化成雜湊集合，便於判斷元素是否存在
    HashSet<Integer> values = new HashSet<>();
    for (TreeNode node : nodes) {
        values.add(node.val);
    }

    return find(root, values);
}


// 在二元樹中尋找 values 的最近公共祖先節點
TreeNode find(TreeNode root, HashSet<Integer> values) {
    if (root == null) {
        return null;
    }
    // 前序位置
    if (values.contains(root.val)){
        return root;
    }
    TreeNode left = find(root.left, values);
    TreeNode right = find(root.right, values);
    // 後序位置，已經知道左右子樹是否存在目標值
    if (left != null && right != null) {
        // 當前節點是 LCA 節點
        return root;
    }

    return left != null ? left : right;
}
```

有剛才的鋪陳，你類比一下應該不難理解這個解法。

不過需要注意的是，這兩道題的題目都明確告訴我們這些節點必定存在於二元樹中，如果沒有這個前提條件，就需要修改程式了。

比如 LeetCode 第 1644 題「二元樹的最近公共祖先 II」：

給你輸入一棵**不含重複值**的二元樹，以及兩個節點 p 和 q，如果 p 或 q 不存在於樹中，則傳回空指標，否則的話傳回 p 和 q 的最近公共祖先節點。

在解決標準的最近公共祖先問題時，我們在 find 函式的前序位置有這樣一段程式：

```
// 前序位置
if (root.val == val1 || root.val == val2) {
    // 如果遇到目標值，直接傳回
    return root;
}
```

我也進行了解釋，因為 p 和 q 都存在於樹中，所以這段程式恰好可以解決最近公共祖先的第二種情況：

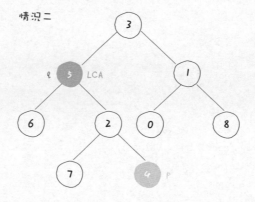

但對這道題來說，p 和 q 不一定存在於樹中，所以你不能遇到一個目標值就直接傳回，而應該對二元樹進行**完全搜尋**（遍歷每一個節點），如果發現 p 或 q 不存在於樹中，那麼是不存在 LCA 的。

回想我在本節開頭分析的幾種 find 函式的寫法，哪種寫法能夠對二元樹進行完全搜尋來著？

這種：

```
TreeNode find(TreeNode root, int val) {
    if (root == null) {
        return null;
    }
    // 先去左右子樹尋找
    TreeNode left = find(root.left, val);
```

```
    TreeNode right = find(root.right, val);
    // 後序位置，判斷 root 是不是目標節點
    if (root.val == val) {
        return root;
    }
    // root 不是目標節點，再去看看哪邊的子樹找到了
    return left != null ? left : right;
}
```

那麼解決這道題也是類似的，我們只需要把前序位置的判斷邏輯放到後序位置即可：

```
// 用於記錄 p 和 q 是否存在於二元樹中
boolean foundP = false, foundQ = false;

TreeNode lowestCommonAncestor(TreeNode root, TreeNode p, TreeNode q) {
    TreeNode res = find(root, p.val, q.val);
    if (!foundP || !foundQ) {
        return null;
    }
    // p 和 q 都存在於二元樹中，才有公共祖先
    return res;
}

// 在二元樹中尋找 val1 和 val2 的最近公共祖先節點
TreeNode find(TreeNode root, int val1, int val2) {
    if (root == null) {
        return null;
    }
    TreeNode left = find(root.left, val1, val2);
    TreeNode right = find(root.right, val1, val2);
    // 後序位置，判斷當前節點是不是 LCA 節點
    if (left != null && right != null) {
        return root;
    }

    // 後序位置，判斷當前節點是不是目標值
    if (root.val == val1 || root.val == val2) {
        // 找到了，記錄一下
        if (root.val == val1) foundP = true;
```

```
            if (root.val == val2) foundQ = true;
            return root;
        }

        return left != null ? left : right;
    }
```

這樣的改造，對二元樹進行完全搜尋，同時記錄 p 和 q 是否同時存在樹中，從而滿足題目的要求。

接下來，我們再變一變，如果讓你在二元搜尋樹中尋找 p 和 q 的最近公共祖先，應該如何做呢？

看 LeetCode 第 235 題「二元搜尋樹的最近公共祖先」：

給你輸入一棵不含重複值的**二元搜尋樹**，以及**存在於樹中**的兩個節點 p 和 q，請你計算 p 和 q 的最近公共祖先節點。

把之前的解法程式複製過來肯定也可以解決這道題，但沒有用到 BST「左小右大」的性質，顯然效率不是最高的。

在標準的最近公共祖先問題中，我們要在後序位置透過左右子樹的搜尋結果來判斷當前節點是不是 LCA：

```
TreeNode left = find(root.left, val1, val2);
TreeNode right = find(root.right, val1, val2);

// 後序位置，判斷當前節點是不是 LCA 節點
if (left != null && right != null) {
    return root;
}
```

但對 **BST** 來說，根本不需要老老實實去遍歷子樹，由於 **BST** 左小右大的性質，將當前節點的值與 val1 和 val2 做對比即可判斷當前節點是不是 LCA：

假設 val1 < val2，那麼 val1 <= root.val <= val2 則說明當前節點就是 LCA；若 root.val 比 val1 還小，則需要去值更大的右子樹尋找 LCA；若 root.val 比 val2 還大，則需要去值更小的左子樹尋找 LCA。

依據這個想法就可以寫出解法程式:

```
TreeNode lowestCommonAncestor(TreeNode root, TreeNode p, TreeNode q) {
    // 保證 val1 較小,val2 較大
    int val1 = Math.min(p.val, q.val);
    int val2 = Math.max(p.val, q.val);
    return find(root, val1, val2);
}

// 在 BST 中尋找 val1 和 val2 的最近公共祖先節點
TreeNode find(TreeNode root, int val1, int val2) {
    if (root == null) {
        return null;
    }
    if (root.val > val2) {
        // 當前節點太大,去左子樹找
        return find(root.left, val1, val2);
    }
    if (root.val < val1) {
        // 當前節點太小,去右子樹找
        return find(root.right, val1, val2);
    }
    // val1 <= root.val <= val2
    // 當前節點就是最近公共祖先
    return root;
}
```

再看最後一道最近公共祖先的題目,LeetCode 第 1650 題「二元樹的最近公共祖先 III」,這次輸入的二元樹節點比較特殊,包含指向父節點的指標:

```
class Node {
    int val;
    Node left;
    Node right;
    Node parent;
};
```

給你輸入一棵存在於二元樹中的兩個節點 p 和 q,請你傳回它們的最近公共祖先,函式名稱如下:

```
Node lowestCommonAncestor(Node p, Node q);
```

由於節點中包含父節點的指標,所以二元樹的根節點就沒必要輸入了。

這道題其實不是公共祖先的問題,而是單鏈結串列相交的問題,你把 parent 指標想像成單鏈結串列的 next 指標,題目就變成了:

給你輸入兩個單鏈結串列的頭節點 p 和 q,這兩個單鏈結串列必然會相交,請你傳回相交點。

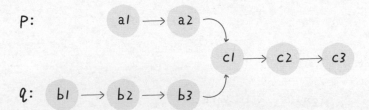

我們在 **2.1.1 單鏈結串列的六大解題策略**中詳細講解過求鏈結串列交點的問題,具體想法在本節就不展開了,直接列出本題的解法程式:

```
Node lowestCommonAncestor(Node p, Node q) {
    // 施展鏈結串列雙指標技巧
    Node a = p, b = q;
    while (a != b) {
        // a 走一步,如果走到根節點,轉到 q 節點
        if (a == null)    a = q;
        else              a = a.parent;
        // b 走一步,如果走到根節點,轉到 p 節點
        if (b == null)    b = p;
        else              b = b.parent;
    }
    return a;
}
```

至此,5 道最近公共祖先的題目就全部講完了,前 3 道題目從一個基本的 find 函式衍生出解法,後 2 道比較特殊,分別利用了 BST 和單鏈結串列相關的技巧,希望本節內容能對你有所啟發。